工学系のための
微分積分

――豊富な例と問題で理解を深める

黒川康宏　佐々木真二
廣瀬三平　山澤浩司　著

東京図書

著者によるまえがき

本書は大学初年級向けの微分積分の教科書である．1変数の微分積分と多変数の微分積分の基本事項に加えて，いくつかの応用や発展的話題を扱っている．微分積分の多くの事柄がなるべく自然につながっていくように，話の流れを重視して書いた．また，工学系の学生を主な読者として想定し，証明を省略した定理が多くあるが，定理の主張そのものや使い方をよく理解できるように，多くの例を通じた丁寧な説明と演習問題を与えた．

上述の性格から，講義用の教科書としてだけでなく，自習書としても活用でき，また，意欲的な高校生にも十分読めるものになっていると思う．なお，高校での数学 III の学習が不十分な学生にも配慮して，1変数の微分積分については基本的なことも丁寧に説明し，易しい演習問題を多く含めた．

内容的な特徴としては，次のことが挙げられる:

- 日本の高等学校ではあまり標準的でない方法で積分が導入されるため，リーマン和の極限としての積分の導入という，標準的かつ基本的なことにページを割いた．このことは，単純に1変数関数の積分についてのきちんとした理解のために重要であるだけでなく，多変数関数の積分の理解を容易にすると信じる．
- 積分の計算法では，場合分けをしての網羅的な説明が可能なものについては，なるべくそのような説明を心掛けた．また，正割関数 sec を積極的に用いた．
- 多変数関数の微分法では，多変数関数の局所的な振る舞いを記述する最も基本的な概念，量である連続性，微分可能性，方向微分，勾配について丁寧に説明した．特に方向微分と勾配については，このレベルの和書ではほとんど書かれていないものも多いため，関連する話題も含めてページを割いた．

本書で微分積分を学んだ後は，各自の必要や興味に応じて，微分方程式やベクトル解析といった，より進んだ分野の数学を積極的に学んでいってほしい．

なお, 本書ではいわゆる ε-δ 論法等の極限の厳密な扱いや実数の根源的性質には触れていないが, 本書で省略された証明の多くは, そういったものを必要とする. 本書を通じてそういったことに興味をもった読者は, より高度な微分積分の教科書を手にとって学ばれることを望む.

本書の図版の作成には, Mathematica を利用した.

謝辞

本書執筆の機会を与えていただいた東京図書, ならびに, 筆の遅い筆者らを粘り強くご鞭撻くださった東京図書編集部の川上禎久氏に, 心より感謝申し上げます.

2021 年 8 月　著者一同

本書で使う言葉, 記号について

- 定義とは, ある事柄を明確に規定すること, あるいはそれを述べたものである.
- 命題とは, 証明される (べき) 数学的主張のことであり, 命題のうち特に重要なものを, 定理と呼ぶ. また, ある命題や定理から容易に導かれる命題を, 系と呼ぶ.
- $A := B$ や $B =: A$ は, 「A という新しい記号, あるいは概念を, B という (既知の) ものとして定める」, という意味である.
- $\because$ は「なぜならば」, $\therefore$ は「ゆえに」という意味である.
- $\mathbb{R}$ は, 実数全体の集合を表す; $\mathbb{R} = \{x \mid x \text{ は実数}\}$.

目　次

◆装幀　今垣知沙子

第1章

初等関数

ここではまずべき関数, 三角関数, 指数関数といった初等関数を復習する. また逆関数の概念, 対数関数についても復習し, さらに逆三角関数を導入する. こういった関数たちは, それら自身重要であると同時に, 微分積分を学習する上でも具体例として重要となる.

$y = x^2$ や $y = -3x^4 + 5x + 8$ のように, 多項式によって定義される関数を, **多項式関数**という. $y = \frac{1}{x}$ や $y = \frac{2x+3}{x^3+x-4}$ のように, 多項式の比で表される関数を, **有理関数**という. ここでは, これらに加えて, 基本的で重要な関数をおさえておく.

1.1 べき関数, 三角関数, 指数関数

(1) べき関数

a を定数として, $y = x^a$ の形の関数を**べき関数**という. これは一般には $x > 0$ または $x \geq 0$ に対してのみ定義されるが, a の値によっては, すべての実数 x に対して, あるいは0以外のすべての実数に定義される.

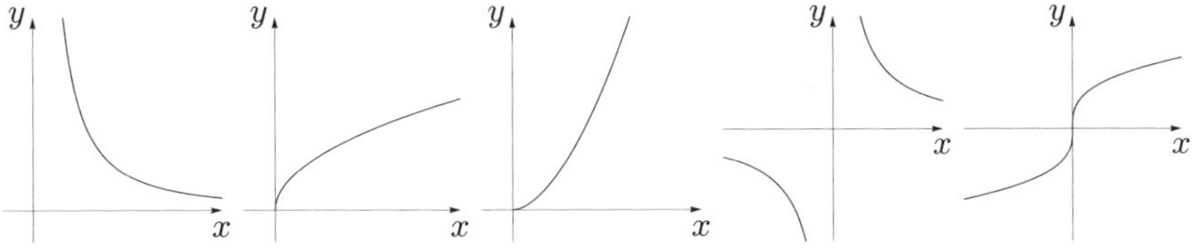

(a) $a < 0$　(b) $0 < a < 1$　(c) $a > 1$　(d) $a = -1$　(e) $a = \frac{1}{3}$

図 1.1　べき関数 $y = x^a$ のグラフ

(2)　三角関数

三角関数として, 正弦関数 $\sin x$, 余弦関数 $\cos x$, 正接関数 $\tan x$ に加えて, 正割関数 (セカント), 余割関数 (コセカント), 余接関数 (コタンジェント) を次で定める:

$$\sec x := \frac{1}{\cos x}, \quad \csc x := \frac{1}{\sin x}, \quad \cot x := \frac{1}{\tan x}.$$

$\csc x$ は $\mathrm{cosec}\ x$ とも書く. 基本的な関係式として次がある:

$$\tan x = \frac{\sin x}{\cos x}, \quad \cos^2 x + \sin^2 x = 1, \quad 1 + \tan^2 x = \sec^2 x.$$

また, 加法定理が成り立つ:

$$\sin(\alpha \pm \beta) = \sin\alpha\cos\beta \pm \cos\alpha\sin\beta$$
$$\cos(\alpha \pm \beta) = \cos\alpha\cos\beta \mp \sin\alpha\sin\beta$$
$$\tan(\alpha \pm \beta) = \frac{\tan\alpha \pm \tan\beta}{1 \mp \tan\alpha\tan\beta}.$$

問 1

(1)　$\sin\theta = \frac{1}{\sqrt{17}}$, $\cos\theta < 0$ とする. $\cos\theta$, $\tan\theta$ の値を求めよ.

(2)　$\tan\phi = \sqrt{15}$, $\cos\phi > 0$ とする. $\sin\phi$, $\cos\phi$ の値を求めよ.

問 2　加法定理を用いて, 以下の等式 (積を和に直す公式) を証明せよ.

$$\sin\alpha\cos\beta = \frac{\sin(\alpha+\beta)+\sin(\alpha-\beta)}{2}$$
$$\sin\alpha\sin\beta = -\frac{\cos(\alpha+\beta)-\cos(\alpha-\beta)}{2}$$
$$\cos\alpha\cos\beta = \frac{\cos(\alpha+\beta)+\cos(\alpha-\beta)}{2}.$$

(3)　指数関数

$b > 0$ を定数とする. $y = b^x$ の形の関数を**指数関数**という. b を, $y = b^x$ の底という. 特に, ネイピア数 e を底とする指数関数 $y = e^x$ は重要である. ネイピア数は第2章で定義する定数であり, その値は次の通りである:

$$e = 2.71828\cdots.$$

e^x は, $\exp x$ のように表されることもある.

定理 1.1.1（指数法則）　$b, b_1, b_2 > 0$ に対して,

$$(b_1 b_2)^x = {b_1}^x {b_2}^x, \quad b^{x+y} = b^x b^y, \quad (b^x)^y = b^{xy}.$$

□

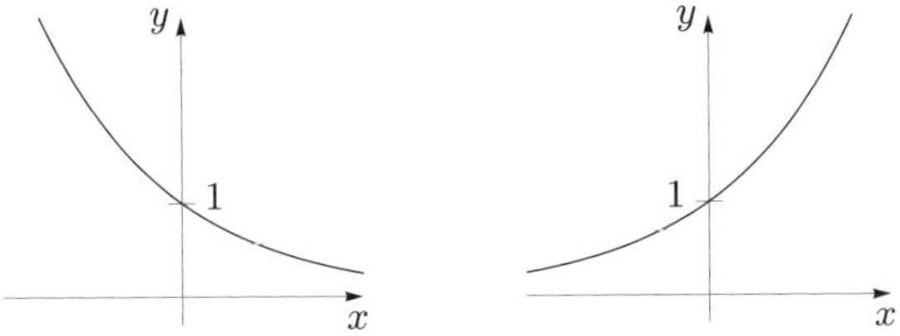

(a) $b < 1$　　(b) $b > 1$

図 1.2　指数関数 $y = b^x$ のグラフ

定義 1.1.1（双曲線関数）　次のように定義される関数を**双曲線関数**という.

$$\sinh x := \frac{e^x - e^{-x}}{2}$$ 双曲線正弦関数 (ハイパボリックサイン)

$$\cosh x := \frac{e^x + e^{-x}}{2}$$ 双曲線余弦関数 (ハイパボリックコサイン)

$$\tanh x := \frac{\sinh x}{\cosh x} = \frac{e^x - e^{-x}}{e^x + e^{-x}}$$ 双曲線正接関数 (ハイパボリックタンジェント)

$$\operatorname{sech} x := \frac{1}{\cosh x}$$ 双曲線正割関数 (ハイパボリックセカント)

$$\operatorname{csch} x := \frac{1}{\sinh x}$$ 双曲線余割関数 (ハイパボリックコセカント)

$$\coth x := \frac{1}{\tanh x}$$ 双曲線余接関数 (ハイパボリックコタンジェント)

□

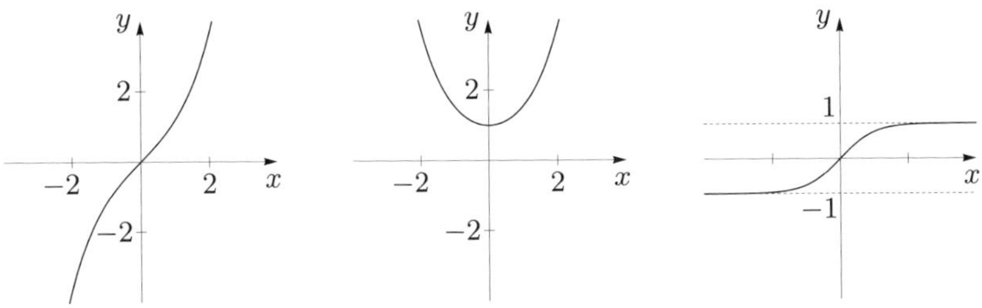

(a) $y = \sinh x$　　(b) $y = \cosh x$　　(c) $y = \tanh x$

図 1.3　双曲線関数のグラフ

容易にわかるように, 次の関係式が成り立つ:

$$\cosh^2 x - \sinh^2 x = 1, \quad 1 - \tanh^2 x = \operatorname{sech}^2 x.$$

1.2　合成関数

定義 1.2.1　2つの関数 $y = f(t)$ と $t = g(x)$ に対して，$y = f(g(x))$ を f と g の合成関数といい，$f \circ g$ で表す:

$$(f \circ g)(x) = f(g(x)).$$

□

例 1.1

- $y = \sin t$, $t = x^2$ を合成すると，$y = \sin\left(x^2\right)$.
- $y = t^2$, $t = \sin x$ を合成すると，$y = (\sin x)^2 = \sin^2 x$.
- $y = e^{2x+3}$ は，$y = e^t$, $t = 2x + 3$ の合成関数.
- $f(x) = \sqrt{x}$, $g(x) = 1 + x^4$ とすると，

$$\begin{aligned}
(f \circ g)(x) &= f(g(x)) = \sqrt{1 + x^4}, \\
(g \circ f)(x) &= g(f(x)) = 1 + \left(\sqrt{x}\right)^4 = 1 + x^2, \\
(f \circ f)(x) &= f(f(x)) = \sqrt{\sqrt{x}} = x^{\frac{1}{4}}, \\
(g \circ g)(x) &= g(g(x)) = 1 + \left(1 + x^4\right)^4 \\
&= 2 + 4x^4 + 6x^8 + 4x^{12} + x^{16}.
\end{aligned}$$

問 3　$f(x) = \cos x$, $g(x) = \sqrt{x}$ とする．以下の各合成関数を求めよ．

(1) $f \circ g$　(2) $g \circ f$　(3) $g \circ g$　(4) $f \circ (g \circ g)$

1.3　逆関数

定義 1.3.1（1対1）　次のことが成り立つとき，関数 $y = f(x)$ は **1対1** であるという:

y の各値に対して $y = f(x)$ となる x の値が高々一つである．

□

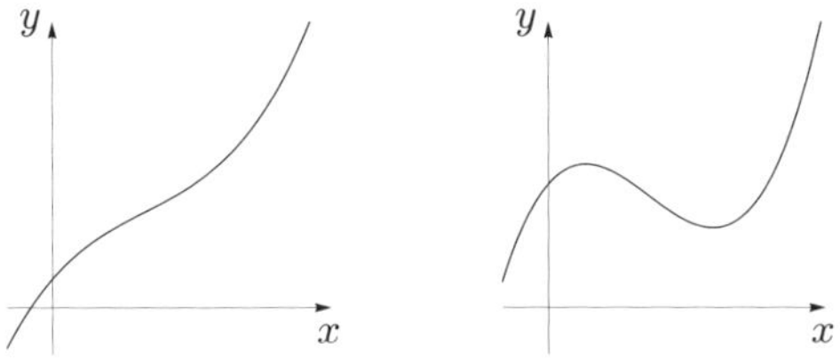

(a) 1対1　　(b) 1対1でない

例 1.2

$y = x^2$ は1対1でない．実際，各 $y > 0$ に対して $y = x^2$ となる x が2つある $(x = \pm\sqrt{y})$．しかし $y = x^2$ の定義域を $x \geq 0$ に制限したものは1対1である．

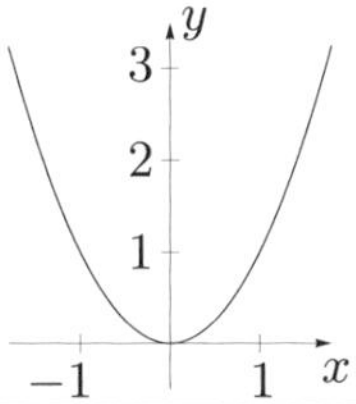

定義 1.3.2（逆関数）　1対1の関数 $y = f(x)$ の定義域が D，値域が R であるとする．このとき（R に属する y に対して $y = f(x)$ となる x がただ一つあるが），f の**逆関数** f^{-1} を次のように定める：

$$f^{-1}(y) = x \quad (y \in R).$$

□

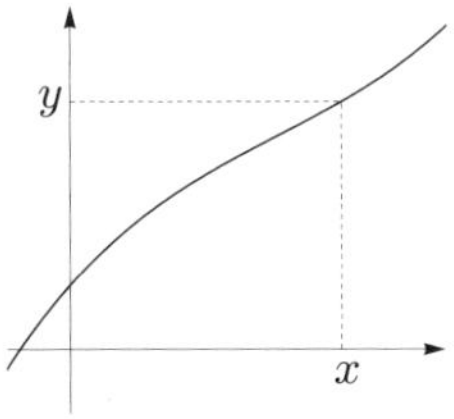

注意 1　f^{-1} の定義域は R，値域は D となる．また，逆関数の定義より，$f^{-1}(f(x)) = x$, $f\left(f^{-1}(y)\right) = y$ が成り立つ．

例 1.3

1次関数 $y = f(x) = 2x+1$ は1対1である．各 y に対応する x は，$y = 2x+1$ を x について解いて

$$x = \frac{1}{2}(y-1)$$

である．したがって $f^{-1}(y) = \frac{1}{2}(y-1)$ となる．このとき，$f^{-1}(f(x)) = x$, $f\left(f^{-1}(y)\right) = y$ となっていることを確かめておこう；

$$f^{-1}(f(x)) = f^{-1}(2x+1) = \tfrac{1}{2}((2x+1)-1) = x,$$
$$f\left(f^{-1}(y)\right) = f\left(\tfrac{1}{2}(y-1)\right) = 2\left(\tfrac{1}{2}(y-1)\right) + 1 = y.$$

注意 2　$f^{-1}(y)$ が求まったら, 文字 x と y の役割を取り替えて書くことが多い. 例えば $f(x) = 2x+1$ のとき, $f^{-1}(x) = \frac{1}{2}(x-1)$.

例 1.4

$f(x) = \frac{x+2}{3x-4}$ の逆関数を求める. $y = \frac{x+2}{3x-4}$ を x について解くと, $x = \frac{4y+2}{3y-1}$. したがって $f^{-1}(x) = \frac{4x+2}{3x-1}$ となる.

注意 3　点 (a,b) が関数 $f(x)$ のグラフ上にあるとき, $b = f(a)$ を満たすから $a = f^{-1}(b)$ を満たす. よって点 (b,a) は逆関数 $f^{-1}(x)$ のグラフ上にある. 逆に点 (b,a) が逆関数 $f^{-1}(x)$ のグラフ上にあるとき, 同様に点 (a,b) は関数 $f(x)$ のグラフ上にある. 点 (a,b) と点 (b,a) は直線 $y = x$ に関して対称に位置するから, $f(x)$ の逆関数のグラフ $y = f^{-1}(x)$ は, もとの関数 $f(x)$ のグラフ $y = f(x)$ を直線 $y = x$ について鏡映したものになる.

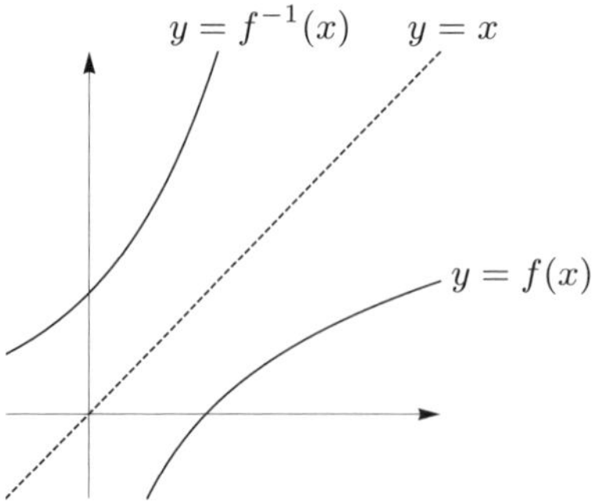

図 1.4　逆関数のグラフ

問 4　以下の各関数の逆関数を求めよ.

(1) $y = 3x - 2$　　(2) $y = \sqrt{2x+1}$　　(3) $y = x^2 \ (x \geq 0)$

(4) $y = x^2 - 2x \ (x \leq 1)$　　(5) $y = \sqrt[3]{x}$　　(6) $y = \dfrac{4x-1}{2x+3}$

(7) $y = \dfrac{1}{x^2} \ (x > 0)$　　(8) $y = 5\sqrt[3]{x-2}$　　(9) $y = x^2 - 2x \ (x \geq 1)$

(1) 対数関数

定義 1.3.3（対数関数） 指数関数 $y = b^x$ $(b > 0,\ b \neq 1)$ は 1 対 1 であり，逆関数が定まる．$y = b^x$ の逆関数を，b を底とする**対数関数**といい，次で表す:

$$y = \log_b x.$$

特にネイピア数 e を底とする対数関数を**自然対数**といい，次で表す:

$$y = \log x.$$

また，10 を底とする対数関数 $\log_{10} x$ を**常用対数**という.[1] □

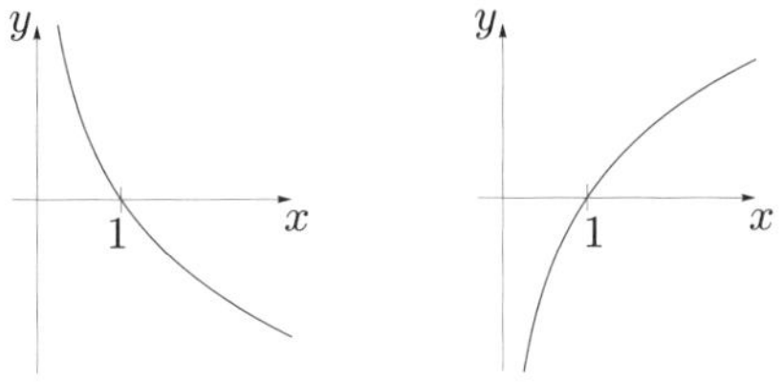

(a) $b < 1$　　(b) $b > 1$

図 1.5　対数関数 $y = \log_b x$ のグラフ

$\log_b 1 = 0$,　$\log_b b = 1$ が成り立つ．また，次の対数法則が成り立つ．

定理 1.3.1（対数法則） $b, c > 0$ と $x, y > 0$ に対して，

$$\log_b(xy) = \log_b x + \log_b y, \qquad \log_b \frac{x}{y} = \log_b x - \log_b y,$$

$$\log_b(x^a) = a \log_b x, \qquad \log_b x = \frac{\log_c x}{\log_c b}.$$

□

例 1.5

- $3\log(x^{\frac{1}{3}}) + \log x = \log x + \log x = 2\log x$
- $\log(2x) - \dfrac{\log_2 x}{\log_2 e} = (\log 2 + \log x) - \log x = \log 2$

問 5 以下の各式を簡単にせよ．

(1) $a^{\log_a x}$　(2) $\log_3(x^{\log 3})$　(3) $\log x + \dfrac{1}{\log_x e}$　(4) $2\log(\sqrt{e}x) - \dfrac{\log_3(x^2)}{\log_3 e}$

---

[1] 自然対数 $\log x$ を $\ln x$ と書き，常用対数を $\log x$ と書く流儀もある．

(2)　逆三角関数, 逆双曲線関数

三角関数 $y = \sin x,\ y = \cos x, y = \tan x$ は 1 対 1 でないが, それぞれ適当に定義域を制限すると 1 対 1 になり, 逆関数が定まる.

定義 1.3.4（逆三角関数）　以下の関数たちを, **逆三角関数**という.

- $y = \sin x\ (-\frac{\pi}{2} \leq x \leq \frac{\pi}{2})$ の逆関数を逆正弦関数 (アークサイン) といい, 次で表す:

$$y = \sin^{-1} x = \arcsin x.$$

- $y = \cos x\ (0 \leq x \leq \pi)$ の逆関数を逆余弦関数 (アークコサイン) といい, 次で表す:

$$y = \cos^{-1} x = \arccos x.$$

- $y = \tan x\ (-\frac{\pi}{2} < x < \frac{\pi}{2})$ の逆関数を逆正接関数 (アークタンジェント) といい, 次で表す:

$$y = \tan^{-1} x = \arctan x. \qquad \square$$

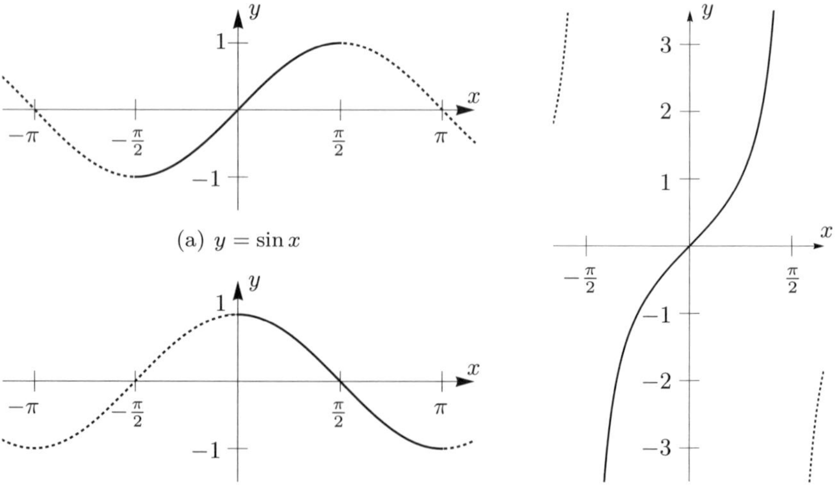

(a) $y = \sin x$　(b) $y = \cos x$　(c) $y = \tan x$

図 1.6　定義域を制限した三角関数のグラフその 1

例 1.6

- $\arcsin 1$ の値を考える．$\arcsin 1 = t$ とおくと，

$$\sin t = 1, \quad -\tfrac{\pi}{2} \leq t \leq \tfrac{\pi}{2}$$

　であるから，$t = \frac{\pi}{2}$．すなわち $\arcsin 1 = \frac{\pi}{2}$．

- $\arccos \frac{1}{2}$ の値を考える．$\arccos \frac{1}{2} = t$ とおくと，

$$\cos t = \tfrac{1}{2}, \quad 0 \leq t \leq \pi$$

　であるから，$t = \frac{\pi}{3}$．すなわち $\arccos \frac{1}{2} = \frac{\pi}{3}$．

- $\arctan\left(-\sqrt{3}\right)$ の値を考える．$\arctan\left(-\sqrt{3}\right) = t$ とおくと，

$$\tan t = -\sqrt{3}, \quad -\tfrac{\pi}{2} < t < \tfrac{\pi}{2}$$

　であるから，$t = -\frac{\pi}{3}$．すなわち $\arctan\left(-\sqrt{3}\right) = -\frac{\pi}{3}$．

問 6　次の値を求めよ．

(1) $\arcsin \frac{\sqrt{3}}{2}$　(2) $\arccos \frac{\sqrt{2}}{2}$　(3) $\tan \frac{1}{\sqrt{3}}$

(4) $\arccos(-1)$　(5) $\arcsin\left(-\frac{1}{2}\right)$　(6) $\arctan(-1)$

(7) $\arcsin \frac{1}{\sqrt{2}}$　(8) $\arccos\left(-\frac{\sqrt{3}}{2}\right)$　(9) $\arctan 0$

問 7　次の関数の逆関数を求めよ．

(1) $y = 2\sin x \ \left(-\frac{\pi}{2} \leq x \leq \frac{\pi}{2}\right)$　(2) $y = \cos 3x \ \left(0 \leq x \leq \frac{\pi}{3}\right)$

(3) $y = 4 - 5\tan 6x \ \left(-\frac{\pi}{12} < x < \frac{\pi}{12}\right)$　(4) $y = \sin x + \cos x \ \left(-\frac{3\pi}{4} \leq x \leq \frac{\pi}{4}\right)$

例 1.7

$\cos\left(\arcsin \dfrac{3}{5}\right)$ を考える．$\arcsin \frac{3}{5} = t$ とおくと，$\sin t = \frac{3}{5}$ で，

$$\cos\left(\arcsin \frac{3}{5}\right) = \cos t = \sqrt{1 - \sin^2 t} = \frac{4}{5}.$$

ここで，$-\frac{\pi}{2} < t < \frac{\pi}{2}$ より $\cos t > 0$ であることを用いた．

問 8　次の値を求めよ．

(1) $\sin\left(\arccos \dfrac{4}{5}\right)$　(2) $\cos(\arctan 3)$　(3) $\tan\left(\arcsin \dfrac{1}{3}\right)$

同様に, $y = \sec x$, $y = \csc x, y = \cot x$ は1対1でないが, それぞれ適当に定義域を制限すると1対1になり, 逆関数が定まる.

定義 1.3.5

- $y = \sec x \ (0 \leq x < \frac{\pi}{2}, \pi \leq x < \frac{3\pi}{2})$ の逆関数を逆正割関数 (アークセカント) といい, 次で表す: $y = \sec^{-1} x = \mathrm{arcsec}\, x$.
- $y = \csc x \ (0 < x \leq \frac{\pi}{2}, \pi < x \leq \frac{3\pi}{2})$ の逆関数を逆余割関数 (アークコセカント) といい, 次で表す: $y = \csc^{-1} x = \mathrm{arccsc}\, x$.
- $y = \cot x \ (0 < x < \pi)$ の逆関数を逆余接関数 (アークコタンジェント) といい, 次で表す: $y = \cot^{-1} x = \mathrm{arccot}\, x$.

□

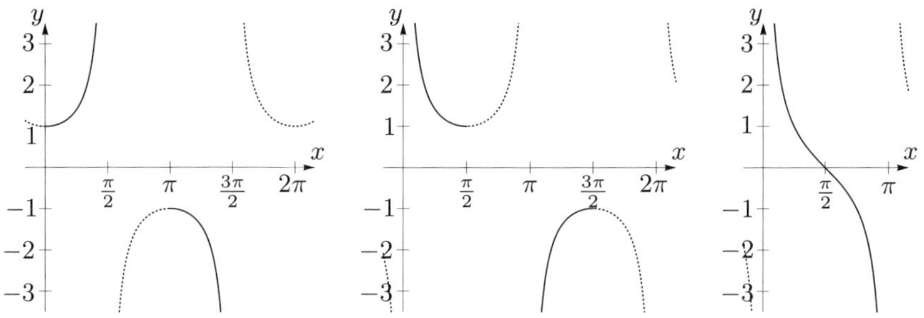

(a) $y = \sec x$　(b) $y = \csc x$　(c) $y = \cot x$

図 1.7　定義域を制限した三角関数のグラフその2

同様に双曲線関数 $\sinh x$, $\cosh x$, $\tanh x$ の逆関数

$$\mathrm{arsinh}\, x, \quad \mathrm{arcosh}\, x, \quad \mathrm{artanh}\, x$$

が定義される. ただし $\cosh x$ は $x \geq 0$ に定義域を制限した上で逆関数を考えている. これらを**逆双曲線関数**という. 次の関係式が成り立つ.

$$\mathrm{arsinh}\, x = \log\left(x + \sqrt{x^2+1}\right)$$

$$\mathrm{arcosh}\, x = \log\left(x + \sqrt{x^2-1}\right) \quad (x \geq 1)$$

$$\mathrm{artanh}\, x = \frac{1}{2}\log\left(\frac{1+x}{1-x}\right) \quad (-1 < x < 1)$$

問9　上の逆双曲線関数の表示式を示せ.

第2章

極限と連続性

本章ではまず, 数列の極限およびそれに関連した定理を学び, また, 例としてネイピア数 (自然対数の底) を導入する. 次に関数の極限, 連続性をおさえ, 連続な関数についての重要な定理である中間値の定理を学ぶ.

2.1 数列の極限

(1) 極限

定義 2.1.1 $\{a_n\}_{n=1}^{\infty} = \{a_n\} = \{a_1, a_2, a_3, \ldots\}$ を数列とする.

- $n \to \infty$ のときに a_n がある実数 α に限りなく近づくとき, 数列 $\{a_n\}$ は α に**収束する**といい, 次のように表す:

$$\lim_{n \to \infty} a_n = \alpha \quad \text{または} \quad a_n \to \alpha \ (n \to \infty).$$

  α を, $\{a_n\}$ の**極限値**という.

- $\{a_n\}$ が収束しないとき, **発散する**というが, より細かく次のように分けられる.
  - $a_n \to \infty$ となるとき, つまり正で絶対値が限りなく大きくなるとき, **正の無限大に発散する**といい, 次のように表す:

$$\lim_{n \to \infty} a_n = \infty \quad \text{または} \quad a_n \to \infty \ (n \to \infty).$$

  - $a_n \to -\infty$ となるとき, つまり負で絶対値が限りなく大きくなるとき, **負の無限大に発散する**といい, 次のように表す:

$$\lim_{n \to \infty} a_n = -\infty \quad \text{または} \quad a_n \to -\infty \ (n \to \infty).$$

  - どちらでもないとき, **振動する**という. □

注意 4 数列の極限値は, 存在するとすればただ一つである.

例 2.1

- $\{a_n\} = \{\frac{1}{n}\} = \{\frac{1}{1}, \frac{1}{2}, \frac{1}{3}, \frac{1}{4}, \dots\}$ とする. $\lim_{n\to\infty} a_n = \lim_{n\to\infty} \dfrac{1}{n} = 0$ (収束).
- $\{b_n\} = \{n\} = \{1, 2, 3, 4, \dots\}$ とする. $\lim_{n\to\infty} b_n = \lim_{n\to\infty} n = \infty$ (発散).
- $\{c_n\} = \{(-1)^n\} = \{-1, +1, -1, +1, \dots\}$ は振動する (発散).
- $\{d_n\} = \left\{\sin \frac{n\pi}{2}\right\} = \{+1, 0, -1, 0, +1, 0, \dots\}$ は振動する (発散).

例 2.2　等比数列

等比数列 $\{r^n\} = \{r, r^2, r^3, \dots\}$ の極限は次のとおりである.

- $r > 1$ ならば, $\lim_{n\to\infty} r^n = \infty$ (発散).
- $r = 1$ ならば, $\lim_{n\to\infty} r^n = 1$ (収束).
- $|r| < 1$ ならば, $\lim_{n\to\infty} r^n = 0$ (収束).
- $r \leq -1$ ならば, $\{r^n\}$ は振動する (発散).

定理 2.1.1　数列 $\{a_n\}, \{b_n\}$ がともに収束するとき, 次が成り立つ.

i) $\displaystyle \lim_{n\to\infty} (\alpha a_n + \beta b_n) = \alpha \lim_{n\to\infty} a_n + \beta \lim_{n\to\infty} b_n \qquad (\alpha, \beta$ は定数)

ii) $\displaystyle \lim_{n\to\infty} (a_n b_n) = \left(\lim_{n\to\infty} a_n\right)\left(\lim_{n\to\infty} b_n\right)$

iii) $\displaystyle \lim_{n\to\infty} \frac{a_n}{b_n} = \frac{\lim_{n\to\infty} a_n}{\lim_{n\to\infty} b_n} \qquad$ (ただし, $\lim_{n\to\infty} b_n \neq 0$ のとき)

iv) $\displaystyle \lim_{n\to\infty} \{(a_n)^p\} = \left(\lim_{n\to\infty} a_n\right)^p \qquad$ (ただし, $p > 0, a_n \geq 0$ のとき) □

注意 5　$\{a_n\}$ や $\{b_n\}$ が収束しない場合には, 上の定理の公式は一般には成り立たない. また, 分母がゼロになる場合にも注意が必要である.

例 2.3

- $\displaystyle \lim_{n\to\infty} \frac{1-3n}{n} = \lim_{n\to\infty} \left(\frac{1}{n} - 3\right) = 0 - 3 = -3$
- $\displaystyle \lim_{n\to\infty} \frac{2n^2+n}{n^2+1} = \lim_{n\to\infty} \frac{2+\frac{1}{n}}{1+\frac{1}{n^2}} = \frac{\lim_{n\to\infty} \left(2+\frac{1}{n}\right)}{\lim_{n\to\infty} \left(1+\frac{1}{n^2}\right)} = \frac{2+0}{1+0} = 2$

- $\displaystyle\lim_{n\to\infty}\frac{4^n+1}{2^n+1}=\lim_{n\to\infty}\frac{2^n+\frac{1}{2^n}}{1+\frac{1}{2^n}}=\infty$
- $\displaystyle\lim_{n\to\infty}\frac{\sqrt{3n^2+1}}{n}=\lim_{n\to\infty}\sqrt{3+\frac{1}{n^2}}=\sqrt{\lim_{n\to\infty}\left(3+\frac{1}{n^2}\right)}=\sqrt{3}$
- $$\begin{aligned}\lim_{n\to\infty}\left(\sqrt{n^2+n}-n\right)&=\lim_{n\to\infty}\frac{(\sqrt{n^2+n}-n)(\sqrt{n^2+n}+n)}{\sqrt{n^2+n}+n}\\&=\lim_{n\to\infty}\frac{n}{\sqrt{n^2+n}+n}=\lim_{n\to\infty}\frac{1}{\sqrt{1+\frac{1}{n}}+1}=\frac{1}{2}\end{aligned}$$

問 1 以下の各数列の極限を求めよ.

(1) $\{a_n\}=\left\{\frac{3n^2+2n-5}{1-2n^2}\right\}$ (2) $\{a_n\}=\left\{n-\sqrt{n^2+2n}\right\}$ (3) $\{a_n\}=\left\{\frac{5^n}{3^n-2^n}\right\}$

(4) $\{a_n\}=\left\{n\cos\frac{n\pi}{2}\right\}$ (5) $\{a_n\}=\left\{\frac{1}{\sqrt{n+5}-\sqrt{n-2}}\right\}$ (6) $\{a_n\}=\left\{\frac{2^{2n}+3}{4^{n+3}+7}\right\}$

定理 2.1.2（はさみうちの原理） 数列 $\{a_n\}, \{b_n\}, \{c_n\}$ について, 次が成り立つとする:

$$b_n\le a_n\le c_n,\quad \lim_{n\to\infty}b_n=\lim_{n\to\infty}c_n=\alpha.$$

このとき, $\{a_n\}$ も収束し,

$$\lim_{n\to\infty}a_n=\alpha.$$

□

例 2.4

- $\{a_n\}=\left\{\frac{\sin(n\cos n)}{n}\right\}$ を考える. $-1\le\sin(n\cos n)\le 1$ を n で割って

  $$-\frac{1}{n}\le\frac{\sin(n\cos n)}{n}\le\frac{1}{n}$$

  であり, $\pm\frac{1}{n}\to 0\ (n\to\infty)$ である. したがって, はさみうちの原理により $\{a_n\}$ は収束し,

  $$\lim_{n\to\infty}a_n=0.$$

- $\{b_n\}=\left\{\frac{2^n}{n!}\right\}$ を考える.

  $$\begin{aligned}0<b_n&=\frac{2\cdot2\cdot2\cdot\cdots\cdot2\cdot2}{1\cdot2\cdot3\cdot\cdots\cdot(n-1)\cdot n}\\&=\frac{2}{1}\cdot\frac{2}{2}\cdot\frac{2}{3}\cdot\cdots\cdot\frac{2}{n-1}\cdot\frac{2}{n}<2\cdot1\cdot1\cdot\cdots\cdot1\cdot\frac{2}{n}=\frac{4}{n}\end{aligned}$$

であり, $\frac{4}{n} \to 0$ $(n \to \infty)$ である. したがって, はさみうちの原理により $\{b_n\}$ は収束し,

$$\lim_{n\to\infty} b_n = 0.$$

---

(2) 単調性と有界性

定義 2.1.2（単調性）

- $a_1 \leq a_2 \leq a_3 \leq \ldots$ が成り立つとき, 数列 $\{a_n\}$ は**単調増加**であるという.
- $a_1 \geq a_2 \geq a_3 \geq \ldots$ が成り立つとき, 数列 $\{a_n\}$ は**単調減少**であるという.
- 数列 $\{a_n\}$ は, 単調増加または単調減少であるとき, **単調**であるという. □

例 2.5

- $\{1, 2, 3, 4, \ldots\}$ は単調増加である.
- $\{\frac{1}{1}, \frac{1}{2}, \frac{1}{3}, \frac{1}{4}, \ldots\}$ は単調減少である.
- $\{-1, +2, -3, +4, \ldots\}$ は単調でない.

定義 2.1.3（有界性）

- 数列 $\{a_n\}$ は, 次が成り立つとき, **上に有界**であるという:
  ある実数 M があって, すべての n に対して $a_n \leq M$.
- 数列 $\{a_n\}$ は, 次が成り立つとき, **下に有界**であるという:
  ある実数 M があって, すべての n に対して $a_n \geq M$.
- 数列 $\{a_n\}$ は, 上に有界かつ下に有界であるとき, **有界**であるという. □

例 2.6

- $\{n\} = \{1, 2, 3, 4, \ldots\}$ は下に有界である. $(\because n \geq 1)$
- $\{(-1)^n\} = \{-1, +1, -1, +1, \ldots\}$ は有界である. $(\because -1 \leq (-1)^n \leq 1)$
- $\{-1, +2, -3, +4, \ldots\}$ は上にも下にも有界でない.

定理 2.1.3（単調収束定理）

- 数列 $\{a_n\}$ は, 単調増加かつ上に有界であれば, 収束する.
- 数列 $\{a_n\}$ は, 単調減少かつ下に有界であれば, 収束する. □

例 2.7

$f(x) = \sin\frac{\pi x}{2}$ とし, 数列 $\{a_n\}$ は次を満たすとする:

$$0 < a_1 < 1,\ a_{n+1} = f(a_n).$$

このとき, $0 < x < 1$ に対して $x < f(x) < 1$ が成り立つことに注意すると, $0 < a_1 < 1$ より $a_1 < f(a_1) = a_2 < 1$. 以下帰納的に, すべての n に対して $0 < a_n < a_{n+1} < 1$ が成り立つことがわかる. したがって $\{a_n\}$ は単調増加かつ上に有界だから, 単調収束定理により収束する.

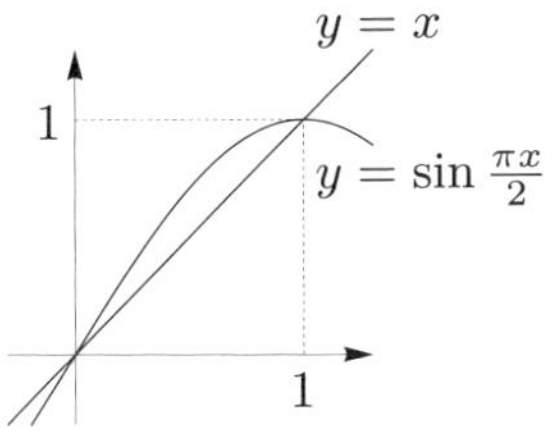

単調収束定理を用いて, 次の極限が収束することが示せる.

例 2.8　自然対数の底

自然対数の底, あるいは**ネイピア数** e は

$$e = \lim_{n\to\infty}\left(1 + \frac{1}{n}\right)^n = 2.71828\cdots.$$

問 2　数列 $\left\{\left(1 + \frac{1}{n}\right)^n\right\}$ が単調増加かつ上に有界であることを示せ.

2.2　関数の極限

(1)　極限

以下では変数 x が $x \neq a$ を満たしながら a に近づくことを次で表す: $x \to a$.

定義 2.2.1　$x \to a$ のときに $f(x)$ がある実数 α に限りなく近づくとき, $f(x)$ は $x \to a$ のときに α に**収束**するといい, 次のように表す:

$$\lim_{x\to a} f(x) = \alpha \quad \text{または} \quad f(x) \to \alpha\ (x \to a).$$

α を, $x \to a$ のときの $f(x)$ の**極限値**という. $f(x)$ が $x \to a$ のときに収束しないとき, **発散**するという. また, $\pm\infty$ への発散を数列の場合と同様に定める. □

注意 6　関数の極限値は, 存在するとすればただ一つである.

例 2.9

- $f(x) = \begin{cases} x & (x \neq 0) \\ 1 & (x = 0) \end{cases}$　に対して，$\displaystyle\lim_{x\to 0} f(x) = 0$.

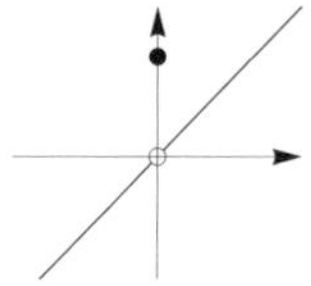

- $H(x) = \begin{cases} 0 & (x < 0) \\ 1 & (x \geq 0) \end{cases}$　に対して，$\displaystyle\lim_{x\to 0} H(x)$ は存在しない．この関数 $H(x)$ を**ヘビサイド関数**，あるいは**単位階段関数**という．

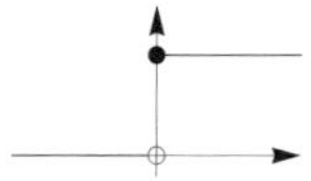

- $f(x) = \sin\frac{1}{x}$ $(x \neq 0)$ に対して，$\displaystyle\lim_{x\to 0} f(x)$ は存在しない．

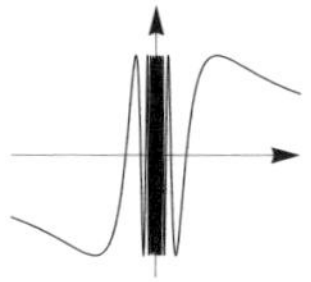

定理 2.2.1　$\displaystyle\lim_{x\to a} f(x), \lim_{x\to a} g(x)$ がともに収束するとき，次が成り立つ．

i) $\displaystyle\lim_{x\to a}\{\alpha f(x) + \beta g(x)\} = \alpha \lim_{x\to a} f(x) + \beta \lim_{x\to a} g(x)$　　(α, β は定数)

ii) $\displaystyle\lim_{x\to a}\{f(x)g(x)\} = \left\{\lim_{x\to a} f(x)\right\}\left\{\lim_{x\to a} g(x)\right\}$

iii) $\displaystyle\lim_{x\to a}\frac{f(x)}{g(x)} = \frac{\lim_{x\to a} f(x)}{\lim_{x\to a} g(x)}$　　(ただし，$\displaystyle\lim_{x\to a} g(x) \neq 0$ のとき)

iv) $\displaystyle\lim_{x\to a}\{f(x)\}^p = \left(\lim_{x\to a} f(x)\right)^p$　　(ただし，$p > 0, f(x) \geq 0$ のとき)　□

注意 7　数列の場合と同様に，$\displaystyle\lim_{x\to a} f(x)$ や $\displaystyle\lim_{x\to a} g(x)$ が収束しない場合には，上の定理の公式は一般には成り立たない．また，分母がゼロになる場合にも注意が必要である．

例 2.10

- $\displaystyle\lim_{x\to 2}(x^2 - 1) = 4 - 1 = 3$
- $\displaystyle\lim_{x\to 2}\frac{x^2 - 4}{x - 2} = \lim_{x\to 2}\frac{(x-2)(x+2)}{x-2} = \lim_{x\to 2}(x+2) = 4$
- $\displaystyle\lim_{x\to 1}\frac{x-1}{\sqrt{x}-1} = \lim_{x\to 1}\frac{(x-1)(\sqrt{x}+1)}{(\sqrt{x}-1)(\sqrt{x}+1)} = \lim_{x\to 1}\frac{(x-1)(\sqrt{x}+1)}{x-1}$
  $\displaystyle= \lim_{x\to 1}(\sqrt{x}+1) = 2$
- $\displaystyle\lim_{x\to 0}\frac{1}{x^2} = \infty$

問3 次の極限を求めよ.

(1) $\displaystyle\lim_{x\to 1}(x^2+1)(x^2-x)$ (2) $\displaystyle\lim_{x\to 0}\frac{x}{x^2-1}$ (3) $\displaystyle\lim_{x\to 1}\frac{x^2-x}{x^2+2x-3}$

(4) $\displaystyle\lim_{x\to 0}\frac{x}{\sqrt{x+1}-1}$ (5) $\displaystyle\lim_{x\to 0}\frac{x^2-1}{x^2}$ (6) $\displaystyle\lim_{x\to -3}\frac{x+3}{\sqrt{x+7}-2}$

(2) 無限大における極限

x の値が限りなく大きくなることを次で表す: $x\to\infty$. x の値が限りなく小さくなること (つまり, 負で, 絶対値が限りなく大きくなること) を次で表す: $x\to-\infty$.

定義 2.2.2

- $x\to\infty$ のときに $f(x)$ がある実数 α に限りなく近づくとき, $f(x)$ は $x\to\infty$ のときに α に収束するといい, 次のように表す:

$$\lim_{x\to\infty}f(x)=\alpha \quad \text{または} \quad f(x)\to\alpha\ (x\to\infty).$$

  α を, $x\to\infty$ のときの $f(x)$ の極限値という. $f(x)$ が $x\to\infty$ のときに収束しないとき, 発散するという.

- $x\to-\infty$ のときに $f(x)$ がある実数 α に限りなく近づくとき, $f(x)$ は $x\to-\infty$ のときに α に収束するといい, 次のように表す:

$$\lim_{x\to-\infty}f(x)=\alpha \quad \text{または} \quad f(x)\to\alpha\ (x\to-\infty).$$

  α を, $x\to-\infty$ のときの $f(x)$ の極限値という. $f(x)$ が $x\to-\infty$ のときに収束しないとき, 発散するという.

また, $\pm\infty$ への発散も同様に定める. □

無限大における極限についても, 定理 2.2.1 と同様のことが成り立つ.

例 2.11

- $\displaystyle\lim_{x\to\infty}\frac{1}{x}=0,\quad \lim_{x\to-\infty}\frac{1}{x}=0,\quad \lim_{x\to\infty}x^3=\infty,\quad \lim_{x\to-\infty}x^3=-\infty$
- $\displaystyle\lim_{x\to\infty}\frac{x+2}{x+1}=\lim_{x\to\infty}\frac{1+2/x}{1+1/x}=\frac{1+0}{1+0}=1$
- $\displaystyle\lim_{x\to\infty}\frac{\sqrt{x^2+1}}{x+1}=\lim_{x\to\infty}\frac{\sqrt{1+1/x^2}}{1+1/x}=\frac{\sqrt{1+0}}{1+0}=1$

問4　次の極限を求めよ.

(1) $\displaystyle\lim_{x\to\infty}\frac{x-2}{x+2}$　(2) $\displaystyle\lim_{x\to\infty}\frac{x+1}{x^2+x+1}$　(3) $\displaystyle\lim_{x\to-\infty}|x|$

(4) $\displaystyle\lim_{x\to\infty}\frac{x^2+1}{x}$　(5) $\displaystyle\lim_{x\to-\infty}\frac{|x|}{x}$　(6) $\displaystyle\lim_{x\to\infty}\frac{x+1}{\sqrt{x^2+1}+x}$

(7) $\displaystyle\lim_{x\to-\infty}\frac{\sqrt{x^2+5}}{3x}$　(8) $\displaystyle\lim_{x\to\infty}\frac{2^x+3}{2^x-1}$　(9) $\displaystyle\lim_{x\to\infty}\frac{1}{\sqrt{x^2+x}-x}$

(3)　片側極限

x が $x>a$ を満たしながら a に近づくことを次で表す: $x\to a+0$.[1] x が $x<a$ を満たしながら a に近づくことを次で表す: $x\to a-0$.[2] 特に $x\to 0\pm 0$ を, 単に $x\to\pm 0$ とも書く.

定義 2.2.3

- $x=a$ における $f(x)$ の**右極限**とは, $x\to a+0$ のときの $f(x)$ の極限であり, 次で表す: $\displaystyle\lim_{x\to a+0}f(x)$.
- $x=a$ における $f(x)$ の**左極限**とは, $x\to a-0$ のときの $f(x)$ の極限であり, 次で表す: $\displaystyle\lim_{x\to a-0}f(x)$. □

片側極限についても, 定理 2.2.1 と同様のことが成り立つ.

例 2.12

- $\displaystyle\lim_{x\to+0}\frac{|x|}{x}=\lim_{x\to+0}\frac{x}{x}=1,\quad \lim_{x\to-0}\frac{|x|}{x}=\lim_{x\to-0}\frac{-x}{x}=-1.$
- $f(x)=\begin{cases}\cos x & (x<0)\\ \cos\frac{1}{x} & (x>0)\end{cases}$ に対して, $\displaystyle\lim_{x\to-0}f(x)=1$, $\displaystyle\lim_{x\to+0}f(x)$ は存在しない.

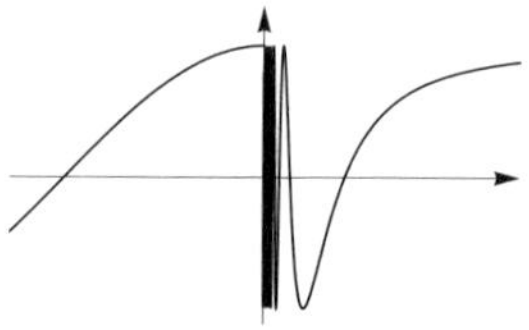

問5　次の極限を求めよ.

(1) $\displaystyle\lim_{x\to+0}\frac{x(x-1)}{|x|}$　(2) $\displaystyle\lim_{x\to1-0}\frac{(x-1)(x-5)}{|x-1|}$　(3) $\displaystyle\lim_{x\to-1+0}\frac{x^2-1}{|x+1|}$

1) 他にも様々な表し方がある: $x\to a^+$, $x\searrow a$, $x\downarrow a$.
2) 同様に, 次のようにも表す: $x\to a^-$, $x\nearrow a$, $x\uparrow a$.

例 2.13

極限を求めるのに, 変数の変換が有効な場合がある.

- $\displaystyle\lim_{x\to+0} 2^{\frac{1}{x}} \overset{t=\frac{1}{x}}{=} \lim_{t\to\infty} 2^t = \infty$
- $\displaystyle\lim_{x\to-0} 2^{\frac{1}{x}} \overset{t=\frac{1}{x}}{=} \lim_{t\to-\infty} 2^t = 0$
- $\displaystyle\lim_{x\to+0} \left(\frac{1}{2}\right)^{\frac{1}{x}} \overset{t=\frac{1}{x}}{=} \lim_{t\to\infty} \left(\frac{1}{2}\right)^t = 0$
- $\displaystyle\lim_{x\to-0} \left(\frac{1}{2}\right)^{\frac{1}{x}} \overset{t=\frac{1}{x}}{=} \lim_{t\to-\infty} \left(\frac{1}{2}\right)^t = \infty$

問 6 次の極限を求めよ.

(1) $\displaystyle\lim_{x\to1+0} 2^{\frac{1}{x-1}}$　　(2) $\displaystyle\lim_{x\to+0} \frac{1}{1+2^{\frac{1}{x}}}$　　(3) $\displaystyle\lim_{x\to-0} \frac{1}{1+2^{\frac{1}{x}}}$

定理 2.2.2 $\displaystyle\lim_{x\to a} f(x)$ が存在するための必要十分条件は, $\displaystyle\lim_{x\to a\pm0} f(x)$ がともに存在して

$$\lim_{x\to a+0} f(x) = \lim_{x\to a-0} f(x)$$

が成り立つことである. また, このとき $\displaystyle\lim_{x\to a} f(x) = \lim_{x\to a\pm0} f(x)$ である. □

例 2.14

$\displaystyle\lim_{x\to0} \frac{|x|}{x}\cos x$ を考える.

$$\lim_{x\to+0} \frac{|x|}{x}\cos x = \lim_{x\to+0} \frac{x}{x}\cos x = \lim_{x\to+0} \cos x = 1,$$

$$\lim_{x\to-0} \frac{|x|}{x}\cos x = \lim_{x\to-0} \frac{-x}{x}\cos x = \lim_{x\to-0} (-\cos x) = -1.$$

したがって $\displaystyle\lim_{x\to+0} \frac{|x|}{x}\cos x \neq \lim_{x\to-0} \frac{|x|}{x}\cos x$ であるから, $\displaystyle\lim_{x\to0} \frac{|x|}{x}\cos x$ は存在しない.

---

(4) はさみうちの原理

定理 2.2.3（はさみうちの原理） ($x = a$ を除く) $x = a$ の近くで次が成り立つとする:

$$g_1(x) \leq f(x) \leq g_2(x) \quad \text{かつ} \quad \lim_{x\to a} g_1(x) = \lim_{x\to a} g_2(x) = \alpha.$$

このとき $\lim_{x\to a} f(x)$ も存在し,

$$\lim_{x\to a} f(x) = \alpha.$$

□

例 2.15

$\lim_{x\to 0} x^2 \sin\frac{1}{x}$ を考える. $-1 \leq \sin\frac{1}{x} \leq 1$ $(x \neq 0)$ に x^2 をかけて

$$-x^2 \leq x^2 \sin\frac{1}{x} \leq x^2$$

であり, $\pm x^2 \to 0$ $(x \to 0)$ である. したがって, はさみうちの原理により,

$$\lim_{x\to 0} x^2 \sin\frac{1}{x} = 0.$$

注意 8　無限大における極限や片側極限についても, 同様の定理が成り立つ.

(5)　特別な極限

例 2.16　三角関数を含む式の極限

$\lim_{x\to 0} \frac{\sin x}{x}$ を考える. $x \to 0$ のとき, 分母 $x \to 0$ であるから定理 2.2.1 は使えない. この極限については次が成り立つことが知られている:

$$\lim_{x\to 0} \frac{\sin x}{x} = 1.$$

また, cos を含む極限について次が成り立つ:

$$\lim_{x\to 0} \frac{\cos x - 1}{x} = 0, \quad \lim_{x\to 0} \frac{\cos x - 1}{x^2} = -\frac{1}{2}.$$

これは次のように示せる:

$$\lim_{x\to 0} \frac{\cos x - 1}{x^2} = \lim_{x\to 0} \frac{\cos^2 x - 1}{x^2(\cos x + 1)} = \lim_{x\to 0} \frac{-1}{\cos x + 1} \frac{\sin^2 x}{x^2} = -\frac{1}{2},$$

$$\lim_{x\to 0} \frac{\cos x - 1}{x} = \lim_{x\to 0} \frac{\cos x - 1}{x^2} \cdot x = -\frac{1}{2} \cdot 0 = 0.$$

例 2.17

- $\lim_{x\to 0} \frac{\sin(3x)}{x} = 3 \lim_{x\to 0} \frac{\sin(3x)}{3x} \overset{t=3x}{=} 3 \lim_{t\to 0} \frac{\sin t}{t} = 3$

- $\displaystyle\lim_{x\to 0}\frac{\sin(3x)}{\sin(4x)}=\lim_{x\to 0}\frac{\sin(3x)/x}{\sin(4x)/x}=\frac{3}{4}$
- $\displaystyle\lim_{x\to 0}\frac{\tan x}{x}=\lim_{x\to 0}\left(\frac{1}{\cos x}\cdot\frac{\sin x}{x}\right)=1\cdot 1=1$

問 7 次の極限を求めよ.

(1) $\displaystyle\lim_{x\to 0}\frac{\sin(5x)}{4x}$ (2) $\displaystyle\lim_{x\to 0}\frac{\sin x+\sin(4x)}{\sin(3x)}$

(3) $\displaystyle\lim_{x\to 0}\frac{\tan(3x)}{2x}$ (4) $\displaystyle\lim_{x\to 0}\frac{\sin(x+\frac{\pi}{4})-\cos(x+\frac{\pi}{4})}{x}$

例 2.18 自然対数の底

自然対数の底 $e=\displaystyle\lim_{n\to\infty}\left(1+\frac{1}{n}\right)^n$ (数列の極限) であったが, 次も成り立つ:

$$e=\lim_{x\to\infty}\left(1+\frac{1}{x}\right)^x=\lim_{h\to 0}(1+h)^{\frac{1}{h}}=2.71828\cdots.$$

例 2.19

- $\displaystyle\lim_{h\to 0}(1+h)^{\frac{3}{h}}=\lim_{h\to 0}\left\{(1+h)^{\frac{1}{h}}\right\}^3=\left\{\lim_{h\to 0}(1+h)^{\frac{1}{h}}\right\}^3=e^3$
- $\displaystyle\lim_{x\to\infty}\left(1+\frac{1}{x}\right)^{3x}\overset{h=\frac{1}{x}}{=}\lim_{h\to 0}(1+h)^{\frac{3}{h}}=e^3$

問 8 次の各極限を求めよ.

(1) $\displaystyle\lim_{x\to 0}(1-x)^{\frac{1}{x}}$ (2) $\displaystyle\lim_{x\to\infty}\left(1+\frac{1}{2x}\right)^{6x}$ (3) $\displaystyle\lim_{x\to 0}(1+\sin x)^{\frac{1}{x}}$

2.2.1 連続性

定義 2.2.4 $f(x)$ が次を満たすとき, $f(x)$ は $x=a$ で連続であるという: $\displaystyle\lim_{x\to a}f(x)$ が存在して,

$$\lim_{x\to a}f(x)=f(a).$$

$f(x)$ が開区間 I 上の各点で連続であるとき, $f(x)$ は I 上連続であるという. □

例 2.20

- $f(x) = x^2$ は $x = 0$ で連続; $\lim_{x \to 0} f(x) = 0, \quad f(0) = 0.$
- $g(x) = \begin{cases} x & (x \neq 0) \\ 1 & (x = 0) \end{cases}$ は $x = 0$ で連続でない;

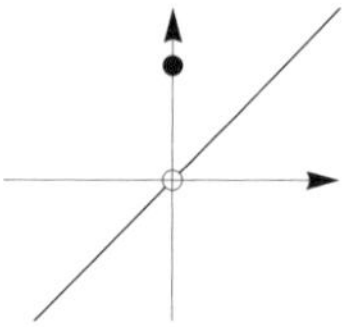

$$\lim_{x \to 0} g(x) = 0, \quad g(0) = 1.$$

注意 9　I が半開区間 $[c_1, c_2)$ の場合, $f(x)$ が開区間 (c_1, c_2) 上連続かつ $\lim_{x \to c_1 + 0} f(x) = f(c_1)$ であるとき, $f(x)$ は I 上連続であるという. $(c_1, c_2]$ 上や $[c_1, c_2]$ 上の連続性も同様に定める.

定理 2.2.4　多項式関数, べき関数 x^a, 指数関数 b^x, 対数関数 $\log_b x$, 三角関数は, その定義域上連続である. また, 連続関数の合成関数も連続である.　□

例 2.21

- $\sqrt{x}$ は $[0, \infty)$ 上連続である.
- $x^2 + 1$, $\log x$ は連続である. よって合成関数 $\log(x^2 + 1)$ も連続である.
- $f(x) = x^2 + 3x + 1$ に対して $\lim_{x \to 2} f(x)$ を考える. $f(x)$ は多項式関数だから連続である. よって

$$\lim_{x \to 2} f(x) = f(2) = 2^2 + 3 \cdot 2 + 1 = 11.$$

定理 2.2.5　$f(x)$, $g(x)$ が連続のとき, つぎの各関数も連続である.

i)　$\alpha f(x) + \beta g(x)$　　(α, β は定数)

ii)　$f(x)g(x)$

iii)　$f(x)/g(x)$　　(ただし, $g(x) = 0$ となる点は除く)　□

例 2.22

多項式 $f(x), g(x)$ から定まる有理関数 $\frac{f(x)}{g(x)}$ は $g(x) = 0$ となる点を除いて連続である. 例えば, $\frac{x}{x^2 - 1}$ は $x = \pm 1$ を除いて連続である.

問 9 以下の各関数が連続でない点をすべて求めよ.

(1) $\dfrac{1}{x^2-2x}$ (2) $\dfrac{1}{x^3-7x+6}$ (3) $\dfrac{1}{x^3+x}$ (4) $\dfrac{\cos^2 x}{\sin x}$

定理 2.2.6（中間値の定理） $f(x)$ は閉区間 $[a,b]$ で連続であり, $f(a) \neq f(b)$ とする. このとき, $f(a)$ と $f(b)$ の間にある任意の数 L に対して,

$$f(c) = L$$

となる c が開区間 (a,b) 上に存在する. 特に, $f(a)$ と $f(b)$ の符号が異なるならば

$$f(c) = 0$$

となる c が (a,b) 上に存在する. □

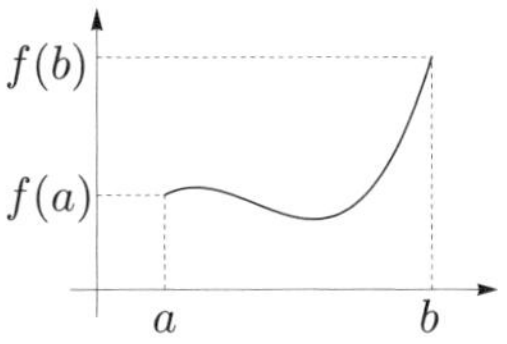

(a) $f(a) < f(b)$ の場合

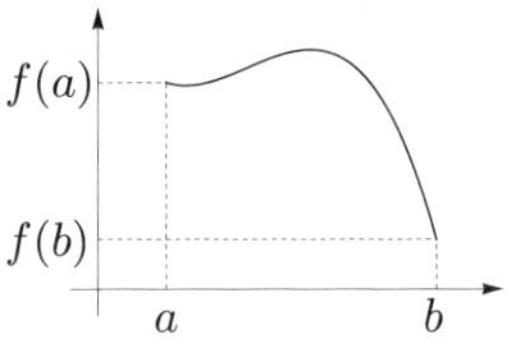

(b) $f(a) > f(b)$ の場合

例 2.23

- $f(x) = x^2 + 99x - 100$ とする. $f(x)$ は閉区間 $[0,2]$ で連続であり,
$$f(0) = -100 < 0, \quad f(2) = 102 > 0$$
である. よって中間値の定理により, 開区間 $(0,2)$ 上にある c があって $f(c) = 0$ となる. すなわち, 方程式 $f(x) = 0$ は $(0,2)$ に解をもつ.
- $g(x) = \cos x - x^2$ とする. $g(x)$ は閉区間 $\left[\frac{\pi}{4}, \frac{\pi}{3}\right]$ で連続であり,
$$g\left(\tfrac{\pi}{4}\right) = \tfrac{\sqrt{2}}{2} - \left(\tfrac{\pi}{4}\right)^2 = (0.707\cdots) - (0.785\cdots)^2 > 0,$$
$$g\left(\tfrac{\pi}{3}\right) = \tfrac{1}{2} - \left(\tfrac{\pi}{3}\right)^2 < \tfrac{1}{2} - 1^2 < 0$$
である. よって中間値の定理により, 方程式 $g(x) = 0$ は $\left(\frac{\pi}{4}, \frac{\pi}{3}\right)$ に解をもつ.

問 10 以下の各方程式が, 与えられた区間に解を持つことを示せ.

(1) $x^5 + x - 1 = 0, \quad (0,1)$ (2) $x^3 + 2x + 1 = 0, \quad (-1,0)$

章末問題

問題1　以下の各数列の極限を求めよ.

(1) $\left\{2\log n-\log(3+5n^2)\right\}$　(2) $\left\{\dfrac{1+2n+3n^2}{\sqrt{1+n+n^2}}\right\}$　(3) $\left\{\sqrt[n]{2^n+3^n}\right\}$

(4) $\left\{\dfrac{1}{\sqrt{n^2+n}-\sqrt{n^2+1}}\right\}$　(5) $\left\{\sqrt[3]{1+n^3}-n\right\}$　(6) $\left\{\dfrac{1}{n^2}e^{-\frac{1}{n}}\right\}$

問題2　以下のように定義される数列 $\{a_n\}$ が収束することを示せ.

(1) $a_1=\dfrac{1}{2},\ a_{n+1}={a_n}^2$　　(2) $a_1=1,\ a_{n+1}=\sqrt{a_n+2}$

問題3　以下の各極限を求めよ.

(1) $\displaystyle\lim_{x\to2}\frac{x^3-2x^2+x-2}{2x^2-5x+2}$　(2) $\displaystyle\lim_{x\to1+0}\frac{1}{|x|-1}$　(3) $\displaystyle\lim_{x\to-\infty}\frac{\pi^x+e^x}{\pi^x-e^x}$

(4) $\displaystyle\lim_{x\to\infty}\frac{1}{\sqrt[4]{x^4+x^3}-x}$　(5) $\displaystyle\lim_{x\to0}\frac{\sqrt[3]{1+x}-1}{\cos x}$　(6) $\displaystyle\lim_{x\to\infty}\sqrt{e^x+2^x}$

(7) $\displaystyle\lim_{x\to-\infty}\frac{\sqrt{1+2x+3x^2}}{x}$　(8) $\displaystyle\lim_{x\to0}\frac{\tan x}{x}$　(9) $\displaystyle\lim_{x\to\frac{\pi}{2}}\frac{\cos x}{\sin 2x}$

(10) $\displaystyle\lim_{x\to0}(1+\tan x)^{\csc 2x}$　(11) $\displaystyle\lim_{x\to0}\frac{|\sin x|}{\sin 3x}$　(12) $\displaystyle\lim_{x\to-0}\frac{\sin 5x}{|x|}$

(13) $\displaystyle\lim_{x\to-\infty}(1+2^{x+1})^{2^{-x}}$　(14) $\displaystyle\lim_{x\to\infty}b^x$ ($b>0$ は定数)

問題4　以下の各関数が連続になるように, 定数 a の値を定めよ.

(1) $f_1(x)=\begin{cases}x^2 & (x\neq0)\\ a & (x=0)\end{cases}$　(2) $f_2(x)=\begin{cases}\frac{x^2-1}{x-1} & (x\neq1)\\ a & (x=1)\end{cases}$

(3) $f_3(x)=\begin{cases}\frac{1}{x} & (x<-1)\\ \frac{a}{x+5} & (x\geq-1)\end{cases}$　(4) $f_4(x)=\begin{cases}a\cos x & (x\leq0)\\ \frac{\sin 2x}{x} & (x>0)\end{cases}$

問題5　以下の各方程式が, 与えられた区間に解を持つことを示せ.

(1) $x^5+x^4-3x+1=0,\quad(\frac{1}{3},\frac{1}{2})$　(2) $3x=\tan 2x,\quad(\frac{\pi}{8},\frac{\pi}{6})$

(3) $\cos x=2x^3-1,\quad(\frac{\pi}{4},\frac{\pi}{3})$　(4) $e^x=1+\sqrt{x},\quad(\frac{1}{2},\frac{3}{4})$

問題6　3次方程式

$$x^3+ax^2+bx+c=0\quad(\text{ここで } a,b,c \text{ は定数})$$

は少なくとも1つの実数解を持つことを示せ.

第3章

1変数関数の微分法

微分係数や導関数とは関数の変化率を表すものであり，微分係数や導関数を求めることが微分である．本章では微分の定義や意味をおさえた後，微分の種々の計算法を学ぶ．

3.1　微分係数と導関数

(1)　平均変化率と微分係数

関数 $y=f(x)$ に対し，x が a から b まで動くときの y の平均変化率とは

$$\frac{y\text{ の変化量}}{x\text{ の変化量}}=\frac{f(b)-f(a)}{b-a}$$

であった．これは幾何学的には曲線 $y=f(x)$ 上の2点 $(a,f(a))$，$(b,f(b))$ を結ぶ割線の傾きを表している．

(a) $a<b$ の場合　　(b) $b<a$ の場合

図3.1　2点 $(a,f(a))$，$(b,f(b))$ を結ぶ割線

定義3.1.1　関数 $y=f(x)$ に対し，極限 $\displaystyle\lim_{b\to a}\frac{f(b)-f(a)}{b-a}$ が存在するとき，$f(x)$ は $x=a$ で**微分可能**であるといい，その極限値を $f(x)$ の $x=a$ における**(瞬間)変化率**，あるいは**微分係数**といって，$f'(a)$ で表す；

$$f'(a)=\lim_{b\to a}\frac{f(b)-f(a)}{b-a}=\lim_{h\to 0}\frac{f(a+h)-f(a)}{h}.$$

また，点 $\mathrm{P}(a,f(a))$ を通る傾き $f'(a)$ の直線

$$y-f(a)=f'(a)(x-a)$$

を，曲線 $y=f(x)$ の点Pにおける**接線**という．　□

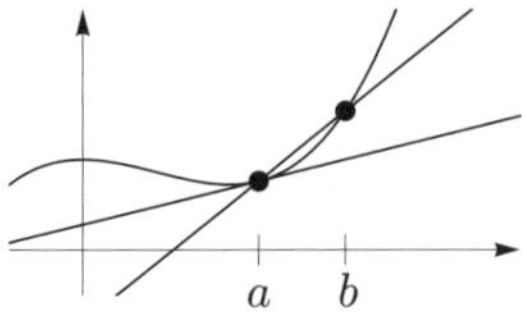

図 3.2　割線と接線

例 3.1

- $f(x) = x^2$ とする．

$$f'(1) = \lim_{h\to 0}\frac{f(1+h)-f(1)}{h} = \lim_{h\to 0}\frac{(1+h)^2-1^2}{h} = \lim_{h\to 0}\frac{(1+2h+h^2)-1}{h} = \lim_{h\to 0}\frac{2h+h^2}{h} = \lim_{h\to 0}(2+h) = 2$$

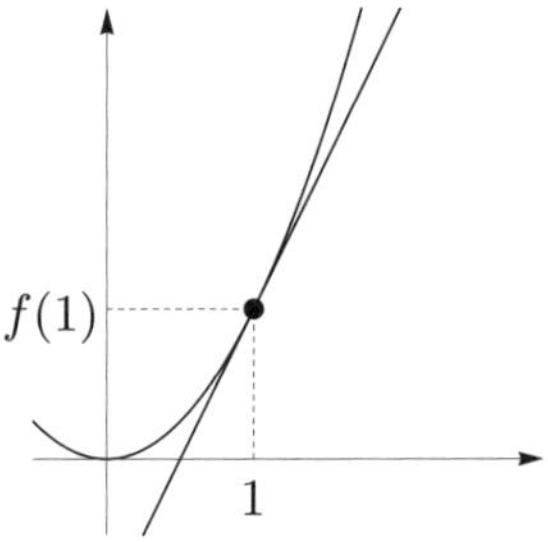

- $f(x) = \begin{cases} x & (x \geq 0) \\ 0 & (x < 0) \end{cases}$ に対して $f'(0) = \displaystyle\lim_{h\to 0}\frac{f(h)-f(0)}{h}$ を考える．

$$\lim_{h\to +0}\frac{f(h)-f(0)}{h} = \lim_{h\to +0}\frac{h-0}{h} = \lim_{h\to +0} 1 = 1,$$

$$\lim_{h\to -0}\frac{f(h)-f(0)}{h} = \lim_{h\to -0}\frac{0-0}{h} = \lim_{h\to -0} 0 = 0.$$

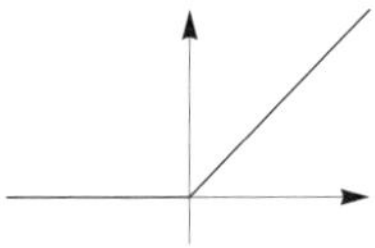

したがって $\lim_{h\to +0}\frac{f(h)-f(0)}{h} \neq \lim_{h\to -0}\frac{f(h)-f(0)}{h}$ だから $\lim_{h\to 0}\frac{f(h)-f(0)}{h}$ は存在しない．すなわち，$f(x)$ は $x=0$ において微分不可能である．

問1　定義に従って，以下の微分係数を求めよ．

(1) $f(x) = x^3,\ f'(-1)$　　(2) $f(x) = \dfrac{1}{x},\ f'(2)$　　(3) $f(x) = |x|,\ f'(0)$

定理 3.1.1　$f(x)$ が $x=a$ で微分可能ならば，$f(x)$ は $x=a$ で連続である．□

【証明】　f が $x=a$ で微分可能なら $f'(a) = \lim_{x\to a}\frac{f(x)-f(a)}{x-a}$ が存在するから，

$$\lim_{x\to a}\{f(x)-f(a)\} = \lim_{x\to a}\left\{\frac{f(x)-f(a)}{x-a}\cdot(x-a)\right\} = f'(a)\cdot 0 = 0.$$

よって，$\lim_{x\to a} f(x) = \lim_{x\to a}\{f(x)-f(a)+f(a)\} = 0 + f(a) = f(a).$　■

注意 10 この定理の逆は成り立たない. (例. $f(x)=|x|$)

定義 3.1.2 関数 $y=f(x)$ について, あらゆる a に対して微分係数 $f'(a)$ を集めると, 再び関数 $f'(x)$ を得る. $f'(x)$ を $f(x)$ の**導関数**という. □

$y=f(x)$ に対してその導関数 $f'(x)$ をとること (求めること) を, f を**微分する**という. 導関数 $f'(x)$ は次のようにも表す:

$$f'(x)=y'=\frac{df}{dx}(x)=\frac{dy}{dx}=\frac{d}{dx}f(x)=\frac{d}{dx}y.$$

例 3.2

$f(x)=x^2$ とする.

$$\begin{aligned} f'(x) &= \lim_{h\to 0}\frac{f(x+h)-f(x)}{h}=\lim_{h\to 0}\frac{(x+h)^2-x^2}{h} \\ &= \lim_{h\to 0}\frac{(x^2+2xh+h^2)-x^2}{h}=\lim_{h\to 0}\frac{2xh+h^2}{h}=\lim_{h\to 0}(2x+h)=2x \end{aligned}$$

したがって $f'(x)=2x$ である.

同様に一般の自然数 n について $(x^n)'=nx^{n-1}$ となる (章末問題). さらに一般の実数 a に対するべき関数 x^a についても同様の公式が成り立つ:

$$(x^a)'=ax^{a-1}.$$

例 3.3

- $\left(x^{-2}\right)'=-2x^{-2-1}=-2x^{-3}$
- $\left(\sqrt{x}\right)'=\left(x^{\frac{1}{2}}\right)'=\frac{1}{2}x^{\frac{1}{2}-1}=\frac{1}{2}x^{-\frac{1}{2}}$
- $\left(\frac{1}{x}\right)'=(x^{-1})'=-1x^{-2}=-\frac{1}{x^2}$

問 2 次の関数を微分せよ.

(1) $x^{-\frac{4}{3}}$　(2) $\sqrt{x^7}$　(3) $\dfrac{1}{x^{-\frac{1}{4}}}$　(4) $\left(x^3\right)^{-\frac{1}{4}}$

例 3.4

- $(\sin x)'=\lim_{h\to 0}\frac{\sin(x+h)-\sin x}{h}$

$$= \lim_{h \to 0} \frac{(\sin x \cos h + \cos x \sin h) - \sin x}{h} \quad \text{(加法定理を使った)}$$

$$= \lim_{h \to 0} \left\{ \sin x \cdot \tfrac{\cos h - 1}{h} + \cos x \cdot \tfrac{\sin h}{h} \right\}$$

$$= \sin x \cdot 0 + \cos x \cdot 1 \quad \text{(例 2.16を使った)}$$

$$= \cos x$$

- $(\cos x)' = -\sin x$.　(同様. 章末問題)
- $(\log x)' = \lim_{h \to 0} \dfrac{\log(x+h) - \log x}{h}$

$$= \lim_{h \to 0} \frac{1}{h} \log \frac{x+h}{x} \quad \text{(対数法則を使った)}$$

$$= \lim_{h \to 0} \frac{1}{x} \cdot \frac{x}{h} \log \left(1 + \tfrac{h}{x}\right)$$

$$= \lim_{h \to 0} \frac{1}{x} \log \left\{ \left(1 + \tfrac{h}{x}\right)^{\frac{x}{h}} \right\} \quad \text{(対数法則を使った)}$$

$$= \frac{1}{x} \log e = \frac{1}{x}$$

3.2　微分と1次近似

(1)　1次近似

まず関数の微分可能性を言い換える. 関数 $f(x)$ が x_0 において微分可能であるとは, 極限 $\lim_{x \to x_0} \frac{f(x) - f(x_0)}{x - x_0}$ が存在することであった. これは次のように言い換えることもできる.

$$\lim_{x \to x_0} \frac{f(x) - f(x_0)}{x - x_0} \text{ が存在}$$

$$\Longleftrightarrow \text{ある定数 } c \text{ があって } \lim_{x \to x_0} \left\{ \frac{f(x) - f(x_0)}{x - x_0} - c \right\} = 0$$

$$\Longleftrightarrow \text{ある定数 } c \text{ があって } \lim_{x \to x_0} \frac{f(x) - \{f(x_0) + c(x - x_0)\}}{x - x_0} = 0$$

$$\Longleftrightarrow \text{ある1次関数 } f_0(x) \text{ があって } \lim_{x \to x_0} \frac{f(x) - f_0(x)}{(x \text{ と } x_0 \text{ の距離})} = 0.$$

なお1次関数 $f_0(x)$ は, 存在するとすれば, $f_0(x) = f(x_0) + f'(x_0)(x - x_0)$ である. したがって, $f(x)$ が x_0 において微分可能であれば,

$$f(x) = f(x_0) + f'(x_0)(x - x_0) + R(x)$$

としたときの $R(x)$ が, $x \to x = 0$ のときに $x - x_0$ よりも速く 0 に収束する, すなわち

$$\lim_{x \to x_0} \frac{R(x)}{x - x_0} = 0$$

が成り立つ. よって x が x_0 に近いとき, $R(x)$ は非常に小さく, 次の近似が成り立つ:

$$f(x) \fallingdotseq f(x_0) + f'(x_0)(x - x_0).$$

この近似を, x_0 における f の **1 次近似**といい, 1 次関数 $f(x_0) + f'(x_0)(x - x_0)$ を $f(x)$ の x_0 における**線形化**, あるいは **1 次近似**という. また, f_0 のグラフ $y = f_0(x)$ は, $y = f(x)$ の x_0 における接線であるから, グラフ $y = f(x)$ が接線 $y = f_0(x)$ で近似できるとも言える.

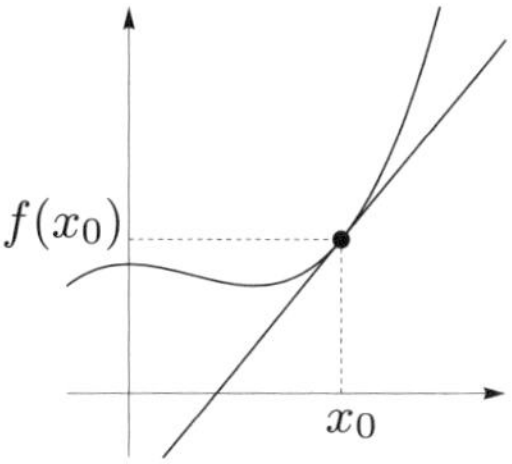

(2)　微分

微分可能な関数 $f(x)$ のグラフ $y = f(x)$ の (x_0, y_0) における接線を記述するために, 新しい変数

$$dx = x - x_0$$
$$dy = y - y_0$$

を導入すると, 接線は $dy = f'(x_0)\,dx$ と書ける. この変数 dx, dy を, **微分**という.

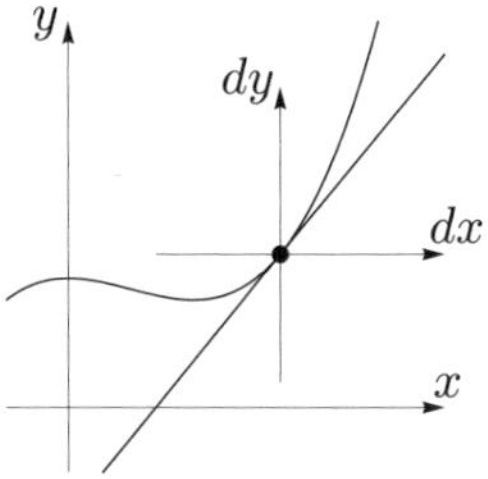

dy は, x が dx だけ変化するときの, 線形化 f_0 の変化 $f_0(x_0 + dx) - f_0(x_0)$ を表している. x が dx だけ変化するときの y の変化を Δy, すなわち $\Delta y = f(x_0 + dx) - f(x_0)$ とすると, dy は Δy を近似する.

例 3.5

$y = \sin x$ を考える. この関数の一般の点 x における微分 dy は,

$$dy = \frac{dy}{dx}\,dx = \cos x\,dx.$$

$x = \pi$ においては, $\cos x = -1$ だから微分は

$$dy = -\,dx.$$

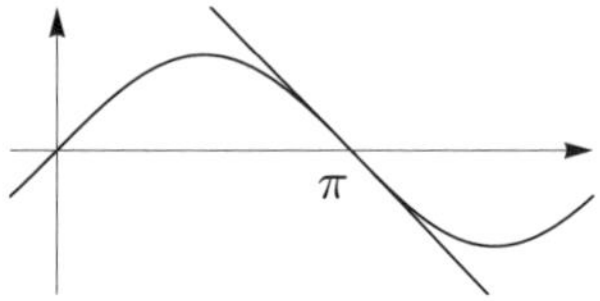

例えば $dx = 0.01$ ならば,

$$dy = -0.01.$$

したがって,

$$\sin(\pi + 0.01) - \sin(\pi) \fallingdotseq -0.01,$$

すなわち,

$$\sin(\pi + 0.01) \fallingdotseq -0.01.$$

問3　次の関数に対して, 微分 dy を求めよ. また, それを用いて近似値を求めよ.

(1) $y = \cos x,\ \cos(\frac{\pi}{4} + 0.01)$　(2) $y = \sqrt{x},\ \sqrt{1.001}$　(3) $y = \log x,\ \log 0.99$

3.3　初等関数の導関数と基本的な微分公式

ここで, これまでに得た微分に関する結果と, 後に得る e^x, $\tan x$ の導関数についての結果を一旦まとめておく.

定理 3.3.1

$$(x^a)' = ax^{a-1}, \qquad (\sin x)' = \cos x$$
$$(e^x)' = e^x, \qquad (\cos x)' = -\sin x$$
$$(\log x)' = \frac{1}{x}, \qquad (\tan x)' = \sec^2 x = \frac{1}{\cos^2 x}$$

□

定理 3.3.2（微分の線形性）　α, β を定数とする. $f(x), g(x)$ がともに微分可能ならば, $\alpha f(x) + \beta g(x)$ も微分可能で,

$$\{\alpha f(x) + \beta g(x)\}' = \alpha f'(x) + \beta g'(x).$$

□

例 3.6

- $\left(2x^2 - 5\sin x\right)' = 2(x^2)' - 5\,(\sin x)' = 2 \cdot 2x - 5\cos x = 4x - 5\cos x$

- $\{x(x+3)\}' = (x^2+3x)' = (x^2)' + 3(x)' = 2x+3$
- $\frac{d}{dx}\log_b x = \frac{d}{dx}\frac{\log x}{\log b} = \frac{1}{\log b}\frac{d}{dx}\log x = \frac{1}{\log b}\frac{1}{x}$

問 4　次の関数を微分せよ.

(1) $-2\cos x + 3e^x$　(2) $(x^3+5)(x-1)$　(3) $(6x^{\frac{2}{3}}-1)(1+\dfrac{1}{x})$

定理 3.3.3（積の微分公式）　$f(x), g(x)$ がともに微分可能ならば, $f(x)g(x)$ も微分可能で,

$$\{f(x)g(x)\}' = f'(x)g(x) + f(x)g'(x). \qquad \square$$

【証明】

$$\begin{aligned}
&\lim_{h\to 0}\frac{f(x+h)g(x+h)-f(x)g(x)}{h} \\
&\quad = \lim_{h\to 0}\frac{f(x+h)g(x+h)-f(x)g(x+h)+f(x)g(x+h)-f(x)g(x)}{h} \\
&\quad = \lim_{h\to 0}\left\{\frac{f(x+h)-f(x)}{h}\cdot g(x+h) + f(x)\cdot\frac{g(x+h)-g(x)}{h}\right\} \\
&\quad = f'(x)g(x) + f(x)g'(x). \qquad \blacksquare
\end{aligned}$$

例 3.7

- $\left(x^3\sin x\right)' = \left(x^3\right)'\sin x + x^3\left(\sin x\right)' = 3x^2\sin x + x^3\cos x$
- $\left(e^x\cos x\right)' = \left(e^x\right)'\cos x + e^x\left(\cos x\right)' = e^x\cos x - e^x\sin x$
- $\left(x+x^2\log x\right)' = (x)' + \left(x^2\log x\right)' = 1+2x\log x + x^2\cdot\frac{1}{x} = 1+x+2x\log x$

問 5　次の関数を微分せよ.

(1) $x\cos x$　(2) $e^x\log x$　(3) $-\sqrt{x}\sin x - \dfrac{5}{\sqrt{x}}$

定理 3.3.4（商の微分公式）　$f(x), g(x)$ がともに微分可能かつ $g(x)\neq 0$ ならば, $f(x)/g(x)$ も微分可能で,

$$\left\{\frac{f(x)}{g(x)}\right\}' = \frac{f'(x)g(x)-f(x)g'(x)}{\{g(x)\}^2}.$$

$\square$

【証明】 積の微分公式と同様に証明できる (章末問題). ■

例 3.8

- $\left(\dfrac{x}{x^2+1}\right)' = \dfrac{(x)'(x^2+1) - x\cdot(x^2+1)'}{(x^2+1)^2} = \dfrac{(x^2+1) - x\cdot 2x}{(x^2+1)^2} = \dfrac{-x^2+1}{(x^2+1)^2}$
- $\left(\dfrac{1}{x^2+x}\right)' = -\dfrac{(x^2+x)'}{(x^2+x)^2} = -\dfrac{2x+1}{(x^2+x)^2}$
- $$(\tan x)' = \left(\frac{\sin x}{\cos x}\right)' = \frac{(\sin x)'\cos x - \sin x(\cos x)'}{\cos^2 x} = \frac{\cos x\cdot\cos x - \sin x\cdot(-\sin x)}{\cos^2 x} = \frac{1}{\cos^2 x}\quad (= \sec^2 x)$$
- $(\csc x)' = \left(\dfrac{1}{\sin x}\right)' = -\dfrac{(\sin x)'}{\sin^2 x} = -\dfrac{\cos x}{\sin^2 x}$ $(= -\csc x\cot x)$

問6　次の関数を微分せよ.

(1) $\dfrac{x^2}{2x+1}$　(2) $\dfrac{1}{x^{10}+1}$　(3) $\dfrac{\sin x}{1+x^4}$

(4) $\dfrac{e^x\cos x}{x^2+2x+5}$　(5) $\sec x$　(6) $\cot x$

3.4　合成関数の微分

(1)　合成関数の微分公式 (連鎖律)

ここでは $y=f(t)$ と $t=g(x)$ の合成関数 $y=f(g(x))$ の微分とその応用を考える.

定理 3.4.1（合成関数の微分公式, 連鎖律）　f, g がともに微分可能ならば, 合成関数 $y=f(g(x))$ も微分可能で,

$$\frac{dy}{dx} = \frac{dy}{dt}\frac{dt}{dx} = \frac{df}{dt}\frac{dg}{dx}.$$

より正確には

$$\{f(g(x))\}' = f'(g(x))\,g'(x).$$ □

【証明】 $f(t)$ が $f(g(x_0))$ で微分可能であれば,

$$f(t) = f(g(x_0)) + f'(g(x_0))\{t - g(x_0)\} + R(t)\{t - g(x_0)\},$$
$$\lim_{t \to g(x_0)} R(t) = 0$$

とかける. また関数は微分可能ならば連続だから, $x \to x_0$ のとき, $g(x) \to g(x_0)$ である. したがって

$$\begin{aligned}
&\lim_{x \to x_0} \frac{f(g(x)) - f(g(x_0))}{x - x_0} \\
&= \lim_{x \to x_0} \frac{f'(g(x_0))\{g(x) - g(x_0)\} + R(g(x))\{g(x) - g(x_0)\}}{x - x_0} \\
&= \lim_{x \to x_0} \left\{ f'(g(x_0)) \cdot \frac{g(x) - g(x_0)}{x - x_0} + R(g(x)) \cdot \frac{g(x) - g(x_0)}{x - x_0} \right\} \\
&= f'(g(x_0))g'(x_0) + 0 \cdot g'(x_0) \\
&= f'(g(x_0))g'(x_0).
\end{aligned}$$

■

例 3.9

- $y = (x^4 + 1)^3$ は $y = t^3$ と $t = x^4 + 1$ の合成関数なので

$$\frac{dy}{dx} = \frac{dy}{dt} \cdot \frac{dt}{dx} = 3t^2 \cdot 4x^3 = 3(x^4 + 1)^2 \cdot 4x^3 = 12x^3(x^4 + 1)^2$$

- $y = \log(1 + x^2)$ は $y = \log t$ と $t = 1 + x^2$ の合成関数なので

$$\frac{dy}{dx} = \frac{dy}{dt} \cdot \frac{dt}{dx} = \frac{1}{t} \cdot 2x = \frac{2x}{1 + x^2}$$

- $y = (x^2 + x + 1)^{\frac{1}{3}}$ は $y = t^{\frac{1}{3}}$ と $t = x^2 + x + 1$ の合成関数なので

$$\frac{dy}{dx} = \frac{dy}{dt} \cdot \frac{dt}{dx} = \frac{1}{3}t^{-\frac{2}{3}} \cdot (2x + 1) = \frac{1}{3}(x^2 + x + 1)^{-\frac{2}{3}}(2x + 1)$$

- $\sin(x^2)$ は $y = \sin t$ と $t = x^2$ の合成関数なので

$$\frac{dy}{dx} = \frac{dy}{dt} \cdot \frac{dt}{dx} = \cos t \cdot 2x = 2x\cos(x^2)$$

- $\cos\dfrac{1}{x}$ は $y = \cos t$ と $t = \dfrac{1}{x}$ の合成関数なので

$$\frac{dy}{dx} = \frac{dy}{dt} \cdot \frac{dt}{dx} = -\sin t \cdot (-\frac{1}{x^2}) = \frac{1}{x^2}\sin\frac{1}{x}$$

問7　次の関数を微分せよ.

(1) $e^{(x^2)}$　(2) $\sin(e^x)$　(3) $\sin(\sin x)$

(4) $e^{(e^x)}$　(5) $\tan(2-3x^2)$　(6) $\cos(\log x)$

(7) $\sqrt{1+x^2}$　(8) $\dfrac{1}{\sqrt{\cos x}}$　(9) $\dfrac{1}{2+x^2\sin x}$

例 3.10　$f(ax+b)$ の微分

a, b を定数とする. $y=f(ax+b)$ は $y=f(t)$ と $t=ax+b$ の合成関数であるから,

$$\{f(ax+b)\}'=af'(ax+b).$$

- $\{\sin(5x+1)\}'=5\cos(5x+1)$
- $\{\cos(3x-2)\}'=-3\sin(3x-2)$
- $\{\log(2x+1)\}'=\dfrac{2}{2x+1}$
- $\left\{(-2x+3)^5\right\}'=-2\left\{5(-2x+3)^4\right\}=-10(-2x+3)^4$
- $\left(\sqrt{3x+2}\right)'=\left\{(3x+2)^{\frac{1}{2}}\right\}'=3\left\{\frac{1}{2}(3x+2)^{-\frac{1}{2}}\right\}=\frac{3}{2}(3x+2)^{-\frac{1}{2}}$

問8　次の関数を微分せよ.

(1) $(-5x+1)^{\frac{2}{3}}$　(2) $\dfrac{1}{(3x+2)^2}$　(3) $\left\{(-2x+1)^4\right\}^{\frac{1}{3}}$　(4) e^{2x}

(5) $\sin(2-3x)$　(6) $\cos(1-2x)$　(7) $\sqrt{(-x+1)^3}$　(8) e^{5x+2}

(9) $\log(3+4x)$　(10) $\tan(6x-7)$　(11) $\log(5-2x)$　(12) e^{2-3x}

例 3.11　$\log|x|$ の微分

$x>0$ のとき, $(\log x)'=\frac{1}{x}$ であった. 一方, $x<0$ のとき, $\{\log(-x)\}'=-\frac{1}{-x}=\frac{1}{x}$ である. したがって, これらをまとめると,

$$(\log|x|)'=\frac{1}{x}.$$

- $(\log|2x+1|)'=\frac{2}{2x+1}$
- $(\log|1-x|)'=\frac{-1}{1-x}=\frac{1}{x-1}$

問9　次の関数を微分せよ.

(1) $\log|-3x-1|$　(2) $\log|1-2\cos x|$　(3) $\log|e^{2x}-3|$

(2)　対数微分法

$y = \log|f(x)|$ は $y = \log|t|$ と $t = f(x)$ の合成関数なので

$$\frac{dy}{dx} = \frac{dy}{dt} \cdot \frac{dt}{dx} = \frac{1}{t} \cdot f'(x) = \frac{f'(x)}{f(x)}$$

これより

$$f'(x) = f(x)\frac{dy}{dx} = f(x)\{\log|f(x)|\}'$$

これを用いて導関数 $f'(x)$ を求めることを, **対数微分法**という.

例 3.12

- $y = \dfrac{(x-1)(x-2)}{(x-3)(x-4)}$ の導関数を考える. $|y| = \left|\dfrac{(x-1)(x-2)}{(x-3)(x-4)}\right|$ の対数をとって,

$$\log|y| = \log|x-1| + \log|x-2| - \log|x-3| - \log|x-4|.$$

これを x で微分して

$$\begin{aligned} \frac{y'}{y} &= \frac{1}{x-1} + \frac{1}{x-2} - \frac{1}{x-3} - \frac{1}{x-4} \\ y' &= y \times \left(\frac{1}{x-1} + \frac{1}{x-2} - \frac{1}{x-3} - \frac{1}{x-4}\right) \\ &= \frac{(x-1)(x-2)}{(x-3)(x-4)}\left(\frac{1}{x-1} + \frac{1}{x-2} - \frac{1}{x-3} - \frac{1}{x-4}\right). \end{aligned}$$

- $(x^x)' = x^x\{\log(x^x)\}' = x^x(x\log x)' = x^x(\log x + 1)$.
- $(3^x)' = 3^x\{\log(3^x)\}' = 3^x(x\log 3)' = 3^x\log 3$. 同様に, $(b^x)' = b^x\log b$ が成り立つ.

問 10　次の関数を微分せよ.

(1) x^{x+1}　$(x > 0)$　(2) $x^{\sin x}$　$(x > 0)$　(3) $(\sin x)^x$　$(0 < x < \pi)$

(4) $(1 + x^2)^{\cos x}$　(5) $(3 + \cos x)^{\sin x}$　(6) $\dfrac{x(x+1)(x+2)}{(x-1)(x-2)}$

(3) 陰関数の微分

y が x の関数として陰に定まっている状況を考える．つまり，2変数関数 $F(x, y)$ があって，$F(x, y) = 0$ という方程式で y が x の関数として定まっているとする．このように定まる関数を，**陰関数**という．

例 3.13

方程式

$$F(x, y) = x^2 + y^2 - 4 = 0$$

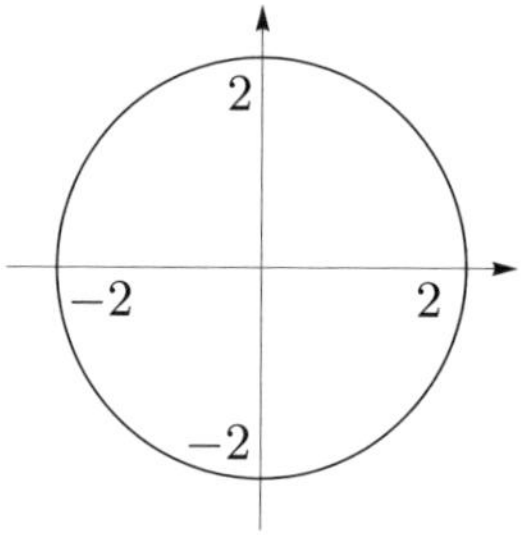

によって定まる関数を考える．この方程式は各 x に対して2つの y の値を対応させるので関数を定めてはいないが，適当に領域を制限すると y が x の関数として定まる．ここでは $y < 0$ に制限してみよう．このときに y が x の関数と思って $F = x^2 + y^2 - 4 = 0$ を x で微分すると，

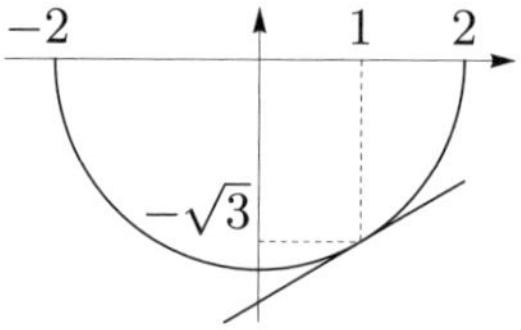

$$\frac{d}{dx}\left(x^2\right) + \frac{d}{dx}\left(y^2\right) + \frac{d}{dx}(-4) = \frac{d}{dx}(0)$$
$$2x + 2y\frac{dy}{dx} + 0 = 0$$
$$\frac{dy}{dx} = -\frac{x}{y}.$$

例えば $(x, y) = (1, -\sqrt{3})$ では $\frac{dy}{dx} = -\frac{1}{-\sqrt{3}} = \frac{1}{\sqrt{3}}$.

この結果を，別の方法で確かめてみよう．$F = x^2 + y^2 - 4 = 0$ を y について解くと，

$$y = \pm\sqrt{4 - x^2}.$$

$y < 0$ なので

$$y = -\sqrt{4 - x^2}$$
$$\frac{dy}{dx} = -\frac{1}{2}\frac{-2x}{\sqrt{4 - x^2}} = \frac{x}{\sqrt{4 - x^2}}$$
$$\left.\frac{dy}{dx}\right|_{x=1} = \frac{1}{\sqrt{4 - 1^2}} = \frac{1}{\sqrt{3}}.$$

ここで，$\left.\frac{dy}{dx}\right|_{x=1}$ は $\frac{dy}{dx}$ の $x = 1$ における値を表す．

例 3.14

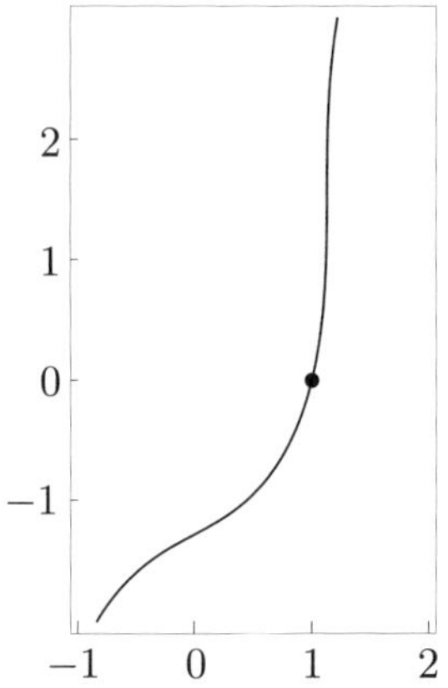

方程式

$$\cos y + y = x^3 + x - 1$$

の定める関数について，微分係数 $\left.\frac{dy}{dx}\right|_{x=1}$ を考える．y が x の関数と思って方程式を x で微分すると，

$$-\sin y \cdot \frac{dy}{dx} + \frac{dy}{dx} = 3x^2 + 1$$

$$\frac{dy}{dx} = \frac{3x^2 + 1}{1 - \sin y}$$

$x = 1$ のとき，$y = 0$ だから

$$\left.\frac{dy}{dx}\right|_{x=1} = \frac{3 \cdot 1^2 + 1}{1 - \sin 0} = 4.$$

問 11

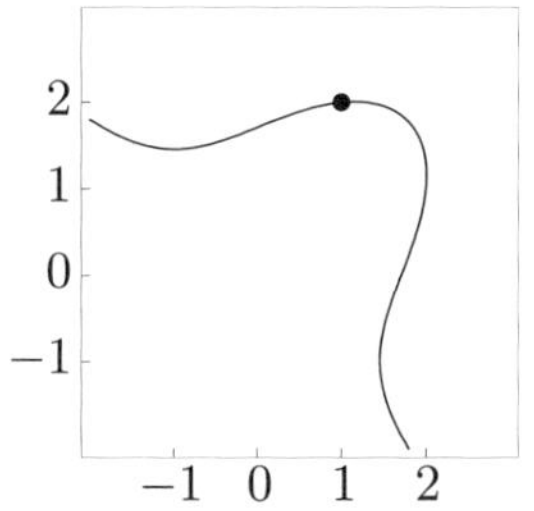

(1)　方程式

$$y^3 - 2xy + x^3 - 5 = 0$$

によって，$(x, y) = (1, 2)$ の付近で y が x の関数として定まっていて，微分可能であるとする．微分係数 $\left.\frac{dy}{dx}\right|_{x=1}$ を求めよ．

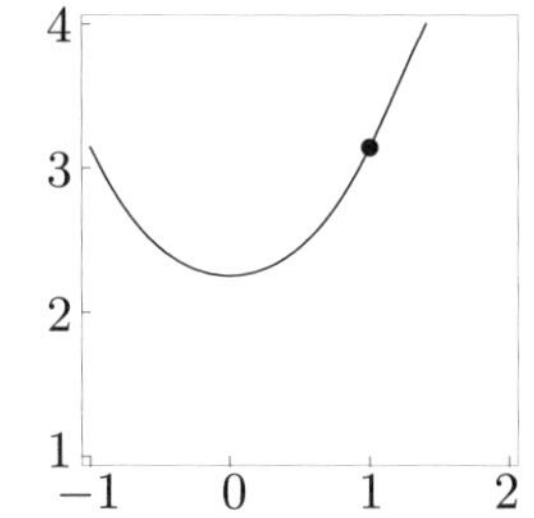

(2)　方程式

$$2y + \sin y = 2\pi + x^2 - 1$$

によって，$(x, y) = (1, \pi)$ の付近で y が x の関数として定まっていて，微分可能であるとする．微分係数 $\left.\frac{dy}{dx}\right|_{x=1}$ を求めよ．

3.5　逆関数の微分

微分可能な関数 $y = f(x)$ に対して，その逆関数 $x = f^{-1}(y)$ が定まっていて微分可能であるとする．逆関数の定義より $f\left(f^{-1}(y)\right) = y$ が成り立つ．この式の各辺を y について微分すると

$$\frac{df}{dx}\frac{df^{-1}}{dy} = 1 \quad \left(\text{より正確には} \frac{df}{dx}\left(f^{-1}(y)\right)\frac{df^{-1}}{dy}(y) = 1\right)$$

なので

$$\frac{df^{-1}}{dy} = \frac{1}{\dfrac{df}{dx}} \quad \left(\text{より正確には} \frac{df^{-1}}{dy}(y) = \frac{1}{\dfrac{df}{dx}\left(f^{-1}(y)\right)}\right)$$

あるいは

$$\frac{dx}{dy} = \frac{1}{\dfrac{dy}{dx}}.$$

例 3.15

$y = 2x + 1$ の逆関数は

$$x = \frac{1}{2}(y-1)$$

であるので,

$$\frac{dx}{dy} = \frac{1}{2}$$

である. 一方, 上の公式を使うと

$$\frac{dx}{dy} = 1\Big/\frac{dy}{dx} = \frac{1}{2}$$

で, 確かに一致する.

次の定理は, f^{-1} の存在や微分可能性も保証する.

定理 3.5.1（逆関数定理） $y = f(x)$ がその定義域である区間 I 上微分可能かつ $f'(x) \neq 0$ であるとする. このとき, f の値域 J 上で逆関数 f^{-1} が存在し, f^{-1} は J 上微分可能で,

$$\frac{d}{dy}f^{-1}(y) = \frac{1}{f'\left(f^{-1}(y)\right)}.$$

□

例 3.16　指数関数の微分

$y = \log x$ は定義域が $(0, \infty)$, 値域が $(-\infty, \infty)$ であり, 定義域上で

$$\frac{dy}{dx} = \frac{1}{x} \neq 0$$

である．よって逆関数定理により，逆関数が $(-\infty, \infty)$ 上で存在して微分可能であり，

$$\frac{dx}{dy} = \frac{1}{\dfrac{dy}{dx}} = x.$$

対数関数の逆関数は指数関数であることを思い出して，$x = e^y$．したがって，

$$\frac{de^y}{dy} = e^y \quad \text{あるいは} \quad \frac{de^x}{dx} = e^x.$$

こうして e を底とする指数関数の微分公式が得られた．さらに，

$$\frac{d}{dx}b^x = \frac{d}{dx}e^{\log(b^x)} = \frac{d}{dx}e^{x\log b} = \log b \cdot e^{x\log b} = \log b \cdot b^x.$$

例 3.17 逆三角関数の微分

$y = \sin x$ は定義域を $(-\frac{\pi}{2}, \frac{\pi}{2})$ に制限すると値域は $(-1, 1)$ であり，定義域上で

$$\frac{dy}{dx} = \cos x \neq 0$$

である．よって逆関数定理により，逆関数が $(-1, 1)$ 上で存在して微分可能であり，

$$\frac{dx}{dy} = \frac{1}{\dfrac{dy}{dx}} = \frac{1}{\cos x}.$$

ここで $-\frac{\pi}{2} < x < \frac{\pi}{2}$ より $\cos x > 0$ なので，

$$\frac{dx}{dy} = \frac{1}{\sqrt{1 - \sin^2 x}} = \frac{1}{\sqrt{1 - y^2}}.$$

$x = \arcsin y$ なので，

$$\frac{d}{dy}\arcsin y = \frac{1}{\sqrt{1 - y^2}} \quad \text{あるいは} \quad \frac{d}{dx}\arcsin x = \frac{1}{\sqrt{1 - x^2}}.$$

同様に，次が成り立つ (章末問題):

$$\frac{d}{dx}\arccos x = \frac{-1}{\sqrt{1 - x^2}}, \quad \frac{d}{dx}\arctan x = \frac{1}{1 + x^2}.$$

ここで得た逆三角関数の微分についての結果を，公式として使ってみよう．

例 3.18

- $(\arcsin 2x)' = 2 \cdot \dfrac{1}{\sqrt{1-(2x)^2}} = \dfrac{2}{\sqrt{1-4x^2}}$
- $\dfrac{d}{dx} e^{\arccos x} = \dfrac{-1}{\sqrt{1-x^2}} \cdot e^{\arccos x}$
- $\arctan x^2 = 2x \cdot \dfrac{1}{1+(x^2)^2} = \dfrac{2x}{1+x^4}$

問 12　次の関数を微分せよ．

(1) $\arcsin\left(e^{2x}\right)$　　(2) $\arctan(\log x)$　　(3) $\sqrt{\arccos x}$

定理 3.5.2（逆関数定理の別版）　$y = f(x)$ が $x = a$ の近くで微分可能かつ f' が連続[1] であり，$f'(a) \neq 0$ であるとする．このとき，$f(a)$ の近くで逆関数 f^{-1} が存在し，f^{-1} は微分可能で，

$$\frac{d}{dy} f^{-1}(y) = \frac{1}{f'\left(f^{-1}(y)\right)}.$$

□

例 3.19

- $f(x) = x^2$ とする．$f'(x) = 2x$, $f'(0) = 0$ なので，$x = 0$ においては逆関数定理が使えない．実際，$x = 0$ の近くでは f が 1 対 1 でないので，f^{-1} が存在しない．

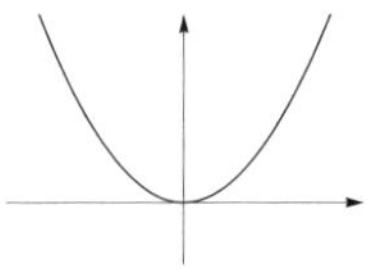

- $g(x) = x^3$ とする．$g'(x) = 3x^2$, $g'(0) = 0$ なので，$x = 0$ においては逆関数定理が使えない．この場合，g^{-1} は存在するが，微分可能でない．

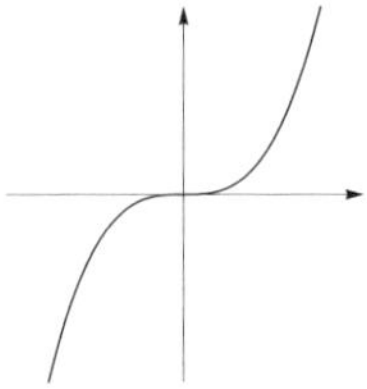

- $h(x) = \begin{cases} \frac{1}{2}x + x^2 \sin \frac{1}{x} & (x \neq 0) \\ 0 & (x = 0) \end{cases}$ とする．$h(x)$ は原点も含めて微分可能で $h'(0) = \frac{1}{2} \neq 0$ だが，$h'(x)$ は $x = 0$ で連続でないので，$x = 0$ においては逆関数定理が使えない．実際，h は $x = 0$ の近くで 1 対 1 でない．

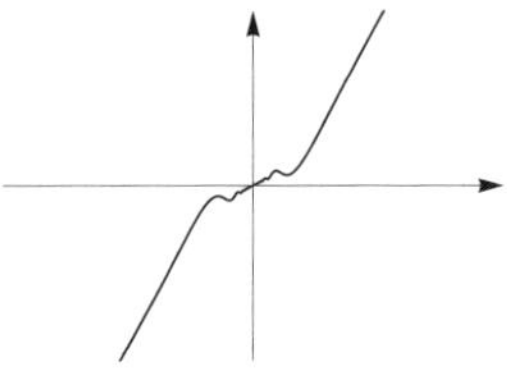

---

1) 微分可能かつ導関数が連続である関数を，C^1 級関数という．一般に，n 回微分可能かつ n 次導関数が連続である関数を，$\boldsymbol{C^n}$ 級関数という．

例 3.20　パラメータ曲線

$$\begin{cases} x = g(t) \\ y = h(t) \end{cases}$$

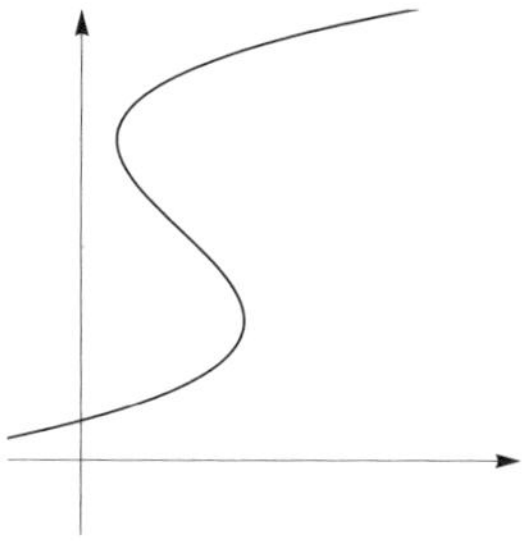

の表す曲線を考える．ここで g, h は C^1 級，すなわち微分可能で導関数が連続である．$t = t_0$ で $\frac{dx}{dt} \neq 0$ (つまり $g'(t_0) \neq 0$) とすると，逆関数定理により $t = t_0$ の点の近くで $x = g(t)$ の逆関数 $t = g^{-1}(x)$ が存在して，

$$\frac{dt}{dx} = \frac{1}{\dfrac{dx}{dt}}.$$

このとき，$y = h(t)$, $t = g^{-1}(x)$ の合成 $y = h\left(g^{-1}(x)\right)$ によって y が x の関数であるとみることができ，

$$\frac{dy}{dx} = \frac{dy}{dt}\frac{dt}{dx} = \frac{\dfrac{dy}{dt}}{\dfrac{dx}{dt}}.$$

例えば

$$\begin{cases} x = \cos t \\ y = \sin t \end{cases}$$

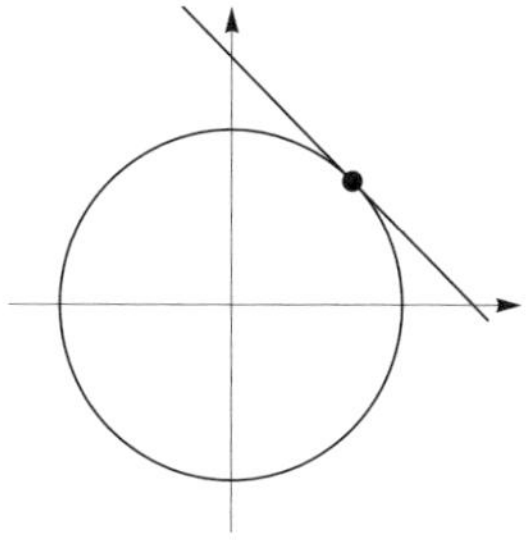

とすると，$\frac{dx}{dt} = -\sin t$, $\frac{dy}{dt} = \cos t$. $t = \frac{\pi}{4}$ のとき，$\frac{dx}{dt} = -\sin\frac{\pi}{4} = -\frac{1}{\sqrt{2}} \neq 0$ なので，$t = \frac{\pi}{4}$ の点 (つまり $(x, y) = (\frac{1}{\sqrt{2}}, \frac{1}{\sqrt{2}})$) の近くで

$$\frac{dy}{dx} = \frac{\frac{dy}{dt}}{\frac{dx}{dt}} = \frac{\cos t}{-\sin t} \quad \left(= -\frac{x}{y}\right).$$

問 13　パラメータ曲線 $\begin{cases} x = t\sin t \\ y = t^2 \end{cases}$ を考える．

(1)　$t = \frac{\pi}{2}$ に対応する点 (x_0, y_0) を求めよ．

(2)　$\left.\frac{dx}{dt}\right|_{t=\pi/2}$ を求めよ．

(3)　(2) より，$\left.\frac{dx}{dt}\right|_{t=\pi/2} \neq 0$ だから，(x_0, y_0) の近くで y は x の関数とみなせる．$\left.\frac{dy}{dx}\right|_{x=x_0}$ を求めよ．

最後に, 章末問題にまわしたものも含めて, 本節で得た初等関数の微分公式をまとめておく.

定理 3.5.3

$$(x^a)' = ax^{a-1}$$

$$(e^x)' = e^x, \qquad (\log|x|)' = \frac{1}{x}$$

$$(b^x)' = b^x \log b, \qquad (\log_b |x|)' = \frac{1}{x \log b}$$

$$(\sin x)' = \cos x, \qquad (\arcsin x)' = \frac{1}{\sqrt{1-x^2}}$$

$$(\cos x)' = -\sin x, \qquad (\arccos x)' = \frac{-1}{\sqrt{1-x^2}}$$

$$(\tan x)' = \sec^2 x, \qquad (\arctan x)' = \frac{1}{1+x^2}$$

$$(\sinh x)' = \cosh x, \qquad (\operatorname{arsinh} x)' = \frac{1}{\sqrt{1+x^2}}$$

$$(\cosh x)' = \sinh x, \qquad (\operatorname{arcosh} x)' = \frac{1}{\sqrt{x^2-1}}$$

$$(\tanh x)' = \operatorname{sech}^2 x, \qquad (\operatorname{artanh} x)' = \frac{1}{1-x^2}$$

□

3.6　高次導関数, 高次微分係数

微分可能な関数 $y = f(x)$ の導関数 $f'(x)$ が再び微分可能であるとき, f は **2 回微分可能**であるといい, f' の導関数 $(f')'$ を f の **2 次導関数** (あるいは 2 階導関数) といって, 次のように表す:

$$f'', \ \frac{d^2 f}{dx^2}, \ \frac{d^2}{dx^2} f, \ y'', \ \frac{d^2 y}{dx^2}, \ \frac{d^2}{dx^2} y.$$

n **回微分可能性**, n **次導関数** (n **階導関数**) $f^{(n)}$ も同様である.[2] また, n 次導関数 $f^{(n)}$ の $x = a$ における値 $f^{(n)}(a)$ を, f の $x = a$ における n **次微分係数**という.

[2] 3 次までの導関数は f', f'', f''' のように表し, 4 次以上の導関数は $f^{(4)}, f^{(5)}, \ldots$ のように表すことが多い.

例 3.21

- $f(x) = x^2 + x + 1$ とすると, $f'(x) = 2x + 1$, $f''(x) = 2$, $f'''(x) = 0, \ldots$.
- $g(x) = e^{2x}$ とすると, $g'(x) = 2e^{2x}$, $g''(x) = 4e^{2x}$, $\ldots$, $g^{(n)}(x) = 2^n e^{2x}$.
- $h(x) = \sin x$ とすると, $h'(x) = \cos x$, $h''(x) = -\sin x$, $h'''(x) = -\cos x$, $h^{(4)}(x) = \sin x, \ldots$,

$$
\begin{aligned}
h^{(n)}(x) &= \begin{cases} \sin x & (n = 4\ell) \\ \cos x & (n = 4\ell + 1) \\ -\sin x & (n = 4\ell + 2) \\ -\cos x & (n = 4\ell + 3) \end{cases} \\
&= \sin\left(x + \tfrac{n\pi}{2}\right).
\end{aligned}
$$

さて, 関数の積 $f(x)g(x)$ の高次導関数を考えてみよう. まず, 積の微分公式

$$(fg)' = f'g + fg'$$

が成り立つのだった. さらに

$$
\begin{aligned}
(fg)'' &= ((fg)')' = (f'g + fg')' \\
&= (f')'g + f'g' + f'g' + f(g')' \\
&= f''g + 2f'g' + fg'', \\
(fg)''' &= ((fg)'')' = (f''g + 2f'g' + fg'')' \\
&= (f'')'g + f''g' + 2(f')'g' + 2f'(g')' + f'g'' + f(g'')' \\
&= f'''g + 3f''g' + 3f'g'' + fg''', \\
&\cdots
\end{aligned}
$$

なので, 次の公式が成り立つ. 証明は, 例えば数学的帰納法でできる.

定理 3.6.1（ライプニッツ則） $f(x), g(x)$ が n 回微分可能なとき, 積 $f(x)g(x)$ も n 回微分可能であり,

$$
\begin{aligned}
(fg)^{(n)} &= f^{(n)}g + {}_n\mathrm{C}_1 f^{(n-1)}g' + \cdots + {}_n\mathrm{C}_{n-1} f'g^{(n-1)} + fg^{(n)} \\
&= \sum_{k=0}^{n} {}_n\mathrm{C}_k f^{(n-k)} g^{(k)}
\end{aligned}
$$

が成り立つ. □

例 3.22

$$
\begin{aligned}
(x^2e^x)^{(4)} &= (x^2)^{(4)}e^x + {}_4\mathrm{C}_1(x^2)'''(e^x)' \\
&\qquad + {}_4\mathrm{C}_2(x^2)''(e^x)'' + {}_4\mathrm{C}_3(x^2)'(e^x)''' + x^2(e^x)^{(4)} \\
&= 0\cdot e^x + 4\cdot 0\cdot e^x + 6\cdot 2\cdot e^x + 4\cdot 2x\cdot e^x + x^2e^x \\
&= 12e^x + 8xe^x + x^2e^x = (12+8x+x^2)e^x.
\end{aligned}
$$

同様に,

$$
\begin{aligned}
(x^2e^x)^{(n)} &= {}_n\mathrm{C}_{n-2}(x^2)''(e^x)^{(n-2)} + {}_n\mathrm{C}_{n-1}(x^2)'(e^x)^{(n-1)} + x^2(e^x)^{(n)} \\
&= \tfrac{n(n-1)}{2}\cdot 2\cdot e^x + n\cdot 2x\cdot e^x + x^2e^x \\
&= \left\{n(n-1) + 2nx + x^2\right\}e^x.
\end{aligned}
$$

問 14　次の高次導関数を求めよ.

(1) $(xe^{2x})^{(5)}$　　(2) $(x^2\sin x)^{(5)}$　　(3) $(e^x\sin x)^{(4)}$

例 3.23

$f(x) = \arctan x$ の n 次微分係数 $f^{(n)}(0)$ を求める. まず, $f(0)=0$, $f'(x) = \frac{1}{1+x^2}$, $f'(0) = 1$ である. 次に, $(1+x^2)f'(x) = 1$ を n 回微分する $(n \geq 1)$. $(1+x^2)^{(k)} = 0$ $(k \geq 3)$ に注意すると, ライプニッツ則により,

$$
\begin{aligned}
{}_n\mathrm{C}_{n-2}(1+x^2)''f^{(n-1)}(x) + {}_n\mathrm{C}_{n-1}(1+x^2)'f^{(n)}(x) + (1+x^2)f^{(n+1)} &= 0, \\
\tfrac{n(n-1)}{2}\cdot 2\cdot f^{(n-1)}(x) + n\cdot 2x\cdot f^{(n)}(x) + (1+x^2)f^{(n+1)}(x) &= 0.
\end{aligned}
$$

$x=0$ とすると,

$$
n(n-1)f^{(n-1)}(0) + f^{(n+1)}(0) = 0.
$$

よって

$$
f^{(n+1)}(0) = -n(n-1)f^{(n-1)}(0) \quad (n \geq 1)
$$

あるいは

$$
f^{(n+2)}(0) = -n(n+1)f^{(n)}(0) \quad (n \geq 0).
$$

したがって, $f(0)=0$, $f'(0)=1$ より帰納的に,

$$
\begin{cases}
f^{(2\ell)}(0) = 0 \\
f^{(2\ell+1)}(0) = (-1)^{\ell}(2\ell)!
\end{cases}
\qquad (\ell = 0, 1, 2, \dots).
$$

章末問題

問題 1　以下の各微分係数を, 定義に基づいて計算せよ.

(1) $f(x) = x^3,\ f'(-2)$　(2) $f(x) = |x|\cos x,\ f'(0)$

(3) $f(x) = x|x|,\ f'(0)$　(4) $f(x) = 3x + H(x)\sin x,\ f'(0)$

問題 2　一般の自然数 n について, 二項定理

$$(a+b)^n = a^n + {}_n\mathrm{C}_1 a^{n-1}b + {}_n\mathrm{C}_2 a^{n-2}b^2 + \cdots + {}_n\mathrm{C}_{n-1}ab^{n-1} + b^n$$

を用いて, $(x^n)' = nx^{n-1}$ となることを示せ.

問題 3　$(\cos x)' = -\sin x$ となることを示せ.

問題 4　微分可能な関数 $f(x)$, $g(x)$, $h(x)$ に対して, 次が成り立つことを示せ:

$$(fgh)' = f'gh + fg'h + fgh'.$$

問題 5　商の微分公式を証明せよ.

問題 6　次の関数を微分せよ.

(1) $(x+\sqrt{x})(1+\sqrt{x})$　(2) $(2x+1)^{\frac{1}{2}}(2x^{\frac{1}{2}}+1)$　(3) $\dfrac{x}{2x^{\frac{1}{2}}+1}$

(4) $\dfrac{1}{x\sqrt{x+1}}$　(5) $(3x^2+1)^{\frac{1}{4}}$　(6) $\sqrt{(x^{\frac{1}{3}}+1)^3}$

(7) $\sqrt[3]{\dfrac{1}{x^2+1}}$　(8) $\left\{\dfrac{1}{(x^{\frac{1}{2}}+1)^{-\frac{1}{2}}}\right\}^{\frac{2}{3}}$　(9) $\sqrt{x}\sin\sqrt{x}$

(10) $x^2e^x\log x$　(11) $\dfrac{x}{1+e^{2x}}$　(12) $\dfrac{x+1}{x^2+x+1}$

(13) $\dfrac{e^{\sin x}}{4-\cos x}$　(14) $\log(x^x)$　(15) $e^{(\log x)^2}$

(16) $\dfrac{\cos x}{\sin x+2}$　(17) $\dfrac{\tan x+1}{\tan x-1}$　(18) $\log_{13}(x^7)$

(19) $\sqrt[3]{\tan^2 x}$　(20) $(1+x^2)^{\cos x}$　(21) $(3+\sin x)^{\sin x}$

問題 7　$f(x) = \begin{cases} 0 & (x \leq 0) \\ x^2\sin\frac{1}{x} & (x > 0) \end{cases}$　とする.

(1)　$f(x)$ の $x=0$ における微分係数 $f'(0)$ を求めよ.

(2)　$f(x)$ の導関数 $f'(x)$ を求めよ.

(この結果より, 微分可能な関数の導関数は連続とは限らないことが分かる.)

問題 8　(1)　方程式

$$y^5 + x^2y + x^5 - 3x^3 = 3$$

によって, $(x, y) = (2, -1)$ の付近で y が x の関数として定まっていて, 微分可能であるとする. 微分係数 $\left.\frac{dy}{dx}\right|_{x=2}$ を求めよ.

(2)　方程式

$$7y + x^2 e^y - 3x^5 = e + 4$$

によって, $(x, y) = (1, 1)$ の付近で y が x の関数として定まっていて, 微分可能であるとする. 微分係数 $\left.\frac{dy}{dx}\right|_{x=-1}$ を求めよ.

問題 9　以下の各関数の逆関数の導関数 $\frac{dx}{dy}$ を求めよ.

(1) $y = 3x - 2$　　(2) $y = \sqrt{2x+1} \quad (x > -\frac{1}{2})$

(3) $y = x^2 \quad (x > 0)$　　(4) $y = x^2 - 2x \quad (x > 1)$

問題 10　関数 $f(x)$ に対してその逆関数 $f^{-1}(x)$ が定まっていて f も f^{-1} も微分可能であるとし, $f(5) = 7$, $f'(5) = -2$, $f(7) = 5$, $f'(7) = -3$ であるとする. また $g(x) = \{f^{-1}(x)\}^2$ とする. $g'(5)$ を求めよ.

問題 11　次の微分公式を示せ.

$$(\arcsin x)' = \frac{1}{\sqrt{1-x^2}}, \quad (\arccos x)' = \frac{-1}{\sqrt{1-x^2}}, \quad (\arctan x)' = \frac{1}{1+x^2}$$
$$(\operatorname{arsinh} x)' = \frac{1}{\sqrt{1+x^2}}, \quad (\operatorname{arcosh} x)' = \frac{1}{\sqrt{x^2-1}}, \quad (\operatorname{artanh} x)' = \frac{1}{1-x^2}$$

問題 12　次の関数を微分せよ.

(1) $x^2 \arcsin x$　　(2) $e^x \arccos x$　　(3) $\dfrac{\arctan x}{1+x^2}$

(4) $\arcsin \dfrac{x}{3}$　　(5) $\arccos \sqrt{x}$　　(6) $\arctan(x^2)$

(7) $\dfrac{1}{\arcsin x}$　　(8) $\log(\arccos x)$　　(9) $\arctan \dfrac{x-1}{x+1}$

問題 13　パラメータ曲線 $\begin{cases} x = t\cos t \\ y = t^3 \end{cases}$ を考える.

(1)　$t = \pi$ に対応する点 (x_0, y_0) を求めよ.

(2)　$\left.\frac{dx}{dt}\right|_{t=\pi}$ を求めよ.

(3)　(2) より, $\left.\frac{dx}{dt}\right|_{t=\pi} \neq 0$ だから, (x_0, y_0) の近くで y は x の関数とみなせる. $\left.\frac{dy}{dx}\right|_{x=x_0}$ を求めよ.

問題 14　次の関数に対して, 微分 dy を求めよ. また, それを用いて近似値を求めよ.

(1) $y = e^x,\ e^{0.01}$　　(2) $y = \dfrac{1}{\sqrt{x}},\ \dfrac{1}{\sqrt{0.98}}$　　(3) $y = \arcsin x,\ \arcsin 0.05$

問題 15　次の高次導関数を求めよ.

(1) $(e^x \cos x)^{(4)}$　　(2) $(x^2 e^{-x})^{(100)}$　　(3) $(x^2 \cos x)^{(40)}$

第4章

平均値の定理

本章では平均値の定理 (あるいはその特別な場合であるロルの定理) という, 微分可能な関数について成り立つ定理とその様々な帰結を学び, それを応用して関数の振る舞いを調べる手法に触れる. また, 平均値の定理のある種の一般化であるテイラーの定理について学び, 一般の関数の多項式による近似を扱う.

4.1　平均値の定理

定義 4.1.1　定義域 D の関数 $f(x)$ 対し, D 上の c で次を満たすものが存在するとき, $f(c)$ を $f(x)$ の最大値という:

$$\text{すべての } x \in D \text{ に対して, } f(x) \leq f(c).$$

同様に, D 上の c で次を満たすものが存在するとき, $f(c)$ を $f(x)$ の最小値という:

$$\text{すべての } x \in D \text{ に対して, } f(x) \geq f(c).$$

□

定理 4.1.1（最大値・最小値定理）　関数 $f(x)$ を閉区間 $[a, b]$ 上で連続な関数とする. このとき, $f(x)$ は $[a, b]$ 上で最大値および最小値をとる. □

定理 4.1.2（ロルの定理）　関数 $f(x)$ が閉区間 $[a, b]$ 上で連続かつ開区間 (a, b) 上で微分可能であるとする. また $f(a) = f(b)$ であるとする. このとき, 次を満たす c が (a, b) 上に存在する:

$$f'(c) = 0$$

□

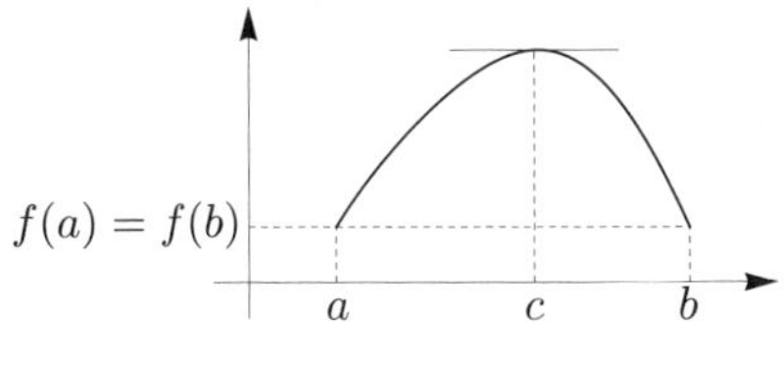

この定理は定理 4.1.1 を使って証明できる.

例 4.1

$f(x) = x^3 - 6x^2 + 8x$ を考える. この関数はいたるところ微分可能である.

$f(x) = x(x-2)(x-4)$ より $f(2) = f(4)\ (= 0)$ なので, $[2,4]$ 上でロルの定理の条件を満たしている. よって,

$$f'(c) = 0, \quad 2 < c < 4$$

なる c が存在する. 実際, $f'(x) = 3x^2 - 12x + 8$ なので, $f'(x) = 0$ となるのは $x = 2 \pm \frac{2\sqrt{3}}{3}$. このうち, $2 + \frac{2\sqrt{3}}{3}$ は $(2,4)$ 上にある.

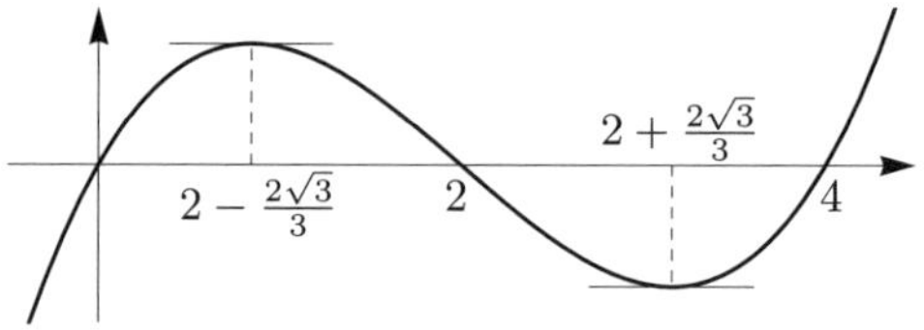

注意 11　$f'(c) = 0$ となる c は一つとは限らない. 実際, 上の例では $[0,4]$ 上でもロルの定理が適用できるが, $f'(c) = 0$ となるような c が $(0,4)$ 上に二つある.

例 4.2

$$f(x) = \begin{cases} x^2 \sin \frac{10}{x} & (x \neq 0) \\ 0 & (x = 0) \end{cases}$$

を考える. この関数はいたるところ微分可能である. $f\left(\frac{1}{\pi}\right) = f(0)\ (= 0)$ なので, $[0, \frac{1}{\pi}]$ 上でロルの定理の条件を満たしている. よって, $(0, \frac{1}{\pi})$ 上に $f'(c) = 0$ となる c が存在するが, そのような c は無限個ある.

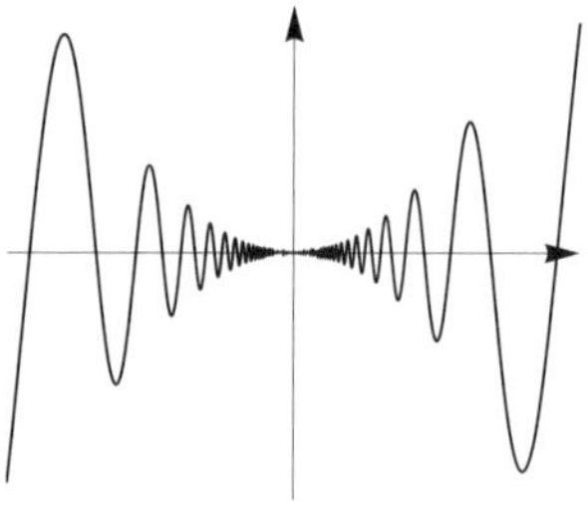

問 1　$f(x) = \sin x$ とする. ロルの定理を用いて, 区間 $(0, 2\pi)$ 上に $f'(c) = 0$ となるような c が存在することを示せ. また, そのような c をすべて求めよ.

定理 4.1.3（平均値の定理）　関数 $f(x)$ が閉区間 $[a,b]$ 上で連続かつ開区間 (a,b) 上で微分可能であるとする. このとき次を満たす c が (a,b) 上に存在する:

$$\frac{f(b) - f(a)}{b - a} = f'(c)$$

あるいは式を変形して

$$f(b) = f(a) + (b-a)f'(c).$$

□

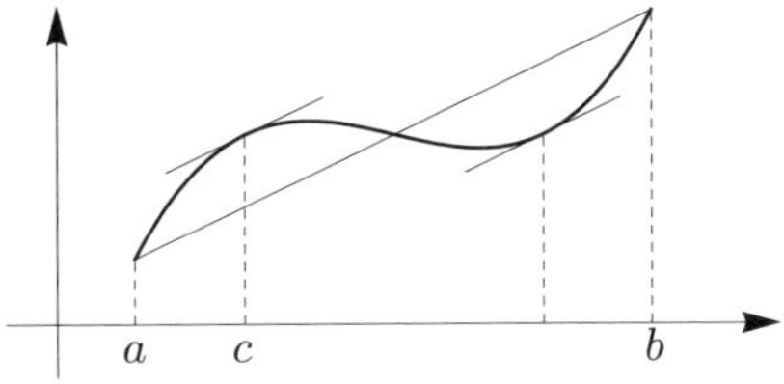

注意 12 ロルの定理は平均値の定理の特別な場合である．平均値の定理はロルの定理を使って証明できる (cf. 章末問題).

例 4.3

$[1,5]$ 上の関数 $f(x) = 2x^2$ に対し, 平均値の定理の c は

$$2 \cdot 5^2 = 2 \cdot 1^2 + (5-1) \cdot 4c$$

であるので, $c = 3$.

系 1 (a,b) 上微分可能な関数 $f(x)$ に対し, 次が成り立つ.

i) (a,b) 上 $f'(x) > 0$ ならば, (a,b) 上 $f(x)$ は単調増加である.

ii) (a,b) 上 $f'(x) < 0$ ならば, (a,b) 上 $f(x)$ は単調減少である.

【証明】 x_1, x_2 を $a < x_1 < x_2 < b$ となるように任意にとる．このとき $[x_1, x_2]$ 上で f に対して平均値の定理が使えて,

$$f(x_2) - f(x_1) = f'(c)(x_2 - x_1)$$

となる c が (x_1, x_2) 上に存在する.

i) (a,b) 上 $f'(x) > 0$ のとき, $f'(c) > 0$ だから $f(x_2) > f(x_1)$ である．x_1, x_2 は任意だからこれは f が (a,b) 上単調増加であることを意味する.

ii) (a,b) 上 $f'(x) < 0$ のとき, 同様に f が (a,b) 上単調減少であるとわかる.■

例 4.4

$\sinh x \ (= \frac{e^x - e^{-x}}{2})$ の増減を考える．$(\sinh x)' = \cosh x (= \frac{e^x + e^{-x}}{2}) > 0$ なので, $\sinh x$ は単調増加である.

問 2

(1) $\tanh x$ が $(-\infty, \infty)$ 上で単調増加であることを示せ.

(2) $\displaystyle\lim_{x \to \pm\infty} \tanh x$ を求めよ.　(3) グラフ $y = \tanh x$ の概形を描け.

例 4.5

$f(x) = x^3 - 12x$ を考える. $f'(x) = 3x^2 - 12 = 3(x-2)(x+2)$ なので

- $x < -2$ ならば $f' > 0$ なので f は単調増加である.
- $-2 < x < 2$ ならば $f' < 0$ なので f は単調減少である.
- $2 < x$ ならば $f' > 0$ なので f は単調増加である.

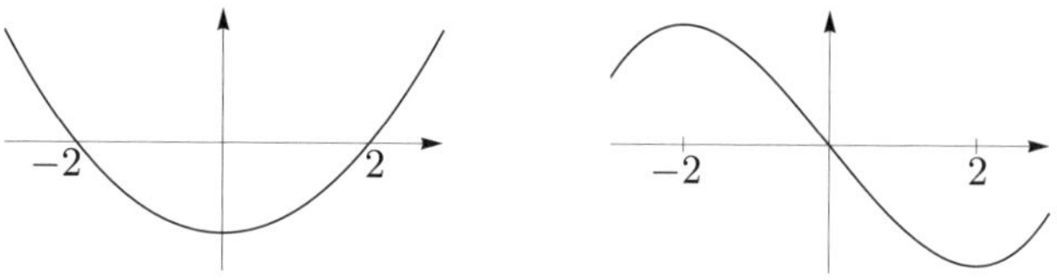

(a) f' のグラフ　　(b) f のグラフ

これを次のようにまとめた表を, **増減表**という.

x	$x < -2$	-2	$-2 < x < 2$	2	$2 < x$
f'	$+$	0	$-$	0	$+$
f	↗	16	↘	-16	↗

問 3　次の関数の増減を調べ, グラフの概形を描け.

(1) $f(x) = x^3 - 3x^2 - 9x$　　　(2) $f(x) = x^3 + 3x^2 - 24x$

系 2　$f(x)$ が (a, b) 上微分可能で, (a, b) 上 $f'(x) = 0$ ならば, (a, b) 上 $f(x)$ は定数である.

【証明】　系 1 と同様に示される.　■

系 3　$f(x), g(x)$ が (a, b) 上微分可能で, (a, b) 上 $f'(x) = g'(x)$ ならば, (a, b) 上 $f(x) = g(x) + C$　(C は定数) である.

【証明】　$h(x) := f(x) - g(x)$ に対して系 2 を適用すればよい.　■

例 4.6

$\arctan x = \frac{\pi}{2} - \arctan\frac{1}{x}$ $(x > 0)$ を示す.

$$(\arctan x)' = \frac{1}{1+x^2}, \quad \left(-\arctan\frac{1}{x}\right)' = -\frac{-\frac{1}{x^2}}{1+\frac{1}{x^2}} = \frac{1}{1+x^2}$$

であるから, $(0,\infty)$ 上, $\arctan x$ と $-\arctan\frac{1}{x}$ の差は定数である;

$$\arctan x = C - \arctan\frac{1}{x}.$$

$x=1$ とすると $\frac{\pi}{4} = C - \frac{\pi}{4}$, ゆえに $C = \frac{\pi}{2}$ である.

同様に, $\arctan x = -\frac{\pi}{2} - \arctan\frac{1}{x}$ $(x < 0)$ も示せる.

問 4　$\arcsin x = \frac{\pi}{2} - \arccos x$ を示せ.

上述の平均値の定理は, **ラグランジュの平均値の定理**とも呼ばれる. より一般的な定理として, 次の**コーシーの平均値の定理**がある (証明は章末問題).

定理 4.1.4 (コーシーの平均値の定理)　関数 $f(x), g(x)$ が閉区間 $[a,b]$ 上で連続かつ開区間 (a,b) 上で微分可能であるとし, さらに (a,b) 上 $g'(x) \neq 0$ であるとする. このとき, $g(a) \neq g(b)$ であり, 次を満たす c が (a,b) 上に存在する:

$$\frac{f(b)-f(a)}{g(b)-g(a)} = \frac{f'(c)}{g'(c)}.$$

□

4.2　テイラーの定理

$f(x)$ を, 区間 (A,B) 上微分可能な関数とする. (A,B) 上の a, x に対して, 平均値の定理により, a と x の間にある c があって,

$$f(x) = f(a) + f'(c)(x-a)$$

が成り立つ. テイラーの定理は, このことの一般化である.

定理 4.2.1 (テイラーの定理)　$f(x)$ を, 区間 (A,B) 上 $n+1$ 回微分可能な関数とする. このとき, (A,B) 上の a, x に対して a と x の間にある c があって,

$$f(x) = \sum_{k=0}^{n} \frac{f^{(k)}(a)}{k!}(x-a)^k + \frac{f^{(n+1)}(c)}{(n+1)!}(x-a)^{n+1}.$$

が成り立つ.

□

定義 4.2.1　テイラーの定理における $\displaystyle\sum_{k=0}^{n}\frac{f^{(k)}(a)}{k!}(x-a)^k$ を, $x=a$ における f の n 次**テイラー多項式**という. 特に $x=0$ におけるテイラー多項式を, **マクローリン多項式**ともいう. また, $\dfrac{f^{(n+1)}(c)}{(n+1)!}(x-a)^{n+1}$ を, $n+1$ 次の**剰余項**という. □

例 4.7

$f(x)=e^x$ の $x=0$ における n 次テイラー多項式 (マクローリン多項式) を求める. $f^{(n)}(x)=e^x$, $f^{(n)}(0)=1$ だから,

$$f(0)+f'(0)(x-0)+\frac{f''(0)}{2!}(x-0)^2+\cdots+\frac{f^{(n)}(0)}{n!}(x-0)^n$$
$$=1+x+\frac{x^2}{2!}+\cdots+\frac{x^n}{n!}.$$

問 5　次の関数の, 指定された点での指定された次数のテイラー多項式を求めよ.

(1) $f(x)=e^{2x}$, $x=0$, 3次　　(2) $f(x)=e^{2x}$, $x=\pi$, 3次

(3) $f(x)=e^{-x}$, $x=1$, 3次　　(4) $f(x)=\sin x$, $x=\dfrac{\pi}{2}$, 5次

$f(x)$ を, 区間 (A,B) 上 $n+1$ 回微分可能な関数とし, テイラーの定理の剰余項 $R_{n+1}(x)=\dfrac{f^{(n+1)}(c)}{(n+1)!}(x-a)^{n+1}$ を考える. (A,B) 上 $|f^{(n+1)}(x)|\leq M$ ($M>0$ は定数) とすると,

$$|R_{n+1}(x)|\leq\frac{M}{(n+1)!}|x-a|^{n+1}$$

なので, $x\to a$ のとき, $R_{n+1}(x)$ は $(x-a)^n$ より速くゼロに収束する. つまり,

$$\lim_{x\to a}\frac{R_{n+1}(x)}{(x-a)^n}=0.$$

したがって $x=a$ の近くでは剰余項 $R_{n+1}(x)$ は非常に小さく,

$$f(x)\fallingdotseq\sum_{k=0}^{n}\frac{f^{(k)}(a)}{k!}(x-a)^k.$$

この近似を, $x=a$ の近くでの f の n 次**テイラー近似**という.

例 4.8

$\cos x$ の, $x=0$ の近くでの 2 次, 4 次テイラー近似を求める. $f(x)=\cos x$ とすると $f(0)=1$ であり,

$$f'(x) = -\sin x, \quad f''(x) = -\cos x, \quad f'''(x) = \sin x, \quad f^{(4)}(x) = \cos x,$$
$$f'(0) = 0, \quad f''(0) = -1, \quad f'''(0) = 0, \quad f^{(4)}(x) = 1$$

だから,

$$\cos x \fallingdotseq f(0) + f'(0)\,x + \frac{f''(0)}{2!}\,x^2 = 1 - \frac{x^2}{2} \qquad (2\text{ 次}),$$
$$\fallingdotseq f(0) + f'(0)\,x + \cdots + \frac{f^{(4)}(0)}{4!}\,x^4 = 1 - \frac{x^2}{2} + \frac{x^4}{4!} \qquad (4\text{ 次}).$$

問 6

(1) e^x の, $x=0$ の近くでの 2 次テイラー近似を求めよ. さらに, それを用いて, $e^{0.1}$ の近似値を計算せよ. (参考: $e^{0.1} = 1.1051709\ldots$)

(2) $\sin x$ の, $x=0$ の近くでの 3 次テイラー近似を求めよ. さらに, それを用いて, $\sin 0.1$ の近似値を計算せよ. (参考: $\sin 0.1 = 0.0998334\ldots$)

(3) $\frac{1}{1-x}$ の, $x=0$ の近くでの 3 次テイラー近似を求めよ. さらに, それを用いて, $\frac{1}{1-x}\big|_{x=0.1}$ の近似値を計算し, また, $\frac{1}{1-x}\big|_{x=0.1}$ の実際の値と比較せよ.

(4) $\sqrt{1+x}$ の, $x=0$ の近くでの 2 次テイラー近似を求めよ. さらに, それを用いて, $\sqrt{0.81}$ の近似値を計算し, また, $\sqrt{0.81}$ の実際の値と比較せよ.

(5) $\log x$ の, $x=1$ の近くでの n 次テイラー近似を求めよ.

4.3　ロピタルの定理

(1)　不定形とロピタルの定理

極限について, 次のような定理があった: $\displaystyle\lim_{x\to a} f(x)$ と $\displaystyle\lim_{x\to a} g(x) \neq 0$ が存在するとき,

$$\lim_{x\to a} \frac{f(x)}{g(x)} = \frac{\displaystyle\lim_{x\to a} f(x)}{\displaystyle\lim_{x\to a} g(x)}.$$

片側極限や, 無限大における極限についても同様である.

例 4.9

- $\displaystyle\lim_{x\to+0}\frac{\cos x}{\sin x}$ を考える．$x\to+0$ のとき，(分母) $=\sin x\to 0$ なので定理は使えないが，

$$(分母) > 0 かつ (分母) \to 0,$$
$$(分子) = \cos x \to 1$$

なので，

$$\frac{\cos x}{\sin x}\to\infty \quad (x\to+0).$$

- $\displaystyle\lim_{x\to 0}\frac{x^2+2x}{x}$ を考える．$x\to 0$ のとき，(分母) $=x\to 0$ なので定理は使えないが，

$$\frac{x^2+2x}{x}=x+2\to 2 \quad (x\to 0).$$

- $\displaystyle\lim_{x\to+0}\frac{\sin x}{\cos x-1}$ を考える．$x\to+0$ のとき，(分母) $=\cos x-1\to 0$ なので定理は使えないが，

$$\frac{\sin x}{\cos x-1}=\frac{\dfrac{\sin x}{x}}{\dfrac{\cos x-1}{x}}\to-\infty \quad (x\to+0).$$

これらの例からわかるように，$\displaystyle\lim_{x\to a}f(x)=\lim_{x\to a}g(x)=0$ のとき，$\displaystyle\lim_{x\to a}\frac{f(x)}{g(x)}$ は収束するかもしれないし，しないかもしれない．形式的には $\displaystyle\lim_{x\to a}\frac{f(x)}{g(x)}=\frac{0}{0}$ となるので，「$\displaystyle\lim_{x\to a}\frac{f(x)}{g(x)}$ は $\frac{0}{0}$ 型の不定形である」という．同様に，$\displaystyle\lim_{x\to a}f(x)=\pm\infty$，$\displaystyle\lim_{x\to a}g(x)=\pm\infty$ のとき (複号任意，4通り)，「$\displaystyle\lim_{x\to a}\frac{f(x)}{g(x)}$ は $\frac{\infty}{\infty}$ 型の不定形である」という．

定理 4.3.1（ロピタルの定理）　$f(x)$，$g(x)$ は $x=a$ の近く (ただし $x=a$ は含まなくてもよい) で微分可能かつ $g'(x)\neq 0$ であるとし，$\displaystyle\lim_{x\to a}f(x)=\lim_{x\to a}g(x)=0$ または $\displaystyle\lim_{x\to a}f(x)$，$\displaystyle\lim_{x\to a}g(x)=\pm\infty$ (つまり $\displaystyle\lim_{x\to a}\frac{f(x)}{g(x)}$ は $\frac{0}{0}$ 型の不定形，または $\frac{\infty}{\infty}$ 型の不定形である) とする．このとき，もし $\displaystyle\lim_{x\to a}\frac{f'(x)}{g'(x)}$ が収束する，または $\pm\infty$ に発散するならば，

$$\lim_{x\to a}\frac{f(x)}{g(x)}=\lim_{x\to a}\frac{f'(x)}{g'(x)}.$$

□

例 4.10

- $\displaystyle\lim_{x\to 0}\frac{e^x-\cos x}{\sin x}$ を考える.
$$e^x-\cos x\xrightarrow{x\to 0}0,\quad \sin x\xrightarrow{x\to 0}0$$
だから $\frac{0}{0}$ 型の不定形である.
$$\lim_{x\to 0}\frac{(e^x-\cos x)'}{(\sin x)'}=\lim_{x\to 0}\frac{e^x+\sin x}{\cos x}=\frac{1+0}{1}=1$$
だから, ロピタルの定理により,
$$\lim_{x\to 0}\frac{e^x-\cos x}{\sin x}=\lim_{x\to 0}\frac{(e^x-\cos x)'}{(\sin x)'}=1.$$
- $\displaystyle\lim_{x\to +0}\frac{\log x}{\cot x}$ を考える. これは $\frac{\infty}{\infty}$ 型の不定形である. ロピタルの定理により,
$$\lim_{x\to +0}\frac{\log x}{\cot x}=\lim_{x\to +0}\frac{(\log x)'}{(\cot x)'}=\lim_{x\to +0}\frac{\frac{1}{x}}{-\frac{1}{\sin^2 x}}=\lim_{x\to +0}\left\{-\frac{\sin x}{x}\cdot\sin x\right\}=0.$$
- $\displaystyle\lim_{x\to 0}\frac{x\sin x}{\cos x-\cos 2x}$ を考える. これは $\frac{0}{0}$ 型の不定形である.
$$\begin{aligned}\lim_{x\to 0}\frac{x\sin x}{\cos x-\cos 2x}&\overset{\text{ロピタル}}{=}\lim_{x\to 0}\frac{\sin x+x\cos x}{-\sin x+2\sin 2x}\quad(\tfrac{0}{0}\text{ 型})\\&\overset{\text{ロピタル}}{=}\lim_{x\to 0}\frac{\cos x+\cos x-x\sin x}{-\cos x+4\cos 2x}=\frac{2}{3}.\end{aligned}$$

問 7　次の極限を求めよ.

(1) $\displaystyle\lim_{x\to\infty}\frac{\log x}{x}$　(2) $\displaystyle\lim_{x\to 0}\frac{\log(1+2x)}{\sin x}$　(3) $\displaystyle\lim_{x\to\infty}\frac{\frac{\pi}{2}-\arctan x}{\sin\frac{1}{x}}$

(4) $\displaystyle\lim_{x\to\infty}\frac{x}{e^x}$　(5) $\displaystyle\lim_{x\to 0}\frac{e^{2x}-\cos x-\sin 2x}{x^2}$　(6) $\displaystyle\lim_{x\to 0}\frac{e^{3x}-\cos x-3x}{1-\cos 2x}$

(2)　その他の不定形

$\displaystyle\lim_{x\to a}f(x)=0,\ \lim_{x\to a}g(x)=\pm\infty$ のとき,「$\displaystyle\lim_{x\to a}\{f(x)g(x)\}$ は $0\cdot\infty$ 型の不定形である」という. これは次のように $\frac{0}{0}$ 型や $\frac{\infty}{\infty}$ 型に帰着される:
$$\begin{aligned}\lim fg&=\lim\frac{f}{1/g}\qquad:\tfrac{0}{0}\text{ 型}\\&=\lim\frac{g}{1/f}\qquad:\tfrac{\infty}{\infty}\text{ 型}\end{aligned}$$

例 4.11

$\lim_{x\to+0} x\log x$ を考える．これは $0\cdot\infty$ 型の不定形である．

$$\lim_{x\to+0} x\log x = \lim_{x\to+0}\frac{\log x}{1/x} \quad \left(\tfrac{\infty}{\infty}\text{ 型}\right)$$
$$\overset{\text{ロピタル}}{=} \lim_{x\to+0}\frac{1/x}{-1/x^2} = \lim_{x\to+0}(-x) = 0.$$

$\lim_{x\to a} f(x) = \lim_{x\to a} g(x) = \infty$ のとき，「$\lim_{x\to a}\{f(x)-g(x)\}$ は $\infty-\infty$ 型の不定形である」という．

例 4.12

- $\lim_{x\to\infty}(x-\log x)$ を考える．これは $\infty-\infty$ 型の不定形である．$x-\log x = x\left(1-\frac{\log x}{x}\right)$ であり，
$$\lim_{x\to\infty}\frac{\log x}{x} \overset{\text{ロピタル}}{=} \lim_{x\to\infty}\frac{\frac{1}{x}}{1} = 0$$
だから $1-\frac{\log x}{x}\to 1$ である．よって，
$$\lim_{x\to\infty}(x-\log x) = \lim_{x\to\infty} x\left(1-\tfrac{\log x}{x}\right) = \infty.$$
- $\lim_{x\to+0}\left(\frac{1}{\log(1+x)}-\frac{1}{x}\right)$ を考える．これは $\infty-\infty$ 型の不定形である．
$$\lim_{x\to+0}\left(\frac{1}{\log(1+x)}-\frac{1}{x}\right) \overset{\text{通分}}{=} \lim_{x\to+0}\frac{x-\log(1+x)}{x\log(1+x)} \quad \left(\tfrac{0}{0}\text{ 型}\right)$$
$$\overset{\text{ロピタル}}{=} \lim_{x\to+0}\frac{1-\frac{1}{1+x}}{\log(1+x)+\frac{x}{1+x}}$$
$$= \lim_{x\to+0}\frac{1+x-1}{(1+x)\log(1+x)+x} \quad \left(\tfrac{0}{0}\text{ 型}\right)$$
$$\overset{\text{ロピタル}}{=} \lim_{x\to+0}\frac{1}{\log(1+x)+\frac{1+x}{1+x}+1} = \frac{1}{2}.$$

$\lim_{x\to a} f(x) = \lim_{x\to a} g(x) = 0$ のとき，「$\lim_{x\to a}\{f(x)\}^{g(x)}$ は 0^0 型の不定形である」という．これは次のように $0\cdot\infty$ 型に帰着される:

$$\lim f^g = \lim e^{g\log f} = e^{\lim(g\log f)}.$$

$\lim(g\log f)$ は $0\cdot\infty$ 型の不定形である．∞^0 型の不定形や 1^∞ 型の不定形も同様に定義され，同様に対処する．

例 4.13

- $\displaystyle\lim_{x\to+0} x^x$ を考える．これは 0^0 型の不定形である．

$$\lim_{x\to+0} x^x = \lim_{x\to+0} e^{x\log x} = e^{\lim_{x\to+0} x\log x}$$

であり，例 4.11 より $\displaystyle\lim_{x\to+0} x\log x = 0$ だから，$\displaystyle\lim_{x\to+0} x^x = e^0 = 1$.

- $\displaystyle\lim_{x\to\frac{\pi}{2}-0} (\tan x)^{\cot x}$ を考える．これは ∞^0 型の不定形である．

$$\lim_{x\to\frac{\pi}{2}-0} (\tan x)^{\cot x} = \lim_{x\to\frac{\pi}{2}-0} e^{\cot x\log(\tan x)} = e^{\lim_{x\to\frac{\pi}{2}-0}\{\cot x\log(\tan x)\}}$$

であり，

$$\begin{aligned}\lim_{x\to\frac{\pi}{2}-0}\{\cot x\log(\tan x)\} &= \lim_{x\to\frac{\pi}{2}-0}\frac{\log(\tan x)}{\tan x} \quad \left(\tfrac{\infty}{\infty}\text{型}\right)\\ &\overset{\text{ロピタル}}{=} \lim_{x\to\frac{\pi}{2}-0}\frac{\frac{(\tan x)'}{\tan x}}{(\tan x)'} = \lim_{x\to\frac{\pi}{2}-0}\frac{1}{\tan x} = 0.\end{aligned}$$

よって，$\displaystyle\lim_{x\to\frac{\pi}{2}-0} (\tan x)^{\cot x} = e^0 = 1$.

- $\displaystyle\lim_{x\to+0}\left(\frac{2}{\pi}\arccos x\right)^{\frac{1}{x}}$ を考える．これは 1^∞ 型の不定形である．

$$\lim_{x\to+0}\left(\frac{2}{\pi}\arccos x\right)^{\frac{1}{x}} = \lim_{x\to+0} e^{\frac{1}{x}\log\left(\frac{2}{\pi}\arccos x\right)}. = e^{\lim_{x\to+0}\frac{\log\left(\frac{2}{\pi}\arccos x\right)}{x}}$$

であり，

$$\begin{aligned}\lim_{x\to+0}\frac{\log\left(\frac{2}{\pi}\arccos x\right)}{x} &\overset{\text{ロピタル}}{=} \lim_{x\to+0}\frac{\frac{\frac{2}{\pi}\frac{-1}{\sqrt{1-x^2}}}{\frac{2}{\pi}\arccos x}}{1}\\ &= \lim_{x\to+0}\frac{-1}{\sqrt{1-x^2}\arccos x} = -\frac{2}{\pi}.\end{aligned}$$

よって，$\displaystyle\lim_{x\to+0}\left(\frac{2}{\pi}\arccos x\right)^{\frac{1}{x}} = e^{-\frac{2}{\pi}}$.

問 8 次の極限を求めよ．

(1) $\displaystyle\lim_{x\to+0} xe^{\frac{1}{x}}$ (2) $\displaystyle\lim_{x\to\infty}\left(x^2-\sqrt{x^4+3x^2}\right)$ (3) $\displaystyle\lim_{x\to\infty}(1+x^2)^{\frac{1}{\log x}}$

(4) $\displaystyle\lim_{x\to\infty}(1+e^x)^{\frac{1}{x}}$ (5) $\displaystyle\lim_{x\to\infty}\left\{x\left(\frac{\pi}{2}-\arctan x\right)\right\}$ (6) $\displaystyle\lim_{x\to\infty}\left(\frac{2}{\pi}\arctan x\right)^x$

(3)　テイラーの定理による不定形の扱い

多くの不定形は, テイラーの定理によっても処理することができる.

例 4.14

$\displaystyle\lim_{x\to 0}\frac{e^x-\cos x}{\sin x}$ は $\frac{0}{0}$ 型の不定形である. テイラーの定理により

$$e^x = 1 + x + R_1(x), \quad \cos x = 1 + R_2(x), \quad \sin x = x + R_3(x).$$

ここで $\displaystyle\lim_{x\to 0}\frac{R_j(x)}{x} = 0\ (j = 1, 2, 3)$ である. よって

$$\begin{aligned}\lim_{x\to 0}\frac{e^x-\cos x}{\sin x} &= \lim_{x\to 0}\frac{(1+x+R_1(x))-(1+R_2(x))}{x+R_3(x)}\\ &= \lim_{x\to 0}\frac{x+R_1(x)-R_2(x)}{x+R_3(x)}\\ &= \lim_{x\to 0}\frac{1+\frac{R_1(x)}{x}-\frac{R_2(x)}{x}}{1+\frac{R_3(x)}{x}} = 1.\end{aligned}$$

問9　次の極限を, テイラーの定理を用いて求めよ.

(1) $\displaystyle\lim_{x\to 0}\frac{e^x-1}{x}$　　(2) $\displaystyle\lim_{x\to 0}\frac{e^x-1-\sin x}{\cos x-1}$　　(3) $\displaystyle\lim_{x\to 0}\frac{\log(1+x)}{1-e^x}$

(4)　関数の極限と数列の極限

定理 4.3.2　数列 $\{a_n\}$ と $[1, \infty)$ 上の関数 $f(x)$ について, 次が成り立つとする:

$$a_n = f(n), \quad \lim_{x\to\infty} f(x) = \alpha.$$

このとき, $\{a_n\}$ は収束し,

$$\lim_{n\to\infty} a_n = \alpha.$$

□

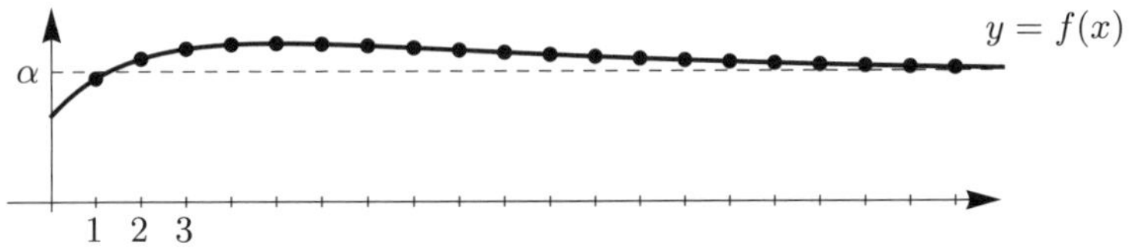

例 4.15

$\{a_n\} = \left\{\frac{\log n}{n}\right\}$ の極限を考える. $f(x) = \frac{\log x}{x}$ $(x > 0)$ とすると, $a_n = f(n)$ であり, ロピタルの定理により

$$\lim_{x\to\infty} f(x) = \lim_{x\to\infty} \frac{\log x}{x} = \lim_{x\to\infty} \frac{1/x}{1} = 0.$$

したがって定理 4.3.2 により $\{a_n\}$ は収束し, $\lim_{n\to\infty} a_n = 0$.

定理 4.3.3 数列 $\{a_n\}$ と関数 $f(x)$ について, 次が成り立つとする:

$$\lim_{n\to\infty} a_n = \alpha, \quad f(x) \text{ は } x = \alpha \text{ で連続.}$$

このとき, $\{f(a_n)\}$ は収束し,

$$\lim_{n\to\infty} f(a_n) = f\left(\lim_{n\to\infty} a_n\right) = f(\alpha).$$

□

例 4.16

- $\{a_n\} = \left\{\log \frac{2n^2+n}{n^2+1}\right\}$ の極限を考える.

  $$\lim_{n\to\infty} \frac{2n^2+n}{n^2+1} = \lim_{n\to\infty} \frac{2+\frac{1}{n}}{1+\frac{1}{n^2}} = 2$$

  であり, $\log x$ は $x = 2$ で連続であるから, 定理 4.3.3 により $\{a_n\}$ は収束し,

  $$\lim_{n\to\infty} a_n = \log\left(\lim_{n\to\infty} \frac{2n^2+n}{n^2+1}\right) = \log 2.$$

- $\{b_n\} = \left\{\left(\cos\frac{1}{\sqrt{n}}\right)^n\right\}$ の極限を考える.

  $$\begin{aligned} c_n &= \log b_n & (\Leftrightarrow b_n = e^{c_n}) \\ &= n \log\left(\cos\frac{1}{\sqrt{n}}\right) \end{aligned}$$

  とおく. e^x はあらゆるところ連続だから, $\{c_n\}$ が収束すれば, 定理 4.3.3 により $\{b_n\}$ は収束し,

  $$\lim_{n\to\infty} b_n = e^{\lim_{n\to\infty} c_n}$$

  である. $f(x) = x \log\left(\cos\frac{1}{\sqrt{x}}\right)$ $(x > 0)$ とすると, $c_n = f(n)$ であり,

  $$\lim_{x\to\infty} f(x) = \lim_{x\to\infty} \frac{\log\left(\cos\frac{1}{\sqrt{x}}\right)}{1/x}$$

$$\overset{t=\frac{1}{\sqrt{x}}}{=} \lim_{t\to+0} \frac{\log(\cos t)}{t^2}$$

$$\overset{\text{ロピタル}}{=} \lim_{t\to+0} \frac{\frac{-\sin t}{\cos t}}{2t} = \lim_{t\to+0} \left\{ -\frac{1}{2\cos t} \cdot \frac{\sin t}{t} \right\} = -\frac{1}{2}.$$

したがって $\lim_{n\to\infty} c_n = -\frac{1}{2}$ であり, $\lim_{n\to\infty} b_n = e^{-\frac{1}{2}}$.

4.4　極値と凹凸

定義 4.4.1

- $y = f(x)$ に対して, $x = a$ の十分近くで次が成り立つとき, $f(x)$ は $x = a$ で**極大**であるという:
$$f(x) < f(a).$$
このf(a) を**極大値**と呼ぶ.
- $y = f(x)$ に対して, $x = a$ の十分近くで次が成り立つとき, $f(x)$ は $x = a$ で**極小**であるという:
$$f(x) > f(a).$$
この $f(a)$ を**極小値**と呼ぶ.
- 極大値, 極小値をまとめて**極値**と呼ぶ.　□

定理 4.4.1（フェルマーの定理）　関数 $f(x)$ が $x = a$ で極値をとるならば,

$$f'(a) = 0 \quad \text{または} \quad f'(a) \text{ は存在しない.}$$
□

フェルマーの定理はロルの定理と同様に証明できる.

定義 4.4.2　$f'(a)$ が存在しないか $f'(a) = 0$ であるとき, $x = a$ は $f(x)$ の**臨界点**であるという.　□

この言葉を使うとフェルマーの定理は次のように述べることもできる:

　関数 $f(x)$ が $x = a$ で極値をとるならば, $x = a$ は $f(x)$ の臨界点である.

注意 13　フェルマーの定理の逆は真でない; $f(x) = x^3$ について, $f'(0) = 0$ であるが, f は $x = 0$ で極値をとらない. $f(x) = xH(x)$ について, f は $x = 0$ で微分可能でないが, f は $x = 0$ で極値をとらない.

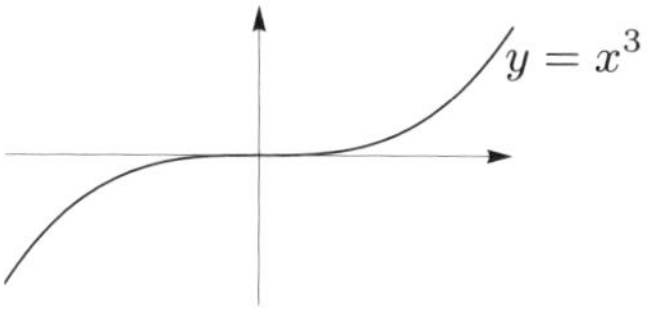

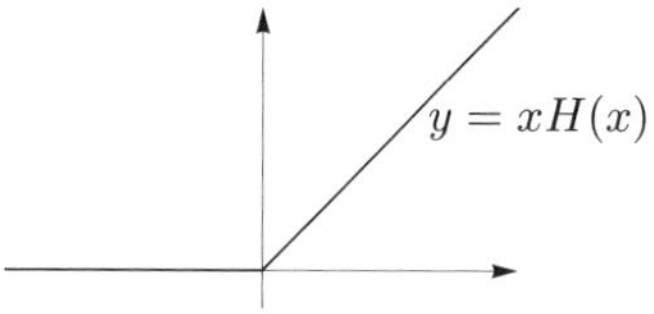

例 4.17

$f(x) = |x|(x-1)$ の, 閉区間 $\left[-\frac{1}{8}, 2\right]$ 上での最大値および最小値を考える ($f(x)$ は連続だから, 閉区間上で最大値と最小値を取る). 最大値は極大値または区間の端点での値であり, したがってフェルマーの定理により, 臨界点での値または区間の端点での値である. 同様に最小値は臨界点での値または区間の端点での値である. そこで, まず臨界点を求め, 臨界点での値および区間の端点での値を計算することで最大値と最小値を求める.

$$\begin{aligned} x > 0 \text{ のとき,}\quad f(x) &= x(x-1) = x^2 - x \\ f'(x) &= 2x - 1 = 2\left(x - \tfrac{1}{2}\right) \\ x < 0 \text{ のとき,}\quad f(x) &= -x(x-1) = -x^2 + x \\ f'(x) &= -2x + 1 = -2\left(x - \tfrac{1}{2}\right) \end{aligned}$$

また,

$$\lim_{h \to +0} \frac{f(h) - f(0)}{h} = -1, \quad \lim_{h \to -0} \frac{f(h) - f(0)}{h} = +1$$

より $f'(0)$ は存在しない. よって $\left(-\frac{1}{8}, 2\right)$ 上の f の臨界点は $x = 0, \frac{1}{2}$ である.

$$f\left(-\tfrac{1}{8}\right) = -\tfrac{9}{64}, \quad f(0) = 0, \quad f\left(\tfrac{1}{2}\right) = -\tfrac{1}{4}, \quad f(2) = 2$$

より, 最大値は $f(2) = 2$, 最小値は $f\left(\frac{1}{2}\right) = -\frac{1}{4}$ である.

問 10　$f(x) = x^3 - 2x^2 - 4x$ の, $[-3, 3]$ 上の最大値および最小値を求めよ.

定理 4.4.2 (一次導関数判定法)　$f(x)$ が $x = a$ の近くで微分可能であり, $x = a$ が $f(x)$ の臨界点であるとする.

- $x = a$ を境に $f'(x)$ の符号が正から負に変わるとき, $f(a)$ は極大値である.
- $x = a$ を境に $f'(x)$ の符号が負から正に変わるとき, $f(a)$ は極小値である.
- $x = a$ の前後で $f'(x)$ の符号が変わらないとき, $f(a)$ は極大値でも極小値でもない.

□

例 4.18

$f(x) = x^3 - 12x$ は例 4.5 の増減表より，$x = -2$ で極大値 $f(-2) = 16$，$x = 2$ で極小値 $f(2) = -16$ を取る．また，区間 $[-4, 3]$ での最大値は，極大値と端点での値 $f(-4) = -16$，$f(3) = -9$ を比較して，$f(-2) = 16$，最小値は，極小値と端点での値を比較して，$f(-4) = f(2) = -16$.

問 11　$f(x) = 2\arctan x - x$ の極値を求めよ．

定義 4.4.3　$f(x)$ を開区間 I 上で微分可能な関数とする．

- $f(x)$ のグラフがその接線たちよりも上にあるとき，$f(x)$ のグラフ (あるいは関数 $f(x)$ 自身) は I 上で**下に凸**であるという．
- $f(x)$ のグラフがその接線たちよりも下にあるとき，$f(x)$ のグラフ (あるいは関数 $f(x)$ 自身) は I 上で**上に凸**であるという．

下に凸，上の凸をそれぞれ単に凸，凹ということもある．　□

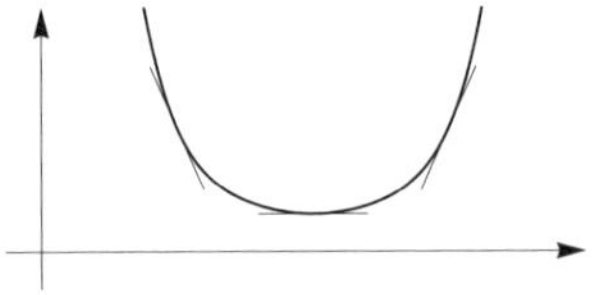

(a) 下に凸な関数のグラフ

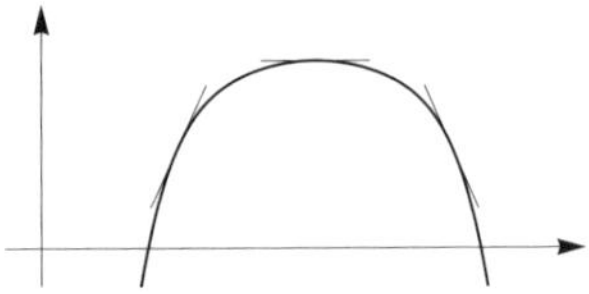

(b) 上に凸な関数のグラフ

定理 4.4.3　$f(x)$ を開区間 I 上で二回微分可能な関数とする．

i)　I 上 $f''(x) > 0$ なら，f のグラフは I 上で下に凸である．

ii)　I 上 $f''(x) < 0$ なら，f のグラフは I 上で上に凸である．　□

例 4.19

$f(x) = \sqrt{x}$ $(x \geq 0)$ を考える．$x > 0$ に対して

$$f'(x) = \frac{1}{2\sqrt{x}} > 0 \text{ より，} f \text{ は単調増加．}$$

$$f''(x) = \frac{-1}{4x^{3/2}} < 0 \text{ より，} f \text{ は上に凸．}$$

したがって，グラフ $y = \sqrt{x}$ は右図のようになる．

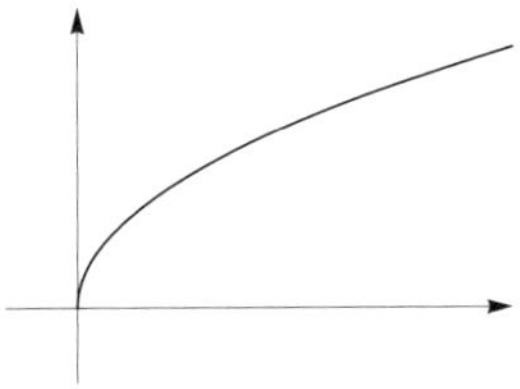

例 4.20

$f(x) = \cos x\ (0 \leq x \leq 2\pi)$ を考える. $f'(x) = -\sin x$, $f''(x) = -\cos x$ であるから, 増減と凹凸は次の表のようになる.

x	0	$\cdots$	$\frac{\pi}{2}$	$\cdots$	π	$\cdots$	$\frac{3\pi}{2}$	$\cdots$	2π
f'		$-$	$-$	$-$	0	$+$	$+$	$+$	
f''		$-$	0	$+$	$+$	$+$	0	$-$	
f	1	↘	0	↘	-1	↗	0	↗	1

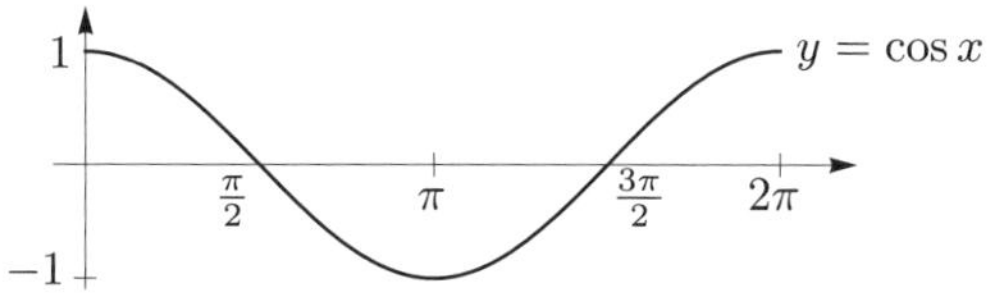

定義 4.4.4 関数のグラフ上の点で, 凹凸の変わり目の点を, **変曲点**という. □

例 4.21

$y = \cos x\ (0 \leq x \leq 2\pi)$ の変曲点は $(\frac{\pi}{2}, 0)$ と $(\frac{3\pi}{2}, 0)$ である.

問 12 次の関数について, 増減, 凹凸を調べ, グラフの概形を描け.

(1) $y = \tanh x$ (2) $y = e^{-\frac{1}{x}}\ (x > 0)$ (3) $y = 2\arctan x - x$

定理 4.4.4 (二次導関数判定法) $f(x)$ は $x = a$ の近くで 2 回微分可能で, $f''(x)$ が連続であり, $f'(a) = 0$ であるとする. このとき,

- $f''(a) > 0$ ならば, $f(x)$ は $x = a$ で極小である.
- $f''(a) < 0$ ならば, $f(x)$ は $x = a$ で極大である. □

(a) $f''(a) > 0$ (b) $f''(a) < 0$

例 4.22

$f(x) = x^3 - 12x$ に対して, $f'(x) = 3x^2 - 12 = 3(x^2 - 4)$, $f''(x) = 6x$ だから臨界点は $x = \pm 2$ で, $f''(-2) = -12 < 0$ より $f(-2) = 16$ は極大値, $f''(2) = 12 > 0$ より $f(2) = -16$ は極小値である.

章末問題

問題1　次の c をすべて求めよ.

(1)　$[-2,2]$ 上の関数 $f(x)=2x^3-x^2-8x$ に対するロルの定理の c.

(2)　$[1,e]$ 上の関数 $f(x)=\log x$ に対する平均値の定理の c.

問題2　車が一直線上を動くとし, このとき車の乗員にかかる慣性力について考える. 慣性力は観測者の系 (今の場合, 車) の, 慣性系に対する加速度に比例してかかる力で, 例えば車が加速する時は乗員に対して後方に押すような力がかかり, 減速する時は前方に引っ張るような力がかかる.

以下, 時刻 t における車の速度 (今の場合, 一次元の運動なので符号付きの速さ) を $f(t)$ と書くことにする. 時刻 a と時刻 b $(a<b)$ において車は停止しているとし, $f(t)$ はあらゆるところ微分可能であると仮定する. このとき, 時刻 a と時刻 b の間のある時刻 c に車の乗員にかかる慣性力がゼロになることを示せ.

問題3　ある人物が一直線上を移動する状況を考える. ある時刻 (基準時刻) にその人物のいる位置を 0, t 時間後の位置を $f(t)$(km) とし, $f(t)$ はあらゆるところ微分可能であると仮定する. この人物が 5 時間後に 100km の位置にいるとする. このとき, ある時刻 t_0 $(0<t_0<5)$ にその人物の速度は 20km/h になることを示せ.

問題4　$\arctan x = 2\arctan\left(x-\sqrt{1+x^2}\right)+\dfrac{\pi}{2}$ を示せ.

問題5　(平均値の定理の証明) $f(x)$ は $[a,b]$ 上連続かつ (a,b) 上微分可能とする.

(1)　$g(x):=f(x)-\frac{f(b)-f(a)}{b-a}(x-a)$ とする. $g(a)=g(b)$ を示せ.

(2)　f に対して平均値の定理が成り立つことを示せ.

問題6　(コーシーの平均値の定理の証明) $f(x), g(x)$ がともに $[a,b]$ 上連続かつ (a,b) 上微分可能であるとし, さらに (a,b) 上 $g'(x)\neq 0$ であるとする. このとき, (a,b) 上にある c があって

$$\frac{f(b)-f(a)}{g(b)-g(a)}=\frac{f'(c)}{g'(c)}$$

となる. この定理を以下の手順で示せ.

(1)　$g(b)-g(a)\neq 0$ を示せ. (ヒント: 平均値の定理)

(2)　$F(x):=f(x)-\dfrac{f(b)-f(a)}{g(b)-g(a)}\cdot(g(x)-g(a))$ が $[a,b]$ でロルの定理の仮定を満たすことを示せ.

(3)　$F(x)$ にロルの定理を適用してコーシーの平均値の定理を示せ.

問題7　以下のテイラー多項式のグラフを, 計算機を用いて描いてみよ.

(1)　e^x の $x=0$ における 1 次, 2 次, ..., 5 次テイラー多項式

(2)　$\cos x$ の $x=0$ における 2 次, 4 次, ..., 10 次テイラー多項式

(3)　$\sin x$ の $x=0$ における 1 次, 3 次, …, 9 次テイラー多項式

(4)　$\log x$ の $x=1$ における 1 次, 2 次, …, 5 次テイラー多項式

(5)　$\frac{1}{x}$ の $x=1$ における 1 次, 2 次, …, 5 次テイラー多項式

問題 8　(テイラーの定理の証明) $f(x)$ が (A,B) 上 $n+1$ 回微分可能であるとする. このとき, (A,B) 上の a, b に対して a と b の間にある c があって

$$f(b)=\sum_{k=0}^{n}\frac{f^{(k)}(a)}{k!}(b-a)^k+\frac{f^{(n+1)}(c)}{(n+1)!}(b-a)^{n+1}$$

となる. この定理を以下の手順で示せ.

$$F(x):=f(x)+\sum_{k=1}^{n}\frac{f^{(k)}(x)}{k!}(b-x)^k+K\cdot(b-x)^{n+1}$$

とする. ここで

$$K=\frac{f(b)-f(a)-\displaystyle\sum_{k=1}^{n}\frac{f^{(k)}(a)}{k!}(b-a)^k}{(b-a)^{n+1}}$$

である.

(1)　F が $[a,b]$ ($a<b$ の場合) または $[b,a]$ ($b<a$ の場合) でロルの定理の仮定を満たすことを示せ.

(2)　$F'(x)=\frac{f^{(n+1)}(x)}{n!}(b-x)^n-(n+1)K\cdot(b-x)^n$ となることを示せ.

(3)　F にロルの定理を適用してテイラーの定理を示せ.

問題 9　次の極限を求めよ.

(1) $\displaystyle\lim_{x\to 0}\frac{e^x-\sin x-\cos 3x}{x^2}$　　(2) $\displaystyle\lim_{x\to\infty}\frac{1}{x-\sqrt[3]{x^3+6x^2+5}}$

(3) $\displaystyle\lim_{x\to 0}\frac{e^x-1-x}{\cos x}$　　(4) $\displaystyle\lim_{x\to\infty}(1+a^x)^{\frac{1}{x}}$ $(a>0)$

問題 10　(ロピタルの定理の証明その 1) まず, 右極限についてのロピタルの定理を考える. $f(x)$, $g(x)$ が (a,b) で定義されていてそこで微分可能であるとし, $\displaystyle\lim_{x\to a+0}f(x)=\lim_{x\to a+0}g(x)=0$ であるとする. また, (a,b) で $g'(x)\neq 0$ であるとする. このとき, もし $\displaystyle\lim_{x\to a+0}\frac{f'(x)}{g'(x)}$ が存在する, または $\pm\infty$ なら

$$\lim_{x\to a+0}\frac{f(x)}{g(x)}=\lim_{x\to a+0}\frac{f'(x)}{g'(x)}$$

となる. この定理を以下の手順で示せ.

(1)

$$F(x):=\begin{cases}f(x) & (a<x<b)\\ 0 & (x=a)\end{cases},\quad G(x):=\begin{cases}g(x) & (a<x<b)\\ 0 & (x=a)\end{cases}$$

と定める. $F(x)$, $G(x)$ は $[a,b)$ で連続であることを確かめよ.

(2)　(a,b) 上の x を取り，$[a,x]$ でコーシーの平均値の定理を使うと，ある c_x が (a,x) 上にあって

$$\frac{F(x)-F(a)}{G(x)-G(a)}=\frac{F'(c_x)}{G'(c_x)}$$

となる（x に依存することを明示するために，添字をつけて c_x と書いた）．

(i)　この式を F, G の代わりに f, g を使って表せ．

(ii)　$x\to a+0$ のとき，$c_x\to a+0$ となることを確かめよ．

(3)　もし $\displaystyle\lim_{x\to a+0}\frac{f'(x)}{g'(x)}$ が存在する，または $\pm\infty$ なら

$$\lim_{x\to a+0}\frac{f(x)}{g(x)}=\lim_{x\to a+0}\frac{f'(x)}{g'(x)}$$

となることを示せ．

（$\frac{\infty}{\infty}$ 型の不定形の場合には議論が込み入るので，ここでは省略する．）

問題 11　（ロピタルの定理の証明その2）右極限についてのロピタルの定理を用いて，左極限，両側極限，無限大における極限についてもロピタルの定理が成り立つことを示せ．

問題 12　$f(x)=-2x^3-x^2+4x$ の増減を調べ，その極値を求めよ．

問題 13　$f(x)=x^3-x^2-5x$ の極値を二次導関数判定法を利用して求めよ．

問題 14　$f(x)=x^3-3x^2-9x$ の $[-4,4]$ での最大値，最小値を求めよ．

問題 15　$y=\frac{|x|(x-1)}{x^2+1}$ の増減，凹凸を調べ，極値，変曲点を求めよ．また $\displaystyle\lim_{x\to\pm\infty}y$ も計算し，グラフの概形を描け．

問題 16　関数 $f(x)$ が開区間 I 上で二回微分可能なとき，次のことを示せ．

(1)　I 上 $f''(x)>0$ なら，f のグラフは I 上で下に凸である．

(2)　I 上 $f''(x)<0$ なら，f のグラフは I 上で上に凸である．

問題 17　体積が 250 ml (=250 cm^3) の円柱のうち，表面積が最小になるものの高さと半径を求めよ．その時の表面積も求めよ．

問題 18　放物線 $y=\frac{1}{4}x^2$ 上の点で，点 $(-1,2)$ に最も近い点を求めよ．

問題 19　半径 r の半円に内接する長方形のうち，面積が最大であるものの面積を求めよ．

問題 20　正四角柱（つまり底面が正方形の直方体）で表面積が 600 cm^2 のもののうち，体積が最大になるものの体積を求めよ．

問題 21　円柱で表面積が 24π cm^2 のもののうち，体積が最大になるものの体積を求めよ．

問題 22　円錐で体積が $\frac{\pi}{3}$ のもののうち，表面積が最小になるものの高さを求めよ．

第5章

1変数関数の積分法

ここでは(標準的に)リーマン和の極限として積分を導入する．そして微積分学の基本定理によって積分と微分が結びつき，(連続関数の)積分の計算が反微分(微分の逆演算)によって行えることを学ぶ．

5.1　定積分

5.1.1　面積の問題

まず導入として，面積の問題を考える．底辺の長さ l，高さ h の長方形の面積は $l \times h$，同じく底辺の長さ l，高さ h の三角形の面積は $\frac{1}{2}l \times h$ であった．では，曲がった境界を持つ領域の面積はどのように考えたらよいであろうか．

例 5.1

曲線 $y = x^2$ と直線 $x = 1$ と x 軸によって囲まれる領域 S の面積 A はいくらであろうか．この領域を沢山の長方形で近似してその長方形たちの面積の和を A のひとつの近似値とし，近似の精度を上げていく極限をとる，というのは一つの考え方であろう．そこで，次のようなことを考える:

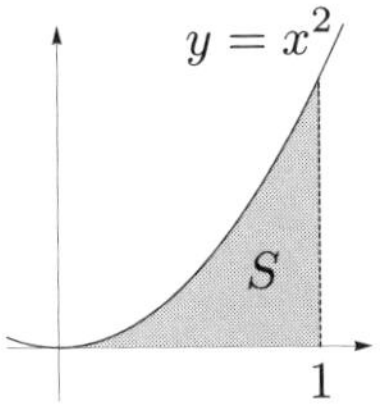

まず区間 $[0,1]$ を n 等分し，左から k 番目の区間 $[\frac{k-1}{n}, \frac{k}{n}]$ 上に高さ $\left(\frac{k}{n}\right)^2$ の長方形を置く．この n 個の長方形たちの面積の和を R_n とし，$A := \lim_{n\to\infty} R_n$ と定める．

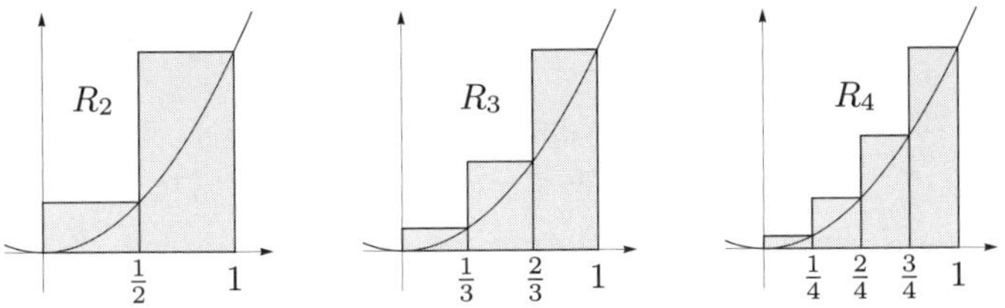

この極限を計算してみよう．左から k 番目の長方形は幅 $\frac{1}{n}$，高さ $\left(\frac{k}{n}\right)^2$ だから，

$$
\begin{aligned}
R_n &= \sum_{k=1}^{n} \left(\frac{k}{n}\right)^2 \frac{1}{n} \\
&= \frac{1}{n^3} \sum_{k=1}^{n} k^2 \\
&= \frac{1}{n^3} \frac{n(n+1)(2n+1)}{6} \\
&= \frac{1}{3}\left(1+\frac{1}{n}\right)\left(1+\frac{1}{2n}\right) \xrightarrow{n\to\infty} \frac{1}{3}.
\end{aligned}
$$

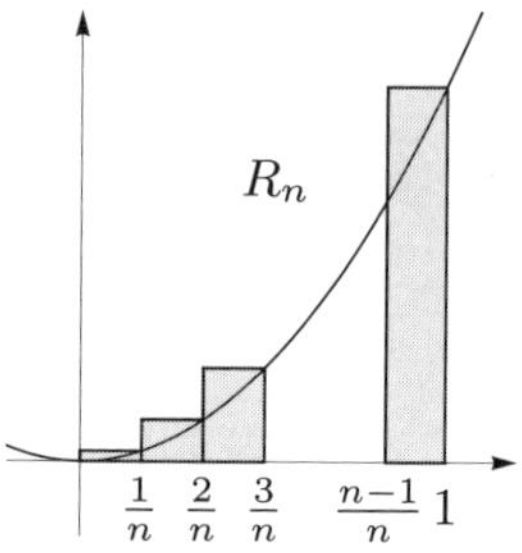

例 5.2

上の例では, k 番目の区間 $[\frac{k-1}{n}, \frac{k}{n}]$ 上に高さ $\left(\frac{k}{n}\right)^2$ の長方形を置いた. この高さは, 区間 $[\frac{k-1}{n}, \frac{k}{n}]$ の右端の点 $x = \frac{k}{n}$ における関数 $y = x^2$ の値である. では右端ではなく左端の点 $x = \frac{k-1}{n}$ における関数の値 $\left(\frac{k-1}{2}\right)^2$ を長方形の高さとしたらどうであろうか. このときの長方形たちの面積の和を L_n として $n \to \infty$ の極限を計算してみよう:

$$
\begin{aligned}
L_n &= \sum_{k=1}^{n} \left(\frac{k-1}{n}\right)^2 \frac{1}{n} \\
&= \frac{1}{n^3} \sum_{k=1}^{n} (k-1)^2 \\
&= \frac{1}{n^3} \frac{(n-1)n(2n-1)}{6} \\
&= \frac{1}{3}\left(1-\frac{1}{n}\right)\left(1-\frac{1}{2n}\right) \xrightarrow{n\to\infty} \frac{1}{3}.
\end{aligned}
$$

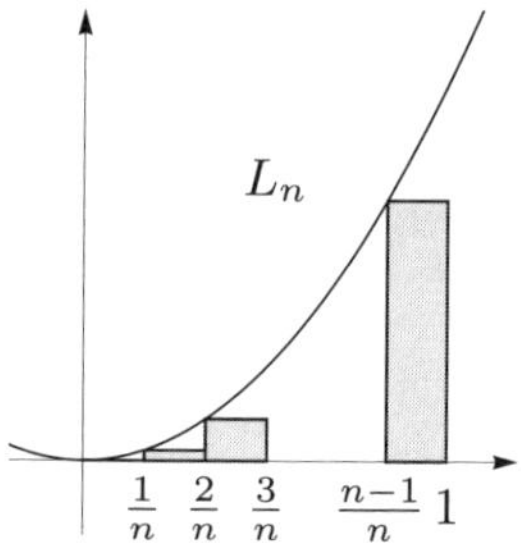

問1　同様に, k 番目の区間 $[\frac{k-1}{n}, \frac{k}{n}]$ について, 区間の中央の点 $x = \frac{k-\frac{1}{2}}{n}$ における関数の値を長方形の高さとしたらどうであろうか. このときの長方形たちの面積の和を M_n として, $\lim_{n\to\infty} M_n$ を計算せよ.

実は上の例では, k 番目の長方形の高さを決めるのに使う点 ξ_k を区間 $[\frac{k-1}{n}, \frac{k}{n}]$ のどこにとっても（区間ごとにばらばらにとっても）長方形の面積の和は $n \to \infty$ の極限で $\frac{1}{3}$ に収束する. さらに, 上では区間を等分割したが, 区間の幅をばらばらに分割しても, 分割を細かくする極限で $\frac{1}{3}$ に収束する. より正確に述べると, 区間 $[a, b]$ 上に $n+1$ 個の点 $x_0, x_1, x_2, \ldots, x_{n-1}, x_n$ (ただ

し $a = x_0 < x_1 < x_2 < \cdots < x_{n-1} < x_n = b$) をとり, 左から k 番目の小区間 $[x_{k-1}, x_k]$ の幅を Δx_k とする; $\Delta x_k = x_k - x_{k-1}$. $\Delta x := \max_{1 \leq k \leq n} \{\Delta x_k\}$ として $\Delta x \to 0$ の極限をとると, 点 ξ_k たちの選び方によらずに $\frac{1}{3}$ に収束する.

以上のことを踏まえて, 次のように定める.

定義 5.1.1 $f(x)$ を区間 $[a, b]$ 上で定義された連続関数で, (a, b) 上 $f(x) > 0$ であるとする. このとき, 曲線 $y = f(x)$ と x 軸および 2 直線 $x = a$, $x = b$ によって囲まれる領域の**面積** A は

$$A := \lim_{\Delta x \to 0} \sum_{k=1}^{n} f(\xi_k) \Delta x_k.$$

□

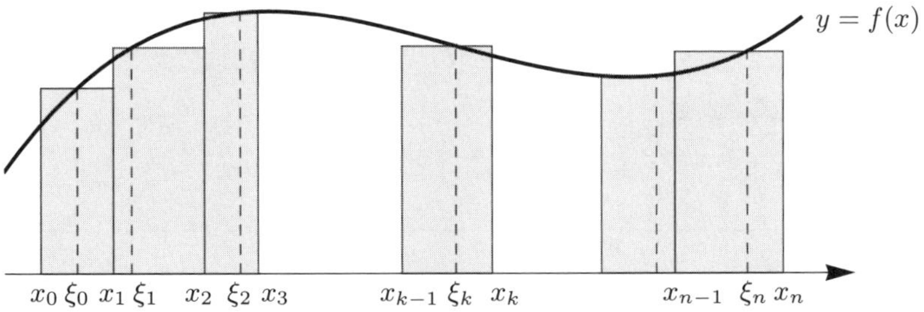

注意 14 f が連続という仮定のもと, この極限は存在することが証明でき, したがって, 面積が定義される.

5.1.2 定積分の定義

上述の面積を一般化したものが定積分である.

定義 5.1.2 $f(x)$ を区間 $[a, b]$ 上で定義された関数とする (連続とも限らないし, $f(x) > 0$ とも限らない). このとき, $f(x)$ の区間 $[a, b]$ 上の**定積分** (あるいは単に**積分**) $\int_a^b f(x)\,dx$ とは

$$\int_a^b f(x)\,dx := \lim_{\Delta x \to 0} \sum_{k=1}^{n} f(\xi_k) \Delta x_k.$$

この極限が存在する時, f は $[a, b]$ 上 **(リーマン) 可積分**であるという. また, 和 $\sum_{k=1}^{n} f(\xi_k) \Delta x_k$ を (ひとつの) **リーマン和**といい, $\xi_1, \ldots, \xi_n$ を**代表点**という. □

$f(x)$ に対して積分 $\int_a^b f(x)\,dx$ をとる (求める) ことを，f を $[a,b]$ 上 (あるいは a から b まで) **積分する**という．

注意 15

- $\int_a^b 1\,dx$ のことを，$\int_a^b dx$ とも書く．
- 積分の記号 $\int_a^b f(x)\,dx$ に現れる文字 (変数) x を積分変数という．積分は積分変数によらない; 例えば，$\int_a^b f(x)\,dx = \int_a^b f(t)\,dt = \int_a^b f(\theta)\,d\theta$.

例 5.3

定義 5.1.1 の設定のものでは，定積分 $\int_a^b f(x)\,dx$ は領域の面積 A である．

問 2　区間 $[1,2]$ 上で定義された関数 $f(x)$ に対して $\int_1^2 f(x)\,dx$ を考える．

(1)　区間 $[1,2]$ を 3 等分し，各小区間の代表点を右端に取ったときのリーマン和を数式で表せ．

(2)　$f(x) = 1 + x$ のとき，(1) のリーマン和の値を求めよ．

例 5.4

- 円の面積の公式を援用する．

$$\int_0^1 \sqrt{1-x^2}\,dx = \frac{\text{単位円の面積}}{4} = \frac{\pi}{4}$$

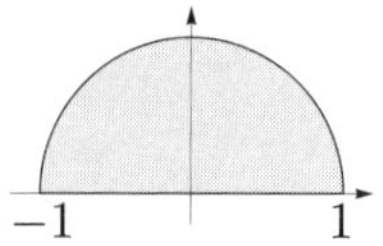

- $f(x)$ を区間 $[a,b]$ 上で定義された連続関数で，(a,b) 上 $f(x) < 0$ であるとする．このとき，

$$\begin{aligned}
\int_a^b f(x)\,dx &= \lim_{\Delta x \to 0} \sum_{k=1}^{n} f(\xi_k)\Delta x_k \\
&= -\left[\lim_{\Delta x \to 0} \sum_{k=1}^{n} (-f(\xi_k))\,\Delta x_k\right] \\
&= -\int_a^b (-f(x))\,dx \\
&= -(\tilde{S}\text{の面積}) = -(S\text{ の面積})
\end{aligned}$$

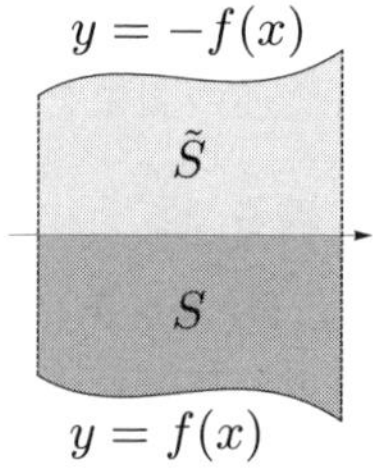

このように定積分は符号付きの面積と解釈できる．

注意 16　可積分でない関数も存在する．関数 f が $[a,b]$ 上可積分であるための

十分条件として代表的なのは, 次のものである:

- f は $[a,b]$ 上連続である.
- f は $[a,b]$ 上単調である.

これによって, 我々が扱う多くの関数の可積分性が保証される. さらに, 次のような十分条件も知られている:

- f は $[a,b]$ 上区分的に連続である.

ここで f が $[a,b]$ 上**区分的に連続**であるとは, f が $[a,b]$ 上有限個の点を除いて連続であり, 各不連続点においては右・左極限が存在することである.

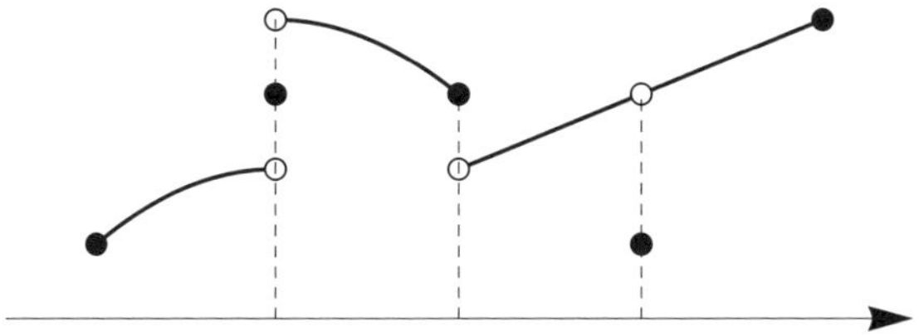

図 5.1　連続ではないが, 区分的に連続な関数の例.

例 5.5

$f(x) = x^2$ の区間 $[0,b]$ 上の積分を考える.

$$\int_0^b x^2\,dx = \lim_{\Delta x \to 0} \sum_{k=1}^{n} f(\xi_k)\Delta x_k$$

ここで f は連続だから可積分であり, この極限が存在する. すなわち区間の分割の仕方や代表点のとり方に依らずに $|\Delta x| \to 0$ である値に収束する. そこで区間を n 等分, 代表点を各小区間の右端にとって $n \to \infty$ の極限を取ってみる.

$$\int_0^b x^2\,dx = \lim_{n\to\infty} \sum_{k=1}^{n} f\left(\frac{kb}{n}\right) \cdot \frac{b}{n}$$

$$= b^3 \lim_{n\to\infty} \frac{1}{n^3} \sum_{k=1}^{n} k^2 = \frac{b^3}{3} \quad \text{(cf. 例 5.1)}$$

同様に $\displaystyle\int_0^b x^n\,dx = \frac{b^{n+1}}{n+1} \quad (n = 0, 1, 2, \ldots)$ が示される.

問 3　$\displaystyle\sum_{k=1}^{n} k^3 = \left\{\frac{n(n+1)}{2}\right\}^2$ を用いて, $\int_0^b x^3\,dx$ の値を求めよ.

5.1.3　定積分の性質

定理 5.1.1（線形性）　f, g を $[a,b]$ 上可積分な関数とし，α, β を定数とする．このとき $\alpha f(x) + \beta g(x)$ は $[a,b]$ 上可積分で

$$\int_a^b [\alpha f(x) + \beta g(x)]\, dx = \alpha \int_a^b f(x)\, dx + \beta \int_a^b g(x)\, dx$$

が成り立つ．□

【証明】

$$\begin{aligned}
\textstyle\int_a^b [\alpha f(x) + \beta g(x)]\, dx &= \lim_{\Delta x \to 0} \sum [\alpha f(\xi_k) + \beta g(\xi_k)]\, \Delta x_k \\
&= \lim_{\Delta x \to 0} [\alpha \sum f(\xi_k)\Delta x_k + \beta \sum g(\xi_k)\Delta x_k] \\
&= \alpha \lim_{\Delta x \to 0} \sum f(\xi_k)\Delta x_k + \beta \lim_{|\Delta x| \to 0} \sum g(\xi_k)\Delta x_k \\
&= \alpha \textstyle\int_a^b f(x)\, dx + \beta \int_a^b g(x)\, dx
\end{aligned}$$
■

例 5.6

既に得た公式 $\displaystyle\int_0^b x^n\, dx = \frac{b^{n+1}}{n+1}$ を用いて，

$$\int_0^2 \left(2 + \frac{1}{2}x\right) dx = 2\int_0^2 dx + \frac{1}{2}\int_0^2 x\, dx = 2 \cdot 2 + \frac{1}{2} \cdot \frac{2^2}{2} = 5.$$

問 4　$\int_0^{1/2} \left(1 - \frac{1}{2}x^2\right) dx$ を求めよ．

定理 5.1.2（単調性）　f, g が $[a,b]$ 上可積分な関数で $f \geq g$ なら

$$\int_a^b f(x)\, dx \geq \int_a^b g(x)\, dx$$

が成り立つ．□

【証明】　$f(x) - g(x) \geq 0$ であるから，

$$\begin{aligned}
\int_a^b f(x)\, dx - \int_a^b g(x)\, dx &= \int_a^b [f(x) - g(x)]\, dx \\
&= \lim_{\Delta x \to 0} \sum [f(\xi_k) - g(\xi_k)]\, \Delta x_k \geq 0
\end{aligned}$$
■

例 5.7

積分の単調性を使って, 円周率 $\pi \le 3.15$ を示す. まず, $\sqrt{1-x^2} \le 1-\frac{1}{2}x^2$ $(-1 \le x \le 1)$ が成り立つ. 実際,

$$\begin{aligned}&\left(1-\tfrac{1}{2}x^2\right)^2-\left(\sqrt{1-x^2}\right)^2\\&\quad=\left(1-x^2+\tfrac{1}{4}x^4\right)-\left(1-x^2\right)\\&\quad=\tfrac{1}{4}x^4 \ge 0.\end{aligned}$$

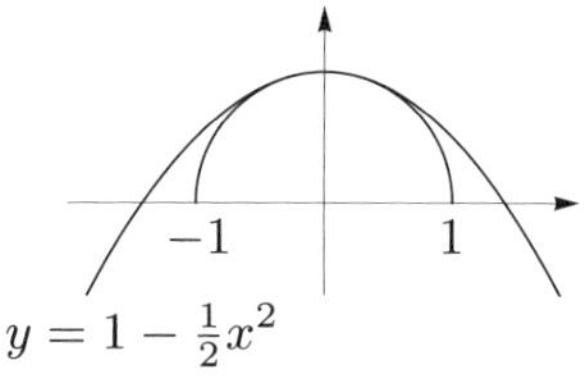

よって積分の単調性により

$$\int_0^{1/2}\sqrt{1-x^2}\,dx \le \int_0^{1/2}\left(1-\tfrac{1}{2}x^2\right)\,dx.$$

ここで右辺は問 4 より $\frac{23}{48}$ である. また, 左辺は図のように中心角 $\frac{\pi}{6}$ の扇形と三角形に分解できるため, 円の面積の公式を援用すると

$$\begin{aligned}\int_0^{1/2}\sqrt{1-x^2}\,dx &= \tfrac{\pi}{12}+\tfrac{1}{2}\cdot\tfrac{1}{2}\cdot\tfrac{\sqrt{3}}{2}\\&=\tfrac{\pi}{12}+\tfrac{\sqrt{3}}{8}.\end{aligned}$$

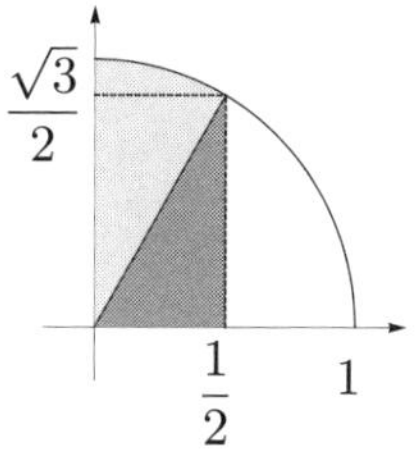

したがって

$$\begin{aligned}\tfrac{\pi}{12}+\tfrac{\sqrt{3}}{8} &\le \tfrac{23}{48},\\ \pi &\le \tfrac{23}{4}-\tfrac{3\sqrt{3}}{2}=3.152\cdots.\end{aligned}$$

問 5　次を示せ: $\dfrac{\pi}{2e} \le \displaystyle\int_{\pi/2}^{\pi} e^{\cos x}\,dx \le \dfrac{\pi}{2}$.

ここまでは $a<b$ の場合に $\int_a^b f(x)\,dx$ を考えたが, ここで $a \ge b$ の場合にも $\int_a^b f(x)\,dx$ を導入する.

定義 5.1.3

$$\begin{aligned}&a>b\text{ のとき, }\int_a^b f(x)\,dx := -\int_b^a f(x)\,dx\\&a=b\text{ のとき, }\int_a^b f(x)\,dx := 0\end{aligned}$$

□

注意 17　線形性「$\int_a^b[\alpha f+\beta g]\,dx=\alpha\int_a^b f\,dx+\beta\int_a^b g\,dx$」は $a \ge b$ でも成り立つが, 単調性「$f \ge g \Rightarrow \int_a^b f\,dx \ge \int_a^b g\,dx$」は $a \ge b$ のときは成り立たない (不等号の向きが逆になる).

定理 5.1.3　a, b, c の大小関係に依らず, 次が成り立つ.

i) $\int_a^b f(x)\,dx = -\int_b^a f(x)\,dx$

ii) $\int_a^b f(x)\,dx = \int_a^c f(x)\,dx + \int_c^b f(x)\,dx$ □

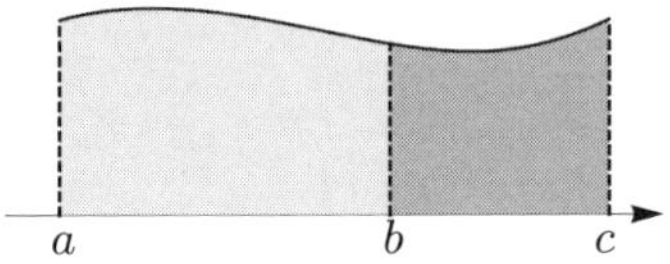

図 **5.2**　$f > 0,\ a < b < c$ の場合.

例 5.8

$$\int_a^d f(x)\,dx = \int_a^b f(x)\,dx + \int_b^c f(x)\,dx + \int_c^d f(x)\,dx$$
$$= (S_1\text{の面積}) - (S_2\text{の面積}) + (S_3\text{の面積})$$

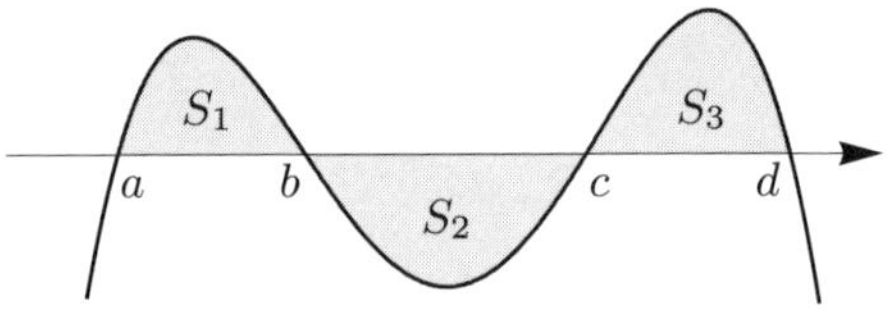

図 **5.3**　被積分関数 $f(x)$ のグラフ.

問 6　既に得た公式 $\int_0^b x^n\,dx = \frac{b^{n+1}}{n+1}$ を用いて, 次の積分の値を求めよ.

(1) $\displaystyle\int_1^3 x^2\,dx$　　(2) $\displaystyle\int_0^3 f(x)\,dx$.　ここで $f(x) = \begin{cases} x\ (0 \leq x \leq 1) \\ x^2\ (1 \leq x \leq 3) \end{cases}$.

5.2　微積分学の基本定理

5.2.1　微分と積分の関係

定理 5.2.1（微積分学の基本定理 1）　$f(x)$ は $[a,b]$ 上連続であるとする. このとき, $\int_a^x f(t)\,dt$ は閉区間 $[a,b]$ 上連続, 開区間 (a,b) 上微分可能であり, (a,b) 上で次が成り立つ:[1]

$$\frac{d}{dx}\int_a^x f(t)\,dt = f(x).$$
□

[1] 標語的には「f の積分の導関数は f 自身である」あるいは「f を積分して微分すると f に戻る」といえる.

証明は章末問題 (問題 9, 問題 10) に譲るが, ここでは証明の気分を説明しておこう. $f(x)>0$ の場合, $A(x):=\int_a^x f(t)\,dt$ とすると,

$$\begin{aligned}\frac{A(x+h)-A(x)}{h} &= \tfrac{1}{h}\left\{\int_a^{x+h} f(t)\,dt-\int_a^x f(t)\,dt\right\}\\ &= \tfrac{1}{h}\int_x^{x+h} f(t)\,dt\ \left(\fallingdotseq \tfrac{1}{h}\cdot hf(x)=f(x)\right)\\ &\xrightarrow{h\to 0} f(x)\quad (\text{であろう}).\end{aligned}$$

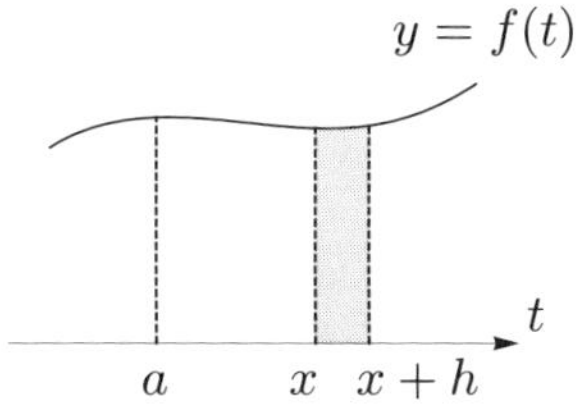

例 5.9

- $\dfrac{d}{dx}\displaystyle\int_1^x t^2\,dt=x^2$
- $\dfrac{d}{dx}\displaystyle\int_{-\pi/4}^x \tan\theta\,d\theta=\tan x$
- $\dfrac{d}{dx}\displaystyle\int_{3x}^{-1} e^{t^2}\,dt=\dfrac{d}{dx}\left(-\int_{-1}^{3x} e^{t^2}dt\right)$

$$\begin{aligned}&=-\frac{d}{dx}\int_{-1}^{3x} e^{t^2}dt\\ &=-\frac{du}{dx}\frac{d}{du}\int_{-1}^{u} e^{t^2}dt\quad (u=3x\ \text{とおいた})\\ &=-3e^{u^2}=-3e^{9x^2}\end{aligned}$$

問 7 次を求めよ.

(1) $\dfrac{d}{dx}\displaystyle\int_0^{x^2}\sin t\,dt$ (2) $\dfrac{d}{dx}\displaystyle\int_x^2 \log t\,dt\ (x>0)$

注意 18 関数 $f(x)$ に対して, $F'(x)=f(x)$ となる関数を**反導関数**, または**原始関数**という. 微積分学の基本定理より, 連続関数 $f(x)$ には必ず原始関数 $F(x)$ が存在することが分かる;

$$F(x)=\int_a^x f(t)\,dt.$$

また, 二つの関数は区間上でその導関数たちが一致するとき, その差は定数なのであった (系 2). したがって関数 $f(x)$ のすべての反導関数は

$$F(x)+C\quad (C\ \text{は定数})$$

の形にかける. この和を, **一般反導関数** (cf. 5.2.3 項) という.

定理 5.2.2（微積分学の基本定理 2）　$f(x)$ は $[a,b]$ 上連続であるとする．このとき, $[a,b]$ 上で次が成り立つ:

$$\int_a^x f(t)\,dt = F(x) - F(a), \quad F \text{ は } f \text{ の原始関数.}$$

□

【証明】　基本定理 1 によって, $\int_a^x f(t)\,dt$ は $f(x)$ のひとつの原始関数である．よって $f(x)$ のどんな原始関数 $F(x)$ も, ある定数 C を用いて

$$F(x) = \int_a^x f(t)\,dt + C$$

と表せる．ここで $x = a$ とすると $F(a) = 0 + C$ だから $C = F(a)$．よって

$$\int_a^x f(t)\,dt = F(x) - F(a).$$

■

系 4（微積分学の基本定理 2′）　$G(x)$ は, その導関数 $G'(x)$ が $[a,b]$ 上連続であるような関数であるとする．このとき, $[a,b]$ 上で次が成り立つ:[2)]

$$\int_a^x G'(t)\,dt = G(x) - G(a).$$

5.2.2　基本定理を使った定積分の計算

微積分学の基本定理により, 連続関数 f に対して

$$\int_a^b f(x)\,dx = F(b) - F(a), \quad F \text{ は } f \text{ の原始関数}$$

が成り立つ．これによって, 被積分関数の原始関数を一つ見つければ定積分が計算できることになる．例えば, x^2 の一つの原始関数は $\frac{1}{3}x^3 =: F(x)$ だから,

$$\int_1^3 x^2\,dx = F(3) - F(1) = \frac{1}{3}\cdot 3^3 - \frac{1}{3}\cdot 1^3 = \frac{26}{3}.$$

そこで, 次のような記法を導入する:

$$[F(x)]_a^b := F(b) - F(a).$$

微積分学の基本定理は次のように表される:

$$\int_a^b f(x)\,dx = [F(x)]_a^b, \quad F \text{ は } f \text{ の原始関数.}$$

2) 標語的には「G の導関数の積分は, 定数差を除いて G 自身である」あるいは「G を微分して積分すると, 定数差を除いて G に戻る」といえる．

例 5.10

- $\int_1^3 x^2\,dx = \left[\frac{1}{3}x^3\right]_1^3 = \frac{1}{3}\cdot 3^3 - \frac{1}{3}\cdot 1^3 = \frac{26}{3}$
- $\int_0^2 e^{2x}\,dx = \left[\frac{1}{2}e^{2x}\right]_0^2 = \frac{1}{2}e^4 - \frac{1}{2}e^0 = \frac{e^4-1}{2}$

例 5.11

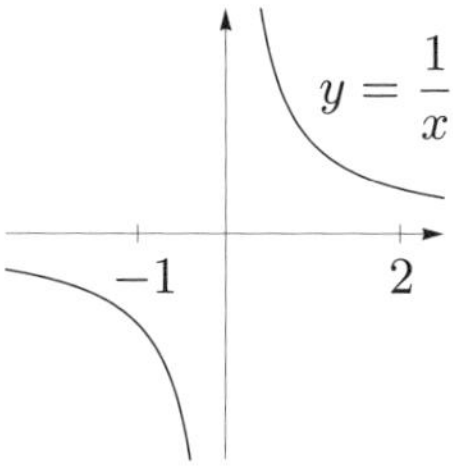

$\frac{1}{x}$ は $x=0$ で連続でなく，したがって $x=0$ を含む区間では基本定理が使えず，

$$\int_{-1}^2 \frac{1}{x}\,dx \neq [\log|x|]_{-1}^2$$

である．実際，$\frac{1}{x}$ は $[-1,2]$ 上可積分でない，つまり $\int_{-1}^2 \frac{1}{x}\,dx$ は存在しない．

問 8　次の積分の値を求めよ．

(1) $\displaystyle\int_0^{\frac{\pi}{2}} \cos x\,dx$　(2) $\displaystyle\int_1^3 \frac{dx}{x}$　(3) $\displaystyle\int_0^1 \frac{dx}{1+x^2}$　(4) $\displaystyle\int_{\sqrt{3}/2}^{-1/2} \frac{dx}{\sqrt{1-x^2}}$

5.2.3 不定積分

微積分学の基本定理によって，積分と微分は互いに逆演算であることがわかった．そこで，$f(x)$ を反微分すること (つまり反導関数，ないし原始関数 $F(x)$ を求めること) を $f(x)$ を**積分する**ともいい，$f(x)$ の一般反導関数 $F(x)+C$ を**不定積分**ともいって，$\int f(x)\,dx$ で表す．また，定数 C を**積分定数**と呼ぶ．以下，「C は積分定数である」といった文言はしばしば省略する．

例 5.12

- $\int x^2\,dx = \frac{1}{3}x^3 + C$
- $\int e^{2x}\,dx = \frac{1}{2}e^{2x} + C$
- 合成関数の微分公式により $\frac{d}{dx}\log(1+x^2) = \frac{2x}{1+x^2}$ だから，
$$\int \frac{x}{1+x^2}\,dx = \frac{1}{2}\log(1+x^2) + C$$
- $\int \sqrt{x}\,dx = \int x^{\frac{1}{2}}\,dx = \frac{2}{3}x^{\frac{3}{2}} + C = \frac{2}{3}x\sqrt{x} + C$
- $\int (\sin^3 x + \sin x\cos^2 x)\,dx = \int \sin x(\sin^2 x + \cos^2 x)\,dx$
$$= \int \sin x\,dx = -\cos x + C$$

ここで, 基本的な関数の不定積分を表にまとめておこう.

$f(x)$	$\int f(x)\,dx$
$x^a \ (a \neq -1)$	$\frac{1}{a+1}x^{a+1} + C$
$\frac{1}{x}$	$\log\lvert x\rvert + C$
e^x	$e^x + C$
$b^x \ (b > 0, b \neq 1)$	$\frac{1}{\log b}b^x + C$
$\sin x$	$-\cos x + C$
$\cos x$	$\sin x + C$
$\sec^2 x$	$\tan x + C$
$\csc^2 x$	$-\cot x + C$
$\frac{1}{\sqrt{1-x^2}}$	$\arcsin x + C$
$\frac{1}{1+x^2}$	$\arctan x + C$
$\sinh x$	$\cosh x + C$
$\cosh x$	$\sinh x + C$
$\mathrm{sech}^2\, x$	$\tanh x + C$
$\mathrm{csch}^2\, x$	$\coth x + C$
$\alpha f(x) + \beta g(x)$	$\alpha \int f(x)\,dx + \beta \int g(x)\,dx$

問9　次の定積分や不定積分を求めよ.

(1) $\displaystyle\int \frac{dx}{x^3}$　(2) $\displaystyle\int \frac{dx}{\sqrt{x}}$　(3) $\displaystyle\int x^{\frac{2}{3}}\,dx$　(4) $\displaystyle\int \frac{dx}{x\sqrt{x}}$　(5) $\displaystyle\int x\sqrt{x}\,dx$

(6) $\displaystyle\int \left(\sqrt{x} + \frac{3}{x}\right) dx$　(7) $\displaystyle\int (2\sin x - 5\cos x)\,dx$　(8) $\displaystyle\int \frac{x^2-1}{x^2+1}\,dx$

(9) $\displaystyle\int_0^1 x(1-x)\,dx$　(10) $\displaystyle\int_{-\pi}^{\pi} H(x)\sin x\,dx$　(11) $\displaystyle\int_{-1}^{2} \lvert x\rvert\,dx$

(12) $\displaystyle\int e^{\frac{x}{2}} \cosh\frac{x}{2}\,dx$　(13) $\displaystyle\int\left(\cos^2\frac{\theta}{2} - \sin^2\frac{\theta}{2}\right) d\theta$　(14) $\displaystyle\int \frac{x-1}{\sqrt{x}}\,dx$

章末問題

問題 1　$f(x)=3-x$ に対して $\int_0^2 f(x)\,dx$ を考える.

(1)　区間 $[0,2]$ を 4 等分し, 各小区間の代表点を右端に取ったときのリーマン和 R_4 の値を求めよ.

(2)　区間 $[0,2]$ を 4 等分し, 各小区間の代表点を左端に取ったときのリーマン和 L_4 の値を求めよ.

(3)　$\int_0^2 f(x)\,dx$ の値を計算せずに $R_4, L_4, \int_0^2 f(x)\,dx$ の大小関係を答えよ.

問題 2　$f(x)=1+x^3$ に対して $\int_1^2 f(x)\,dx$ を考える.

(1)　区間 $[1,2]$ を 3 等分し, 各小区間の代表点を右端に取ったときのリーマン和 R_3 の値を求めよ.

(2)　区間 $[1,2]$ を 3 等分し, 各小区間の代表点を左端に取ったときのリーマン和 L_3 の値を求めよ.

(3)　$\int_1^2 f(x)\,dx$ の値を計算せずに $R_3, L_3, \int_1^2 f(x)\,dx$ の大小関係を答えよ.

問題 3　定積分 $\int_1^2 \frac{dx}{x^2}$ を考える.

(1)　$\frac{1}{x^2}$ は $[1,2]$ 上可積分である. その理由を述べよ.

(2)　微積分学の基本定理を使わずに $\int_1^2 \frac{dx}{x^2}$ の値を求めよ.
(ヒント: 区間を n 等分し, k 番目の小区間 $\left[1+\frac{k-1}{n}, 1+\frac{k}{n}\right]$ の代表点 ξ_k を $\xi_k=\sqrt{\left(1+\frac{k-1}{n}\right)\left(1+\frac{k}{n}\right)}$ と取る)

(3)　微積分学の基本定理を使って $\int_1^2 \frac{dx}{x^2}$ を計算せよ.

問題 4　定積分 $\int_0^\pi \sin x\,dx$ について, 問題 3 を同様のことを考えよ.
(ヒント: 区間を等分し, 代表点を右端に取る)

問題 5　(1)　積分の単調性を用いて, 次を示せ.

$$\int_0^{1/2}\left(1-2(2-\sqrt{3})x^2\right)\,dx \leq \int_0^{1/2}\sqrt{1-x^2}\,dx$$

(2)　(1) の右辺の積分の値は $\frac{\pi}{12}+\frac{\sqrt{3}}{8}$ であった (例 5.7). 次を示せ.

$$\pi \geq 4-\frac{\sqrt{3}}{2}\,(=3.134\cdots)$$

問題 6　次を示せ.

$$\frac{\pi}{3} \leq \int_0^{\pi/2}\sqrt{\sin x}\,dx \leq \frac{\pi\sqrt{\pi}}{3\sqrt{2}}$$

問題 7　区間 $[0,3]$ 上可積分な関数 f, g に対して, $\int_0^3 f(x)\,dx=5$, $\int_0^1 g(x)\,dx=7$, $\int_0^3 g(x)\,dx=11$ であるとする.

$$h(x)=f(x)+H(x-1)g(x)=\begin{cases} f(x) & (x<1) \\ f(x)+g(x) & (x\geq 1) \end{cases}$$

に対して, 定積分 $\int_0^3 h(x)\,dx$ の値を求めよ.

問題8　$g(x)=\int_{-10}^{x} f(t)\,dt$ を求めよ. ここで, $f(x)=\begin{cases}0 & (x<0)\\ |x^2-x| & (x\geq 0)\end{cases}$ である.

問題9　**(積分の平均値の定理)** $f(x)$ を区間 $[a,b]$ 上の連続関数とし, $[a,b]$ 上での $f(x)$ の最大値, 最小値をそれぞれ M, m とする.

(1)　積分の単調性を使って, 次を示せ.

$$m \leq \frac{1}{b-a}\int_a^b f(x)\,dx \leq M$$

(2)　(1) の結果と中間値の定理を使って, (a,b) 上の c で

$$f(c)=\frac{1}{b-a}\int_a^b f(x)\,dx$$

となるものがあることを示せ.

問題10　積分の平均値の定理を使って, 微積分学の基本定理を証明せよ.

問題11　次を求めよ.

$$(1)\ \frac{d}{dx}\int_{e^{2x}}^{2}\frac{dt}{1+t^{100}}\quad (2)\ \frac{d}{dx}\int_0^{x^5}\sin\frac{t^2}{2}\,dt\quad (3)\ \frac{d}{dx}\int_1^{x}(x-t)\left(\frac{t}{(1+t^2)^5}\right)'dt$$

問題12　次の極限を求めよ.

$$(1)\ \lim_{x\to 0}\frac{1}{x}\int_0^x\frac{dt}{1+\tan t}\quad (2)\ \lim_{x\to 0}\csc x\int_x^0\frac{dt}{\sqrt[3]{1-t^2}}\quad (3)\ \lim_{x\to\frac{\pi}{2}}\tan x\int_{\frac{\pi}{2}}^{x}\sqrt{\sin t}\,dt$$

問題13　(1)　$f(x)=\cos(\pi x)\int_0^{x^2}e^{-t^2}\,dt$ とする. $f'(3)$ を求めよ.

(2)　$g(x)=e^{2x}\int_{-1}^{1-2e^x}\sin\frac{\pi t^2}{2}\,dt$ とする. $g'(0)$ を求めよ.

問題14　次の定積分や不定積分を求めよ.

$$(1)\ \int x(x+1)(x+3)\,dx\qquad (2)\ \int\frac{1+x}{1+x^2}\,dx\qquad (3)\ \int\frac{dx}{\sqrt{x+1}-\sqrt{x}}$$

$$(4)\ \int\sin\frac{x}{2}\cos\frac{x}{2}\,dx\qquad (5)\ \int\tan^2 x\,dx\qquad (6)\ \int\frac{x+\sqrt{x}+1}{\sqrt{x}}\,dx$$

$$(7)\ \int_0^2 H(x-1)\sin\pi x\,dx\qquad (8)\ \int_0^3|4-x^2|\,dx\qquad (9)\ \int_{-3}^{3}|x^2-x-2|\,dx$$

第 6 章

積分の計算

微積分学の基本定理によって，定積分の計算は原始関数，ないし不定積分を計算することに帰着された．これによって多くの積分を計算できるようになったが，実用上はより多様な不定積分の計算が必要になる．本章ではさらに積分の計算技術を学んでいく．

6.1　$f(ax+b)$ の積分

本節では $\int f(ax+b)\,dx$ $(a, b:$ 定数，$a \neq 0)$ の形の積分を扱う．これは次節で扱う置換積分の特別な場合であるが，基本的で重要なため，ここで別途取り上げておく．

まず例から始めよう．$(e^{2x})' = 2e^{2x}$ であるから，$\left(\frac{1}{2}e^{2x}\right)' = e^{2x}$ であり，したがって $\int e^{2x}\,dx = \frac{1}{2}e^{2x} + C$ である．同様に，$F'(x) = f(x)$ であるとき，合成関数の微分公式により $\frac{d}{dx}F(ax+b) = (ax+b)'F'(ax+b) = af(ax+b)$ である．すなわち，$\left(\frac{1}{a}F(ax+b)\right)' = f(ax+b)$ である．したがって

$$\int f(ax+b)\,dx = \frac{1}{a}F(ax+b) + C.$$

例 6.1

$$\int \cos(2x+3)\,dx = \frac{1}{2}\sin(2x+3) + C, \quad \int e^{-3x+1}\,dx = -\frac{1}{3}e^{-3x+1} + C,$$

$$\int \frac{dx}{2x-1} = \frac{1}{2}\log|2x-1| + C, \quad \int \sec^2(1-2x)\,dx = -\frac{1}{2}\tan(1-2x) + C,$$

$$\int (4x-1)^2\,dx = \frac{1}{4}\cdot\frac{1}{3}(4x-1)^3 + C = \frac{1}{12}(4x-1)^3 + C,$$

$$\int \sqrt{4-5x}\,dx = -\frac{1}{5}\cdot\frac{2}{3}(4-5x)^{\frac{3}{2}} + C = -\frac{2}{15}(4-5x)^{\frac{3}{2}} + C.$$

問 1　次の不定積分や定積分を求めよ．

(1) $\displaystyle\int \sin 2x\,dx$　　(2) $\displaystyle\int \cos(1-3x)\,dx$　　(3) $\displaystyle\int \sec^2\left(\frac{\pi}{2}-x\right)dx$

(4) $\displaystyle\int (3x+1)^4\,dx$　(5) $\displaystyle\int \sqrt{5x+2}\,dx$　(6) $\displaystyle\int \frac{dx}{(3x-1)^3}$

(7) $\displaystyle\int_3^4 \frac{dx}{2-x}$　(8) $\displaystyle\int_0^1 e^{-5x+1}\,dx$　(9) $\displaystyle\int_0^2 \frac{dx}{4x+1}$

例 6.2

- $a \neq 0$を定数とする.

$$\int \frac{dx}{a^2+x^2} = \int \frac{1}{a^2}\frac{dx}{1+\left(\frac{x^2}{a^2}\right)}$$
$$= \frac{1}{a^2}\cdot a\arctan\frac{x}{a}+C = \frac{1}{a}\arctan\frac{x}{a}+C$$

- $a > 0$を定数とする.

$$\int \frac{dx}{\sqrt{a^2-x^2}} = \int \frac{dx}{\sqrt{a^2\left\{1-\left(\frac{x^2}{a^2}\right)\right\}}} = \int \frac{1}{a}\frac{dx}{\sqrt{1-\left(\frac{x^2}{a^2}\right)}}$$
$$= \frac{1}{a}\cdot a\arcsin\frac{x}{a}+C = \arcsin\frac{x}{a}+C$$

上のふたつの例の結果は重要で, 基本的な不定積分の一覧に加えておこう.

$f(x)$	$\int f(x)\,dx$
$\frac{1}{\sqrt{a^2-x^2}}$	$\arcsin\frac{x}{a}+C$
$\frac{1}{a^2+x^2}$	$\frac{1}{a}\arctan\frac{x}{a}+C$

問2　次の不定積分や定積分を求めよ.

(1) $\displaystyle\int_0^3 \frac{dx}{9+x^2}$　(2) $\displaystyle\int_0^{\sqrt{3}} \frac{dx}{\sqrt{4-x^2}}$　(3) $\displaystyle\int \frac{dx}{\sqrt{1-25x^2}}$

6.2　置換積分

6.2.1　不定積分

$F'(x)=f(x)$とすると, $\{F(g(x))\}' = f(g(x))\,g'(x)$であるから,

$$\int f(g(x))\,g'(x)\,dx = F(g(x))+C.$$

また, 右辺で $u=g(x)$ とおくと $F(g(x))+C=F(u)+C=\int f(u)\,du$ だから

$$\int f(g(x))\,g'(x)\,dx=\int f(u)\,du \tag{6.1}$$

あるいは

$$\int f(u)\,\frac{du}{dx}\,dx=\int f(u)\,du. \tag{6.2}$$

(6.1) あるいは (6.2) を**置換積分の公式**といい, これを用いて積分を計算することを置換積分という.

例 6.3

$\int 3x^2\cos\left(x^3+1\right)$ を考える. $u=x^3+1$ とおくと $\frac{du}{dx}=3x^2$ であるから,

$$\begin{aligned}\int \underbrace{3x^2}_{\frac{du}{dx}}\cos\bigl(\underbrace{x^3+1}_{u}\bigr)\,dx &= \int \cos u\,du\\ &= \sin u + C\\ &= \sin\left(x^3+1\right)+C.\end{aligned}$$

注意 19 置換積分の公式 $\int f(u)\,\frac{du}{dx}\,dx=\int f(u)\,du$ において, 形式的には $du=\frac{du}{dx}\,dx$ が成り立っている. 上の例だと, $du=\frac{du}{dx}\,dx=3x^2\,dx$ で,

$$\int \underline{3x^2}\cos\left(x^3+1\right)\,\underline{dx}=\int \cos u\,\underline{du}=\sin u+C=\sin\left(x^3+1\right)+C.$$

例 6.4

$\int \frac{e^{2x}}{e^{2x}+1}\,dx$ を考える. $u=e^{2x}+1$ と置くと, $du=\frac{du}{dx}\,dx=2e^{2x}\,dx$ であり, $e^{2x}\,dx=\frac{1}{2}\,du$ だから,

$$\int \frac{e^{2x}}{e^{2x}+1}\,dx=\frac{1}{2}\int\frac{du}{u}=\frac{1}{2}\log|u|+C=\frac{1}{2}\log\left(e^{2x}+1\right)+C.$$

注意 20 $\int f(x)\,dx$ で $u=g(x)$ と置換するとき, 形式的に

$$du=\frac{du}{dx}\,dx=g'(x)\,dx$$

であった. 置換が $x=h(u)$ の形に表されているとき, 逆関数の微分公式により

$$du = \frac{du}{dx}\,dx = \frac{1}{\frac{dx}{du}}\,dx = \frac{1}{h'(u)}\,dx.$$

したがって

$$dx = \frac{dx}{du}\,du = h'(u)\,du.$$

例えば $x = \sin u$ であれば, $dx = \cos u\,du$ である. 同様に, $h(u) = g(x)$ の形のとき,

$$h'(u)\,du = g'(x)\,dx.$$

例えば $u^2 = \log x$ であれば, $2u\,du = \frac{1}{x}\,dx$ である.

例 6.5

前節で考えた $\int \frac{dx}{a^2+x^2}$ $(a \neq 0)$ を改めて考える. $x = au$ と置くと, $dx = a\,du$ だから,

$$\begin{aligned}\int \frac{dx}{a^2+x^2} &= \int \frac{a\,du}{a^2+a^2u^2} \\ &= \frac{1}{a}\int \frac{du}{1+u^2} \\ &= \frac{1}{a}\arctan u + C \\ &= \frac{1}{a}\arctan\frac{x}{a} + C.\end{aligned}$$

問 3　次の不定積分を求めよ.

(1) $\displaystyle\int \frac{x}{\sqrt{1+3x^2}}\,dx$　(2) $\displaystyle\int \frac{e^{3x}}{1+e^{6x}}\,dx$　(3) $\displaystyle\int x(x+1)^{100}\,dx$

(4) $\displaystyle\int \frac{1+2x}{1+x+x^2}\,dx$　(5) $\displaystyle\int x\sqrt{2x^2+1}\,dx$　(6) $\displaystyle\int x\sqrt{x+1}\,dx$

(7) $\displaystyle\int \sin^2 x\cos x\,dx$　(8) $\displaystyle\int \tan^2 x\sec^2 x\,dx$　(9) $\displaystyle\int \tan x\,dx$

(10) $\displaystyle\int \frac{\sec^2\sqrt{x}}{\sqrt{x}}\,dx$　(11) $\displaystyle\int \frac{(\log x)^3}{x}\,dx$　(12) $\displaystyle\int \frac{x^2+2}{\sqrt{x+1}}\,dx$

注意 21　$\int \frac{f'(x)}{f(x)}\,dx$ において, $u = f(x)$ とおくと $du = f'(x)\,dx$ だから,

$$\int \frac{f'(x)}{f(x)}\,dx = \int \frac{du}{u} = \log|u| + C = \log|f(x)| + C.$$

例 6.6

$$
\begin{aligned}
\int \sec x\,dx &= \int \frac{1}{\cos x}\,dx = \int \frac{\cos x}{1-\sin^2 x}\,dx \\
&= \frac{1}{2}\int \left(\frac{\cos x}{1+\sin x} + \frac{\cos x}{1-\sin x}\right) dx \\
&= \frac{1}{2}\left(\log|1+\sin x| - \log|1-\sin x|\right) + C \\
&= \frac{1}{2}\log\left|\frac{1+\sin x}{1-\sin x}\right| + C = \frac{1}{2}\log\left|\frac{(1+\sin x)^2}{\cos^2 x}\right| + C \\
&= \log|\sec x + \tan x| + C
\end{aligned}
$$

6.2.2 定積分

不定積分の場合と同様に, $F'(x)=f(x)$ とすると, $\{F(g(x))\}'=f(g(x))\,g'(x)$ であるから, 微積分学の基本定理により,

$$
\begin{aligned}
\int_a^b f\left(g(x)\right) g'(x)\,dx &= \left[F\left(g(x)\right)\right]_{x=a}^{x=b} \\
&= \left[F(u)\right]_{u=g(a)}^{u=g(b)} \\
&= \int_{g(a)}^{g(b)} f(u)\,du.
\end{aligned}
$$

すなわち, $u=g(x)$ と置いて x が a から b まで動くときに u が α から β まで動くとき,

$$
\int_a^b f\left(g(x)\right) g'(x)\,dx = \int_\alpha^\beta f(u)\,du.
$$

x が a から b まで動くときに u が α から β まで動くことを, 次のように表すことが多い.

x	$a \to b$
u	$\alpha \to \beta$

あるいは

x	a	b
u	α	β

例 6.7

$\int_0^{\pi/6} \frac{\sin 3x}{2+\cos 3x}\,dx$ を考える. $u = 2+\cos 3x$ と置くと, $du = -3\sin 3x\,dx$, $\sin 3x\,dx = -\frac{1}{3}\,du$ だから,

$$
\begin{aligned}
\int_0^{\frac{\pi}{6}} \frac{\sin 3x}{2+\cos 3x}\,dx &= -\frac{1}{3}\int_3^2 \frac{du}{u} \\
&= -\frac{1}{3}\left[\log|u|\right]_3^2 = \frac{1}{3}\log\frac{3}{2}.
\end{aligned}
$$

x	$0 \to \frac{\pi}{6}$
u	$3 \to 2$

注意 22　$\int_a^b f(x)\,dx$ で, ($u = g(x)$ でなく) $x = h(u)$ の形の置換をするときは, $h(u)$ の値域が a から b までの区間を含まなければならない. 例えば, $\int_0^2 f(x)\,dx$ で $x = \sin u$ と置換することはできない. また, $x = h(u)$ は 1 対 1 でなければならない; そうでなければ, u が x の関数として定まらない.

問 4　次の定積分の値を求めよ.

(1) $\displaystyle\int_1^2 \frac{(\log x)^2}{x}\,dx$　　(2) $\displaystyle\int_0^1 \frac{1-x}{\sqrt{1+4x-2x^2}}\,dx$　　(3) $\displaystyle\int_{\frac{\pi}{2}}^0 \frac{\cos x}{2+\sin x}\,dx$

(4) $\displaystyle\int_0^1 \frac{e^x}{2+e^x}\,dx$　　(5) $\displaystyle\int_{\sqrt{e}}^1 \frac{\log x}{x\sqrt{1-\log x}}\,dx$　　(6) $\displaystyle\int_0^1 x^3\sqrt{x^2+1}\,dx$

定理 6.2.1

(i)　f が周期 c の周期関数なら (つまり, $f(x+c) = f(x)$ なら)

$$\int_{a+c}^{b+c} f(x)\,dx = \int_a^b f(x)\,dx.$$

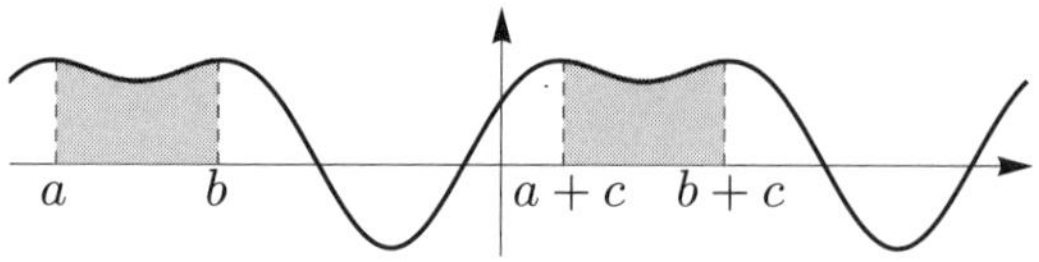

(ii)　f が偶関数なら (つまり, $f(-x) = f(x)$ なら)

$$\int_{-a}^{a} f(x)\,dx = 2\int_0^a f(x)\,dx.$$

(iii)　f が奇関数なら (つまり, $f(-x) = -f(x)$ なら)

$$\int_{-a}^{a} f(x)\,dx = 0.$$

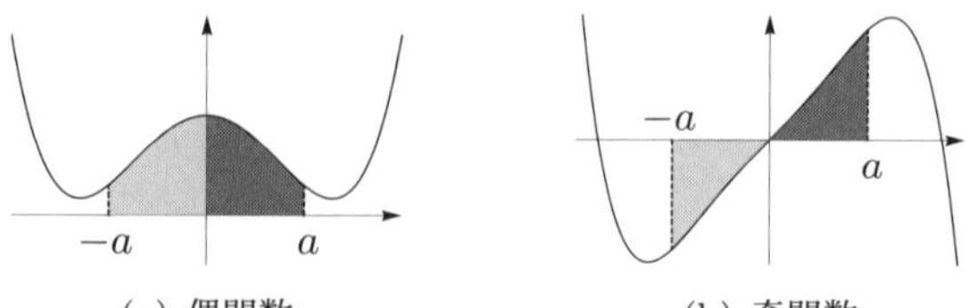

(a) 偶関数　　(b) 奇関数

□

【証明】

(i)

$$\int_{a+c}^{b+c} f(x)\,dx \overset{u=x-c}{=} \int_a^b f(u+c)\,du = \int_a^b f(u)\,du = \int_a^b f(x)\,dx.$$

(ii)

$$\begin{aligned}\int_{-a}^{a} f(x)\,dx &= \int_{-a}^{0} f(x)\,dx + \int_0^a f(x)\,dx \\ &\overset{u=-x}{=} \int_0^a f(-u)\,du + \int_0^a f(x)\,dx \\ &= \int_0^a f(u)\,du + \int_0^a f(x)\,dx = 2\int_0^a f(x)\,dx.\end{aligned}$$

(iii) (ii) と同様である. ■

例 6.8

- $\int_{-1}^{1}\left(x^5+x^4+x^3\right)\,dx = \int_{-1}^{1} \underbrace{x^5}_{\text{奇関数}}\,dx + \int_{-1}^{1} \underbrace{x^4}_{\text{偶関数}}\,dx + \int_{-1}^{1} \underbrace{x^3}_{\text{奇関数}}\,dx$

$$= 0 + 2\int_0^1 x^4\,dx + 0 = 2\left[\frac{x^5}{5}\right] = \frac{2}{5}.$$

- $\int_{-1}^{1} \log\frac{2+x}{2-x}\,dx$ を考える. $f(x) = \log\frac{2+x}{2-x}$ とすると,

$$f(-x) = \log\frac{2-x}{2+x} = -\log\frac{2+x}{2-x} = -f(x),$$

すなわち $f(x)$ は奇関数であるから, $\int_{-1}^{1} \log\frac{2+x}{2-x}\,dx = 0$.

問 5 次の定積分の値を求めよ.

(1) $\displaystyle\int_{-1}^{1}(x^5+x^4+x^3+x)\,dx$ (2) $\displaystyle\int_{-\pi}^{\pi}(x\cos x+\sin^3 x+x^2)\,dx$

(3) $\displaystyle\int_{-\pi}^{\pi}(\cos x)\log\frac{4-x}{4+x}\,dx$ (4) $\displaystyle\int_{-\pi}^{\pi}(x^{199}+x^{100}+x)\cos(x^{101})\,dx$

6.3 部分積分

6.3.1 不定積分

積の微分公式

$$[f(x)g(x)]' = f'(x)g(x) + f(x)g'(x)$$

の不定積分をとると,

$$f(x)g(x) = \int f'(x)g(x)\,dx + \int f(x)g'(x)\,dx$$

これより,

$$\int f(x)g'(x)\,dx = f(x)g(x) - \int f'(x)g(x)\,dx \tag{6.3}$$

あるいは,

$$\int f'(x)g(x)\,dx = f(x)g(x) - \int f(x)g'(x)\,dx. \tag{6.4}$$

(6.3) あるいは (6.4) を**部分積分の公式**といい, これを用いて左辺の積分を右辺の形にすることを, 部分積分という.

例 6.9

- $$\int \underbrace{x}_{f}\underbrace{\sin x}_{g'}\,dx = \underbrace{x}_{f}\cdot(\underbrace{-\cos x}_{g}) - \int \underbrace{1}_{f'}\cdot(\underbrace{-\cos x}_{g})\,dx$$
$$= -x\cos x + \int \cos x\,dx = -x\cos x + \sin x + C.$$
- $$\int \underbrace{x^2}_{f}\underbrace{e^x}_{g'}\,dx = \underbrace{x^2}_{f}\cdot\underbrace{e^x}_{g} - \int \underbrace{2x}_{f'}\cdot\underbrace{e^x}_{g}\,dx$$
$$= x^2e^x - 2\int \underbrace{x}_{f}\cdot\underbrace{e^x}_{g'}\,dx$$
$$= x^2e^x - 2\left\{\underbrace{x}_{f}\cdot\underbrace{e^x}_{g} - \int \underbrace{1}_{f'}\cdot\underbrace{e^x}_{g}\,dx\right\}$$
$$= x^2e^x - 2xe^x + 2e^x + C = (x^2 - 2x + 2)e^x + C.$$
- $$\int \log x\,dx = \int \underbrace{1}_{f'}\underbrace{\log x}_{g}\,dx$$
$$= \underbrace{x}_{f}\cdot\underbrace{\log x}_{g} - \int \underbrace{x}_{f}\cdot\underbrace{\frac{1}{x}}_{g'}\,dx = x\log x - x + C.$$

$\arctan x$ や $\arcsin x$ の積分も同様に計算できる (cf. 問 6).

ここで計算した $\log x$ の積分もしばしば現れるので, 基本的な不定積分の一覧に加えておこう.

$f(x)$	$\int f(x)\,dx$
$\log x$	$x\log x - x + C$

指数関数と三角関数の積の積分も，部分積分によって次のように計算できる．

例 6.10

$$\int \underbrace{e^x}_{f} \underbrace{\sin x}_{g'} \, dx = \underbrace{e^x}_{f} \cdot (\underbrace{-\cos x}_{g}) - \int \underbrace{e^x}_{f'} \cdot (\underbrace{-\cos x}_{g}) \, dx$$
$$= -e^x \cos x + \int \underbrace{e^x}_{f} \cdot \underbrace{\cos x}_{g'} \, dx$$
$$= -e^x \cos x + \underbrace{e^x}_{f} \cdot \underbrace{\sin x}_{g} - \int \underbrace{e^x}_{f'} \cdot \underbrace{\sin x}_{g} \, dx$$
$$= e^x (\sin x - \cos x) - \int e^x \sin x \, dx.$$

ここで $\int e^x \sin x \, dx$ が両辺に異符号であるので，$\int e^x \sin x \, dx$ について解けば，

$$\int e^x \sin x \, dx = \frac{1}{2} e^x (\sin x - \cos x) + C.$$

$\int e^{ax} \sin bx \, dx$ や $\int e^{ax} \sin bx \, dx$ も同様に計算できて，

$$\int e^{ax} \sin bx \, dx = \frac{e^{ax}}{a^2 + b^2} (a \sin bx - b \cos bx) + C,$$
$$\int e^{ax} \cos bx \, dx = \frac{e^{ax}}{a^2 + b^2} (a \cos bx + b \sin bx) + C.$$

問 6　次の定積分の値を求めよ．

(1) $\int x e^{2x} \, dx$　　(2) $\int x^2 \sin 3x \, dx$　　(3) $\int e^x \cos x \, dx$

(4) $\int x^2 e^{-x} \, dx$　　(5) $\int x^2 \log x \, dx$　　(6) $\int (\log x)^2 \, dx$

(7) $\int x^5 e^{x^2} \, dx$　　(8) $\int \arctan x \, dx$　　(9) $\int \arcsin x \, dx$

6.3.2　定積分

不定積分についての部分積分の公式と，微積分学の基本定理を使うと，

$$\int_a^b f'(x) g(x) \, dx = \left[\int f'(x) g(x) \, dx \right]_a^b$$

$$= \left[f(x)g(x) - \int f(x)g'(x)\,dx \right]_a^b$$
$$= [f(x)g(x)]_a^b - \int_a^b f(x)g'(x)\,dx.$$

同様に,

$$\int_a^b f(x)g'(x)\,dx = [f(x)g(x)]_a^b - \int_a^b f'(x)g(x)\,dx.$$

例 6.11

- $$\int_{\frac{3\pi}{2}}^{\frac{5\pi}{2}} \underbrace{x}_{f} \underbrace{\cos x}_{g'}\,dx = [\underbrace{x}_{f} \cdot \underbrace{\sin x}_{g}]_{\frac{3\pi}{2}}^{\frac{5\pi}{2}} - \int_{\frac{3\pi}{2}}^{\frac{5\pi}{2}} \underbrace{1}_{f'} \cdot \underbrace{\sin x}_{g}\,dx$$
$$= \tfrac{5\pi}{2} \sin \tfrac{5\pi}{2} - \tfrac{3\pi}{2} \sin \tfrac{3\pi}{2} + [\cos x]_{\frac{3\pi}{2}}^{\frac{5\pi}{2}}$$
$$= \tfrac{5\pi}{2} + \tfrac{3\pi}{2} + 0 = 4\pi.$$

- $$\int_0^{\sqrt{3}} \arctan x\,dx = \int_0^{\sqrt{3}} \underbrace{1}_{f'} \cdot \underbrace{\arctan x}_{g}\,dx$$
$$= [\underbrace{x}_{f} \cdot \underbrace{\arctan x}_{g}]_0^{\sqrt{3}} - \int_0^{\sqrt{3}} \underbrace{x}_{f} \cdot \underbrace{\frac{1}{1+x^2}}_{g'}\,dx$$
$$= \sqrt{3}\arctan\sqrt{3} - [\tfrac{1}{2}\log(1+x^2)]_0^{\sqrt{3}}$$
$$= \tfrac{\sqrt{3}}{3}\pi - \log 2.$$

- $$\int_0^2 x^3 e^{x^2}\,dx = \int_0^2 \underbrace{\tfrac{1}{2}x^2}_{f} \cdot \underbrace{2xe^{x^2}}_{g'}\,dx$$
$$= [\underbrace{\tfrac{1}{2}x^2}_{f} \cdot \underbrace{e^{x^2}}_{g}]_0^2 - \int_0^2 \underbrace{x}_{f'} \cdot \underbrace{e^{x^2}}_{g}\,dx$$
$$= 2e^4 - \left[\tfrac{1}{2}e^{x^2}\right]_0^2 = 2e^4 - \left(\tfrac{1}{2}e^4 - \tfrac{1}{2}\right) = \tfrac{3e^4+1}{2}.$$

問7　次の定積分の値を求めよ.

(1) $\displaystyle\int_0^{\frac{\pi}{2}} x\sin x\,dx$　(2) $\displaystyle\int_0^{-\sqrt{3}} \arctan x\,dx$　(3) $\displaystyle\int_1^e x\log x\,dx$

(4) $\displaystyle\int_0^{\pi} x^2\sin x\,dx$　(5) $\displaystyle\int_0^2 \arctan\frac{x}{2}\,dx$　(6) $\displaystyle\int_0^{\pi} e^{3x}\sin 2x\,dx$

6.4 三角関数の積分

(1) $\int \sin^m x \cos^n x\, dx \quad (m, n \geq 0$ **整数**$)$

ここでは次の関係式を使う.

$$(\sin x)' = \cos x, \quad (\cos x)' = -\sin x, \quad \sin^2 x + \cos^2 x = 1$$

例 6.12

- $\displaystyle\int \sin x \cos^4 x\, dx = -\int u^4\, du = -\frac{1}{5}u^5 + C$

  $u = \cos x$ とおく.
  $du = -\sin x\, dx$

  $\displaystyle = -\frac{1}{5}\cos^5 x + C$

- $\displaystyle\int \sin^4 x \cos^3 x\, dx = \int \sin^4 x \cos^2 x \cdot \cos x\, dx = \int u^4(1-u^2)\, du$

  $u = \sin x$ とおく.
  $du = \cos x\, dx$

  $\displaystyle = \frac{1}{5}\sin^5 x - \frac{1}{7}\sin^7 x + C$

これらの例のように $\sin^m x \cos^n x$ の積分について,

sin のべきが奇数のとき, $u = \cos x$ とおく.

cos のべきが奇数のとき, $u = \sin x$ とおく.

sin のべき, cos のべきがどちらも偶数の場合は, いわゆる半角公式

$$\sin^2 x = \frac{1-\cos 2x}{2}, \quad \cos^2 x = \frac{1+\cos 2x}{2}$$

を用いて次数を下げて計算する.

例 6.13

$$\begin{aligned}
\int \sin^2 x \cos^2 x\, dx &= \int \frac{1-\cos 2x}{2} \cdot \frac{1+\cos 2x}{2}\, dx = \frac{1}{4}\int (1-\cos^2 2x)\, dx \\
&= \frac{1}{4}\int \left(1 - \frac{1+\cos 4x}{2}\right) dx = \frac{1}{8}\int (1-\cos 4x)\, dx \\
&= \frac{1}{8}x - \frac{1}{32}\sin 4x + C
\end{aligned}$$

あるいは $\sin x \cos x = \frac{\sin 2x}{2}$ を用いて次のようにも計算できる.

$$\sin^2 x \cos^2 x = \left(\frac{\sin 2x}{2}\right)^2 = \frac{\sin^2 2x}{4} = \frac{1-\cos 4x}{8}$$

問8　次の不定積分を求めよ.

(1) $\displaystyle\int \sin^5 x \cos^2 x\,dx$　　(2) $\displaystyle\int \sin^{\frac{1}{2}} x \cos^3 x\,dx$　　(3) $\displaystyle\int \cos^4 x\,dx$

(2)　$\int \tan^m x \sec^n x\,dx$　$(m, n \geq 0$ **整数**$)$

ここでは次の関係式を使う.

$$(\tan x)' = \sec^2 x, \quad (\sec x)' = \sec x \tan x, \quad 1 + \tan^2 x = \sec^2 x$$

例 6.14

- $\displaystyle\int \tan^6 x \sec^4 x\,dx = \int \tan^6 x \sec^2 x \cdot \sec^2 x\,dx = \int u^6(1+u^2)\,du$

  $u = \tan x$ とおく.
  $du = \sec^2 x\,dx$

  $$= \frac{1}{7}\tan^7 x + \frac{1}{9}\tan^9 x + C$$

- $\displaystyle\int \tan^5 x \sec^3 x\,dx = \int \tan^4 x \sec^2 x \cdot \sec x \tan x\,dx = \int (u^2-1)^2 u^2\,du$

  $u = \sec x$ とおく.
  $du = \sec x \tan x\,dx$

  $$= \int (u^6 - 2u^4 + u^2)\,du$$
  $$= \frac{1}{7}\sec^7 x - \frac{2}{5}\sec^5 x + \frac{1}{3}\sec^3 x + C$$

- $\displaystyle\int \tan^3 x\,dx = \int \frac{\tan^2 x}{\sec x} \cdot \sec x \tan x\,dx = \int \frac{u^2-1}{u}\,du$

  $u = \sec x$ とおく.
  $du = \sec x \tan x\,dx$

  $$= \frac{1}{2}\sec^2 x - \log|\sec x| + C$$

これらの例のように $\tan^m x \sec^n x$ の積分について,

n が偶数 (> 0) のとき, $u = \tan x$ とおく.

m が奇数のとき, $u = \sec x$ とおく.

これ以外の場合として, 次のようなものがあり得る.

場合 1: m が偶数かつ $n = 0$　$\left(\displaystyle\int \tan^{2k} x\,dx\right)$

場合 2: m が偶数かつ n が奇数　$\left(\displaystyle\int \tan^{2k} x \sec^{2l+1} x\,dx\right)$

場合 1 は次のように処理できる.

$$\begin{aligned}\int \tan^2\,dx &= \int (\sec^2 x - 1)\,dx\\ &= \tan x - x + C\\ \int \tan^4\,dx &= \int (\sec^2 x - 1)^2\,dx\\ &= \int (\sec^4 x - 2\sec^2 x)\,dx + \int dx\\ &\qquad u = \tan x \text{ とおく.}\\ &= \cdots\end{aligned}$$

$$\vdots$$

場合 2 は, まず $\int \sec x\,dx = \log|\sec x + \tan x| + C$ に注意する (cf. 例 6.6). 実際,

$$\frac{d}{dx}\log|\sec x + \tan x| = \frac{\sec x \tan x + \sec^2 x}{\sec x + \tan x} = \sec x.$$

次に $\int \sec^3 x\,dx$ は次のようにして $\int \sec x\,dx$ に帰着される.

$$\begin{aligned}\int \sec^3 x\,dx = \int \sec x \cdot \sec^2 x\,dx &= \sec x \cdot \tan x - \int \sec x \tan x \cdot \tan x\,dx\\ &= \sec x \tan x - \int \sec x(\sec^2 x - 1)\,dx\\ &= \sec x \tan x - \int \sec^3 x\,dx + \int \sec x\,dx\end{aligned}$$

$$\begin{aligned}\int \sec^3 x\,dx &= \frac{1}{2}\left\{\sec x \tan x + \int \sec x\,dx\right\}\\ &= \frac{1}{2}\sec x \tan x + \frac{1}{2}\log|\sec x + \tan x| + C\end{aligned}$$

以下同様に $\int \sec^{2l+1} x\,dx$ は $\int \sec^{2l-1} x\,dx$ に帰着される. さらに, $\tan^{2k} x = (\sec^2 x - 1)^k = \sec^{2k} x - k\sec^{2k-2} x + \cdots + k(-1)^{k-1}\sec^2 x + (-1)^k$ であるから, $\int \tan^{2k} x \sec^{2l+1} x\,dx$ は $\int \sec^{2j+1} x\,dx$ に帰着される.

問 9 次の定積分や不定積分を求めよ.

(1) $\displaystyle\int \tan^3 x \sec^3 x\,dx$ (2) $\displaystyle\int \tan^2 x \sec^4 x\,dx$ (3) $\displaystyle\int_0^{\pi/4} \tan^4 x\,dx$

問 10 $\int \sec^3 x\,dx$ の計算と同様にして, 次を示せ.

$$\int \sec^5 x\,dx = \frac{1}{4}\sec^3 x \tan x + \frac{3}{8}\sec x \tan x + \frac{3}{8}\log|\sec x + \tan x| + C$$

(3) $\int \cot^m x \csc^n x\,dx \quad (m, n \geq 0$ **整数**$)$

次の関係式を使って $\int \tan^m x \sec^n x\,dx$ と同様に計算できる.

$$(\cot x)' = -\csc^2 x, \quad (\csc x)' = -\csc x \cot x, \quad \cot^2 x + 1 = \csc^2 x$$

(4)　複数の偏角 ($\int \sin ax \sin bx\,dx$ **等)**

ここでは, いわゆる積和の公式

$$\sin\alpha\cos\beta = \frac{\sin(\alpha+\beta)+\sin(\alpha-\beta)}{2} \tag{6.5}$$

$$\sin\alpha\sin\beta = \frac{-\cos(\alpha+\beta)+\cos(\alpha-\beta)}{2} \tag{6.6}$$

$$\cos\alpha\cos\beta = \frac{\cos(\alpha+\beta)+\cos(\alpha-\beta)}{2} \tag{6.7}$$

を使う. これらは加法定理を用いて次のように導くことができる.

$$\sin(\alpha+\beta) = \sin\alpha\cos\beta + \cos\alpha\sin\beta$$
$$\sin(\alpha-\beta) = \sin\alpha\cos\beta - \cos\alpha\sin\beta$$

これらの各辺を足し合わせて

$$\sin(\alpha+\beta)+\sin(\alpha-\beta) = 2\sin\alpha\cos\beta$$

これを2で割れば (6.5) を得る. (6.6), (6.7) も同様に得られる (cf. 第1章問2).

例 6.15

$$\int_0^{\pi/2} \sin 4x \sin 3x\,dx = \int_0^{\pi/2} \frac{-\cos 7x + \cos x}{2}\,dx$$
$$= \frac{1}{2}\left[-\frac{1}{7}\sin 7x + \sin x\right]_0^{\pi/2} = \frac{4}{7}$$

問 11　次の定積分の値を求めよ.

(1) $\displaystyle\int_0^{\pi/2} \sin 4x \cos 5x\,dx$　　(2) $\displaystyle\int_0^{\pi/4} \cos 5x \cos 4x\,dx$

6.5 無理関数の積分 ($\sqrt{Ax^2+Bx+C}$ を含む積分)

ここでは $\sqrt{Ax^2+Bx+C}$ を含む積分を考える．主に三角関数を用いた置換での計算を説明する．その他の計算法については 6.5.3 項で補足する．

まず置換積分の公式を思い出そう．

$$\int f(g(x))g'(x)\,dx = \int f(u)\,du, \quad u = g(x)$$

左辺と右辺を入れ替えて, u, x をそれぞれ x, θ に替えると

$$\int f(x)\,dx = \int f(g(\theta))g'(\theta)\,d\theta, \quad x = g(\theta).$$

以下, この形で用いる．

6.5.1 $B = 0$ の場合

例 6.16

$\int \frac{dx}{(1-x^2)^{3/2}}$ を考える．まず, x の動く範囲が $-1 < x < 1$ であることに注意しておく．$x = \sin\theta\ (-\frac{\pi}{2} < \theta < \frac{\pi}{2})$ と置くと, $dx = \cos\theta\,d\theta$ であり,

$$\begin{aligned}\sqrt{1-x^2} &= \sqrt{1-\sin^2\theta} \\ &= \sqrt{\cos^2\theta} = |\cos\theta| = \cos\theta\end{aligned}$$

である．ここで, $-\frac{\pi}{2} < \theta < \frac{\pi}{2}$ より $\cos\theta > 0$ であることを用いた．よって

$$\int \frac{dx}{(1-x^2)^{3/2}} = \int \frac{\cos\theta\,d\theta}{(\cos\theta)^3} = \int \sec^2\theta\,d\theta = \tan\theta + C.$$

$x = \sin\theta$ であるから右図より $\tan\theta = \frac{x}{\sqrt{1-x^2}}$ である．したがって

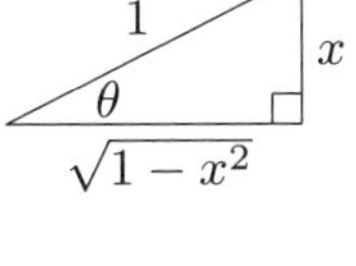

$$\int \frac{dx}{(1-x^2)^{3/2}} = \frac{x}{\sqrt{1-x^2}} + C.$$

注意 23 上の三角形の図を用いた計算は $\theta > 0$ でのみ有効だが, $\tan\theta = \frac{x}{\sqrt{1-x^2}}$ という結果は $\theta \leq 0$ の場合も正しい．実際, $\cos\theta > 0$ なので $\cos\theta = +\sqrt{1-\sin^2\theta} = +\sqrt{1-x^2}$ であり, $\tan\theta = \frac{\sin\theta}{\cos\theta} = \frac{x}{\sqrt{1-x^2}}$. 以下, 同様の注意は省略する．

例 6.17

$\int_0^{1/2}\sqrt{1-x^2}\,dx$ を考える．以前に円の面積の公式を援用して計算したように，この積分の値は $\frac{\pi}{12}+\frac{\sqrt{3}}{8}$ である．ここでは円の面積の公式を援用せずに計算し直そう．$x=\sin\theta$ $(-\frac{\pi}{2}<\theta<\frac{\pi}{2})$ と置くと，前の例と同様に $dx=\cos\theta\,d\theta$，$\sqrt{1-x^2}=\cos\theta$ であり，$x:0\to\frac{1}{2}$ のとき $\theta:0\to\frac{\pi}{6}$ である．よって

$$\begin{aligned}\int_0^{1/2}\sqrt{1-x^2}\,dx &= \int_0^{\pi/6}\cos\theta\cdot\cos\theta\,d\theta \\ &= \int_0^{\pi/6}\frac{1+\cos 2\theta}{2}\,d\theta \\ &= \left[\frac{1}{2}\theta+\frac{1}{4}\sin 2\theta\right]_0^{\pi/6} = \frac{\pi}{12}+\frac{\sqrt{3}}{8}.\end{aligned}$$

例 6.18

前の例より，

$$\begin{aligned}\int\sqrt{1-x^2}\,dx &= \frac{1}{2}\theta+\frac{1}{4}\sin 2\theta+C \\ &= \frac{1}{2}\theta+\frac{1}{2}\sin\theta\cos\theta+C\end{aligned}$$

である．ただし，ここで $x=\sin\theta$ であり，右図より $\cos\theta=\sqrt{1-x^2}$ である．したがって

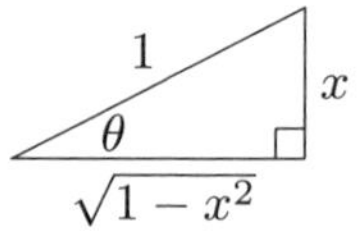

$$\int\sqrt{1-x^2}\,dx=\frac{1}{2}\arcsin x+\frac{1}{2}x\sqrt{1-x^2}+C.$$

例 6.19

$\int\frac{dx}{\sqrt{4+x^2}}$ を考える．まず，x の動く範囲が $(-\infty,\infty)$ であることに注意しておく．$x=2\tan\theta$ $(-\frac{\pi}{2}<\theta<\frac{\pi}{2})$ と置くと，$dx=2\sec^2\theta\,d\theta$ であり，

$$\begin{aligned}\sqrt{4+x^2} &= 2\sqrt{1+\tan^2\theta} \\ &= 2\sqrt{\sec^2\theta}=2|\sec\theta|=2\sec\theta\end{aligned}$$

である．ここで，$-\frac{\pi}{2}<\theta<\frac{\pi}{2}$ より $\sec\theta>0$ であることを用いた．よって

$$\begin{aligned}\int \frac{dx}{\sqrt{4+x^2}} &= \int \frac{2\sec^2\theta}{2\sec\theta}\,d\theta \\ &= \int \sec\theta\,d\theta \\ &= \log|\sec\theta+\tan\theta|+C \\ &= \log\left|\frac{\sqrt{4+x^2}}{2}+\frac{x}{2}\right|+C \\ &\left(=\log|\sqrt{4+x^2}+x|+\tilde{C}\right).\end{aligned}$$

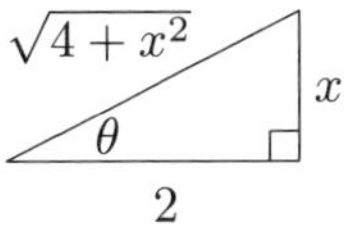

例 6.20

$\int \frac{dx}{(x^2-1)^{3/2}}$ を考える．まず, x の動く範囲が $x<-1, 1<x$ であることに注意しておく．$x=\sec\theta$ $(0<\theta<\frac{\pi}{2},\ \pi<\theta<\frac{3\pi}{2})$ と置くと, $dx=\sec\theta\tan\theta\,d\theta$ であり,

$$\begin{aligned}\sqrt{x^2-1} &= \sqrt{\sec^2\theta-1} \\ &= \sqrt{\tan^2\theta}=|\tan\theta|=\tan\theta\end{aligned}$$

である．ここで, $0<\theta<\frac{\pi}{2}$, $\pi<\theta<\frac{3\pi}{2}$ より $\tan\theta>0$ であることを用いた．よって

$$\begin{aligned}\int \frac{dx}{(x^2-1)^{3/2}} &= \int \frac{\sec\theta\tan\theta\,d\theta}{(\tan\theta)^3} \\ &= \int \frac{\cos\theta}{\sin^2\theta}\,d\theta \\ &= -\frac{1}{\sin\theta}+C \\ &= -\frac{x}{\sqrt{x^2-1}}+C\end{aligned}$$

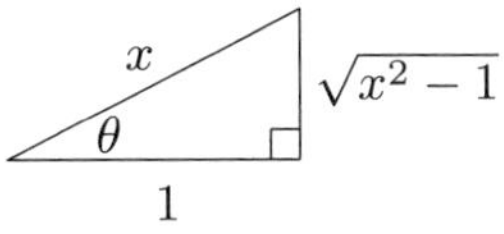

以上の三角関数による置換を用いた計算法をまとめると次のようになる．

$\sqrt{a^2-b^2x^2}$ を含むとき, $x=\dfrac{a}{b}\sin\theta$ と置く．$(-\dfrac{\pi}{2}<\theta<\dfrac{\pi}{2})$

$\sqrt{a^2+b^2x^2}$ を含むとき, $x=\dfrac{a}{b}\tan\theta$ と置く．$(-\dfrac{\pi}{2}<\theta<\dfrac{\pi}{2})$

$\sqrt{b^2x^2-a^2}$ を含むとき, $x=\dfrac{a}{b}\sec\theta$ と置く．$(0<\theta<\dfrac{\pi}{2},\pi<\theta<\dfrac{3\pi}{2})$

注意 24 $\int \frac{dx}{\sqrt{a^2-x^2}}$ $(a>0)$ については既に公式 $\int \frac{dx}{\sqrt{a^2-x^2}} = \arcsin\frac{x}{a} + C$ を得ているので，改めて置換して計算する必要がないことに注意せよ．

問 12 次の不定積分を求めよ．

(1) $\displaystyle\int \frac{dx}{(3-x^2)^{\frac{5}{2}}}$ (2) $\displaystyle\int \frac{dx}{(5+x^2)^{\frac{3}{2}}}$ (3) $\displaystyle\int \frac{dx}{\sqrt{9x^2-1}}$ (4) $\displaystyle\int \frac{dx}{\sqrt{1-4x^2}}$

問 13 次の定積分の値を求めよ．

(1) $\displaystyle\int_0^1 \sqrt{2-x^2}\,dx$ (2) $\displaystyle\int_0^{1/5} \frac{dx}{(1+25x^2)^{5/2}}$ (3) $\displaystyle\int_{\sqrt{3}}^3 \frac{dx}{\sqrt{4x^2-9}}$

問 14 公式 $\int \sec^3 x\,dx = \frac{1}{2}\sec x\tan x + \frac{1}{2}\log|\sec x + \tan x| + C$ を用いて，$\int_0^{1/\sqrt{3}} \sqrt{9x^2+1}\,dx$ の値を求めよ．

6.5.2 一般の場合

$\sqrt{Ax^2+Bx+C}$ を含む積分は，平方完成によって $B=0$ の場合に帰着できる．

例 6.21

$\int \frac{dx}{(2x^2+4x+5)^{3/2}}$ を考える．$2x^2+4x+5 = 2(x+1)^2+3$ だから $t = x+1$ と置けば $dt = dx$ で

$$\int \frac{dx}{(2x^2+4x+5)^{3/2}} = \int \frac{dt}{(2t^2+3)^{3/2}}$$

となり，1 次の項がない場合に帰着される．前と同様に計算を進めると，

$$\int \frac{dx}{(2x^2+4x+5)^{3/2}} = \frac{t}{3\sqrt{2t^2+3}} + C = \frac{x+1}{3\sqrt{2x^2+4x+5}} + C.$$

問 15 次の定積分や不定積分を求めよ．

(1) $\displaystyle\int \frac{dx}{(3+2x-x^2)^{3/2}}$ (2) $\displaystyle\int_{2+\frac{1}{\sqrt{2}}}^3 \frac{dx}{\sqrt{4x^2-16x+15}}$ (3) $\displaystyle\int \frac{dx}{\sqrt{16-6x-x^2}}$

6.5.3 補足

(1) 便利な公式

前節で扱った積分のうち，$\int \frac{1}{\sqrt{x^2+A}}dx$ $(A \neq 0)$ や $\int \sqrt{x^2+A}\,dx$ $(A \neq 0)$，$\int \sqrt{a^2-x^2}\,dx$ $(a>0)$ はよく現れるため，ここで公式としてまとめておく．

$$\int \frac{1}{\sqrt{x^2+A}}\,dx = \log\left|x+\sqrt{x^2+A}\right| + C \tag{6.8}$$

$$\int \sqrt{x^2+A}\,dx = \frac{1}{2}\left(x\sqrt{x^2+A} + A\log\left|x+\sqrt{x^2+A}\right|\right) + C \tag{6.9}$$

$$\int \sqrt{a^2-x^2}\,dx = \frac{1}{2}\left(x\sqrt{a^2-x^2} + a^2\arcsin\frac{x}{a}\right) + C \tag{6.10}$$

導出は章末問題にまわすが, 証明するだけなら, 公式の各辺を x で微分すればよい.

(2)　双曲線関数による置換

双曲線関数は三角関数と類似の関数関係式を持つのだった. それを用いて, 三角関数の代わりに双曲線関数による置換で同様の計算をすることができる.

例 6.22

$\int_0^{1/2}\sqrt{1+4x^2}\,dx$ を考える. $x=\frac{1}{2}\sinh t$ と置くと, $dx=\frac{1}{2}\cosh t\,dt$ で,

$$\sqrt{1+4x^2} = \sqrt{1+\sinh^2 t} = \sqrt{\cosh^2 t} = \cosh t$$

である. よって

$$\begin{aligned}\int_0^{1/2}\sqrt{1+4x^2}\,dx &= \int_0^{\operatorname{arsinh} 1}\cosh t\cdot\frac{1}{2}\cosh t\,dt\\ &= \frac{1}{4}\int_0^{\operatorname{arsinh} 1}(1+\cosh 2t)\,dt\\ &= \frac{1}{4}\left[t+\frac{1}{2}\sinh 2t\right]_0^{\operatorname{arsinh} 1}\\ &= \frac{1}{4}\left[t+\sinh t\cosh t\right]_0^{\operatorname{arsinh} 1}.\end{aligned}$$

ここで, $\operatorname{arsinh} x = \log\left(x+\sqrt{x^2+1}\right)$, $\cosh t = \sqrt{\sinh^2 t+1}$ であるから

$$\begin{aligned}\int_0^{1/2}\sqrt{1+4x^2}\,dx &= \frac{1}{4}\left\{\log\left(1+\sqrt{1^2+1}\right)+1\cdot\sqrt{1^2+1}\right\}\\ &= \frac{1}{4}\left\{\log\left(1+\sqrt{2}\right)+\sqrt{2}\right\}.\end{aligned}$$

問 16　定積分 $\int_0^{1/2}\sqrt{1+4x^2}\,dx$ の値を, 次の方法で計算せよ.

(1) 三角関数による置換　　(2) 公式 (6.9) の利用

6.6　有理関数の積分

ここでは有理関数の積分

$$\int \frac{R(x)}{Q(x)}\,dx, \quad Q(x), R(x)\text{ は多項式}$$

を考える．$\deg R < \deg Q$ と仮定してよい．実際，$\deg R \geq \deg Q$ なら，R を Q で割った商を P，余りを $\tilde{R}$ とすれば $R(x) = P(x)Q(x) + \tilde{R}(x)$ で，

$$\int \frac{R(x)}{Q(x)}\,dx = \int \left(P(x) + \frac{\tilde{R}(x)}{Q(x)} \right) dx = \int P(x)\,dx + \int \frac{\tilde{R}(x)}{Q(x)}\,dx$$

となり，ここで $\deg \tilde{R} < \deg Q$ である．

例 6.23

$$\begin{aligned} &\int \frac{x^3+x+1}{x^2+2x+2}\,dx \\ &= \int \left(x-2+\frac{3x+5}{x^2+2x+2} \right) dx \\ &= \frac{1}{2}x^2 - 2x + \int \frac{3x+5}{x^2+2x+2}\,dx \end{aligned}$$

$$\begin{array}{rrrrr} & & & x & -2 \\ \cline{2-5} x^2+2x+2 \big) & x^3 & & +x & +1 \\ & x^3 & +2x^2 & +2x & \\ \cline{2-5} & & -2x^2 & -x & +1 \\ & & -2x^2 & -4x & -4 \\ \cline{3-5} & & & 3x & +5 \end{array}$$

6.6.1　基本的な場合

まずは基本的となる6種の積分についてまとめておく．$n \geq 2$，$a \neq 0$ とする．

(1) $\displaystyle \int \frac{dx}{x-x_0} = \log|x-x_0| + C$

(2) $\displaystyle \int \frac{dx}{(x-x_0)^n} = -\frac{1}{(n-1)(x-x_0)^{n-1}} + C$

(3) $\displaystyle \int \frac{x}{x^2+a^2}\,dx = \frac{1}{2}\log(x^2+a^2) + C$

(4) $\displaystyle \int \frac{x}{(x^2+a^2)^n}\,dx = -\frac{x}{2(n-1)(x^2+a^2)^{n-1}} + C$

(5) $\displaystyle \int \frac{dx}{x^2+a^2} = \frac{1}{a}\arctan\frac{x}{a} + C$

(6) $\displaystyle \int \frac{dx}{(x^2+a^2)^n} = \frac{x}{2a^2(n-1)(x^2+a^2)^{n-1}} + \frac{2n-3}{2a^2(n-1)} \int \frac{1}{(x^2+a^2)}\,dx$

以下学んでいくように，一般の有理関数の積分は，これらに帰着される．なお，

$\displaystyle\int \frac{\alpha x+\beta}{(x^2+bx+c)^n}\,dx \quad (n \geq 1,\ b^2-4c<0)$ は, 平方完成して置換することにより上の (3)–(6) に帰着できることに注意しておく.

例 6.24

$$\begin{aligned}\int \frac{x+3}{x^2+2x+10}\,dx &= \int \frac{x+3}{(x+1)^2+9}\,dx \\ &\overset{u=x+1}{=} \int \frac{u+2}{u^2+9}\,du = \int \frac{u}{u^2+9}\,du + \int \frac{2}{u^2+9}\,du \\ &= \frac{1}{2}\log(u^2+9)+\frac{2}{3}\arctan\frac{u}{3}+C \\ &= \frac{1}{2}\log(x^2+2x+10)+\frac{2}{3}\arctan\frac{x+1}{3}+C\end{aligned}$$

問 17　次の定積分や不定積分を求めよ.

(1) $\displaystyle\int \frac{2x-1}{x^2-4x+8}\,dx$　　(2) $\displaystyle\int_{-3}^{-1} \frac{3x+4}{x^2+6x+13}\,dx$

6.6.2　一般の場合

有理関数 $\frac{R(x)}{Q(x)}$ $(\deg R < \deg Q)$ は, 次のような分数たちの和に分解できることが知られている.

$$\frac{A}{(x-a)^p},\ \frac{Bx+C}{(x^2+bx+c)^q} \quad (p, q \geq 1 \text{ 整数},\ b^2-4c<0,\ A, B, C \text{ は定数})$$

このような分解を, $\frac{R(x)}{Q(x)}$ の**部分分数分解**という.

(1)　分母の因数分解が重複を持たない場合

もし被積分関数の分母 $Q(x)$ が

$$\begin{aligned}Q(x) &= (x-a_1)(x-a_2)\cdots(x-a_m) \\ &\qquad \times (x^2+b_1x+c_1)(x^2+b_2x+c_2)\cdots(x^2+b_nx+c_n)\end{aligned}$$

ただし

- a_j たちは互いに異なる.
- b_kx+c_k たちは互いに異なる.
- $b_k^2-4c_k<0$

なら，$\frac{R(x)}{Q(x)}$ は次のように分解される:

$$\frac{R(x)}{Q(x)} = \frac{A_1}{x-a_1} + \frac{A_2}{x-a_2} + \cdots + \frac{A_m}{x-a_m} + \frac{B_1x+C_1}{x^2+b_1x+c_1} + \frac{B_2x+C_2}{x^2+b_2x+c_2} \cdots + \frac{B_nx+C_n}{x^2+b_nx+c_n}.$$

例 6.25

$\displaystyle\int \frac{1}{x^2-3x+2}\,dx$ を考える．$x^2-3x+2=(x-1)(x-2)$ なので

$$\frac{1}{x^2-3x+2} = \frac{A}{x-1} + \frac{B}{x-2}$$

の形に分解できる．右辺を通分して整理すると $\frac{(A+B)x+(-2A-B)}{x^2-3x+2}$ だから左辺と比較して

$$\begin{cases} A+B=0 \\ -2A-B=1 \end{cases} \iff \begin{cases} A=-1 \\ B=\ \ 1 \end{cases}.$$

よって

$$\int \frac{1}{x^2-3x+2}\,dx = \int \left(\frac{-1}{x-1} + \frac{1}{x-2} \right) dx = -\log|x-1| + \log|x-2| + C = \log\left|\frac{x-2}{x-1}\right| + C.$$

例 6.26

$\displaystyle\int \frac{3x^2-x+3}{(x-1)(x^2+4)}\,dx$ を考える．被積分関数は

$$\frac{3x^2-x+3}{(x-1)(x^2+4)} = \frac{A}{x-1} + \frac{Bx+C}{x^2+4}$$

の形に分解できる．右辺を通分して整理すると $\frac{(A+B)x^2+(-B+C)x+(4A-C)}{(x-1)(x^2+4)}$ だから左辺と比較して

$$\begin{cases} A+B \qquad = \ \ 3 \\ \quad -B+C = -1 \\ 4A \qquad -C = \ \ 3 \end{cases} \iff \begin{cases} A=1 \\ B=2 \\ C=1 \end{cases}.$$

よって

$$\int \frac{3x^2 - x + 3}{(x-1)(x^2+4)}\,dx = \int \left(\frac{1}{x-1} + \frac{2x+1}{x^2+4} \right) dx$$
$$= \log|x-1| + \log(x^2+4) + \frac{1}{2}\arctan\frac{x}{2} + C.$$

例 6.27

$\int \frac{2x^3 + 6x - 4}{x^4 - 1}\,dx$ を考える．$x^4 - 1 = (x^2+1)(x+1)(x-1)$ なので

$$\frac{2x^3 + 6x - 4}{x^4 - 1} = \frac{Ax+B}{x^2+1} + \frac{C}{x+1} + \frac{D}{x-1}$$

の形に分解できる．同様に計算すると $A = -2,\ B = 2,\ C = 3,\ D = 1$ となり，

$$\int \frac{2x^3 + 6x - 4}{x^4 - 1}\,dx = \log\frac{|x+1|^3|x-1|}{x^2+1} + 2\arctan x + C.$$

問 18　次の不定積分を求めよ．

(1) $\int \frac{x^3 - 4x + 2}{x^2 - 3x + 2}\,dx$　　(2) $\int \frac{9x^2 + x + 16}{x^3 - 2x + 4}\,dx$

(2) 分母の因数分解が重複を持つ場合

もし被積分関数の分母 $Q(x)$ が $(x-a)^p$ $(p \geq 2)$ を含むなら，部分分数分解には次が必要になる:

$$\frac{A^{(1)}}{x-a} + \frac{A^{(2)}}{(x-a)^2} + \cdots + \frac{A^{(p)}}{(x-a)^p}.$$

もし $Q(x)$ が $(x^2+bx+c)^p$ $(q \geq 2,\ b^2 - 4c < 0)$ を含むなら，部分分数分解には次が必要になる:

$$\frac{B^{(1)}x + C^{(1)}}{x^2+bx+c} + \frac{B^{(2)}x + C^{(2)}}{(x^2+bx+c)^2} + \cdots + \frac{B^{(q)}x + C^{(q)}}{(x^2+bx+c)^q}.$$

例 6.28

$\int \frac{x^3 - 2x^2 + 3x - 4}{(x-1)^2(x^2+1)}\,dx$ を考える．被積分関数は

$$\frac{x^3 - 2x^2 + 3x - 4}{(x-1)^2(x^2+1)} = \frac{A}{x-1} + \frac{B}{(x-1)^2} + \frac{Cx+D}{x^2+1}$$

の形に分解できる．右辺を通分して整理すると

$$\frac{(A+C)x^3+(-A+B-2C+D)x^2+(A+C-2D)x+(-A+B+D)}{(x-1)^2(x^2+1)}$$

だから左辺と比較して

$$\begin{cases} A \quad\quad + C \quad\quad = 1 \\ -A+B-2C+D=-2 \\ A \quad\quad + C-2D=3 \\ -A+B \quad\quad +D=-4 \end{cases} \iff \begin{cases} A=2 \\ B=-1 \\ C=-1 \\ D=-1 \end{cases}.$$

よって

$$\begin{aligned}\int\frac{x^3-2x^2+3x-4}{(x-1)^2(x^2+1)}\,dx &= \int\left(\frac{2}{x-1}+\frac{-1}{(x-1)^2}+\frac{-x-1}{x^2+1}\right)dx \\ &= 2\log|x-1|+\frac{1}{x-1}-\frac{1}{2}\log(x^2+1)-\arctan x+C.\end{aligned}$$

例 6.29

- $\dfrac{x^3-x^2+x-1}{(x+1)(x-2)^3}=\dfrac{\frac{4}{27}}{x+1}+\dfrac{\frac{23}{27}}{x-2}+\dfrac{\frac{22}{9}}{(x-2)^2}+\dfrac{\frac{5}{3}}{(x-2)^3}$
- $\dfrac{5x^3+4x^2+3x+2}{x(x^2+x+1)(x^2+1)^2}=\dfrac{2}{x}+\dfrac{-x+3}{x^2+x+1}+\dfrac{-x-4}{x^2+1}+\dfrac{2x+2}{(x^2+1)^2}$
- $\dfrac{x^5+4x^2}{(x+2)^2(x^2+4)^2}=\dfrac{\frac{3}{4}}{x+2}+\dfrac{-\frac{1}{4}}{(x+2)^2}+\dfrac{\frac{1}{4}x-\frac{9}{4}}{x^2+4}+\dfrac{x+4}{(x^2+4)^2}$

問 19　次の定積分や不定積分を求めよ．

(1) $\displaystyle\int_3^4\frac{1}{(x-1)^2(x-2)}\,dx$　　(2) $\displaystyle\int\frac{4x^3+3x^2+4x+14}{(x-1)^2(x^2+4x+5)}\,dx$

問 20　有理関数の積分を計算するために，部分分数分解を考える．以下の各有理関数に対して，どのような形の部分分数分解を仮定すればよいか，答えよ．(例えば，$\frac{x}{x^2-3x+2}$ なら $\frac{A}{x-1}+\frac{B}{x-2}$)

(1) $\dfrac{x^2+3x-4}{(x+2)^3}$　(2) $\dfrac{x^3-2x^2+3x-4}{(x-1)^2(x^2+1)^2}$　(3) $\dfrac{3x-4}{(x+1)(x^2-6x+10)^2}$

(4) $\dfrac{1}{(x^2+x-2)(x-1)}$　(5) $\dfrac{x^4}{(x-2)(x^2-6x+5)^2}$　(6) $\dfrac{2x^2+x+3}{(x^2+4x+4)(x^2+x+2)^2}$

章末問題

問題 1　以下の不定積分を求めよ．

(1) $\displaystyle\int \frac{\sin x+\cos x}{3+\sin x-\cos x}\,dx$　(2) $\displaystyle\int e^{\sin^2 x}\sin 2x\,dx$　(3) $\displaystyle\int \frac{x+1}{x^2+2x+3}\,dx$

(4) $\displaystyle\int \frac{x-2}{x^2-4x+5}\,dx$　(5) $\displaystyle\int \frac{e^x}{\sqrt{1-e^{2x}}}\,dx$　(6) $\displaystyle\int \frac{dx}{x\sqrt{3+\log x}}$

問題 2　以下の定積分や不定積分を求めよ．

(1) $\displaystyle\int_5^0 \frac{dx}{\sqrt{100-x^2}}$　(2) $\displaystyle\int \frac{dx}{1+4x^2}$　(3) $\displaystyle\int_0^{\frac{1}{4}} \frac{dx}{1+16x^2}$

(4) $\displaystyle\int \cot x\,dx$　(5) $\displaystyle\int \frac{dx}{x\log x}$　(6) $\displaystyle\int x^2\sqrt{2x+3}\,dx$

(7) $\displaystyle\int_e^1 \frac{\sqrt{\log x}}{x}\,dx$　(8) $\displaystyle\int \sin x\cos^4 x\,dx$　(9) $\displaystyle\int_0^{\frac{1}{4}} \frac{\cos(\pi\sqrt{x})}{\sqrt{x}}\,dx$

(10) $\displaystyle\int_0^1 x(x-1)^7\,dx$　(11) $\displaystyle\int_{\frac{1}{2}}^{\frac{3}{2}} \sin^{2021}\pi x\,dx$　(12) $\displaystyle\int_{\frac{1}{2}}^{\frac{3}{2}} \log\left(\frac{2}{x}-1\right)dx$

問題 3　以下の定積分や不定積分を求めよ．

(1) $\displaystyle\int x^2 e^{-3x}\,dx$　(2) $\displaystyle\int x(\log 2x)^2\,dx$　(3) $\displaystyle\int x^3\cos(3x^2)\,dx$

(4) $\displaystyle\int e^{2x}\sin 3x\,dx$　(5) $\displaystyle\int_{\frac{\sqrt{3}}{2}}^0 \arcsin x\,dx$　(6) $\displaystyle\int_0^{\frac{1}{2}} \arctan 2x\,dx$

(7) $\displaystyle\int_1^e \log x\,dx$　(8) $\displaystyle\int_0^{\frac{\pi}{2}} e^{2x}\cos 5x\,dx$　(9) $\displaystyle\int_0^{\sqrt{3}} x^3\log(x^2+1)\,dx$

問題 4　以下の定積分や不定積分を求めよ．

(1) $\displaystyle\int \tan^2 x\sec^2 x\,dx$　(2) $\displaystyle\int \tan^3 x\sec x\,dx$　(3) $\displaystyle\int \sin^3 x(\cos x)^{-\frac{1}{2}}\,dx$

(4) $\displaystyle\int \sin^4 x\cos^5 x\,dx$　(5) $\displaystyle\int_0^{\pi/3} \tan^3 x\sec^4 x\,dx$　(6) $\displaystyle\int_0^{\pi/4} \sin^3 x\cos^3 x\,dx$

(7) $\displaystyle\int \sin^4 x\,dx$　(8) $\displaystyle\int_0^{\pi/4} \tan^5 x\,dx$　(9) $\displaystyle\int_0^{\pi/4} \tan^6 x\,dx$

(10) $\displaystyle\int_0^{\pi/3} \sec^6 x\,dx$　(11) $\displaystyle\int_0^{\pi/4} \sin 5x\sin 6x\sin 7x\,dx$

問題 5　m, n を正の整数とする．以下の定積分を求めよ．

(1) $\displaystyle\int_0^{2\pi} \sin mx\sin nx\,dx$　(2) $\displaystyle\int_0^{2\pi} \cos mx\cos nx\,dx$

(3) $\displaystyle\int_0^{2\pi} \sin mx \cos nx\, dx$

問題 6　$I_n = \displaystyle\int_0^{\frac{\pi}{2}} \sin^n x\, dx$ とする $(n = 1, 2, 3, \ldots)$.

(1)　(部分積分によって) I_n の満たす漸化式を導け.

(2)　I_n を求めよ.

問題 7　$A \neq 0$ として, 次が成り立つ.

$$\int \frac{1}{\sqrt{x^2+A}}\, dx = \log\left|x + \sqrt{x^2+A}\right| + C$$

$$\int \sqrt{x^2+A}\, dx = \frac{1}{2}\left(x\sqrt{x^2+A} + A\log\left|x+\sqrt{x^2+A}\right|\right) + C$$

(1)　$A > 0$, $A < 0$ の場合に分けて, 三角関数による置換で上の公式を導け.

(2)　$u = x + \sqrt{x^2+A}$ と置換することにより, 上の公式を導け.

問題 8　$a > 0$ とする. 次を示せ.

$$\int \sqrt{a^2-x^2}\, dx = \frac{1}{2}\left(x\sqrt{a^2-x^2} + a^2 \arcsin\frac{x}{a}\right) + C$$

問題 9　以下の不定積分を求めよ.

(1) $\displaystyle\int \frac{dx}{x^2\sqrt{4-x^2}}$　(2) $\displaystyle\int \frac{dx}{x^2\sqrt{9x^2-1}}$　(3) $\displaystyle\int \frac{x^2}{\sqrt{x^2+1}}\, dx$

(4) $\displaystyle\int \frac{x+3}{\left(\sqrt{x^2+2x+26}\right)^3}\, dx$　(5) $\displaystyle\int \frac{\sqrt{1-3x^2}}{x^2}\, dx$　(6) $\displaystyle\int \frac{x^2}{\sqrt{2x^2+4x+1}}\, dx$

問題 10　以下の定積分や不定積分を求めよ.

(1) $\displaystyle\int \frac{x^3+2x+5}{x^3+x^2+x+1}\, dx$　(2) $\displaystyle\int \frac{10x^2}{(x^2-1)(x^2+4x+5)}\, dx$

(3) $\displaystyle\int \frac{6x^3+17x^2+22x+7}{(x+1)(x^3+3x^2+5x+3)}\, dx$　(4) $\displaystyle\int \frac{2e^{3x}+e^x}{2e^{2x}+3e^x+1}\, dx$

(5) $\displaystyle\int_0^1 \frac{\arctan x}{(x+1)^2}\, dx$　(6) $\displaystyle\int_1^2 \frac{\log x}{(x+1)^2}\, dx$　(7) $\displaystyle\int_0^2 \frac{dx}{x^3+1}$　(8) $\displaystyle\int_0^1 \left(\frac{x}{x^6+1}\right)^2 dx$

問題 11　$f(z, w)$ を有理関数として, $\int f(\sin x, \cos x)\, dx$ を考える (例えば $f(z, w) = \frac{1+2z+3w}{4+5w+6zw}$, $f(\sin x, \cos x) = \frac{1+2\sin x+3\cos x}{4+5\cos x+6\sin x\cos x}$). $u = \tan\frac{x}{2}$ とすると

$$\sin x = \frac{2u}{1+u^2},\quad \cos x = \frac{1-u^2}{1+u^2},\quad dx = \frac{2}{1+u^2}\, du$$

となることを示せ (これによって $\int f(\sin x, \cos x)\, dx$ は有理関数の積分に帰着される).

第 7 章

1 変数関数の微分積分の発展的話題・応用

本章では, 回転体の体積, 曲線の長さ, 微分方程式といった, 1 変数の微分積分の応用を中心に, やや発展的な内容も扱う.

7.1　広義積分

7.1.1　無限積分

定義 7.1.1（無限積分）

i)　無限区間 $[a,\infty)$ 上で定義された関数 $f(x)$ について, 各 $t \in (a,\infty)$ に対して f が $[a,t]$ 上で可積分であって, かつ $\displaystyle\lim_{t\to\infty}\int_a^t f(x)\,dx$ が存在するとき,

$$\int_a^{\infty} f(x)\,dx := \lim_{t\to\infty}\int_a^t f(x)\,dx$$

と定める.

ii)　無限区間 $(-\infty,b]$ 上で定義された関数 $f(x)$ について, 各 $t \in (-\infty,b)$ に対して f が $[t,b]$ 上で可積分であって, かつ $\displaystyle\lim_{t\to-\infty}\int_t^b f(x)\,dx$ が存在するとき,

$$\int_{-\infty}^{b} f(x)\,dx := \lim_{t\to-\infty}\int_t^b f(x)\,dx$$

と定める.

(a) $[a,\infty)$ 上の積分　　(b) $(-\infty,b]$ 上の積分

上の $\int_a^{\infty} f(x)\,dx$ や $\int_{-\infty}^{b} f(x)\,dx$ を**無限積分**という. 無限積分を定める極限が存在するとき, その無限積分は収束するといい, 極限が存在しないとき, その無限積分は発散するという. □

例 7.1

- $\int_1^\infty \frac{1}{x^2}dx$ を考える.

$$\int_1^t \frac{1}{x^2}dx = \left[-\frac{1}{x}\right]_1^t = -\frac{1}{t}+1 \xrightarrow{t\to\infty} 1$$

したがって $\int_1^\infty \frac{1}{x^2}dx$ は収束して, $\int_1^\infty \frac{1}{x^2}dx = 1$.

- $\int_1^\infty \frac{1}{x}dx$ を考える.

$$\int_1^t \frac{1}{x}dx = [\log x]_1^t = \log t \xrightarrow{t\to\infty} \infty$$

したがって $\int_1^\infty \frac{1}{x}dx$ は発散する.

- $\int_{-\infty}^{100} \cos x dx$ を考える.

$$\int_t^{100} \cos x dx = [\sin x]_t^{100} = \sin 100 - \sin t$$

これは $t \to -\infty$ のとき発散する. したがって $\int_{-\infty}^{100} \cos x dx$ は発散する.

注意 25　通常の閉区間上の積分と同様に, 次が成り立つ:

$$\int_a^\infty f(x)\,dx = \int_a^c f(x)\,dx + \int_c^\infty f(x)\,dx,$$

$$\int_{-\infty}^b f(x)\,dx = \int_{-\infty}^c f(x)\,dx + \int_c^b f(x)\,dx.$$

定義 7.1.2　$f(x)$ を無限区間 $(-\infty,\infty)$ 上で定義された関数とし, c を実数とする. $\int_{-\infty}^c f(x)\,dx$ と $\int_c^\infty f(x)\,dx$ がいずれも収束するとき,

$$\int_{-\infty}^\infty f(x)\,dx := \int_{-\infty}^c f(x)\,dx + \int_c^\infty f(x)\,dx$$

と定める (上の注意により, これは c の選び方に依らない). □

例 7.2

$\int_{-\infty}^\infty \frac{dx}{x^2+9}$ を考える. $\int_{-\infty}^0 \frac{dx}{x^2+9}$ と $\int_0^\infty \frac{dx}{x^2+9}$ がともに収束すれば,

$$\int_{-\infty}^\infty \frac{dx}{x^2+9} = \int_{-\infty}^0 \frac{dx}{x^2+9} + \int_0^\infty \frac{dx}{x^2+9}$$

である. そこで, $\int_{-\infty}^0 \frac{dx}{x^2+9}$ と $\int_0^\infty \frac{dx}{x^2+9}$ を計算する.

$$\int_0^\infty \frac{dx}{x^2+9} = \lim_{t\to\infty} \int_0^t \frac{dx}{x^2+9} = \lim_{t\to\infty} \left\{\left[\frac{1}{3}\arctan\frac{x}{3}\right]_0^t\right\}$$
$$= \lim_{t\to\infty} \frac{1}{3}\arctan\frac{t}{3} = \frac{1}{3}\cdot\frac{\pi}{2} = \frac{\pi}{6}.$$

同様に, $\int_{-\infty}^0 \frac{dx}{x^2+9} = \frac{\pi}{6}$. したがって,

$$\int_{-\infty}^\infty \frac{dx}{x^2+9} = \int_{-\infty}^0 \frac{dx}{x^2+9} + \int_0^\infty \frac{dx}{x^2+9} = \frac{\pi}{6}+\frac{\pi}{6} = \frac{\pi}{3}.$$

問 1　次の無限積分を求めよ.

(1) $\displaystyle\int_{-\infty}^{0} xe^{2x}\,dx$　　(2) $\displaystyle\int_{-1}^{\infty} \frac{1}{\sqrt{2x+3}}\,dx$　　(3) $\displaystyle\int_{1}^{\infty} \left(\frac{x}{1+x^2} - \frac{1}{x}\right) dx$

7.1.2　異常積分

定義 7.1.3（異常積分）

i)　半開区間 $[a,b)$ 上で定義された関数 $f(x)$ について, 各 $t \in (a,b)$ に対して f が $[a,t]$ 上で可積分であって, かつ $\displaystyle\lim_{t\to b-0}\int_a^t f(x)\,dx$ が存在するとき,

$$\int_a^b f(x)\,dx := \lim_{t\to b-0}\int_a^t f(x)\,dx$$

と定める.

ii)　半開区間 $(a,b]$ 上で定義された関数 $f(x)$ について, 各 $t \in (a,b)$ に対して f が $[t,b]$ 上で可積分であって, かつ $\displaystyle\lim_{t\to a+0}\int_t^b f(x)\,dx$ が存在するとき,

$$\int_a^b f(x)\,dx := \lim_{t\to a+0}\int_t^b f(x)\,dx$$

と定める.

上の $\int_a^b f(x)$ を**異常積分**という. 異常積分を定める極限が存在するとき, その異常積分は収束するといい, 極限が存在しないとき, その異常積分は発散するという. □

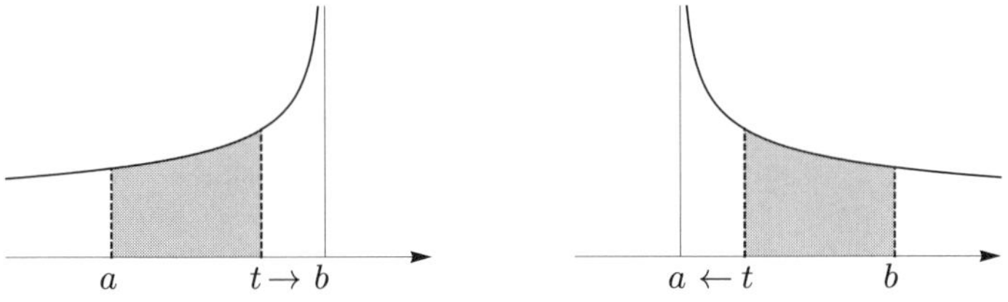

(a) $[a,b)$ 上の積分　　(b) $(a,b]$ 上の積分

無限積分や異常積分をまとめて, **広義積分**と呼ぶ.

例 7.3

$\int_{-1}^{0} \frac{1}{x}dx = \displaystyle\lim_{t\to -0}\int_{-1}^{t} \frac{1}{x}dx = \lim_{t\to -0}[\log|x|]_{-1}^{t} = \lim_{t\to -0}\log|t| = -\infty$　（発散）.

定義 7.1.4　関数 $f(x)$ が $[a,c)$ 上と $(c,b]$ 上で連続であるとする．$\int_a^c f(x)\,dx$ と $\int_c^b f(x)\,dx$ がともに収束するならば，

$$\int_a^b f(x)\,dx := \int_a^c f(x)\,dx + \int_c^b f(x)\,dx.$$

□

例 7.4

$\int_{-1}^2 \frac{1}{x}dx$ は定義されるとすれば

$$\int_{-1}^2 \frac{1}{x}dx = \int_{-1}^0 \frac{1}{x}dx + \int_0^2 \frac{1}{x}dx$$

だが，$\int_{-1}^0 \frac{1}{x}dx$ や $\int_0^2 \frac{1}{x}dx$ は収束しない．したがって $\int_{-1}^2 \frac{1}{x}dx$ は定義されない．

問 2　次の異常積分を求めよ．

(1) $\displaystyle\int_{-2}^0 \frac{dx}{\sqrt{|x|}}$　　(2) $\displaystyle\int_0^1 \log x\,dx$　　(3) $\displaystyle\int_0^3 \frac{\log x}{x}\,dx$

7.1.3　比較定理

定理 7.1.1　$f(x)$, $g(x)$ は $[a,\infty)$ 上で連続かつ $f(x) \geq g(x) \geq 0$ を満たすとする．

i)　$\int_a^\infty f(x)\,dx$ が収束するならば，$\int_a^\infty g(x)\,dx$ も収束する．

ii)　$\int_a^\infty g(x)\,dx$ が発散するならば，$\int_a^\infty f(x)\,dx$ も発散する．　□

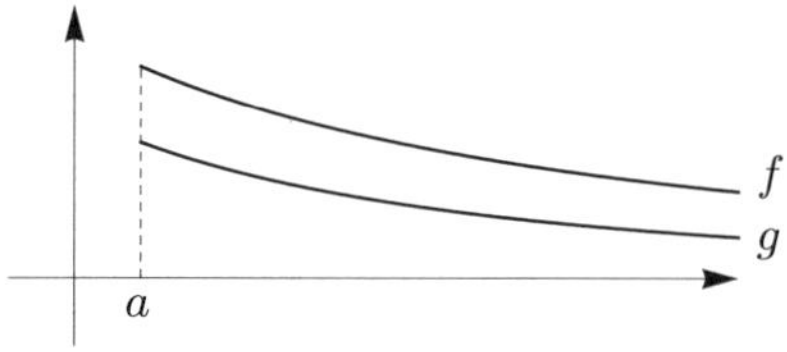

他種の広義積分についても同様の定理が成り立つ．

例 7.5

- $\int_e^\infty \frac{dx}{x^{\frac{3}{2}}\log x}$ を考える．$x \geq e$ のとき，$\log x \geq 1$ より $0 < \frac{1}{x^{\frac{3}{2}}\log x} \leq \frac{1}{x^{\frac{3}{2}}}$ であり，

$$\int_e^\infty \frac{1}{x^{\frac{3}{2}}}\,dx = \lim_{t\to\infty}\int_e^t \frac{1}{x^{\frac{3}{2}}}\,dx = \lim_{t\to\infty}\left[-\frac{2}{\sqrt{x}}\right]_e^t$$
$$= \lim_{t\to\infty}\left(-\frac{2}{\sqrt{t}} + \frac{2}{\sqrt{e}}\right) = \frac{2}{\sqrt{e}} \quad (\text{収束}).$$

したがって比較定理により $\int_e^\infty \frac{dx}{x^{\frac{3}{2}}\log x}$ も収束する.

- $\int_0^{\frac{\pi}{2}} \frac{\sin x}{x^2}\,dx$ を考える. $0 < x \leq \frac{\pi}{2}$ のとき, $\sin x \geq \frac{2}{\pi}x$ より $\frac{\sin x}{x^2} \geq \frac{2}{\pi x} > 0$ であり,

$$\int_0^{\frac{\pi}{2}} \frac{2}{\pi x}dx = \lim_{t\to+0}\int_t^{\frac{\pi}{2}} \frac{2}{\pi x}dx = \lim_{t\to+0}\left[\frac{2}{\pi}\log x\right]_t^{\frac{\pi}{2}}$$
$$= \lim_{t\to+0}\left(\frac{2}{\pi}\log\frac{\pi}{2} - \frac{2}{\pi}\log t\right) = \infty \quad (\text{発散}).$$

したがって比較定理により $\int_0^{\frac{\pi}{2}} \frac{\sin x}{x^2}\,dx$ も発散する.

- $\int_0^\infty e^{-x^2}dx$ を考える. まず, $\int_0^\infty e^{-x^2}dx = \int_0^1 e^{-x^2}dx + \int_1^\infty e^{-x^2}dx$ より

$$\int_0^\infty e^{-x^2}dx\ \text{が収束/発散} \quad \Leftrightarrow \quad \int_1^\infty e^{-x^2}dx\ \text{が収束/発散}$$

なので, $\int_1^\infty e^{-x^2}dx$ を考える. $x \geq 1$ のとき, $x^2 \geq x$ より

$$0 < e^{-x^2} \leq e^{-x}$$

であり, また

$$\int_1^\infty e^{-x}dx = \lim_{t\to\infty}\int_1^t e^{-x}dx = \lim_{t\to\infty}\left[-e^{-x}\right]_1^t$$
$$= \lim_{t\to\infty}(-e^{-t} + e^{-1}) = e^{-1} \quad (\text{収束}).$$

よって比較定理により $\int_1^\infty e^{-x^2}dx$ も収束し, $\int_0^\infty e^{-x^2}dx$ も収束する.[1)]

問 3 以下の広義積分の収束・発散を判定せよ.

(1) $\displaystyle\int_0^{\frac{\pi}{2}} \frac{\cos x}{\sqrt{x}}\,dx$ (2) $\displaystyle\int_{-\infty}^0 e^x \sin^2 x\,dx$ (3) $\displaystyle\int_1^\infty \frac{\sqrt[3]{x^3+1}}{x^2}\,dx$

7.2 無限級数

数列 $\{a_n\}$ の項からできる, 次のような形式的な無限和を**無限級数**, あるいは単に**級数**という:

$$\sum_{n=1}^\infty a_n = a_1 + a_2 + a_3 + \cdots.$$

---

1) $\int_0^\infty e^{-x^2}dx = \frac{\sqrt{\pi}}{2}$ である (cf. 211 ページ問 14).

定義 7.2.1　級数 $\sum_{n=1}^{\infty} a_n$ の最初の n 項の和

$$S_n = \sum_{k=1}^{n} a_k = a_1 + a_2 + a_3 + \cdots + a_n$$

を, $\sum_{n=1}^{\infty} a_n$ の第 n 部分和という. 部分和のなす数列 $\{S_n\}$ が S に収束するとき, $\sum_{n=1}^{\infty} a_n$ は S に**収束**するといい, S を $\sum_{n=1}^{\infty} a_n$ の**和**といって, 次のように表す:

$$\sum_{n=1}^{\infty} a_n = S.$$

部分和のなす数列 $\{S_n\}$ が発散するとき, 級数 $\sum_{n=1}^{\infty} a_n$ は**発散**するという.　□

定理 7.2.1　級数 $\sum_{n=1}^{\infty} a_n$ が収束するならば, $\lim_{n\to\infty} a_n = 0$.　□

【証明】　$\sum_{n=1}^{\infty} a_n = S$ とすると, $a_n = S_{n+1} - S_n \xrightarrow{n\to\infty} S - S = 0$.　■

注意 26　定理の主張の対偶は次のようになる:

$\lim_{n\to\infty} a_n \neq 0$ ならば, 級数 $\sum_{n=1}^{\infty} a_n$ は発散する.

例 7.6

- $\sum_{n=1}^{\infty} \frac{1}{n(n+1)}$ の第 n 部分和 S_n は次のようになる:

$$\begin{aligned} S_n &= \tfrac{1}{1\cdot 2} + \tfrac{1}{2\cdot 3} + \cdots + \tfrac{1}{n(n+1)} \\ &= \left(1 - \tfrac{1}{2}\right) + \left(\tfrac{1}{2} - \tfrac{1}{3}\right) + \cdots + \left(\tfrac{1}{n} - \tfrac{1}{n+1}\right) = 1 - \tfrac{1}{n+1}. \end{aligned}$$

  したがって数列 $\{S_n\}$ は1に収束し, 級数 $\sum_{n=1}^{\infty} \frac{1}{n(n+1)}$ は1に収束する.

- $\sum_{n=1}^{\infty} (\sqrt{n+1} - \sqrt{n})$ の第 n 部分和 S_n は次のようになる:

$$\begin{aligned} S_n &= \left(\sqrt{2} - 1\right) + \left(\sqrt{3} - \sqrt{2}\right) + \cdots + \left(\sqrt{n+1} - \sqrt{n}\right) \\ &= \sqrt{n+1} - 1. \end{aligned}$$

  したがって数列 $\{S_n\}$ は発散し, 級数 $\sum_{n=1}^{\infty} (\sqrt{n+1} - \sqrt{n})$ は発散する.

- $\sum\limits_{n=1}^{\infty} \frac{3n+1}{n}$ は
$$\lim_{n\to\infty} \frac{3n+1}{n} = \lim_{n\to\infty} 3 + \frac{1}{n} = 3 \neq 0$$
なので発散する (定理 7.2.1, 注意 26).

問 4　次の級数の収束・発散を判断し, 収束する場合はその和を求めよ.

(1) $\sum\limits_{n=1}^{\infty} \frac{1}{(2n-1)(2n+1)}$　　(2) $\sum\limits_{n=1}^{\infty} \frac{1}{\sqrt{n+1}+\sqrt{n}}$

(3) $\sum\limits_{n=1}^{\infty} \frac{n^2}{(n+1)(n+2)}$　　(4) $\sum\limits_{n=1}^{\infty} \left(\frac{n}{n+1}\right)^n$

例 7.7　無限等比級数

無限等比級数 $\sum\limits_{n=1}^{\infty} ar^{n-1} = a + ar + ar^2 + \cdots \ (a \neq 0)$ は, 第 n 部分和 S_n が
$$S_n = \begin{cases} \frac{a(1-r^n)}{1-r} & (r \neq 1) \\ an & (r = 1) \end{cases}$$
であるから, 収束・発散は次の通りである.

- $|r| < 1$ ならば収束し, その和は $\dfrac{a}{1-r}$.
- $|r| \geq 1$ ならば発散する.

例 7.8

- $\sum\limits_{n=1}^{\infty} 2\left(\frac{1}{3}\right)^{n-1} = \frac{2}{1-1/3} = 3.$
- $\sum\limits_{n=1}^{\infty} \left(\frac{4}{3}\right)^{n-1}$ は, 公比 $\frac{4}{3} > 1$ だから発散する.
- 循環小数 $0.\dot{2}\dot{7} = 0.272727\cdots$ は
$$0.\dot{2}\dot{7} = 0.27 + 0.0027 + 0.000027 + \cdots = \sum_{n=1}^{\infty} 0.27(0.01)^{n-1}$$
であるので収束し, その和は次のように分数で表される:
$$0.\dot{2}\dot{7} = \sum_{n=1}^{\infty} 0.27(0.01)^{n-1} = \frac{0.27}{1-0.01} = \frac{3}{11}.$$

問 5　次の級数の収束・発散を判断し, 収束する場合はその和を求めよ.

(1) $\sum\limits_{n=1}^{\infty} \left(\frac{1}{5}\right)^{n-1}$　　(2) $\sum\limits_{n=1}^{\infty} \left(-\frac{7}{6}\right)^{n-1}$　　(3) $\sum\limits_{n=1}^{\infty} \left(-\frac{2}{7}\right)^{n}$

問 6　次の循環小数を分数で表せ.

(1) $0.\dot{3}\dot{2}$　　(2) $0.\dot{7}\dot{8}$　　(3) $0.\dot{7}\dot{8}\dot{3}$

例 7.9　区分求積法

例5.5のように, $[a,b]$ 上可積分な関数 $f(x)$ に対して, $\Delta x \to 0$ となるようなリーマン和の列 $\{r_n\}$ をひとつとると

$$\int_a^b f(x)\,dx = \lim_{n\to\infty} r_n \tag{7.1}$$

が成り立つ. 特に, $[a,b]$ を n 等分して代表点を各小区間の右端にとったリーマン和を考えれば

$$\int_a^b f(x)\,dx = \lim_{n\to\infty} \frac{b-a}{n} \sum_{k=1}^{n} f(a + \tfrac{k(b-a)}{n}) \tag{7.2}$$

となる. (7.1) (特に (7.2)) を利用して積分の値を計算することを, **区分求積法**という. この関係式を逆に利用して, 極限 $\lim_{n\to\infty} \sum_{k=1}^{n} \frac{1}{n+k}$ を計算してみよう.

$$\sum_{k=1}^{n} \frac{1}{n+k} = \frac{1}{n} \sum_{k=1}^{n} \frac{1}{1+\frac{k}{n}}$$

であり, これは関数 $\frac{1}{x}$ の $[1,2]$ 上のリーマン和 (あるいは $\frac{1}{1+x}$ の $[0,1]$ 上のリーマン和) だから,

$$\lim_{n\to\infty} \sum_{k=1}^{n} \frac{1}{n+k} = \int_1^2 \frac{1}{x}\,dx = \log 2.$$

問7　次の極限を求めよ.

(1) $\displaystyle \lim_{n\to\infty} \frac{1}{n} \sum_{k=1}^{n} e^{k/n}$　　(2) $\displaystyle \lim_{n\to\infty} \frac{(3n+1)+(3n+2)+\cdots+(3n+n)}{n^2}$

7.2.1　収束・発散判定法

級数の収束・発散について, 以下のような定理たちが知られている.

定理 7.2.2（積分判定法）　$f(x) > 0$ は $[1,\infty)$ 上で連続かつ単調減少であり, $a_n = f(n)$ $(n = 1, 2, 3, \ldots)$ であるとする.

i)　$\int_1^\infty f(x)\,dx$ が収束するならば, $\sum_{n=1}^{\infty} a_n$ も収束する.

ii)　$\int_1^\infty f(x)\,dx$ が発散するならば, $\sum_{n=1}^{\infty} a_n$ も発散する.　□

例 7.10

$\sum_{n=1}^{\infty} \frac{1}{n^p}$ $(p > 0)$ を考える. $f(x) = \frac{1}{x^p}$ とすると定理の条件を満たし, $\int_1^{\infty} f(x)\,dx$ は $p > 1$ のとき収束, $p \leq 1$ のとき発散するから $\sum_{n=1}^{\infty} \frac{1}{n^p}$ も $p > 1$ のとき収束, $p \leq 1$ のとき発散する.

級数 $\sum_{n=1}^{\infty} a_n$ は, $a_n > 0$ $(n = 0, 1, 2, \ldots)$ であるとき, **正項級数**であるという.

定理 7.2.3（比較判定法） $\sum_{n=1}^{\infty} a_n$, $\sum_{n=1}^{\infty} b_n$ は正項級数であるとする.

i) $a_n \leq b_n$ $(n = 1, 2, \ldots)$ かつ $\sum_{n=1}^{\infty} b_n$ が収束するならば, $\sum_{n=1}^{\infty} a_n$ も収束する.

ii) $a_n \geq b_n$ $(n = 1, 2, \ldots)$ かつ $\sum_{n=1}^{\infty} b_n$ が発散するならば, $\sum_{n=1}^{\infty} a_n$ も発散する. □

級数 $\sum_{n=1}^{\infty} a_n$ は, 項の符号が交代的であるとき, すなわち正項級数 $\sum_{n=1}^{\infty} b_n$ を用いて $\sum_{n=1}^{\infty} a_n = \sum_{n=1}^{\infty} (-1)^n b_n$ あるいは $\sum_{n=1}^{\infty} a_n = \sum_{n=1}^{\infty} (-1)^{n-1} b_n$ とかけるとき, **交代級数**であるという.

定理 7.2.4（交代級数収束定理） 交代級数 $\sum_{n=1}^{\infty} a_n = \sum_{n=1}^{\infty} (-1)^n b_n$ あるいは $\sum_{n=1}^{\infty} a_n = \sum_{n=1}^{\infty} (-1)^{n-1} b_n$ について, もし $\{b_n\}$ が単調減少かつ $\lim_{n\to\infty} b_n = 0$ ならば, $\sum_{n=1}^{\infty} a_n$ は収束する. □

例 7.11

$\sum_{n=1}^{\infty} \frac{(-1)^n}{n}$ は, 定理の条件を満たし, したがって収束する.

定理 7.2.5（ダランベールの判定法）

i) $\lim_{n\to\infty} \left|\frac{a_{n+1}}{a_n}\right| < 1$ ならば, $\sum_{n=1}^{\infty} a_n$ は収束する.

ii) $\lim_{n\to\infty} \left|\frac{a_{n+1}}{a_n}\right| > 1$ ならば, $\sum_{n=1}^{\infty} a_n$ は発散する. □

例 7.12

$\sum_{n=1}^{\infty} \frac{n^2}{2^n}$ を考える．$a_n = \frac{n^2}{2^n}$ とすると

$$\left|\frac{a_{n+1}}{a_n}\right| = \frac{(n+1)^2}{2^{n+1}} \cdot \frac{2^n}{n^2} = \frac{(1+\frac{1}{n})^2}{2} \to \frac{1}{2} \quad (n \to \infty)$$

だから，$\sum_{n=1}^{\infty} \frac{n^2}{2^n}$ は収束する．

定理 7.2.6（コーシーの収束判定法）

i) $\lim_{n\to\infty} \sqrt[n]{|a_n|} < 1$ ならば，$\sum_{n=1}^{\infty} a_n$ は収束する．

ii) $\lim_{n\to\infty} \sqrt[n]{|a_n|} > 1$ ならば，$\sum_{n=1}^{\infty} a_n$ は発散する．　□

例 7.13

$\sum_{n=1}^{\infty} a_n = \sum_{n=1}^{\infty} r^n$ のとき，$\lim_{n\to\infty} \sqrt[n]{|a_n|} = r$ だから，$r < 1$ のとき $\sum_{n=1}^{\infty} r^n$ は収束し，$r > 1$ のとき $\sum_{n=1}^{\infty} r^n$ は発散する．$r = 1$ のときに発散することは，この定理からは言えない．

問 8　次の級数や極限の収束・発散を判断せよ．

(1) $\sum_{n=2}^{\infty} \frac{1}{n(\log n)^2}$　(2) $\sum_{n=1}^{\infty} \frac{(-1)^n}{\sqrt{n}}$　(3) $\sum_{n=1}^{\infty} \frac{n!}{n^n}$　(4) $\sum_{n=1}^{\infty} \left(\frac{\sqrt{2n^2-1}}{n+2}\right)$

7.2.2　べき級数

x を変数として，

$$\sum_{n=0}^{\infty} a_n x^n = a_0 + a_1 x + a_2 x^2 + \ldots$$

の形の無限級数を，x の**べき級数**という．より一般に，$\sum_{n=0}^{\infty} a_n (x - x_0)^n$ を，$x - x_0$ のべき級数という．

例 7.14

無限等比級数の収束・発散についての結果から，べき級数 $\sum_{n=0}^{\infty} x^n$ は，

$|x| < 1$ のとき，収束して $\sum_{n=0}^{\infty} x^n = \frac{1}{1-x}$，

$|x| \geq 1$ のとき，発散する．

---

(1)　テイラーの定理再訪

例 7.15

$f(x)=e^x$ は何回でも微分可能で, $f^{(n)}(x)=e^x$ である. この関数に対して $x=0$ でテイラーの定理を適用すると,

$$e^x=\sum_{k=0}^{n}\tfrac{1}{k!}x^k+R_{n+1}(x),\quad R_{n+1}(x)=\tfrac{f^{(n+1)}(c_x)}{(n+1)!}x^{n+1}.$$

ここで c_x は 0 と x の間のある数である. $x\to 0$ とすると剰余項はゼロになる, より強く $R_{n+1}(x)/x^n\to 0$ となるのだった. 一方で, (x を固定して) $n\to\infty$ とするとどうなるであろうか. 正の実数 M を一つとり, $|x|\le M$ とする. $|f^{(n+1)}(x)|=|e^x|\le e^M$, $|x|\le M$ が成り立つ. したがって

$$\begin{aligned}|R_{n+1}(x)|&\le\tfrac{e^M}{(n+1)!}M^{n+1}\\&=e^M\tfrac{M}{1}\tfrac{M}{2}\cdots\tfrac{M}{n_0-1}\tfrac{M}{n_0}\tfrac{M}{n_0+1}\cdots\tfrac{M}{n+1}\\&\qquad(\text{ここで } n_0 \text{ は } n_0\ge M \text{ を満たす整数})\\&\le e^M\tfrac{M}{1}\tfrac{M}{2}\cdots\tfrac{M}{n_0-1}\tfrac{M}{n+1}\to 0\quad(n\to\infty).\end{aligned}$$

すなわち $n\to\infty$ のとき剰余項はゼロになり,

$$e^x=\sum_{k=0}^{\infty}\tfrac{x^n}{n!}.$$

これが $|x|\le M$ なる x について成り立つが, M は任意だったから, 結局, すべての x について成り立つ.

定義 7.2.2　$f(x)$ を $x=a$ の近くで何回でも微分可能な関数とする. べき級数 $\sum_{n=0}^{\infty}\frac{f^{(n)}(a)}{n!}(x-a)^n$ を, $x=a$ における f の**テイラー級数**という. $x=a$ を含むある区間で

$$f(x)=\sum_{n=0}^{\infty}\frac{f^{(n)}(a)}{n!}(x-a)^n$$

が成り立つとき, f は $x=a$ で**テイラー展開可能**であるという. f が $x=a$ でテイラー展開可能であるときに f を $x=a$ におけるテイラー級数で表すことを, あるいは表した式を, f の $x=a$ での**テイラー展開**という[2]. □

---

[2] これに対して関数をテイラー多項式と剰余項の和の形に表すことを, **有限テイラー展開**ということもある.

例 7.16

e^x の $x=0$ におけるテイラー級数は, $\sum_{n=0}^{\infty} \frac{x^n}{n!}$ である. 例 7.15 より e^x は $x=0$ でテイラー展開可能であり, e^x の $x=0$ でのテイラー展開は

$$e^x = \sum_{n=0}^{\infty} \frac{x^n}{n!}.$$

注意 27　$x=0$ におけるテイラー級数 (テイラー展開) を, **マクローリン級数** **(マクローリン展開)** ともいう.

例 7.17

$$f(x) = \begin{cases} 0 & (x \leq 0) \\ e^{-\frac{1}{x}} & (x > 0) \end{cases}$$

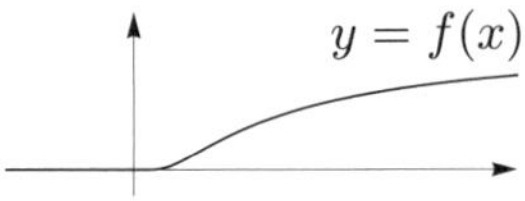

とする. f は何回でも微分可能で, $f^{(n)}(0) = 0$ $(n = 0, 1, 2, \ldots)$ であることが示せる. したがって f のマクローリン級数は

$$\sum_{n=0}^{\infty} \frac{f^{(n)}(0)}{n!} x^n = \sum_{n=0}^{\infty} 0x^n = 0 + 0 + 0 + \cdots = 0 \neq f(x),$$

したがって f はマクローリン展開可能ではない.

問 9　次の各関数のマクローリン級数を求め, また, マクローリン展開可能であることを示せ.

(1) $\cos x$　　(2) $\sin x$　　(3) $\cosh x$　　(4) $\sinh x$

(2)　べき級数の収束域

以下の定理は, 一般のべき級数 $\sum_{n=0}^{\infty} a_n (x - x_0)^n$ に対して成り立つが, 記述を簡単にするために, $x_0 = 0$ の場合に述べる.

定理 7.2.7　べき級数 $\sum_{n=0}^{\infty} a_n x^n$ の収束に関して, 次の i)-iii) のどれか一つが成り立つ:

i)　どんな x についても, 収束.

ii)　ある $R > 0$ があって, $|x| < R$ なら収束, $|x| > R$ なら発散.

iii)　$x = 0$ なら収束, $x \neq 0$ なら発散.　□

定義 7.2.3 上の定理で, ii) の場合, その $R>0$ を $\sum_{n=0}^{\infty} a_n x^n$ の**収束半径**という. i) の場合は収束半径 R は ∞, iii) の場合は収束半径 R は 0 であると定める. また, $\sum_{n=0}^{\infty} a_n x^n$ が収束するような x の区間を, そのべき級数の**収束域** (あるいは**収束区間**) という. □

例 7.18

例 7.15 や例 7.7 より, つぎのことがわかる.

- $\sum_{n=0}^{\infty} \frac{x^n}{n!}$ の収束半径は ∞, 収束域は $(-\infty, \infty)$ である.
- $\sum_{n=0}^{\infty} x^n$ の収束半径は 1, 収束域は $(-1, 1)$ である.

また, 以下のようなことが示せる (問 10).

- $\sum_{n=0}^{\infty} n! x^n$ の収束半径は 0, 収束域は $[0, 0]$ である.
- $\sum_{n=1}^{\infty} \frac{x^n}{n}$ の収束半径は 1, 収束域は $[-1, 1)$ である.
- $\sum_{n=1}^{\infty} \frac{x^n}{n^2}$ の収束半径は 1, 収束域は $[-1, 1]$ である.

定理 7.2.8 (ダランベールの判定法)

$$\lim_{n\to\infty} \left| \frac{a_{n+1}}{a_n} \right| = L \text{ ならば, } \sum_{n=0}^{\infty} a_n x^n \text{ の収束半径は } \frac{1}{L} \text{ である.}$$

□

定理 7.2.9 (コーシーの判定法)

$$\lim_{n\to\infty} \sqrt[n]{|a_n|} = L \text{ ならば, } \sum_{n=0}^{\infty} a_n x^n \text{ の収束半径は } \frac{1}{L} \text{ である.}$$

□

注意 28 定理 7.2.8, 7.2.9 とも, $L=0$ のときは $\frac{1}{L}=\infty$, $L=\infty$ のときは $\frac{1}{L}=0$ と解釈する.

問 10 次のべき級数について, 定理 7.2.8, 7.2.9 を用いて収束半径を計算し, また種々の収束判定法を用いて収束域を決定せよ.

(1) $\sum_{n=0}^{\infty} n! x^n$　　(2) $\sum_{n=1}^{\infty} \frac{x^n}{n}$　　(3) $\sum_{n=1}^{\infty} \frac{x^n}{n^2}$

(3) べき級数の項別微分・積分

次の定理が主張するように，べき級数 $\sum_{n=0}^{\infty} a_n(x-x_0)^n$ は，その収束半径内で項別に微分・積分できる．ここでも，記述を簡単にするために，$x_0=0$ の場合に述べる．

定理 7.2.10　べき級数 $\sum_{n=0}^{\infty} a_n x^n$ の収束半径が $R>0$ であるとする．

i) $\sum_{n=0}^{\infty} a_n x^n$ は区間 $(-R,R)$ 上微分可能で，

$$\left(\sum_{n=0}^{\infty} a_n x^n\right)' = \sum_{n=0}^{\infty} (a_n x^n)' = \sum_{n=1}^{\infty} n a_n x^{n-1}.$$

(また，$\sum_{n=0}^{\infty} a_n x^n$ は $(-R,R)$ 上で微分可能だから連続であり，微積分学の基本定理によって原始関数が存在することがわかる．)

ii) 区間 $(-R,R)$ 上で，

$$\int\left(\sum_{n=0}^{\infty} a_n x^n\right)dx = C + \sum_{n=0}^{\infty} \frac{a_n}{n+1}x^{n+1}.$$

ここで C は積分定数である．

また i), ii) ともに右辺の級数はもとのべき級数と同じ収束半径 R をもつ (収束域は同じとは限らない)．　□

例 7.19

$\frac{1}{1-x} = \sum_{n=0}^{\infty} x^n$ を微分して，

$$\frac{1}{(1-x)^2} = \sum_{n=1}^{\infty} n x^{n-1} = 1 + 2x + 3x^2 + 4x^3 + \cdots$$

となる．もとのべき級数の収束半径は1だから，得られたべき級数の収束半径も1である．

例 7.20

$\frac{1}{1+x^2} = \frac{1}{1-(-x^2)} = \sum_{n=0}^{\infty} (-x^2)^n \sum_{n=0}^{\infty} (-1)^n x^{2n}$ を積分して，

$$\arctan x = C + \sum_{n=0}^{\infty} \frac{(-1)^n}{2n+1} x^{2n+1}.$$

$x = 0$ とすると, $C = 0$ とわかり, したがって

$$\arctan x = \sum_{n=0}^{\infty} \frac{(-1)^n}{2n+1} x^{2n+1}.$$

もとのべき級数の収束半径は 1 だから, 得られたべき級数の収束半径も 1 である.

---

(4)　関数のべき級数表示とテイラー展開

定理 7.2.11　関数 $f(x)$ が収束するべき級数で表されていれば, それは f のテイラー展開になっている. すなわち, $x = x_0$ の近くで

$$f(x) = \sum_{n=0}^{\infty} a_n (x - x_0)^n$$

なら,

$$a_n = \frac{f^{(n)}(x_0)}{n!} \quad (n = 0, 1, 2, \ldots).$$

□

証明は, 収束するべき級数が項別微分できることを利用して, 左辺と右辺の x_0 での微分係数を比較すればよい.

例 7.21

$$\frac{1}{x} = \frac{1}{(x-2)+2} = \frac{1}{2}\frac{1}{1+\frac{x-2}{2}} = \sum_{n=0}^{\infty} \frac{(-1)^n}{2^{n+1}} (x-2)^n \tag{7.3}$$

であり, 右辺は $|\frac{x-2}{2}| < 1$, すなわち $0 < x < 4$ のとき収束している. 右辺は $\frac{1}{x}$ のテイラー級数として計算したわけではないが, 定理によって, 右辺は $\frac{1}{x}$ の $x = 2$ におけるテイラー級数になっており, (7.3) はテイラー展開である.

問 11　$\frac{1}{1-x}$ の $x = 4$ におけるテイラー展開とその収束半径を求めよ.

問 12　$\frac{1}{2-x^2}$ のマクローリン展開とその収束半径を求めよ.

7.3 面積

連続関数 $f \geq 0$ に対して，その $[a,b]$ 上の積分 $\int_a^b f(x)\,dx$ は，定義により，曲線 $y = f(x)$，x 軸と2直線 $x = a$，$x = b$ によって囲まれる領域の面積を表す．

より一般に，$f(x) \geq g(x)$ のとき，2曲線 $y = f(x)$，$y = g(x)$ と2直線 $x = a$，$x = b\,(a < b)$ によって囲まれる領域の面積は，

$$\int_a^b \{f(x) - g(x)\}\,dx$$

である．また，$f(x) \geq 0$ とは限らないとき，曲線 $y = f(x)$，x 軸と2直線 $x = a$，$x = b$ によって囲まれる領域の面積は一般に，

$$\int_a^b |f(x)|\,dx$$

と表される．

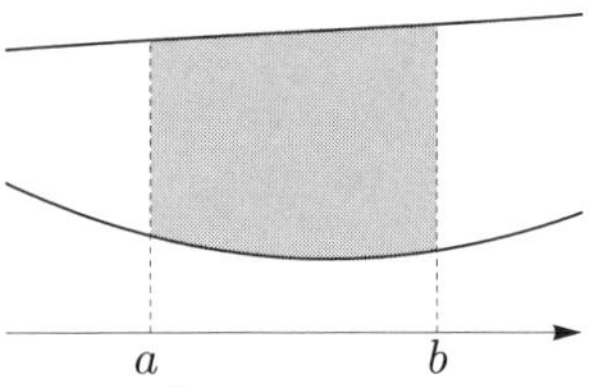

(a) $\int_a^b \{f(x) - g(x)\}\,dx$

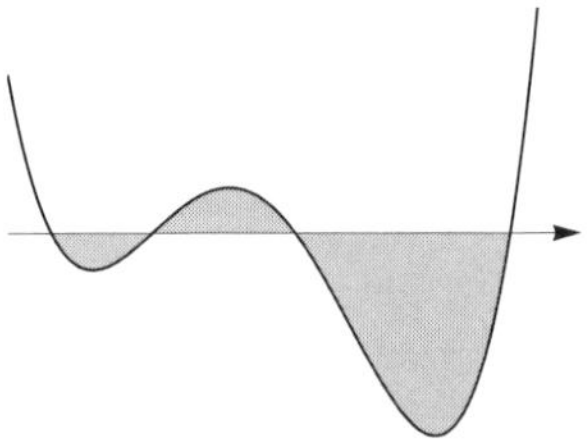

(b) $\int_a^b |f(x)|\,dx$

例 7.22

2曲線 $y = x^3 - 2x$，$y = x^2 - x - 1$ に囲まれる領域の面積 A を求める．

$$(x^3 - 2x) - (x^2 - x - 1) = x^3 - x^2 - x + 1 = (x-1)^2(x+1)$$

であるから，

$$A = \int_{-1}^1 \left\{(x^3 - 2x) - (x^2 - x + 1)\right\} dx$$
$$= \int_{-1}^1 (x^3 - x^2 - x + 1)\,dx$$
$$= 2\int_0^1 (-x^2 + 1)\,dx = \frac{4}{3}.$$

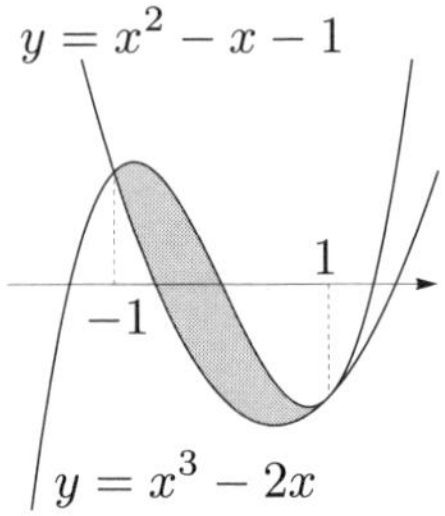

例 7.23

数直線上を運動する粒子を考える. $f(t)$ を, 時刻 t における粒子の位置とし, $v(t)$ を, 時刻 t における粒子の速度とする. $v(t) = f'(t)$ である. 時刻 $t = a$ から時刻 $t = b$ の間の粒子の変位 (すなわち, 位置の変化) は,

$$f(b) - f(a) = \int_a^b v(t)\, dt$$

である. また, 総移動距離は,

$$\int_a^b |v(t)|\, dt$$

である. 例えば $v(t) = t^2 - 5t + 6$, $a = 1$, $b = 4$ であるとき, 変位は

$$\begin{aligned}\int_1^4 v(t)\, dt &= \int_1^4 \left(t^2 - 5t + 6\right) dt \\ &= \left[\frac{t^3}{3} - \frac{5}{2}t^2 + 6t\right]_1^4 \\ &= \frac{3}{2},\end{aligned}$$

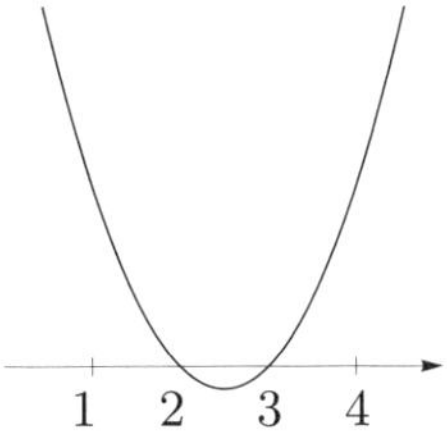

総移動距離は, $v(t) = (t-2)(t-3)$ に注意して

$$\begin{aligned}\int_1^4 |v(t)|\, dt &= \int_1^2 v(t)\, dt + \int_2^3 \{-v(t)\}\, dt + \int_3^4 v(t)\, dt \\ &= \frac{5}{6} + \frac{1}{6} + \frac{5}{6} \\ &= \frac{11}{6}.\end{aligned}$$

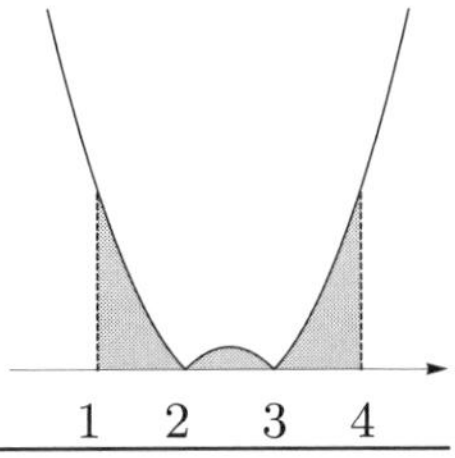

注意 29 同様に, 2 曲線 $x = f(y)$, $x = g(y)$ $(f(y) \geq g(y))$ と 2 直線 $y = a$, $y = b$ $(a < b)$ によって囲まれる領域の面積は,

$$\int_a^b \{f(y) - g(y)\}\, dy.$$

問 13 次の領域の面積を求めよ.

(1) 2 曲線 $y = \frac{1}{\sqrt{1-x^2}}$, $y = x$ と 2 直線 $x = 0$, $x = \frac{1}{2}$ によって囲まれる領域.

(2) 2 曲線 $y = x^2$ と $y = x + 2$ によって囲まれる領域.

(3) 2 曲線 $x = y^2 - 2y$ と $x = y$ によって囲まれる領域.

7.4　体積

一般に, 底面積 A, 高さ h の柱体の体積 V は, $V = Ah$ である. 例えば, 半径 r, 高さ h の円柱の体積は $\pi r^2 h$ であり, 3辺の長さが ℓ, w, h の直方体の体積は ℓwh である. このことを出発点にして, 座標空間内の, $a \leq x \leq b$ の領域にある立体 S の体積を考える. S の平面 $x = t$ における断面の断面積を $A(t)$ としておく. まず, 区間 $[a, b]$ を n 等分して n 個の小区間 $[x_{k-1}, x_k]$ に分ける

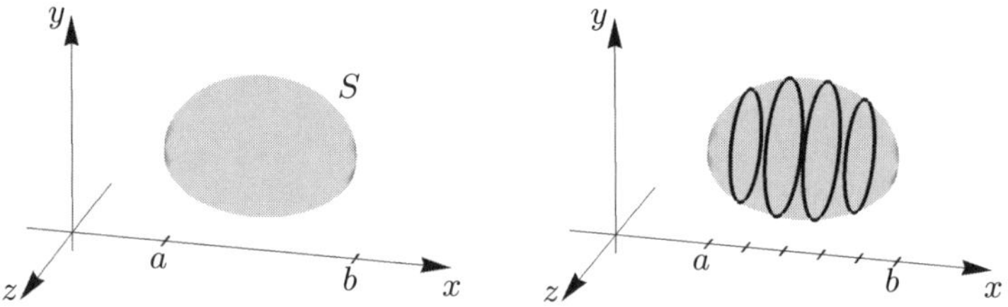

$(\Delta x = \frac{b-a}{n},\ x_k = a + k\Delta x,\ k = 0, 1, \ldots, n)$. そして S を平面 $x = x_k$ で切り, n 個のスライスにする. k 番目のスライスを次のような柱体で近似する: 厚さ Δx で, 底面が S の $x = x_k$ における断面と同じもの. この柱体の体積は

(a) k 番目のスライス　　(b) 近似する柱体

$A(x_k)\Delta x$ であるから, n 個の柱体の体積の和は

$$\sum_{k=1}^{n} A(x_k)\Delta x$$

である. 立体 S の体積は, この和の $n \to \infty$ での極限として定める.

定義 7.4.1　S を, 平面 $x = a$ と平面 $x = b$ $(a < b)$ の間にある立体とし, S の $x = t$ における断面積を $A(t)$ とする. A は連続であると仮定する. このとき, S の体積 V を, 次で定める:

$$V := \lim_{n \to \infty} \sum_{k=1}^{n} A(x_k)\Delta x.$$

ここで, $\Delta x = \frac{b-a}{n}$ である. □

注意 30　$\sum_{k=1}^{n} A(x_k)\Delta x$ は関数 $A(x)$ の $[a,b]$ 上のひとつのリーマン和である.

$A(x)$ が連続であるという仮定により, この極限は存在して,

$$V = \int_a^b A(x)\,dx.$$

例 7.24　正四角錐

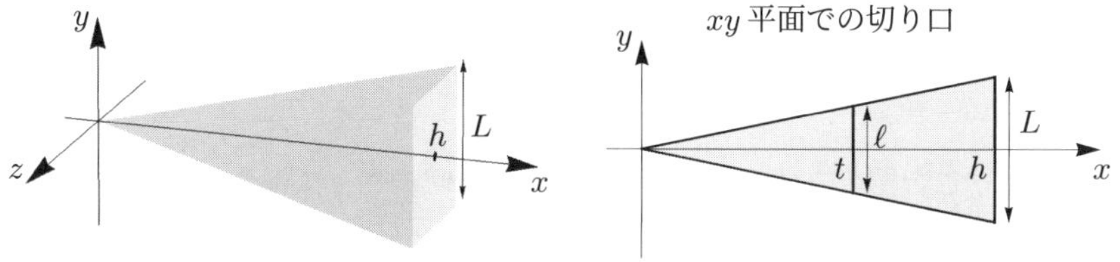

図のような, 正四角錐で, 高さが h, 底面の一辺の長さが L のものの体積 V を考える. 平面 $x = t$ における断面は正方形で, 一辺の長さを ℓ とすると,

$$t : \ell = h : L, \quad \ell = \frac{tL}{h}$$

だから断面積は

$$A(t) = \left(\frac{tL}{h}\right)^2 = \frac{L^2}{h^2}t^2.$$

したがって

$$V = \int_0^h A(x)\,dx = \int_0^h \frac{L^2}{h^2}x^2\,dx = \frac{L^2}{h^2}\left[\frac{x^3}{3}\right]_0^h = \frac{L^2 h}{3}.$$

例 7.25

R を, $y = x^2$, $y = 0$, $x = 2$ で囲まれる領域 $(x \geq 0)$ とし, R を x 軸の周りに回転させてできる立体の体積 V を考える (126 ページの図). 断面積は

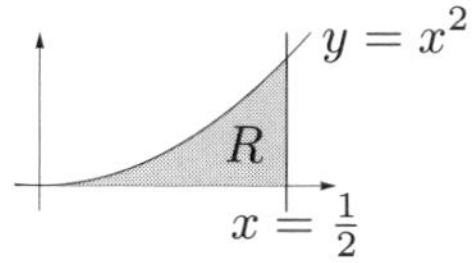

$$A(t) = \pi(t^2)^2 = \pi t^4.$$

したがって

$$V = \int_0^{\frac{1}{2}} A(x)\,dx = \int_0^{\frac{1}{2}} \pi x^4\,dx = \pi\left[\frac{x^5}{5}\right]_0^{\frac{1}{2}} = \frac{\pi}{160}.$$

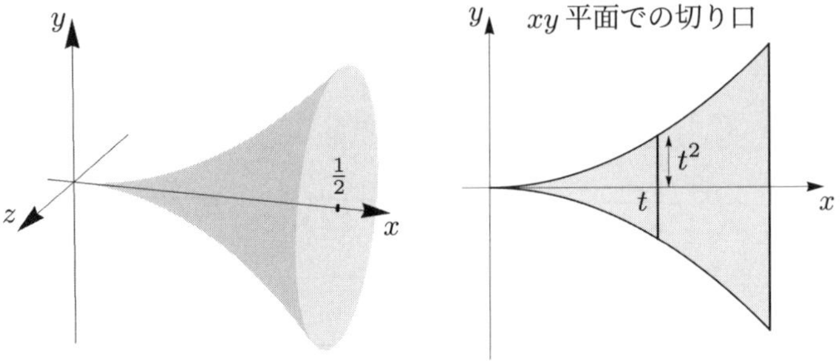

注意 31　この例の立体のように, 平面領域を回転させて得られる立体を, **回転体**という. 一般に, $y = f(x)$ と x 軸, $x = a$, $x = b$ $(a < b)$ で囲まれる領域を x 軸の周りに回転させて得られる回転体の体積 V は,

$$V = \int_a^b \pi \left\{f(x)\right\}^2 \, dx.$$

また, $x = f(y)$ と y 軸, $y = a$, $y = b$ $(a < b)$ で囲まれる領域を y 軸の周りに回転させて得られる回転体の体積 V は,

$$V = \int_a^b \pi \left\{f(y)\right\}^2 \, dy.$$

問 14　次の回転体の体積を求めよ.

(1)　$y = 1 - x^2$ $(x \geq 0)$ と x 軸, y 軸で囲まれる領域を, x 軸の周りに回転させて得られる回転体の体積.

(2)　(1) の領域を, y 軸の周りに回転させて得られる回転体の体積.

(3)　$y = \log x$ と y 軸, $y = 1$, $y = 3$ で囲まれる領域を, y 軸の周りに回転させて得られる回転体の体積.

7.5　曲線の長さ

(1)　関数のグラフとして現れる曲線

曲線 $y = f(x)$ の $a \leq x \leq b$ の部分の長さ L を考える. もし直線であれば, $L = \sqrt{(b-a)^2 + \{f(b) - f(a)\}}$ である. 一般には L を, 折れ線の長さの極限として定める. 以下では f は微分可能で, f' は連続であると仮定する.

まず, 区間 $[a,b]$ を n 等分して n 個の小区間 $[x_{k-1},x_k]$ に分ける $(\Delta x = \frac{b-a}{n}$, $x_k = a + k\Delta x$, $k = 0,1,\ldots,n)$. そして曲線上の対応する点を P_k とする, すなわち, $P_k(x_k, f(x_k))$ $(k = 0,1,\ldots,n)$. 曲線を折れ線 $P_0P_1P_2\ldots P_{n-1}P_n$

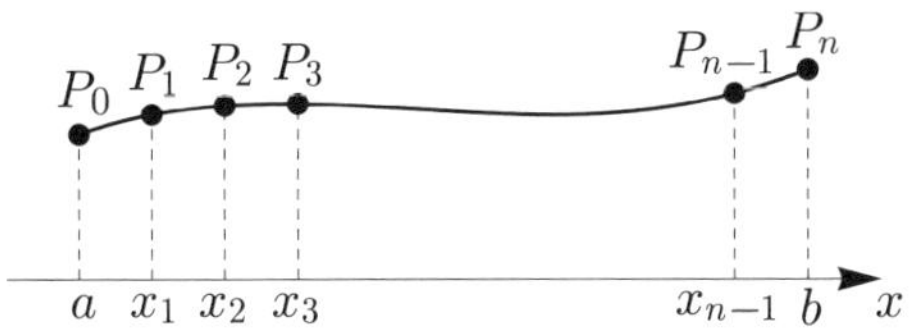

で近似する.

$$|P_{k-1}P_k| = \sqrt{(x_k - x_{k-1})^2 + \{f(x_k) - f(x_{k-1})\}^2}$$

であるが, 平均値の定理により (x_{k-1},x_k) 上にある ξ_k があって,

$$f(x_k) - f(x_{k-1}) = f'(\xi_k)\Delta x$$

だから,

$$|P_{k-1}P_k| = \sqrt{(\Delta x)^2 + \{f'(\xi_k)\}^2(\Delta x)^2} = \sqrt{1 + \{f'(\xi_k)\}^2}\,\Delta x,$$

$$|P_1P_2\ldots P_n| = \sum_{k=1}^{n}|P_{k-1}P_k| = \sum_{k=1}^{n}\sqrt{1 + \{f'(\xi_k)\}^2}\,\Delta x.$$

曲線の長さは, この和の $n \to \infty$ での極限として定める.

定義 7.5.1 関数 $f(x)$ は, 微分可能で $f'(x)$ が $[a,b]$ 上連続であるとする. このとき, 曲線 $y = f(x)$, $a \leq x \leq b$ の長さ L を, 次で定める:

$$L := \lim_{n\to\infty}\sum_{k=1}^{n}\sqrt{1 + \{f'(\xi_k)\}^2}\,\Delta x.$$

ここで, $\Delta x = \frac{b-a}{n}$ である. □

注意 32 $\displaystyle\sum_{k=1}^{n}\sqrt{1 + \{f'(\xi_k)\}^2}\,\Delta x$ は関数 $\sqrt{1 + \{f'(x)\}^2}$ の $[a,b]$ 上のひとつのリーマン和である. $f'(x)$ が連続であるという仮定により, この極限は存在して,

$$L = \int_a^b \sqrt{1 + \{f'(x)\}^2}\,dx.$$

例 7.26

$f(x)=\sqrt{4-x^2}$ とし, 曲線 $y=f(x)$, $0\leq x\leq 1$ の長さ L を考える.

$$f'(x)=\frac{-x}{\sqrt{4-x^2}},\quad 1+\left\{f'(x)\right\}^2=1+\frac{x^2}{4-x^2}=\frac{4}{4-x^2}$$

だから,

$$L=\int_0^1\sqrt{1+\{f'(x)\}^2}\,dx=\int_0^1\frac{2}{\sqrt{4-x^2}}\,dx=2\left[\arcsin\frac{x}{2}\right]_0^1=\frac{\pi}{3}.$$

問 15　次の曲線の長さを求めよ.

(1) $y=x^{\frac{3}{2}},\ 4\leq x\leq 8$　　(2) $y=\cosh x=\dfrac{e^x+e^{-x}}{2},\ -1\leq x\leq 1$

(2)　一般の曲線

C^1 級のパラメータ曲線 $(x(t),y(t))$ $(\alpha\leq t\leq\beta)$ の長さ L を考える. 簡単のため $\frac{dx}{dt}>0$ とすると x は t について単調増加で, t の代わりに x をパラメータにとれる (t や y を x の関数と思える). $a=x(\alpha)$, $b=x(\beta)$ とすると,

$$\begin{aligned}L&=\int_a^b\sqrt{1+(\tfrac{dy}{dx})^2}\,dx\\&=\int_\alpha^\beta\sqrt{1+(\tfrac{dy}{dx})^2}\,\frac{dx}{dt}\,dt=\int_\alpha^\beta\sqrt{(\tfrac{dx}{dt})^2+(\tfrac{dy}{dt})^2}\,dt.\end{aligned}$$

$\frac{dx}{dt}>0$ とは限らない場合も, 同じ結論が成り立つ.

問 16　次の曲線の長さを求めよ.

(1) $(x,y)=(t^2,t^3),\ 1\leq t\leq 2$　　(2) $(x,y)=(t\cos t,t\sin t),\ 0\leq t\leq 1$

7.6　平面曲線

前節の最後に平面のパラメータ曲線の長さを考えたが, ここで改めて, 曲線 $\boldsymbol{r}(t)=(x(t),y(t))$ を考える. ここでは, ベクトル $\boldsymbol{v}=(a,b)$ の長さを $\|\boldsymbol{v}\|$ で表す;

$$\|\boldsymbol{v}\|=\sqrt{a^2+b^2}.$$

また, ベクトル $\boldsymbol{v}=(a,b)$, $\boldsymbol{w}=(c,d)$ の内積を $\langle\boldsymbol{v},\boldsymbol{w}\rangle$ で表す;

$$\langle\boldsymbol{v},\boldsymbol{w}\rangle=ac+bd.$$

(1) 接ベクトル

曲線 $\boldsymbol{r}(t) = (x(t), y(t))$ に対して, その点 $\boldsymbol{r}(t)$ における**接ベクトル** $\boldsymbol{T}(t)$ とは

$$\boldsymbol{T}(t) = \frac{d\boldsymbol{r}}{dt}(t) = \left(\frac{dx}{dt}(t),\ \frac{dy}{dt}(t)\right)$$

である.

例 7.27

曲線 $\boldsymbol{r}(t) = (t, 2t+1)$ $(t \in [0,1])$ は, 点 $(0,1)$ を通り, ベクトル $(1,2)$ を方向ベクトルとする線分である. 接ベクトルを計算してみると, $\frac{d\boldsymbol{r}}{dt}(t) = (1,2)$ となって, 方向ベクトルと一致する.

例 7.28

曲線 $\boldsymbol{r}(t) = (2\cos t, 2\sin t)$ $(t \in [0, 2\pi])$ は,

$$\|\boldsymbol{r}(t)\|^2 = (2\cos t)^2 + (2\sin t)^2 = 4$$

を満たすので原点を中心とする半径 2 の円である. 接ベクトルを計算してみると,

$$\frac{d\boldsymbol{r}}{dt}(t) = (-2\sin t,\ 2\cos t)$$

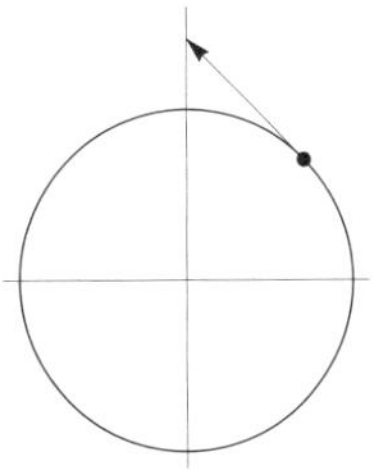

となる. 図は, この曲線と $t = \frac{\pi}{4}$ の点 $\boldsymbol{r}(\frac{\pi}{4}) = (\sqrt{2}, \sqrt{2})$ における接ベクトルを描いたものである. ただし, 接ベクトルの始点は $\boldsymbol{r}(\frac{\pi}{4})$ とした.

例 7.29

曲線 $\boldsymbol{r}(t) = (e^t\cos t, e^t\sin t)$ $(t \in [0, \pi])$ は, は対数螺旋と呼ばれる曲線である. 接ベクトルを計算してみると,

$$\frac{d\boldsymbol{r}}{dt}(t) = (e^t\cos t - e^t\sin t,\ e^t\sin t + e^t\cos t)$$

となる. 図は, この曲線と $t = \frac{\pi}{4}$ の点 $\boldsymbol{r}(\frac{\pi}{4})$ における接ベクトルを描いたものである. ただし, 接ベクトルの始点は $\boldsymbol{r}(\frac{\pi}{4})$ とした.

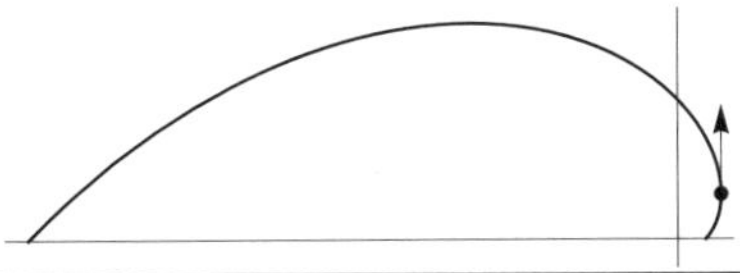

(2) 弧長パラメータ

以下では, 考える曲線は十分滑らかであるとして, また

$$\frac{d\boldsymbol{r}}{du}(u) \neq \mathbf{0} \quad (u \in [a, b])$$

を満たすとする. ただし, $\mathbf{0}$ はゼロベクトルである. これは, 接ベクトルがゼロにならないということである.

曲線 $\boldsymbol{r}(t) = (x(t), y(t))$ $(t \in [a, b])$ に対し, その (a から t までの) **弧長**を次で定める:

$$s(t) = \int_a^t \left\| \frac{d\boldsymbol{r}}{dt}(u) \right\| du = \int_a^t \sqrt{\left(\frac{dx}{dt}(u)\right)^2 + \left(\frac{dy}{dt}(u)\right)^2}\, du.$$

これは $[a, b]$ を定義域とする関数であり, $t = b$ とすると, 考えている曲線の長さ L となる;

$$L = s(b) = \int_a^b \sqrt{\left(\frac{dx}{dt}(u)\right)^2 + \left(\frac{dy}{dt}(u)\right)^2}\, du$$

は考えている曲線の長さである.

接ベクトルがゼロにならないという仮定により,

$$\frac{ds}{dt}(t) = \frac{d}{dt}\int_a^t \left\| \frac{d\boldsymbol{r}}{dt}(u) \right\| du = \left\| \frac{d\boldsymbol{r}}{dt}(t) \right\| > 0$$

を満たすので $s(u)$ は逆関数を持ち, それを $t(s)$ $(0 \leq s \leq L)$ で表す. $t(s)$ は $s(t)$ の逆関数であるので次が成り立つことに注意する.

$$\frac{dt}{ds}(s)\frac{ds}{dt}(t(s)) = 1$$

これを用いて, もとの曲線 $\boldsymbol{r}(t)$ のパラメータを t から s に取り替えた次の曲線を考えることができる:

$$\overline{\boldsymbol{r}}(s) = \boldsymbol{r}(t(s)) = (x(t(s)),\ y(t(s))) \quad (s \in [0, L]).$$

この曲線をもとの曲線の**弧長パラメータ化**といい, パラメータ s を**弧長パラメータ**という. この曲線の接ベクトルは

$$\begin{aligned}\frac{d\overline{\boldsymbol{r}}}{ds}(s) &= \left(\frac{d}{ds}x(t(s)),\ \frac{d}{ds}y(t(s))\right) \\ &= \left(\frac{dx}{dt}(t(s))\frac{dt}{ds}(s),\ \frac{dy}{dt}(t(s))\frac{dt}{ds}(s)\right) = \frac{dt}{ds}(s)\,\frac{d\boldsymbol{r}}{dt}(t(s))\end{aligned}$$

であるのでその長さは

$$\left\|\frac{d\overline{\boldsymbol{r}}}{ds}(s)\right\| = \left\|\frac{dt}{ds}(s)\,\frac{d\boldsymbol{r}}{dt}(t(s))\right\| = \frac{dt}{ds}(s)\left\|\frac{d\boldsymbol{r}}{dt}(t(s))\right\| = \frac{dt}{ds}(s)\frac{ds}{dt}(t(s)) = 1$$

となる．このように，弧長パラメータを用いた曲線は接ベクトルの長さが 1 となっている．

例 7.30

曲線 $\boldsymbol{r}(t) = (t, 2t+1)$ $(t \in [0,1])$ の接ベクトルの長さは

$$\left\|\frac{d\boldsymbol{r}}{dt}(t)\right\| = \|(1,2)\| = \sqrt{5}$$

なので，弧長 $s(t)$ は

$$s(t) = \int_0^t \left\|\frac{d\boldsymbol{r}}{dt}(u)\right\| du = \int_0^t \sqrt{5}du = \sqrt{5}t$$

となり，特に曲線の長さ $L = s(1) = \sqrt{5}$ となる．弧長の逆関数は

$$t(s) = \frac{s}{\sqrt{5}} \quad (s \in [0, \sqrt{5}])$$

であるので，もとの曲線の弧長パラメータ化 $\overline{\boldsymbol{r}}(s)$ は次のようになる:

$$\overline{\boldsymbol{r}}(s) = \boldsymbol{r}(t(s)) = \left(\frac{s}{\sqrt{5}},\ \frac{2}{\sqrt{5}}s + 1\right) \quad (s \in [0, \sqrt{5}]).$$

この曲線の接ベクトルの長さは 1 になっていることを確かめておこう;

$$\left\|\frac{d\overline{\boldsymbol{r}}}{ds}(s)\right\| = \left\|\left(\frac{1}{\sqrt{5}},\ \frac{2}{\sqrt{5}}\right)\right\| = \sqrt{(\tfrac{1}{\sqrt{5}})^2 + (\tfrac{2}{\sqrt{5}})^2} = 1.$$

例 7.31

曲線 $\boldsymbol{r}(t) = (2\cos t, 2\sin t)$ $(t \in [0, 2\pi])$ の接ベクトルの長さは

$$\left\|\frac{d\boldsymbol{r}}{dt}(t)\right\| = \|(-2\sin t,\ 2\cos t)\| = \sqrt{(-2\sin t)^2 + (2\cos t)^2} = 2$$

なので，弧長 $s(t)$ は

$$s(t) = \int_0^t \left\|\frac{d\boldsymbol{r}}{dt}(u)\right\| du = \int_0^t 2du = 2t$$

となり，特に曲線の長さ $L = s(2\pi) = 4\pi$ となる．弧長の逆関数は

$$t(s) = \frac{s}{2} \quad (s \in [0, 4\pi])$$

であるので，もとの曲線の弧長パラメータ化 $\overline{\boldsymbol{r}}(s)$ は次のようになる:

$$\overline{\boldsymbol{r}}(s) = \boldsymbol{r}(t(s)) = \left(2\cos\tfrac{s}{2},\ 2\sin\tfrac{s}{2}\right) \quad (s \in [0, 4\pi]).$$

この曲線の接ベクトルの長さが1になっていることを確かめておこう;

$$\left\|\frac{d\overline{\boldsymbol{r}}}{ds}(s)\right\| = \left\|\left(-\sin\tfrac{s}{2},\ \cos\tfrac{s}{2}\right)\right\| = \sqrt{\left(-\sin\tfrac{s}{2}\right)^2 + \left(\cos\tfrac{s}{2}\right)^2} = 1$$

例 7.32

曲線 $\boldsymbol{r}(t) = (e^t\cos t, e^t\sin t)$ $(t \in [0, \pi])$ の接ベクトルの長さは

$$\begin{aligned}\left\|\frac{d\boldsymbol{r}}{dt}(t)\right\| &= \left\|\left(e^t\cos t - e^t\sin t,\ e^t\sin t + e^t\cos t\right)\right\| \\ &= \sqrt{(e^t\cos t - e^t\sin t)^2 + (e^t\sin t + e^t\cos t)^2} = \sqrt{2}e^t\end{aligned}$$

なので，弧長は

$$s(t) = \int_0^t \left\|\frac{d\boldsymbol{r}}{dt}(u)\right\| du = \int_0^t \sqrt{2}e^u du = \sqrt{2}(e^t - 1)$$

となり，特に曲線の長さ $L = s(\pi) = \sqrt{2}(e^\pi - 1)$ となる．弧長の逆関数は

$$t(s) = \log\left(\tfrac{s}{\sqrt{2}} + 1\right) \quad (s \in [0, \sqrt{2}(e^\pi - 1)])$$

であるので，もとの曲線の弧長パラメータ化 $\overline{\boldsymbol{r}}(s)$ は次のようになる:

$$\begin{aligned}\overline{\boldsymbol{r}}(s) &= \boldsymbol{r}(t(s)) \\ &= \left(\left(\tfrac{s}{\sqrt{2}} + 1\right)\cos\log\left(\tfrac{s}{\sqrt{2}} + 1\right),\ \left(\tfrac{s}{\sqrt{2}} + 1\right)\sin\log\left(\tfrac{s}{\sqrt{2}} + 1\right)\right) \ (s \in [0, 4\pi]).\end{aligned}$$

この曲線の接ベクトルの長さが1になっていることを確かめておこう;

$$\begin{aligned}\frac{d}{ds}\left\{\left(\tfrac{s}{\sqrt{2}} + 1\right)\cos\log\left(\tfrac{s}{\sqrt{2}} + 1\right)\right\} &= \tfrac{1}{\sqrt{2}}(\cos t(s) - \sin t(s)), \\ \frac{d}{ds}\left\{\left(\tfrac{s}{\sqrt{2}} + 1\right)\sin\log\left(\tfrac{s}{\sqrt{2}} + 1\right)\right\} &= \tfrac{1}{\sqrt{2}}(\sin t(s) + \cos t(s))\end{aligned}$$

なので，

$$\begin{aligned}\left\|\frac{d\overline{\boldsymbol{r}}}{ds}(s)\right\| &= \left\|\left(\tfrac{1}{\sqrt{2}}(\cos t(s) - \sin t(s)),\ \tfrac{1}{\sqrt{2}}(\sin t(s) + \cos t(s))\right)\right\| \\ &= \sqrt{\left\{\tfrac{1}{\sqrt{2}}(\cos t(s) - \sin t(s))\right\}^2 + \left\{\tfrac{1}{\sqrt{2}}(\sin t(s) + \cos t(s))\right\}^2} \\ &= 1.\end{aligned}$$

---

(3)　法ベクトルと曲率

弧長パラメータ s で表された曲線 $\boldsymbol{r}(s)=(x(s),y(s))$ に対し，その点 $\boldsymbol{r}(s)$ における**法ベクトル** $\boldsymbol{N}(s)$ を次で定める:

$$\boldsymbol{N}(s)=\left(-\frac{dy}{ds}(s),\ \frac{dx}{ds}(s)\right).$$

s が弧長パラメータであることより

$$\|\boldsymbol{T}(s)\|=\sqrt{\left(\tfrac{dx}{ds}(s)\right)^2+\left(\tfrac{dy}{ds}(s)\right)^2}=1$$

だから，

$$\|\boldsymbol{N}(s)\|=\sqrt{\left(-\tfrac{dy}{ds}(s)\right)^2+\left(\tfrac{dx}{ds}(s)\right)^2}=1.$$

さらに，$\boldsymbol{T}(s)$ と $\boldsymbol{N}(s)$ の内積は

$$\langle\boldsymbol{T}(s),\boldsymbol{N}(s)\rangle=\tfrac{dx}{ds}(s)\left(-\tfrac{dy}{ds}(s)\right)+\tfrac{dy}{ds}(s)\tfrac{dx}{ds}(s)=0$$

となるので，$\boldsymbol{T}(s)$ と $\boldsymbol{N}(s)$ は直交している．一方

$$\begin{aligned}\frac{d}{ds}\|\boldsymbol{T}(s)\|^2=&\frac{d}{ds}\left\{\left(\tfrac{dx}{ds}(s)\right)^2+\left(\tfrac{dy}{ds}(s)\right)^2\right\}\\=&2\frac{dx}{ds}(s)\frac{d^2x}{ds^2}(s)+2\frac{dy}{ds}(s)\frac{d^2y}{ds^2}(s)=2\langle\boldsymbol{T}(s),\frac{d\boldsymbol{T}}{ds}(s)\rangle\end{aligned}$$

であり，$\|\boldsymbol{T}(s)\|^2=1$ より $\frac{d}{dx}\|\boldsymbol{T}(s)\|^2=0$ だから，次が成り立つ．

$$\langle\boldsymbol{T}(s),\frac{d\boldsymbol{T}}{ds}(s)\rangle=0$$

したがって，$\frac{d\boldsymbol{T}}{ds}(s)$ は $\boldsymbol{T}(s)$ と直交しており，$\boldsymbol{N}(s)$ と同じ方向を向いていることがわかる．これより

$$\frac{d\boldsymbol{T}}{ds}(s)=\kappa(s)\boldsymbol{N}(s)$$

を満たす関数 $\kappa(s)$ が存在する．この関数 $\kappa(s)$ を，曲線の**曲率**という．曲率は曲線の曲がり具合を表している．

例 7.33

弧長パラメータで表された曲線 $\boldsymbol{r}(s)=(\frac{s}{\sqrt{5}},\frac{2}{\sqrt{5}}s+1)$ $(s\in[0,\sqrt{5}])$ の接ベクトル $\boldsymbol{T}(s)$ と法ベクトル $\boldsymbol{N}(s)$ は

$$\boldsymbol{T}(s) = \left(\tfrac{1}{\sqrt{5}},\ \tfrac{2}{\sqrt{5}}\right), \quad \boldsymbol{N}(s) = \left(-\tfrac{2}{\sqrt{5}},\ \tfrac{1}{\sqrt{5}}\right)$$

であり,

$$\frac{d\boldsymbol{T}}{ds}(s) = (0,0) = 0\boldsymbol{N}(s)$$

となるので, 曲率 $\kappa(s) = 0$ である.

例 7.34

弧長パラメータで表された曲線 $\boldsymbol{r}(s) = \left(2\cos\frac{s}{2}, 2\sin\frac{s}{2}\right)$ $(s \in [0, 4\pi])$ の接ベクトル $\boldsymbol{T}(s)$ と法ベクトル $\boldsymbol{N}(s)$ は

$$\boldsymbol{T}(s) = \left(-\sin\tfrac{s}{2},\ \cos\tfrac{s}{2}\right), \quad \boldsymbol{N}(s) = \left(-\cos\tfrac{s}{2},\ -\sin\tfrac{s}{2}\right)$$

であり,

$$\frac{d\boldsymbol{T}}{ds}(s) = \left(-\tfrac{1}{2}\cos\tfrac{s}{2},\ -\tfrac{1}{2}\sin\tfrac{s}{2}\right) = \frac{1}{2}\boldsymbol{N}(s)$$

となるので, 曲率 $\kappa(s) = \frac{1}{2}$ である.

同様にして, 弧長パラメータで表された曲線 $\boldsymbol{r}(s) = \left(3\cos\frac{s}{3}, 3\sin\frac{s}{3}\right)$ $(s \in [0, 6\pi])$ の曲率は $\frac{1}{3}$ となることが確かめられる. 一般に, 円は半径が大きくなれば曲率は小さくなる.

例 7.35

弧長パラメータで表された曲線 $\boldsymbol{r}(s) = \left(\left(\frac{s}{\sqrt{2}}+1\right)\cos\log\left(\frac{s}{\sqrt{2}}+1\right), \left(\frac{s}{\sqrt{2}}+1\right)\sin\log\left(\frac{s}{\sqrt{2}}+1\right)\right)$ $(s \in [0, 4\pi])$ の接ベクトル $\boldsymbol{T}(s)$ と法ベクトル $\boldsymbol{N}(s)$ は

$$\boldsymbol{T}(s) = \left(\tfrac{1}{\sqrt{2}}(\cos t(s) - \sin t(s)),\ \tfrac{1}{\sqrt{2}}(\sin t(s) + \cos t(s))\right),$$
$$\boldsymbol{N}(s) = \left(-\tfrac{1}{\sqrt{2}}(\sin t(s) + \cos t(s)),\ \tfrac{1}{\sqrt{2}}(\cos t(s) - \sin t(s))\right)$$

となる. ただし, $t(s) = \log\left(\frac{s}{\sqrt{2}}+1\right)$ である. これより

$$\frac{d\boldsymbol{T}}{ds}(s) = \left(-\frac{\sin t(s) + \cos t(s)}{\sqrt{2}s+2},\ \frac{\cos t(s) - \sin t(s)}{\sqrt{2}s+2}\right) = \frac{1}{s+\sqrt{2}}\boldsymbol{N}(s)$$

となるので, 曲率 $\kappa(s) = 1/(s+\sqrt{2})$ である.

ここまで弧長パラメータで表された曲線に対しての曲率について述べたが, 一般的に曲線 $\boldsymbol{r}(t) = (x(t), y(t))$ の曲率は次で与えられる:

$$\kappa(t) = \frac{\frac{dx}{dt}(t)\frac{d^2y}{dt^2}(t) - \frac{d^2x}{dt^2}(t)\frac{dy}{dt}(t)}{\left\{\left(\frac{dx}{dt}(t)\right)^2 + \left(\frac{dy}{dt}(t)\right)^2\right\}^{3/2}}.$$

例 7.36

関数 $f(x)$ のグラフ $y = f(x)$ に対応する曲線 $\boldsymbol{r}(t) = (t, f(t))$ の曲率 $\kappa(t)$ は,

$$\kappa(t) = \frac{\frac{d^2f}{dt^2}(t)}{\left\{1 + \left(\frac{df}{dt}(t)\right)^2\right\}^{3/2}}.$$

7.7 微分方程式

変数 t, 関数 $y = y(t)$ とそれらの導関数 $y' = y'(t), \ldots, y^{(n)} = y^{(n)}(t)$ の関係式

$$F(t, y, y', \ldots, y^{(n)}) = 0$$

を, **微分方程式**という. t を独立変数, y を未知関数という. 本節では独立変数として文字 x を用いることもある.

独立変数が複数あるような微分方程式も考えることができて, そのような方程式を**偏微分方程式**という. それに対して, 上のような, 独立変数がひとつの微分方程式を**常微分方程式**という. ここでは常微分方程式のみを扱う.

微分方程式は, 自然現象や社会現象を記述する数理モデルとして現れる.

例 7.37

バネ定数 k のバネにつけられた質量 m の質点の運動 (単振動) は, 次の微分方程式で表される:

$$m\frac{d^2y}{dt^2} = -ky.$$

生物の個体数の変化を記述する最も原始的なモデルとして, 次の微分方程式で表される自然増加モデルがある:

$$\frac{dy}{dt} = ky \quad (k \text{ は定数}).$$

これに補正を加えたものとして, 次の方程式 (ロジスティック方程式) で表されるロジスティックモデルがある:

$$\frac{dy}{dt} = ky\left(1 - \frac{y}{M}\right) \quad (k, M \text{ は定数}).$$

微分方程式 $F(t, y, y', \ldots, y^{(n)}) = 0$ の含む, y の最高次の導関数の次数 n を, その微分方程式の**階数**という. 微分方程式を満たす関数 $y(t)$ を, その微分方程式の**解**といい, 解を (すべて) 見つけることを, その微分方程式を解くという.

例 7.38

- $\frac{dy}{dt} = 2y$ は1階の方程式である. $y = e^{2t}$ は, この方程式の解である. 実際, $y = e^{2t}$ なら方程式は

$$\text{左辺} = \tfrac{d}{dt}e^{2t} = 2e^{2t} = 2y = \text{右辺}.$$

- $\frac{d^2y}{dt^2} = -9y$ は2階の方程式である. $y = \sin 3t$ は, この方程式の解である. 実際, $y = \sin 3t$ なら方程式は

$$\text{左辺} = \tfrac{d^2}{dt^2}\sin 3t = -9\sin 3t = -9y = \text{右辺}.$$

例 7.39

k を定数とする. 1階微分方程式

$$\frac{dy}{dt} = ky$$

に対して, すぐわかるように

$$y = Ce^{kt} \quad (C \text{ は任意定数})$$

は解であるが, 方程式の解はこれに限られる. 実際,

$$\begin{aligned}
\frac{dy}{dt} = ky \;\Leftrightarrow\; \frac{dy}{dt} - ky = 0 \;&\Leftrightarrow e^{-kt}\frac{dy}{dt} - e^{-kt}ky = 0 \\
&\Leftrightarrow \frac{d}{dt}\left(e^{-kt}y\right) = 0 \\
&\Leftrightarrow e^{-kt}y = C \\
&\Leftrightarrow y = Ce^{kt}.
\end{aligned}$$

ここで, 微分して 0 になる関数が定数しかないという事実 (50 ページ系 2) を用いた.

この例のように, 1 階微分方程式の解全体は, 一つの任意定数を含む. 任意定数を含んだ, $y = Ce^{kt}$ のような解を, その方程式の**一般解**という.

例 7.40

k を定数とする. 次のような, 微分方程式と条件の組を考える:

$$\begin{cases} \frac{dy}{dt} = ky & (\alpha) \\ y(0) = 100 & (\beta) \end{cases}.$$

ここで, $y(0)$ は $t = 0$ における y の値を表す. 方程式 (α) の一般解は $y = Ce^{kt}$ であるが, (β) より

$$y(0) = Ce^{k \cdot 0} = 100 \qquad \therefore C = 100.$$

よって $y(t) = 100e^{kt}$.

この例で現れたような, 微分方程式に付随する $y(t_0) = y_0$ の形の条件を**初期条件**といい, y_0 を**初期値**という. また, 微分方程式と初期条件の組を, **初期値問題**という.

問 17　タンクが 100 ℓ の食塩水で満たされており, 時刻 $t = 0$ [分] においてはタンク内には 10 kg の食塩が存在するとする. このタンクに濃度 0.2 kg/ℓ の食塩水が 5 ℓ/分のペースで流入し, またタンクから食塩水が 5 ℓ/分のペースで流出するとする. ただし, タンク内の食塩水は常によく混ざっており, 濃度はタンク内で一様であるとする. タンク内の食塩の量を y [kg] とするとき, y の満たす微分方程式と初期条件をかけ.

以下では, 1 階の常微分方程式のうち, 代表的なものである変数分離形方程式と線形方程式について, 解き方を学ぶ.

7.7.1　変数分離形方程式

1 階の微分方程式で, 次のような形のものを**変数分離形**方程式という:

$$\frac{dy}{dx} = f(x)g(y).$$

変数分離形方程式は次のように解くことができる．まず，方程式の両辺を $g(y)$ で割って

$$\frac{1}{g(y)}\frac{dy}{dx} = f(x).$$

これを x で積分すると

$$\int \frac{1}{g(y)}\frac{dy}{dx}\,dx = \int f(x)\,dx$$

となるが，左辺は置換積分の公式により y についての積分になって

$$\int \frac{1}{g(y)}\,dy = \int f(x)\,dx.$$

例 7.41

変数分離形方程式を

$$\frac{dy}{dx} = 2x\cos^2 y, \quad -\frac{\pi}{2} < y < \frac{\pi}{2}$$

を考える．両辺を $\cos^2 y$ で割って

$$\frac{1}{\cos^2 y}\,\frac{dy}{dx} = 2x$$

$$\int \frac{1}{\cos^2 y}\frac{dy}{dx}\,dx = \int 2x\,dx$$

$$\int \frac{1}{\cos^2 y}\,dy = \int 2x\,dx.$$

よって

$$\tan y = x^2 + C,$$

$$y = \arctan(x^2 + C).$$

上述の計算は，形式的には，$\frac{dy}{dx}$ をあたかも分数のように扱って次のようにかける:

$$\frac{dy}{dx} = f(x)g(y)$$

を $g(x)$ で割り，dx をかけて

$$\frac{1}{g(y)}\,dy = f(x)\,dx$$

$$\int \frac{1}{g(y)}\,dy = \int f(x)\,dx.$$

例えば,

$$\begin{aligned} \frac{dy}{dx} &= 2x\cos^2 y \\ \frac{1}{\cos^2 y}\,dx &= 2x\,dx \\ \int \frac{1}{\cos^2 y}\,dy &= \int 2x\,dx \\ &\vdots \end{aligned} \quad .$$

以下, この書き方で計算を行う.

例 7.42

微分方程式

$$\frac{dy}{dx} = e^{x-y}$$

を考える. $e^{x-y} = e^x e^{-y}$ だから, これは変数分離形である. 両辺に $e^y\,dx$ をかけて

$$\begin{aligned} e^y\,dy &= e^x\,dx \\ \int e^y\,dy &= \int e^x\,dx \\ e^y &= e^x + C \\ y &= \log\left(e^x + C\right). \end{aligned}$$

例 7.43

変数分離形方程式

$$\frac{dy}{dx} = \frac{x + \sin x}{1 + e^{-y}}$$

を考える. 両辺に $(1 + e^{-y})\,dx$ をかけて

$$\begin{aligned} (1 + e^{-y})\,dy &= (x + \sin x)\,dx \\ \int (1 + e^{-y})\,dy &= \int (x + \sin x)\,dx \end{aligned}$$

$$y - e^{-y} = \frac{1}{2}x^2 - \cos x + C.$$

これを y について明示的に解くことはできないが, 微分を含まない方程式が得られ, y はこの方程式から陰関数として定まる. そこで, この方程式を, 与えられた微分方程式の解とみなす.

例 7.44

k を定数とし, 微分方程式

$$\frac{dy}{dt} = ky$$

を再び考えよう. これはすぐ後に考える線形方程式という方程式 (の特殊な場合) だが, 変数分離形ともみなせる. $y \neq 0$ として

$$\begin{aligned}
\frac{1}{y}\,dy &= k\,dt \\
\int \frac{1}{y}\,dy &= \int k\,dt \\
\log|y| &= kt + C \\
|y| &= e^{kt+C} = e^C e^{kt} \\
y &= \pm e^C e^{kt}.
\end{aligned}$$

ここで $A = \pm e^C (\neq 0)$ とすると,

$$y = Ae^{kt}.$$

また, $y = 0$ (定数関数) も解であるので, 一般解は

$$y = Ae^{kt} \quad (A \text{ は任意定数}).$$

問 18　次の微分方程式を解け.

(1) $\dfrac{dy}{dx} = xe^{-y}$　(2) $\dfrac{dy}{dx} = x(y+1)$　(3) $\dfrac{dy}{dt} = ky\left(1 - \dfrac{y}{M}\right)$ (k, M は定数)

問 19　問 17 の初期値問題を解け.

7.7.2　1階線形微分方程式

一般に, 微分方程式 $F(t, y, y', \dots, y^{(n)}) = 0$ は, F が未知関数 y とその導関数たち $y', y'' \dots, y^{(n)}$ について1次であるとき, 線形であるという. ここでは1階線形方程式

$$\frac{dy}{dt} + p(t)y = q(t)$$

を考える. $q(t)$ が恒等的に 0 であるとき, 方程式は**斉次**であるといい, そうでないとき, **非斉次**であるという. 以下, $p(t)$ や $q(t)$ は連続であるとしておく.

1 階線形非斉次方程式

$$\frac{dy}{dt} + p(t)y = q(t)$$

は, 両辺に $e^{\int p(t)\,dt}$ をかけて, 次のようにして解くことができる.

$$\begin{aligned}
\frac{dy}{dt} + p(t)y = q(t) &\Leftrightarrow e^{\int p(t)\,dt}\frac{dy}{dt} + e^{\int p(t)\,dt}p(t)y = e^{\int p(t)\,dt}q(t) \\
&\Leftrightarrow \frac{d}{dt}\left(e^{\int p(t)\,dt}y\right) = e^{\int p(t)\,dt}q(t) \\
&\Leftrightarrow e^{\int p(t)\,dt}y = \int e^{\int p(t)\,dt}q(t)\,dt + C \\
&\Leftrightarrow y = e^{-\int p(t)\,dt}\left(\int e^{\int p(t)\,dt}q(t)\,dt + C\right).
\end{aligned}$$

とくに斉次 $(q(t) = 0)$ であるとき,

$$y = Ce^{-\int p(t)\,dt}.$$

上の計算で現れる $e^{\int p(t)\,dt}$ を, **積分因子**という.

例 7.45

線形方程式

$$\frac{dy}{dt} + 2ty = 2t$$

を考える. 両辺に積分因子 $e^{\int 2t\,dt} = e^{t^2}$ をかけて

$$\begin{aligned}
e^{t^2}\frac{dy}{dt} + 2te^{t^2}y &= 2te^{t^2} \\
\frac{d}{dt}\left(e^{t^2}y\right) &= 2te^{t^2} \\
e^{t^2}y &= e^{t^2} + C \\
y &= 1 + Ce^{-t^2}.
\end{aligned}$$

例 7.46

線形方程式

$$(\cos t)\cdot\frac{dy}{dt}+(\sin t)\cdot y=1,\quad -\frac{\pi}{2}<t<\frac{\pi}{2}$$

を考える. まず方程式を $\cos t$ で割って, $\frac{dy}{dt}$ の係数を 1 にしておく;

$$\frac{dy}{dt}+(\tan t)\cdot y=\frac{1}{\cos t}.$$

両辺に積分因子 $e^{\int \tan t\,dt}=e^{-\log\cos t}=\frac{1}{\cos t}$ をかけて

$$\begin{aligned}\frac{1}{\cos t}\cdot\frac{dy}{dt}+\frac{\sin t}{\cos^2 t}\cdot y&=\frac{1}{\cos^2 t}\\ \frac{d}{dt}\left(\frac{1}{\cos t}\cdot y\right)&=\frac{1}{\cos^2 t}\\ \frac{1}{\cos t}\cdot y&=\tan t+C\\ y&=\sin t+C\cos t.\end{aligned}$$

例 7.47

直列 LR 回路 (コイルと抵抗を含む直流回路) でインダクタンス $L=1$ [H], 抵抗 $R=1$ [Ω], 時刻 t [s] における電源電圧 $E(t)=\sin t$ [V] のものを考える. 時刻 t [s] における電流を $I(t)$ [A] とすると, I は次の線形微分方程式を満たす:

$$\frac{dI}{dt}+I=\sin t.$$

両辺に積分因子 $e^{\int 1\,dt}=e^t$ をかけて

$$\begin{aligned}e^t\frac{dI}{dt}+e^tI&=e^t\sin t\\ \frac{d}{dt}\left(e^tI\right)&=e^t\sin t\\ e^tI&=\int e^t\sin t\,dt=\frac{1}{2}e^t(\sin t-\cos t)+C\\ I&=\frac{1}{2}(\sin t-\cos t)+Ce^{-t}.\end{aligned}$$

問 20　次の微分方程式を解け.

(1) $\dfrac{dy}{dx}+x^2y=0$　(2) $\dfrac{dy}{dx}+2y=e^{-x}$　(3) $\dfrac{dy}{dx}+(\cos x)\cdot y=xe^{-\sin x}$

章末問題

問題 1　以下の広義積分を求めよ.

(1) $\displaystyle\int_0^1 (\log x)^2\,dx$　　(2) $\displaystyle\int_1^\infty \frac{dx}{x^2+x}$　　(3) $\displaystyle\int_0^\infty \frac{e^x}{e^{2x}+1}\,dx$

(4) $\displaystyle\int_0^{\frac{1}{2}} \frac{dx}{x(\log x)^2}$　　(5) $\displaystyle\int_0^{\frac{\pi}{2}} \left(\frac{\cos x}{\sin x}-\frac{1}{x}\right) dx$　　(6) $\displaystyle\int_0^\infty \frac{dx}{x^4+4}$

問題 2　以下の広義積分の収束・発散を判定せよ.

(1) $\displaystyle\int_0^\infty \frac{\cos e^x}{1+x^2}\,dx$　　(2) $\displaystyle\int_2^\infty \frac{2+\sin x}{\sqrt{x}-1}\,dx$　　(3) $\displaystyle\int_0^{\frac{1}{2}} \frac{\arccos x}{x}\,dx$

問題 3　次のような広義積分を考える: $\int_0^\infty e^{-t}t^{a-1}\,dt$. ここで a は定数である.

(1)　$a>0$ のとき, 上の広義積分が収束することを示せ.

(2)　$x>0$ に対して,

$$\Gamma(x) := \int_0^\infty e^{-t}t^{x-1}dt$$

と定める. これを**ガンマ関数**という. 次を示せ.

(i)　$\Gamma(1)=1$

(ii)　$\Gamma(x+1)=x\Gamma(x)\quad(x>0)$
(これより $\Gamma(n+1)=n!$ だから, ガンマ関数は非負整数の階乗を一般の実数 x に拡張したものとみなすことができる)

(iii)　$\Gamma(n+\frac{1}{2})=\frac{(2n-1)!!}{2^n}\sqrt{\pi}$
ここで $(2n-1)!!$ は二重階乗

$$(2n-1)!! = (2n-1)\cdot(2n-3)\cdot\cdots\cdot 3\cdot 1$$

である. なお $\int_0^\infty e^{-s^2}\,dx=\frac{\sqrt{\pi}}{2}$ を用いてよい.

問題 4　次のような広義積分を考える: $\int_0^1 t^{a-1}(1-t)^{b-1}\,dt$. ここで a,b は定数である. $a,b>0$ のとき, 上の広義積分が収束することを示せ. ($x,y>0$ に対して,

$$B(x,y) := \int_0^1 t^{x-1}(1-t)^{y-1}\,dt$$

と定める. これを**ベータ関数**という. $B(x,y)=\Gamma(x)\Gamma(y)/\Gamma(x+y)$ が成り立つ (242 ページ問 12).)

問題 5　次の級数や極限の収束・発散を判断し, 収束する場合はその値を求めよ.

(1) $\displaystyle\sum_{n=1}^{\infty} e^{1/n}$　(2) $\displaystyle\sum_{n=1}^{\infty}\left(\frac{e}{\sqrt{\pi}}\right)^n$　(3) $\displaystyle\sum_{n=2}^{\infty}\frac{1}{\log n}$　(4) $\displaystyle\lim_{n\to\infty}\sum_{k=1}^{n}\frac{1}{\sqrt{n^2+k^2}}$

問題 6　次のべき級数の収束域を求めよ.

(1) $\displaystyle\sum_{n=1}^{\infty}\frac{x^n}{n\sqrt{n}}$　(2) $\displaystyle\sum_{n=2}^{\infty}\frac{x^n}{\log n}$　(3) $\displaystyle\sum_{n=0}^{\infty}x^n\cos n\pi$

問題 7　次の関数のマクローリン展開を求めよ. また, 収束域も求めよ.

(1) $\dfrac{1}{3-2x}$　(2) $\dfrac{1}{3+x^4}$　(3) $\dfrac{x}{x+2}$

問題 8　$\frac{1}{2+x}$ の $x=1$, $x=2$ でのテイラー展開を求めよ. また, 収束域も求めよ.

問題 9　次の領域の面積を求めよ.

(1) 2曲線 $y=x^3$, $y=-x$ と2直線 $x=-1$, $x=2$ によって囲まれる領域.

(2) 2曲線 $x=y^3-2y^2$ と $x=y^2$ によって囲まれる領域.

問題 10　次の回転体の体積を求めよ.

(1)　$y=4-x^2$ $(x\geq 0)$ と x 軸, y 軸で囲まれる領域を, y 軸の周りに回転させて得られる回転体の体積.

(2)　$y=\log x$ と x 軸, $x=2$, $x=4$ で囲まれる領域を, x 軸の周りに回転させて得られる回転体の体積.

(3)　$y=\sqrt{x}$ と $y=x$ で囲まれる領域を, x 軸の周りに回転させて得られる回転体の体積.

問題 11　次の曲線の長さを求めよ.

(1) $y=\log(x^2-1),\ 2\leq x\leq 3$　(2) $y=x^2,\ 0\leq x\leq \dfrac{1}{2}$

問題 12　次の微分方程式を解け.

(1) $\dfrac{dy}{dx}=-\dfrac{2(y+1)}{x}$　(2) $\dfrac{dy}{dx}=e^{2y}\arctan x$

(3) $\dfrac{dy}{dx}=2xy+x^3$　(4) $x\dfrac{dy}{dx}-y=x^2\log x,\quad x>0$

問題 13　次の初期値問題を解け.

(1) $\begin{cases}\frac{dy}{dx}=\frac{2x}{(1+x^2)y}\\ y(0)=-2\end{cases}$　(2) $\begin{cases}\frac{dy}{dx}=\frac{1+y^2}{(x+1)y}\\ y(1)=3\end{cases}$　(3) $\begin{cases}\frac{dy}{dx}=2-\frac{y}{10}\\ y(0)=5\end{cases}$

第 8 章

多変数関数の極限と連続性

これまでは一つの変数にのみ依存する関数 (1 変数関数) を考えてきた．本章以降では二つ以上の変数に依存する関数 (多変数関数) と，その扱いについて学んでいく．主に 2 変数関数について考えるが，多くの事柄は 3 変数，4 変数，... の関数についても同様である．

8.1　多変数関数

1 変数関数 f とは，実数 x に対して実数 $f(x)$ を対応させる規則

$$f : x \mapsto f(x)$$

であり，関数 $f(x)$ によって変数 x の値に応じて値の定まる変数を通常 y と書くのであった; $y = f(x)$．x を独立変数，y を従属変数というのであった．同様に，2 変数関数とは，二つの実数 x, y に対して実数 $f(x, y)$ を対応させる規則

$$f : x \mapsto f(x, y)$$

であり，関数 $f(x, y)$ によって変数 x, y の値に応じて値の定まる変数を通常 z と書く; $z = f(x, y)$．x, y を独立変数，z を従属変数という．

例 8.1

$f(x, y) = 1 - x - 2y$ とする．

$$\begin{aligned}
f(0,0) &= 1 - 0 - 2 \cdot 0 = 1, & f(0,1) &= 1 - 0 - 2 \cdot 1 = -1 \\
f(1,0) &= 1 - 1 - 2 \cdot 0 = 0, & f(1,1) &= 1 - 1 - 2 \cdot 1 = -2 \\
f(2,0) &= 1 - 2 - 2 \cdot 0 = -1, & f(2,1) &= 1 - 2 - 2 \cdot 1 = -3 \\
f(3,0) &= 1 - 3 - 2 \cdot 0 = -2, & f(3,1) &= 1 - 3 - 2 \cdot 1 = -4
\end{aligned}$$

のように，独立変数 x, y の値を定めれば，$z = f(x, y)$ の値が定まる．同様に

$$z = x \sin y, \quad z = \frac{1}{x^2 + y^2}, \quad z = xy \log\left(x^6 + y^4 + 2\right)$$

なども 2 変数 x, y の関数である．

例 8.2

次の2直線を考える．

$$\ell_1 : \begin{cases} x = t \\ y = 2t \\ z = 3t \end{cases}, \quad \ell_2 : \begin{cases} x = 6 + s \\ y = 5 - 2s \\ z = 4 + s \end{cases}.$$

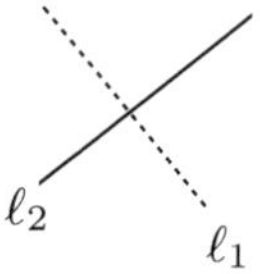

ここで t, s はパラメータである．ℓ_1 上の点 $\mathrm{P}_t(t, 2t, 3t)$ と ℓ_2 上の点 $\mathrm{Q}_s(6 + s, 5 - 2s, 4 + s)$ の距離を $f(s, t)$ とする:

$$f(s,t) = \sqrt{(6 + s - t)^2 + (5 - 2s - 2t)^2 + (4 + s - 3t)^2}.$$

これは2変数 s, t の関数である．

独立変数の組 (x, y) は，平面 $\mathbb{R}^2 = \{(x, y) \mid x, y \in \mathbb{R}\}$ を動くが，関数 $z = f(x, y)$ の値が定まるような (x, y) の集合を，2変数関数 f の定義域という．z のとる値の集合を値域という．

例 8.3

- 関数 $z = 1 - x - 2y$ の定義域は，平面全体 $\mathbb{R}^2$．
- 関数 $z = \frac{1}{x+y}$ の定義域は，$\{(x, y) \in \mathbb{R}^2 \mid x + y \neq 0\}$．
- 関数 $z = \sqrt{x + y - 1}$ の定義域は，$\{(x, y) \in \mathbb{R}^2 \mid x + y - 1 \geq 0\}$，つまり $\{(x, y) \in \mathbb{R}^2 \mid x + y \geq 1\}$．
- 関数 $z = \log(4 - x^2 - 4y^2)$ の定義域は，$\{(x, y) \in \mathbb{R}^2 \mid 4 - x^2 - 4y^2 > 0\}$，つまり $\{(x, y) \in \mathbb{R}^2 \mid (\frac{x}{2})^2 + y^2 < 1\}$．
- 関数 $z = \sqrt{x + y - 1} + \log(4 - x^2 - 4y^2)$ の定義域は，$\{(x, y) \in \mathbb{R}^2 \mid x + y \geq 1,\ \left(\frac{x}{2}\right)^2 + y^2 < 1\}$．

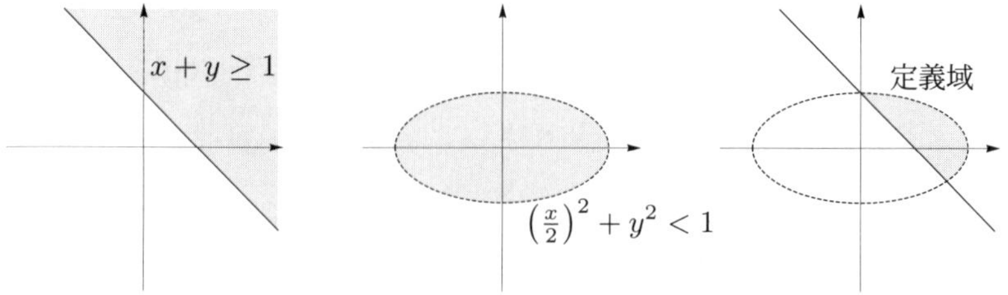

問 1 次の関数の定義域を求めよ.

(1) $z = \sqrt{xy}$ (2) $z = \dfrac{1}{x^2 - y^2 - 1}$ (3) $z = \sqrt{x - y^2}$

(4) $z = \dfrac{1}{x^2 + y^2}$ (5) $z = \arccos\left(x^2 + y^2\right)$ (6) $z = \log\left(x^2 y + 1\right)$

8.2 グラフと等位線, 等位面

定義域が D である 1 変数関数 $f(x)$ のグラフとは, 曲線 $y = f(x)$ $(x \in D)$, つまり, 集合

$$\{(x, y) \mid x \in D,\ y = f(x)\}$$

であった. 同様に, 定義域が D である 2 変数関数 $f(x, y)$ のグラフとは, 曲面 $z = f(x, y)$ $((x, y) \in D)$, つまり, 集合

$$\{(x, y, z) \mid (x, y) \in D,\ z = f(x, y)\}$$

である.

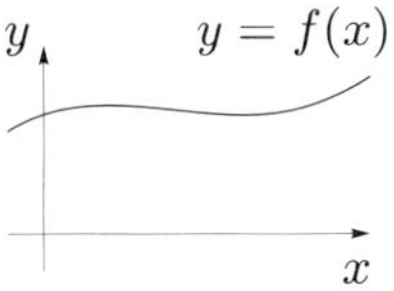

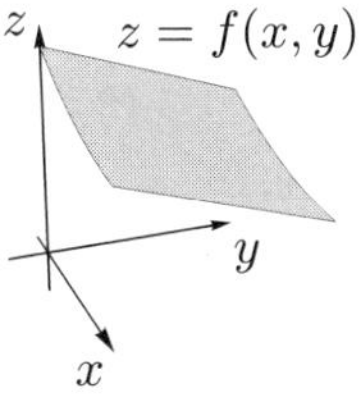

例 8.4

- 関数 $f(x, y) = 1 - x - 2y$ のグラフは, 曲面 $z = 1 - x - 2y$, すなわち平面 $x + 2y + z = 1$ である. これは点 $(0, 0, 1)$ を通り, 法線ベクトルが $(1, 2, 1)$ であるような平面である.

- 関数 $f(x, y) = \sqrt{1 - x^2 - y^2}$ のグラフは, 曲面 $z = \sqrt{1 - x^2 - y^2}$ である.

$$z = \sqrt{1 - x^2 - y^2} \Leftrightarrow \begin{cases} z^2 = 1 - x^2 - y^2 \\ z \geq 0 \end{cases}$$

$$\Leftrightarrow \begin{cases} x^2 + y^2 + z^2 = 1 \\ z \geq 0 \end{cases}$$

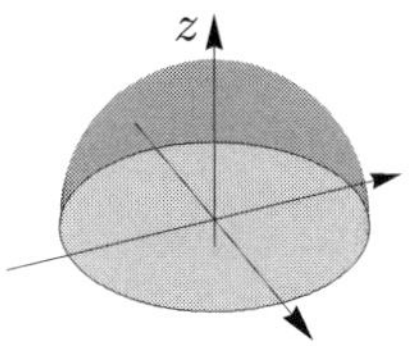

であるから, これは原点を中心とする単位上半球面である.

平面の曲線のうち, 関数のグラフ $y = f(x)$ として表されないようなものが

あるように, 曲面のうち, 関数のグラフ $z = f(x, y)$ として表されないようなものがある.

例 8.5

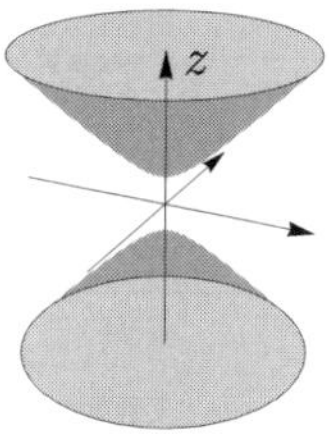

二葉双曲面 (cf. 章末問題1) と呼ばれる (2枚の) 曲面 $x^2 + y^2 = z^2 - 1$ は関数のグラフにはなり得ない; 各 (x, y) に対して, 対応する z が二つあるからである. 具体的には

$$z = \pm\sqrt{1 + x^2 + y^2}.$$

問2　次の関数のグラフがどのような曲面か考え, コンピュータを用いて図示してみよ.

(1) $f(x, y) = x^2 + y^2$　　(2) $f(x, y) = 4x^2 + 9y^2$

(3) $f(x, y) = x^2 - y^2$　　(4) $f(x, y) = \sqrt{x^2 + y^2}$

定義 8.2.1　2変数関数 $f(x, y)$ に対して, xy 平面の曲線 $f(x, y) = k$ (k は定数) を, f の**等位線**という. □

例 8.6

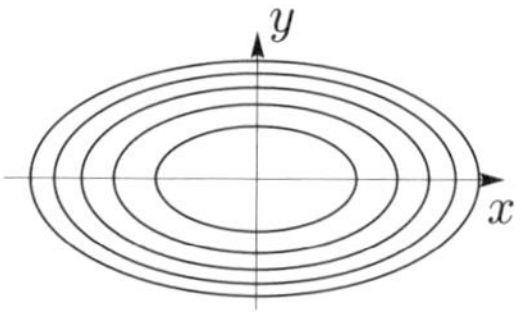

関数 $f(x, y) = \frac{x^2}{4} + y^2$ の等位線は

$$f(x, y) = k \Leftrightarrow \frac{x^2}{4} + y^2 = k,$$

すなわち楕円である (右図は $k = 1, 2, 3, 4, 5$).

注意 33　等位線 $f(x, y) = k$ は, その上で関数 f の値が k になるような曲線である. したがって, f のグラフの対応する部分は, 高さ (つまり z-座標) が k の部分, すなわちグラフの平面 $z = k$ における断面である. 逆に, f のグラフの $z = k$ における断面を xy-平面に射影すれば, 等位線 $f(x, y) = k$ が得られる.

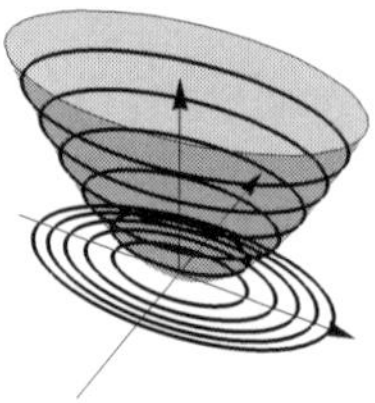

注意 34　等位線 $f(x, y) = k$ は複数の要素 (曲線) からなることもある.

例 8.7

関数 $f(x,y) = x^2 - y^2$ の等位線は

$$f(x,y) = k \Leftrightarrow x^2 - y^2 = k,$$

したがって $k \neq 0$ のときは双曲線であり, $k = 0$ のときは 2 直線 $y = \pm x$ である.

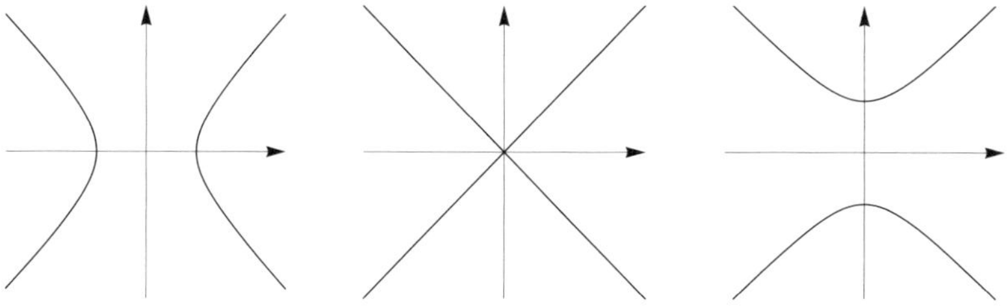

(a) $k >$ のとき　(b) $k = 0$ のとき　(c) $k < 0$ のとき

例 8.8

関数 $f(x,y) = \sin(x+y)$ の等位線 $f(x,y) = 1$ を考える.

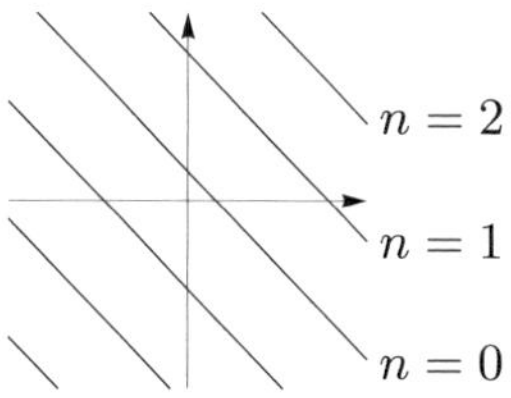

$$f(x,y) = 1 \Leftrightarrow x + y = \frac{\pi}{2} + 2n\pi \quad (n = 0, \pm1, \pm2, \dots),$$

したがってこの等位線は, 無限の直線から成る.

定義域が D である 3 変数関数 $f(x,y,z)$ のグラフとは, 集合

$$\{(x,y,z,w) \mid (x,y,z) \in D,\ w = f(x,y,z)\}$$

である. これは 4 次元空間 $\mathbb{R}^4$ の中の集合である. また, 曲面 $f(x,y,z) = k$ (k は定数) を, f の**等位面**という.

例 8.9

3 変数関数 $f(x,y,z) = \log\left(z - \frac{x^2}{4} - y^2\right)$ の定義域は

$$\left\{(x,y,z) \;\middle|\; z - \frac{x^2}{4} - y^2 > 0\right\} = \left\{(x,y,z) \;\middle|\; z > \frac{x^2}{4} + y^2\right\}$$

である. これは楕円放物面 (cf. 章末問題 1) $z = \frac{x^2}{4} + y^2$ の上側の領域である.

また, 等位面は

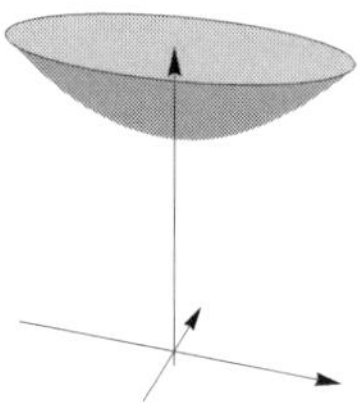

$$f(x,y,z)=k \Leftrightarrow \log\left(z-\frac{x^2}{4}-y^2\right)=k$$
$$\Leftrightarrow z-\frac{x^2}{4}-y^2=e^k$$
$$\Leftrightarrow z=\frac{x^2}{4}+y^2+e^k,$$

すなわち楕円放物面である.

問 3　以下の各関数の等位線や等位面 $f=k$ (k は定数) を求めよ.

(1) $f(x,y)=4x^2+9y^2$　　(2) $f(x,y)=2x-y^2$

(3) $f(x,y)=\sin\left(x^2+y^2\right)$　　(4) $f(x,y,z)=x^2+4y^2+9z^2$

8.3　極限と連続性

8.3.1　極限

実数の組 (x,y) が $(x,y)\neq(a,b)$ を満たしながら (a,b) に近づくことを, 次のように表す:

$$(x,y)\to(a,b).$$

定義 8.3.1　関数 $f(x,y)$ が $(x,y)=(a,b)$ の近くで定義されているとする (ただし, $(x,y)=(a,b)$ では定義されていなくても良い). $(x,y)\to(a,b)$ のときに関数の値 $f(x,y)$ が α に限りなく近づくとき,

$$\lim_{(x,y)\to(a,b)} f(x,y)=\alpha \quad \text{または} \quad f(x,y)\to\alpha\ \ ((x,y)\to(a,b))$$

と書き, $(x,y)\to(a,b)$ のときに $f(x,y)$ は α に**収束**するという. α を, 関数 $f(x,y)$ の $(x,y)\to(a,b)$ のときの**極限値**という. $f(x,y)$ が収束しないとき, **発散**するという. □

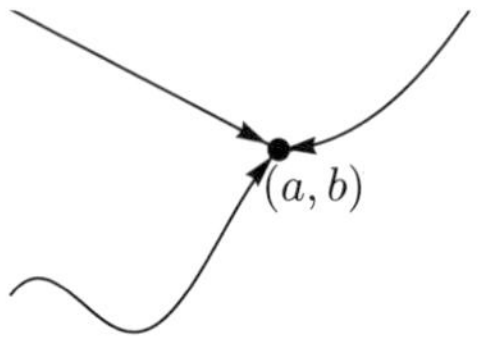

例 8.10

- $\displaystyle\lim_{(x,y)\to(0,0)} \left(\frac{x^2}{4} + y^2 + \frac{1}{2}\right) = \frac{1}{2}.$
- $\displaystyle\lim_{(x,y)\to(a,b)} x = a.$
- $\displaystyle\lim_{(x,y)\to(a,b)} y = b.$

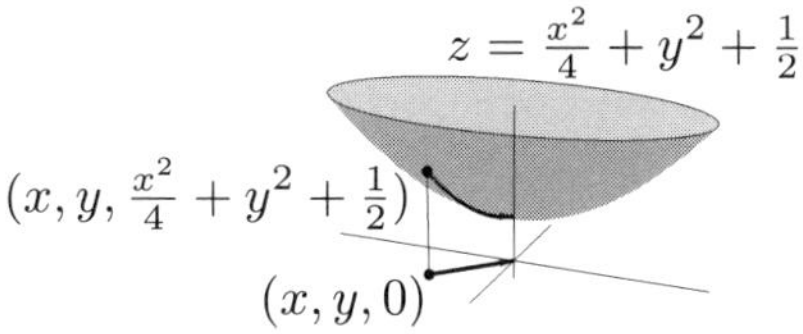

注意 35　極限値は, 存在するとすれば, ただ一つである.

定理 8.3.1　$\displaystyle\lim_{(x,y)\to(a,b)} f(x,y)$, $\displaystyle\lim_{(x,y)\to(a,b)} g(x,y)$ が収束するとき, 次が成り立つ.

i)　$\lim\{\alpha f + \beta g\} = \alpha \lim f + \beta \lim g$　(α, β は定数.)

ii)　$\lim(fg) = (\lim f)(\lim g)$

iii)　$\lim \frac{f}{g} = \frac{\lim f}{\lim g}$　(ただし, $\lim g \neq 0$)

iv)　連続関数 $h(t)$ に対して, $\displaystyle\lim_{(x,y)\to(a,b)} h(f(x,y)) = h\left(\lim_{(x,y)\to(a,b)} f(x,y)\right)$

□

例 8.11

- $\displaystyle\lim_{(x,y)\to(1,2)} 3xy = 3 \cdot 1 \cdot 2 = 6.$
- $\displaystyle\lim_{(x,y)\to(1,2)} (x^2 - 2xy + 3y^2) = 1^2 - 2 \cdot 1 \cdot 2 + 3 \cdot 2^2 = 9.$
- $\displaystyle\lim_{(x,y)\to(1,2)} \frac{3xy}{x^2 - 2xy + 3y^2} = \frac{\displaystyle\lim_{(x,y)\to(1,2)} 3xy}{\displaystyle\lim_{(x,y)\to(1,2)} (x^2 - 2xy + 3y^2)} = \frac{6}{9} = \frac{2}{3}.$
- $\displaystyle\lim_{(x,y)\to(1,2)} \sqrt{x^2 - 2xy + 3y^2} = \sqrt{\lim_{(x,y)\to(1,2)} (x^2 - 2xy + 3y^2)} = \sqrt{9} = 3.$
- $\displaystyle\lim_{(x,y)\to(0,0)} \cos\left(x^2 + y^2\right) = \cos\left(\lim_{(x,y)\to(0,0)} \left(x^2 + y^2\right)\right) = \cos 0 = 1.$

例 8.12

$\displaystyle\lim_{(x,y)\to(0,0)} \frac{1}{x^2 + y^2}$ を考える. $(x,y) \to (0,0)$ のとき, $x^2 + y^2 \to 0$ だから

$\dfrac{1}{x^2+y^2}$ は限りなく大きくなる．したがって $\displaystyle\lim_{(x,y)\to(0,0)}\frac{1}{x^2+y^2}$ は存在しない．

例 8.13

$\displaystyle\lim_{(x,y)\to(0,0)}\frac{x}{x^2+y^2}$ を考える ($(x,y)\to(0,0)$ のとき，$x\to 0$, $x^2+y^2\to 0$ であるから，"$\frac{x}{x^2+y^2}\to\frac{0}{0}$" であることに注意せよ)．$x$ 軸に沿って $(x,y)\to(0,0)$ のとき，つまり $y=0$ として $x\to 0$ とするとき，

$$\frac{x}{x^2+y^2}=\frac{x}{x^2+0^2}=\frac{1}{x}$$

だから極限は存在しない．したがって $\displaystyle\lim_{(x,y)\to(0,0)}\frac{x}{x^2+y^2}$ は存在しない．

例 8.14

$\displaystyle\lim_{(x,y)\to(0,0)}\frac{x^2}{x^2+y^2}$ を考える．x 軸に沿って $(x,y)\to(0,0)$ のとき，つまり $y=0$ として $x\to 0$ とするとき，

$$\frac{x^2}{x^2+y^2}=\frac{x^2}{x^2+0^2}=1\to 1$$

である．一方，y 軸に沿って $(x,y)\to(0,0)$ のとき，つまり $x=0$ として $y\to 0$ とするとき，

$$\frac{x^2}{x^2+y^2}=\frac{0^2}{0^2+y^2}=0\to 0$$

である．これらの値は異なるので，$\displaystyle\lim_{(x,y)\to(0,0)}\frac{x^2}{x^2+y^2}$ は存在しない．

例 8.15

$\displaystyle\lim_{(x,y)\to(0,0)}\frac{xy}{x^2+y^2}$ を考える．x 軸や y 軸に沿って $(x,y)\to(0,0)$ のとき，

$$\frac{xy}{x^2+y^2}=0\to 0$$

である．一方，直線 $y=x$ に沿って $(x,y)\to(0,0)$ のとき，

$$\frac{xy}{x^2+y^2}=\frac{x^2}{x^2+x^2}=\frac{1}{2}\to\frac{1}{2}$$

であるので，$\displaystyle\lim_{(x,y)\to(0,0)}\frac{xy}{x^2+y^2}$ は存在しない．

例 8.16

$\displaystyle\lim_{(x,y)\to(0,0)} \frac{xy^2}{x^2+y^4}$ を考える．直線 $y = kx$ (k は定数) に沿って $(x,y) \to (0,0)$ のとき，

$$\frac{xy^2}{x^2+y^4} = \frac{k^2x^3}{x^2+k^4x^4} = \frac{k^2x}{1+k^4x^2} \to 0$$

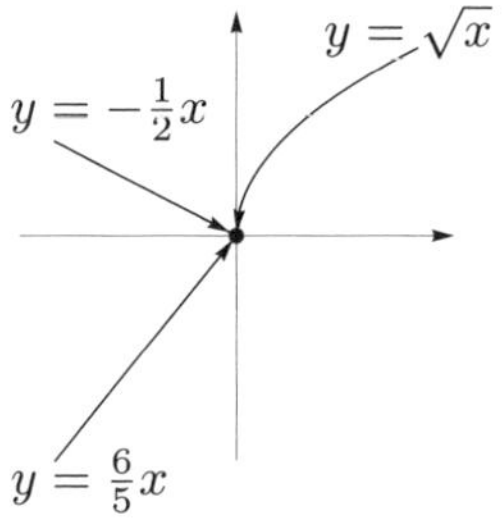

である．一方，曲線 $y = \sqrt{x}$ に沿って $(x,y) \to (0,0)$ のとき，

$$\frac{xy^2}{x^2+y^4} = \frac{x^2}{x^2+x^2} = \frac{1}{2} \to \frac{1}{2}$$

であるので，$\displaystyle\lim_{(x,y)\to(0,0)} \frac{xy^2}{x^2+y^4}$ は存在しない．

例 8.17

$\displaystyle\lim_{(x,y)\to(0,0)} \frac{xy}{\sqrt{x^2+y^2}}$ を考える．まず，

$$|x|, |y| \leq \sqrt{x^2+y^2}$$

に注意する．これを用いて，

$$0 \leq \left|\frac{xy}{\sqrt{x^2+y^2}}\right| = \frac{|x||y|}{\sqrt{x^2+y^2}} \leq \frac{\left(\sqrt{x^2+y^2}\right)^2}{\sqrt{x^2+y^2}} = \sqrt{x^2+y^2}$$

である．$(x,y) \to (0,0)$ のとき，$\sqrt{x^2+y^2} \to 0$ であるので，はさみうちの原理により $\displaystyle\lim_{(x,y)\to(0,0)} \frac{xy}{\sqrt{x^2+y^2}} = 0$ である．

$(x,y) \to (0,0)$ での極限を考える際は，極座標 (r,θ) を用いることが便利なことも多い．

例 8.18 再訪

$\displaystyle\lim_{(x,y)\to(0,0)} \frac{x^2}{x^2+y^2}$ を考える．$x = r\cos\theta, y = r\sin\theta$ とすると，

$$\frac{x^2}{x^2+y^2} = \frac{r^2\cos^2\theta}{r^2} = \cos^2\theta$$

であり, θ を固定して $r \to 0$ とするとき, 極限値が θ の値によって異なるので, $\displaystyle\lim_{(x,y)\to(0,0)} \frac{x^2}{x^2+y^2}$ は存在しない.

例 8.19　再訪

$\displaystyle\lim_{(x,y)\to(0,0)} \frac{xy}{\sqrt{x^2+y^2}}$ を考える. $x = r\cos\theta, y = r\sin\theta$ とすると,

$$0 \leq \left|\frac{xy}{\sqrt{x^2+y^2}}\right| = \left|\frac{r\cos\theta \cdot r\sin\theta}{r}\right| = |r\cos\theta\sin\theta| \leq r$$

である. $(x,y) \to (0,0)$ のとき, $r \to 0$ なので, $\displaystyle\lim_{(x,y)\to(0,0)} \frac{xy}{\sqrt{x^2+y^2}} = 0$ である.

問 4　次の極限を求めよ.

(1) $\displaystyle\lim_{(x,y)\to(0,0)} \frac{xy}{x^4+y^4}$　　(2) $\displaystyle\lim_{(x,y)\to(0,0)} \frac{x^3}{x^2+y^2}$

(3) $\displaystyle\lim_{(x,y)\to(0,0)} \frac{y}{\sqrt{x^2+y^2}}$　　(4) $\displaystyle\lim_{(x,y)\to(0,0)} \frac{x^3y}{x^2+y^2}$

(5) $\displaystyle\lim_{(x,y)\to(0,0)} \frac{x^2y^3}{(x^2+y^2)^2}$　　(6) $\displaystyle\lim_{(x,y)\to(0,0)} \frac{x\sin y}{x^2+y^2}$

8.3.2　連続性

定義 8.3.2　関数 $f(x,y)$ が $(x,y) = (a,b)$ の近くで定義されているとする. $\displaystyle\lim_{(x,y)\to(a,b)} f(x,y)$ が存在して, かつ

$$\lim_{(x,y)\to(a,b)} f(x,y) = f(a,b)$$

が成り立つとき, $f(x,y)$ は (a,b) で連続であるという. $f(x,y)$ が xy 平面の領域 R の全ての点で連続のとき, $f(x,y)$ は R で連続であるという. □

例 8.20

$f(x,y) = x$ は, 任意の点 (a,b) で連続である. 実際,

$$\lim_{(x,y)\to(a,b)} f(x,y) = \lim_{(x,y)\to(a,b)} x = a = f(a,b).$$

同様に, $g(x,y) = y$ は, 任意の点 (a,b) で連続である.

---

1 変数の場合と同様に, 次が成り立つ.

定理 8.3.2 $f(x,y), g(x,y)$ が連続のとき, 以下の各関数も連続である.

- $\alpha f(x,y)+\beta g(x,y) \quad (\alpha, \beta$ は定数)
- $f(x,y)g(x,y)$
- $\dfrac{f(x,y)}{g(x,y)}$ (ただし, $g(x,y) \neq 0$)
- 連続関数 $h(t)$ に対して, $h\left(f(x,y)\right)$

□

例 8.21

- 定理より, 単項式 cx^py^q (c は定数, $p, q \geq 0$ は整数) の定める関数は平面全体 $\mathbb{R}^2$ 上連続である.
- 定理より, 多項式 (すなわち単項式の和) の定める関数は $\mathbb{R}^2$ 上連続である.
- 定理より, 有理関数 $\frac{f(x,y)}{g(x,y)}$ (f, g は多項式) は, $\mathbb{R}^2$ から $g=0$ となるところを除いたところで連続である.

例 8.22

- $f(x,y)=x+2x^2y-3xy^3$ は多項式だから, $\mathbb{R}^2$ 上連続である.
- $f(x,y)=\dfrac{x^2+y^2+1}{x+y}$ は有理関数だから, $\mathbb{R}^2$ から分母 $x+y$ が 0 となるところ, すなわち直線 $x+y=0$ を除いたところで連続である.
- $f(x,y)=\begin{cases}\dfrac{x^2}{x^2+y^2} & ((x,y)\neq(0,0)) \\ 0 & ((x,y)=(0,0))\end{cases}$ は, 原点 $(x,y)=(0,0)$ 以外で連続である. また, 原点については, $\displaystyle\lim_{(x,y)\to(0,0)} f(x,y)$ が存在しないため, 連続でない.
- $f(x,y)=\begin{cases}\dfrac{x^3}{x^2+y^2} & ((x,y)\neq(0,0)) \\ 1 & ((x,y)=(0,0))\end{cases}$ は, 原点 $(x,y)=(0,0)$ 以外で

連続である．また，原点については，

$$0 \leq |f(x,y)| \leq \frac{\left(\sqrt{x^2+y^2}\right)^3}{x^2+y^2} = \sqrt{x^2+y^2} \to 0 \quad ((x,y) \to (0,0))$$

より $\displaystyle\lim_{(x,y)\to(0,0)} f(x,y) = 0 \neq f(0,0)$ であるため，連続でない．

- $f(x,y) = \begin{cases} \dfrac{x^3}{x^2+y^2} & ((x,y) \neq (0,0)) \\ 0 & ((x,y) = (0,0)) \end{cases}$ は，原点 $(x,y) = (0,0)$ 以外で連続である．また，$\displaystyle\lim_{(x,y)\to(0,0)} f(x,y) = 0 = f(0,0)$ であるため，原点でも連続である．

問 5　次の関数の不連続な点をすべて挙げよ．

(1) $f(x,y) = \dfrac{1+x^2}{x-y^2}$　　(2) $f(x,y) = \begin{cases} \dfrac{xy}{\sqrt{x^2+y^2}} & ((x,y) \neq (0,0)) \\ 0 & ((x,y) = (0,0)) \end{cases}$

(3) $f(x,y) = \dfrac{\cos(x-y)}{x^2-xy}$　　(4) $f(x,y) = \begin{cases} \dfrac{x^2 y}{x^2+y^2} & ((x,y) \neq (0,0)) \\ 1 & ((x,y) = (0,0)) \end{cases}$

連続関数については，極限を代入によって求めることができる．

例 8.23

- $f(x,y) = x + 2x^2y - 3xy^3$ に対して，$\displaystyle\lim_{(x,y)\to(2,1)} f(x,y)$ を考える．$f(x,y)$ は多項式だから連続である．したがって

$$\lim_{(x,y)\to(2,1)} f(x,y) = f(2,1) = 2 + 2 \cdot 2^2 \cdot 1 - 3 \cdot 2 \cdot 1^3 = 4.$$

- $f(x,y) = \cos\left(x^2+y^2\right)$ に対して，$\displaystyle\lim_{(x,y)\to(0,0)} f(x,y)$ を考える．$f(x,y)$ は連続関数 $\cos t$ と $t = x^2+y^2$ の合成関数だから連続である．したがって

$$\lim_{(x,y)\to(0,0)} f(x,y) = f(0,0) = \cos\left(0^2+0^2\right) = 1.$$

---

3 変数以上の関数についても，同様に極限や連続性が定義される．

例 8.24

$f(x,y,z) = \begin{cases} \dfrac{z^2}{x^2+y^2+z^2} & ((x,y,z) \neq (0,0,0)) \\ 0 & ((x,y,z) = (0,0,0)) \end{cases}$ は，原点 $(x,y,z) = (0,0,0)$ 以外で連続である．原点での連続性を考える．x 軸に沿って $(x,y,z) \to (0,0,0)$ のとき，つまり $y = z = 0$ として $x \to 0$ とするとき，

$$f(x,y,z) = f(x,0,0) = \frac{0^2}{x^2+0^2+0^2} = 0 \to 0$$

である．一方，z 軸に沿って $(x,y,z) \to (0,0,0)$ のとき，つまり $x = y = 0$ として $z \to 0$ とするとき，

$$f(x,y,z) = f(0,0,z) = \frac{z^2}{0^2+0^2+z^2} = 1 \to 1$$

である．これらの値は異なるので，$\displaystyle\lim_{(x,y,z)\to(0,0,0)} f(x,y,z)$ は存在しない．したがって，$f(x,y,z)$ は原点で連続でない．

例 8.25

3 変数関数 $f(x,y,z) = \log\left(1+x^2+4y^2+9z^2\right)$ は，$\mathbb{R}^3$ 上定義された関数である．対数関数 $\log t$ と多項式関数 $t = 1+x^2+4y^2+9z^2$ の合成関数であり，これらはともに連続だから，$f(x,y,z)$ は連続である．したがって，任意の点 (a,b,c) に対して $\displaystyle\lim_{(x,y,z)\to(a,b,c)} f(x,y,z) = f(a,b,c)$ が成り立つ．例えば，

$$\lim_{(x,y,z)\to(1,2,3)} f(x,y,z) = f(1,2,3) = \log 99.$$

問 6　次の関数の不連続な点をすべて挙げよ．

(1) $f(x,y,z) = \begin{cases} \dfrac{yz}{\sqrt{x^2+y^2+z^2}} & ((x,y,z) \neq (0,0,0)) \\ 0 & ((x,y,z) = (0,0,0)) \end{cases}$

(2) $f(x,y,z) = \begin{cases} \dfrac{x^2 y}{x^2+y^2+z^2} & ((x,y,z) \neq (0,0,0)) \\ 1 & ((x,y,z) = (0,0,0)) \end{cases}$

章末問題

問題1　以下の各曲面が2変数関数のグラフになりえるか, 答えよ. また, どのような曲面か考え, コンピュータを用いて図示してみよ.

(1) 楕円面 $ax^2+by^2+cz^2=d\ (a,b,c,d>0)$

(2) 楕円放物面 $ax^2+by^2+cz=d\ (a,b>0, c\neq 0)$

(3) 一葉楕円双曲面 $ax^2+by^2-cz^2=d\ (a,b,c>0, d>0)$

(4) 二葉楕円双曲面 $ax^2+by^2-cz^2=d\ (a,b,c>0, d<0)$

問題2　定数 $k\geq 0$ に対して, 2変数関数 $f(x,y)$ の等位線 $f(x,y)=k$ が中心 $(2,3)$, 半径 $\sqrt{5k}$ の円であるとする. $f(x,y)$ を求めよ.

問題3　次の極限を求めよ.

(1) $\displaystyle\lim_{(x,y)\to(0,0)}\frac{1}{x^4+y^2}$　　(2) $\displaystyle\lim_{(x,y)\to(0,0)}\frac{xy^2}{(x^2+y^2)^{\frac{3}{2}}}$

(3) $\displaystyle\lim_{(x,y)\to(0,0)}\frac{xy^3}{x^4+y^4}$　　(4) $\displaystyle\lim_{(x,y)\to(0,0)}\frac{x^2y}{x^4+y^2}$

(5) $\displaystyle\lim_{(x,y)\to(0,0)}\frac{x^2-y^2}{x^2+y^2}$　　(6) $\displaystyle\lim_{(x,y)\to(0,0)}\frac{x^2y^2\sin\left(x^2+y^2\right)}{(x^2+y^2)^2}$

問題4　次の関数の不連続な点をすべて挙げよ.

(1) $f(x,y)=\begin{cases}\dfrac{xy^2}{x^2+y^2} & ((x,y)\neq(0,0))\\ 0 & ((x,y)=(0,0))\end{cases}$

(2) $f(x,y)=\begin{cases}\dfrac{\sin\left(x^2+y^2\right)}{\sqrt{x^2+y^4}} & ((x,y)\neq(0,0))\\ 0 & ((x,y)=(0,0))\end{cases}$

(3) $f(x,y)=\begin{cases}\dfrac{x\sin(x-y)}{x-y} & (x\neq y)\\ 0 & (x=y)\end{cases}$

(4) $f(x,y)=\begin{cases}\dfrac{y\cos(x-y)}{x-y} & (x\neq y)\\ 0 & (x=y)\end{cases}$

(5) $f(x,y,z)=\begin{cases}\dfrac{xyz}{x^2+y^2+z^2} & ((x,y,z)\neq(0,0,0))\\ 0 & ((x,y,z)=(0,0,0))\end{cases}$

第 9 章

多変数関数の微分法

本章では主に 2 変数関数の微分法について学ぶ. 1 変数の場合と違って変数の動き方の自由度が高いので, 微分可能性といった関数の局所的な性質を扱う際も, より慎重に考える必要がある.

9.1 偏微分

(1) 偏微分係数と偏導関数

定義 9.1.1 関数 $z=f(x,y)$ に対して, その (a,b) における x についての偏微分係数 $f_x(a,b)$ とは, 次の極限である:

$$f_x(a,b) := \lim_{x\to a}\frac{f(x,b)-f(a,b)}{x-a} = \lim_{h\to 0}\frac{f(a+h,b)-f(a,b)}{h}.$$

この極限が存在するとき, $z=f(x,y)$ は (a,b) において x について**偏微分可能**であるという. 同様に, $z=f(x,y)$ の (a,b) における y についての偏微分係数 $f_y(a,b)$ とは,

$$f_y(a,b) := \lim_{y\to b}\frac{f(a,y)-f(a,b)}{y-b} = \lim_{h\to 0}\frac{f(a,b+h)-f(a,b)}{h}$$

であり, この極限が存在するとき, $z=f(x,y)$ は (a,b) において y について偏微分可能であるという. □

$f_x(a,b)$ は $f(x,y)$ を $y=b$ に制限した 1 変数関数 $f(x,b)$ の, $x=a$ における微分係数である. 同様に, $f_y(a,b)$ は $f(x,y)$ を $x=a$ に制限した 1 変数関数 $f(a,y)$ の, $y=b$ における微分係数である.

関数 $z=f(x,y)$ の偏微分係数 $f_x(a,b)$, $f_y(a,b)$ をあらゆる (a,b) について集めると, x,y の 2 変数関数を得る. これらを $z=f(x,y)$ の**偏導関数**といい, $f_x(x,y)$, $f_y(x,y)$ と表す:

$$f_x(x,y) := \lim_{h\to 0}\frac{f(x+h,y)-f(x,y)}{h},$$

$$f_y(x,y) := \lim_{h\to 0}\frac{f(x,y+h)-f(x,y)}{h}.$$

関数 $z = f(x, y)$ に対して，その偏導関数を求めることを，f を**偏微分する**という．

偏導関数は次のようにも表す:

$$f_x(x, y) = z_x(x, y) = \frac{\partial f}{\partial x}(x, y) = \frac{\partial z}{\partial x}(x, y),$$
$$f_y(x, y) = z_y(x, y) = \frac{\partial f}{\partial y}(x, y) = \frac{\partial z}{\partial y}(x, y).$$

例 9.1

- $f(x, y) = 1 + 2x^2y - 3xy^3$ を偏微分する．f_x を求めるには，y を固定して x で微分すればよく，

$$f_x(x, y) = 4xy - 3y^3.$$

同様に，f_y を求めるには，x を固定して y で微分すればよく，

$$f_y(x, y) = 2x^2 - 9xy^2.$$

- $f(x, y) = \frac{x^2}{4} + y^2$ を偏微分して，偏微分係数 $f_x(2, 1)$, $f_y(2, 1)$ を求める．

$$f_x(x, y) = \frac{x}{2}, \quad f_x(2, 1) = \frac{2}{2} = 1,$$
$$f_y(x, y) = 2y, \quad f_y(2, 1) = 2 \cdot 1 = 2.$$

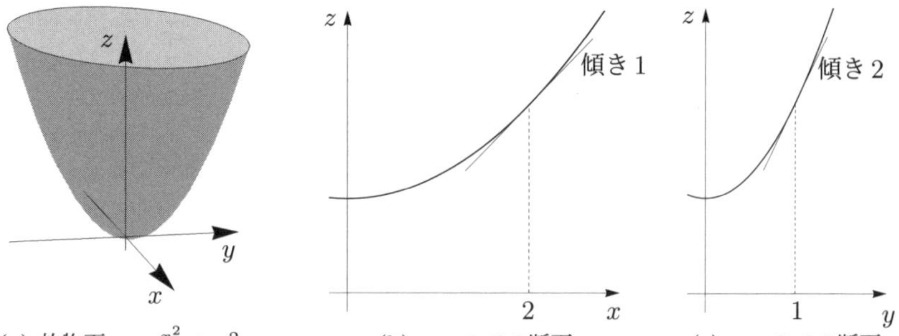

(a) 放物面 $z = \frac{x^2}{4} + y^2$　(b) $y = 1$ での断面　(c) $x = 2$ での断面

- $f(x, y) = \sin\left(x^2 + y^2\right)$ を偏微分する．

$$f_x(x, y) = \cos\left(x^2 + y^2\right) \cdot \frac{\partial}{\partial x}\left(x^2 + y^2\right) = 2x\cos\left(x^2 + y^2\right),$$
$$f_y(x, y) = \cos\left(x^2 + y^2\right) \cdot \frac{\partial}{\partial y}\left(x^2 + y^2\right) = 2y\cos\left(x^2 + y^2\right).$$

例 9.2

方程式

$$3x^2 + 2y^2 + z^2 = 1 \tag{9.1}$$

によって, z が x, y の関数として $(x, y, z) = \left(\frac{1}{3}, \frac{1}{2}, \frac{1}{\sqrt{6}}\right)$ の付近で定まっているとする. (9.1) を x について偏微分すると,

$$6x + 0 + 2z\frac{\partial z}{\partial x} = 0, \quad \frac{\partial z}{\partial x} = -\frac{3x}{z}.$$

(9.1) を y について偏微分すると,

$$0 + 4y + 2z\frac{\partial z}{\partial y} = 0, \quad \frac{\partial z}{\partial y} = -\frac{2y}{z}.$$

したがって $(x, y, z) = \left(\frac{1}{3}, \frac{1}{2}, \frac{1}{\sqrt{6}}\right)$ においては,

$$\frac{\partial z}{\partial x} = -\frac{3 \cdot \frac{1}{3}}{1/\sqrt{6}} = -\sqrt{6}, \quad \frac{\partial z}{\partial y} = -\frac{2 \cdot \frac{1}{2}}{1/\sqrt{6}} = -\sqrt{6}.$$

問 1　次の関数を x, y それぞれについて偏微分せよ.

(1) $z = x + x^2 y$　　(2) $z = xye^{xy}$　　(3) $z = \sqrt{x^2 + y^2}$

(4) $z = e^x \sin\left(x^2 + y^2\right)$　　(5) $z = \dfrac{xy}{1 + y^2}$　　(6) $z = \dfrac{x}{x^2 + y^2}$

問 2　例 9.2 の方程式 (9.1) を z について解いたうえで偏微分し, 例 9.2 の結果と一致することを確認せよ.

(2)　高次偏導関数

定義 9.1.2　関数 $z = f(x, y)$ の偏導関数 $\frac{\partial z}{\partial x}$, $\frac{\partial z}{\partial y}$ をさらに偏微分したものを, $z = f(x, y)$ の **2 次偏導関数**といい, 次のように表す.

$$\frac{\partial}{\partial x}\left(\frac{\partial z}{\partial x}\right) = \frac{\partial^2 z}{\partial x^2} = \frac{\partial^2 f}{\partial x^2} = z_{xx} = f_{xx},$$

$$\frac{\partial}{\partial y}\left(\frac{\partial z}{\partial x}\right) = \frac{\partial^2 z}{\partial y \partial x} = \frac{\partial^2 f}{\partial y \partial x} = z_{xy} = f_{xy},$$

$$\frac{\partial}{\partial x}\left(\frac{\partial z}{\partial y}\right) = \frac{\partial^2 z}{\partial x \partial y} = \frac{\partial^2 f}{\partial x \partial y} = z_{yx} = f_{yx},$$

$$\frac{\partial}{\partial y}\left(\frac{\partial z}{\partial y}\right) = \frac{\partial^2 z}{\partial y^2} = \frac{\partial^2 f}{\partial y^2} = z_{yy} = f_{yy}.$$

□

3次偏導関数, 4次偏導関数, ... も同様に定める. 2次以上の偏導関数をまとめて, **高次偏導関数**と呼ぶ. また, 高次偏導関数の値を, **高次偏微分係数**という.

例 9.3

- $f(x,y) = 1 + 2x^2y - 3xy^3$ の2次偏導関数を求める.

$$f_x = 4xy - 3y^3, \quad f_y = 2x^2 - 9xy^2$$

であるから,

$$\begin{aligned} f_{xx} &= (f_x)_x = (4xy - 3y^3)_x = 4y, \\ f_{xy} &= (f_x)_y = (4xy - 3y^3)_y = 4x - 9y^2, \\ f_{yx} &= (f_y)_x = (2x^2 - 9xy^2)_x = 4x - 9y^2, \\ f_{yy} &= (f_y)_y = (2x^2 - 9xy^2)_y = -18xy. \end{aligned}$$

- $f(x,y) = \sin\left(x^2 + y^2\right)$ の2次偏導関数を求める.

$$f_x(x,y) = 2x\cos\left(x^2+y^2\right), \quad f_y(x,y) = 2y\cos\left(x^2+y^2\right)$$

であるから,

$$\begin{aligned} f_{xx} &= \frac{\partial}{\partial x}\left(\frac{\partial f}{\partial x}\right) = \frac{\partial}{\partial x}\left(2x\cos\left(x^2+y^2\right)\right) \\ &\qquad = 2\cos\left(x^2+y^2\right) - 4x^2\sin\left(x^2+y^2\right), \\ f_{xy} &= \frac{\partial}{\partial y}\left(\frac{\partial f}{\partial x}\right) = \frac{\partial}{\partial y}\left(2x\cos\left(x^2+y^2\right)\right) = -4xy\sin\left(x^2+y^2\right), \\ f_{yx} &= \frac{\partial}{\partial x}\left(\frac{\partial f}{\partial y}\right) = \frac{\partial}{\partial x}\left(2y\cos\left(x^2+y^2\right)\right) = -4xy\sin\left(x^2+y^2\right), \\ f_{yy} &= \frac{\partial}{\partial y}\left(\frac{\partial f}{\partial y}\right) = \frac{\partial}{\partial y}\left(2y\cos\left(x^2+y^2\right)\right) \\ &\qquad = 2\cos\left(x^2+y^2\right) - 4y^2\sin\left(x^2+y^2\right). \end{aligned}$$

問3　次の関数の2次偏導関数をすべて求めよ.

(1) $z = x^2 + 2xy + 3y^2$　(2) $z = e^{xy}$　(3) $z = \sin x \cos y$

(4) $z = \dfrac{1}{x+y}$　(5) $z = \dfrac{y}{x}$　(6) $z = \log\left(x^2+y^2\right)$

問4　t と x の2変数関数 $u(t,x) = e^{-t}\sin x$ について, 偏導関数 u_t, u_{xx} を計算し, $u(t,x)$ が熱方程式 $\frac{\partial u}{\partial t} = \frac{\partial^2 u}{\partial x^2}$ を満たすことを確かめよ.

一般に, 偏微分は行う順番に依らない. つまり, 次が成り立つ.

定理 9.1.1 $(x,y)=(a,b)$ の近くで 2 回偏微分可能で 2 次偏導関数 f_{xy}, f_{yx} がともに連続であるとする. このとき,

$$\frac{\partial}{\partial y}\left(\frac{\partial z}{\partial x}\right)=\frac{\partial}{\partial x}\left(\frac{\partial z}{\partial y}\right).$$

□

注意 36 同様に, 3 次偏導関数がすべて連続[1] ならば

$$f_{xxy}=f_{xyx}=f_{yxx}, \quad f_{xyy}=f_{yxy}=f_{yyx}.$$

(3) 3 変数以上の関数

3 変数以上の関数 $f(x_1,x_2,\ldots,x_n)$ についても, 同様に偏微分係数や偏導関数が定義される:

$$f_{x_k}(x_1,\ldots,x_n)$$
$$:=\lim_{h\to 0}\frac{f(x_1,\ldots,x_{k-1},x_k+h,x_{k+1},\ldots,x_n)-f(x_1,\ldots,x_{k-1},x_k,x_{k+1},\ldots,x_n)}{h}.$$

例 9.4

$f(x,y,z)=\dfrac{1}{\sqrt{x^2+y^2+z^2}}$ を偏微分する.

$$f_x(x,y,z)=-\frac{1}{2}\frac{2x}{(x^2+y^2+z^2)^{3/2}}=\frac{-x}{(x^2+y^2+z^2)^{3/2}},$$
$$f_y(x,y,z)=-\frac{1}{2}\frac{2y}{(x^2+y^2+z^2)^{3/2}}=\frac{-y}{(x^2+y^2+z^2)^{3/2}},$$
$$f_z(x,y,z)=-\frac{1}{2}\frac{2z}{(x^2+y^2+z^2)^{3/2}}=\frac{-z}{(x^2+y^2+z^2)^{3/2}},$$
$$f_{xx}(x,y,z)=\frac{-\left(x^2+y^2+z^2\right)^{3/2}+x\cdot\frac{3}{2}\sqrt{x^2+y^2+z^2}\cdot 2x}{(x^2+y^2+z^2)^3}$$
$$=\frac{-\left(x^2+y^2+z^2\right)+3x^2}{(x^2+y^2+z^2)^{5/2}}=\frac{2x^2-y^2-z^2}{(x^2+y^2+z^2)^{5/2}}.$$

問 5 例 9.4 の $f(x,y,z)$ について, 偏導関数 f_{yy}, f_{zz} を求め, $f(x,y,z)$ がラプラス方程式 $\frac{\partial^2 f}{\partial x^2}+\frac{\partial^2 f}{\partial y^2}+\frac{\partial^2 f}{\partial z^2}=0$ を満たすことを確かめよ.

---

1) 一般に, n 次までの偏導関数がすべて連続である関数を, C^n 級関数という.

9.2　(全) 微分

まず1変数関数の微分可能性を思い出しておこう．1変数関数 $f(x)$ が x_0 において微分可能であるとは，極限 $\lim_{x \to x_0} \frac{f(x)-f(x_0)}{x-x_0}$ が存在することであった．これは次のように言い換えることもできる．

$$\lim_{x \to x_0} \frac{f(x)-f(x_0)}{x-x_0} \text{ が存在}$$

$$\Longleftrightarrow \text{ ある定数 } a \text{ があって } \lim_{x \to x_0} \left\{ \frac{f(x)-f(x_0)}{x-x_0} - a \right\} = 0$$

$$\Longleftrightarrow \text{ ある定数 } a \text{ があって } \lim_{x \to x_0} \frac{f(x) - \{f(x_0) + a(x-x_0)\}}{x-x_0} = 0$$

$$\Longleftrightarrow \text{ ある1次関数 } f_0(x) \text{ があって } \lim_{x \to x_0} \frac{f(x) - f_0(x)}{(x \text{ と } x_0 \text{ の距離})} = 0.$$

1次関数 $f_0(x)$ は，存在するとすれば，$f_0(x) = f(x_0) + f'(x_0)(x - x_0)$ である．この1次関数 $f_0(x)$ を $f(x)$ の x_0 における**線形化**，あるいは**1次近似**といい，そのグラフ $y = f_0(x)$ を，曲線 $y = f(x)$ の x_0 における**接線**というのであった．

また，接線のために新しい変数

$$dx = x - x_0, \quad dy = y - y_0$$

を導入すると，接線は $dy = f'(x_0)\,dx$ と書ける．これが**微分**であった．

9.2.1　微分可能性と接平面

2点 (x, y) と (x_0, y_0) の距離が $\sqrt{(x-x_0)^2 + (y-y_0)^2}$ であることに注意して，2変数関数の微分可能性も同じように定義される．

定義 9.2.1　2変数関数 $f(x, y)$ が (x_0, y_0) において**微分可能**であるとは，ある1次関数 $f_0(x, y) = f(x_0, y_0) + a(x - x_0) + b(y - y_0)$ (a, b は定数) があって，

$$\lim_{(x,y) \to (x_0,y_0)} \frac{f(x, y) - f_0(x, y)}{\sqrt{(x-x_0)^2 + (y-y_0)^2}} = 0$$

が成り立つことである．　□

微分可能であることを，偏微分可能であることとの違いを強調して，**全微分可能**であるともいう．また，領域内の各点で微分可能であるとき，その領域において微分可能であるという．

命題 1　$f(x,y)$ が (x_0,y_0) において微分可能であるとき，$f(x,y)$ は (x_0,y_0) において偏微分可能で，定義 9.2.1 の定数 a, b は次で与えられる:

$$a = f_x(x_0,y_0), \quad b = f_y(x_0,y_0).$$

【証明】　$f(x,y)$ が (x_0,y_0) において微分可能であるとする．すなわち，ある定数 a, b があって，

$$\lim_{(x,y)\to(x_0,y_0)} \frac{f(x,y) - \{f(x_0,y_0) + a(x-x_0) + b(y-y_0)\}}{\sqrt{(x-x_0)^2 + (y-y_0)^2}} = 0$$

であるとする．このとき，直線 $y = y_0$ に沿って $(x,y) \to (x_0,y_0)$ とする，すなわち y を y_0 に固定して $x \to x_0$ とする極限をとると，

$$\lim_{x\to x_0} \frac{f(x,y_0) - \{f(x_0,y_0) + a(x-x_0)\}}{|x-x_0|} = 0.$$

したがって $f(x,y)$ は (x_0,y_0) において x について偏微分可能であって，$a = f_x(x_0,y_0)$．同様に y についても偏微分可能であって，$b = f_y(x_0,y_0)$．　■

定義 9.2.2　2 変数関数 $f(x,y)$ が (x_0,y_0) において微分可能であるとき，1 次関数 $f_0(x,y) = f_0(x_0,y_0) + f_x(x_0,y_0)(x-x_0) + f_y(x_0,y_0)(y-y_0)$ を，$f(x,y)$ の x_0 における**線形化**，あるいは **1 次近似**という．また，そのグラフ $z = f_0(x,y)$ を，曲面 $z = f(x,y)$ の (x_0,y_0) における**接平面**という．　□

命題 1 より，2 変数関数は微分可能ならば偏微分可能だが，逆は成り立たない (注意 37)．しかし，微分可能であるための十分条件として，次が知られている．

定理 9.2.1　2 変数関数 $f(x,y)$ が (x_0,y_0) の近くで偏微分可能であり，偏導関数 f_x, f_y が (x_0,y_0) において連続であるならば，$f(x,y)$ は (x_0,y_0) において微分可能である．　□

例 9.5

$f(x,y) = \frac{x^2}{4} + y^2$ を考える．偏導関数

$$f_x(x,y) = \frac{x}{2}, \quad f_y(x,y) = 2y$$

は多項式だからあらゆるところ連続である．したがって定理により，$f(x,y)$ はあらゆるところ微分可能である．

- $(x, y) = (2, 1)$ においては, 1 次近似は

$$\begin{aligned} f(2,1) + f_x(2,1)(x-2) + f_y(2,1)(y-1) &= 2 + (x-2) + 2(y-1) \\ &= x + 2y - 2, \end{aligned}$$

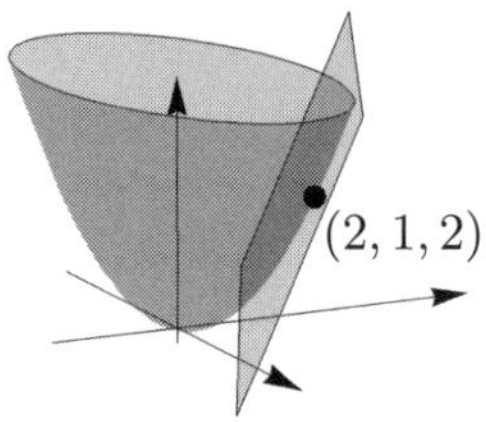

接平面は $z = x + 2y - 2$.

- $(x, y) = (0, 0)$ においては, 1 次近似は

$$f(0,0) + f_x(0,0)(x-0) + f_y(0,0)(y-0) = 0 + 0x + 0y = 0,$$

接平面は $z = 0$.

例 9.6

$z = \sqrt{1 - x^2 - y^2}$ $(x^2 + y^2 \leq 1)$ を考える. 偏導関数

$$\frac{\partial z}{\partial x} = \frac{-x}{\sqrt{1 - x^2 - y^2}}, \quad \frac{\partial z}{\partial y} = \frac{-y}{\sqrt{1 - x^2 - y^2}}$$

は $x^2 + y^2 < 1$ において連続であり, したがって, z は $x^2 + y^2 < 1$ において微分可能である.

例えば $(x, y) = \left(\frac{1}{2}, \frac{1}{4}\right)$ においては,

$$z = \sqrt{1 - \left(\tfrac{1}{2}\right)^2 - \left(\tfrac{1}{4}\right)^2} = \frac{\sqrt{11}}{4}, \quad \frac{\partial z}{\partial x} = \frac{-\frac{1}{2}}{\frac{\sqrt{11}}{4}} = \frac{-2}{\sqrt{11}}, \quad \frac{\partial z}{\partial y} = \frac{-\frac{1}{4}}{\frac{\sqrt{11}}{4}} = \frac{-1}{\sqrt{11}}$$

だから 1 次近似は

$$\frac{\sqrt{11}}{4} + \frac{-2}{\sqrt{11}}\left(x - \frac{1}{2}\right) + \frac{-1}{\sqrt{11}}\left(y - \frac{1}{4}\right) = \frac{4 - 2x - y}{\sqrt{11}},$$

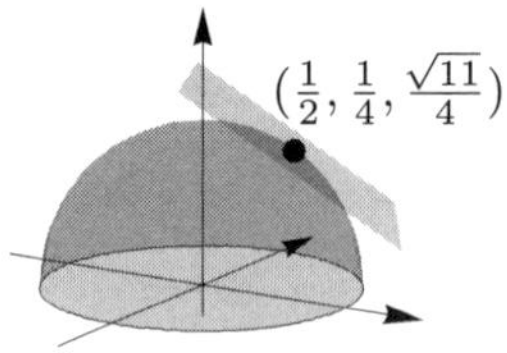

接平面は $z = \dfrac{4 - 2x - y}{\sqrt{11}}$.

問 6　次の関数について, 微分可能性を確かめ, 与えられた点での 1 次近似と接平面を求めよ.

(1) $z = x^2 - 4xy + 2y^3$,　$(2, -1)$　　(2) $z = \sin(x + 2xy + 3y)$,　$(0, 0)$

(3) $z = \sqrt{x^2 + y^2}$,　$(-1, 2)$　　(4) $z = \log\left(x^2 - 4y\right)$,　$(3, 1)$

注意 37

- 1 変数関数の場合と同様に, 2 変数関数 $f(x,y)$ は, 微分可能ならば連続である. したがって, 次が成り立つ:

$$f_x,\, f_y \text{ が連続} \overset{\text{定理 9.2.1}}{\Rightarrow} f \text{ が微分可能} \Rightarrow f \text{ が連続.}$$

- 定理 9.2.1 は偏導関数 f_x, f_y が連続ならば f が微分可能であることを保証するが, 単に偏導関数が存在するだけでは, f の微分可能性は保証されない. 次の例 9.7 の関数は偏導関数が存在するが, 微分可能でない (実際は, 微分可能でないだけでなく, 連続ですらない).

例 9.7

$$f(x,y) = \begin{cases} \frac{xy}{x^2+y^2} & ((x,y) \neq (0,0)) \\ 0 & ((x,y) = (0,0)) \end{cases}$$

を考える. 偏導関数 f_x を計算する.

$$f_x(x,y) = \frac{y(x^2+y^2) - xy \cdot 2x}{(x^2+y^2)^2} = \frac{y(y^2-x^2)}{(x^2+y^2)^2} \quad ((x,y) \neq (0,0))$$

$$f_x(0,0) = \lim_{h \to 0} \frac{f(h,0) - f(0,0)}{h} = \lim_{h \to 0} \frac{0-0}{h} = 0.$$

したがって f_x は存在するが, これは原点 $(0,0)$ において連続でない. 実際, y 軸 $(x=0)$ 上では, $y \neq 0$ のとき,

$$f_x(x,y) = f_x(0,y) = \frac{y^3}{y^4} = \frac{1}{y}$$

だから, $(x,y) \to (0,0)$ の極限が存在しない. よって原点において偏導関数 f_x は連続でないから, f の微分可能性を保証する定理 9.2.1 は適用できず, f は微分可能でないかもしれない. 実際, 平面 $x=y$ 上では, $(x,y) \neq (0,0)$ のとき,

$$f(x,y) = f(x,x) = \frac{x \cdot x}{x^2+x^2} = \frac{x^2}{2x^2} = \frac{1}{2} \neq f(0,0)$$

だから, f は微分可能でない (連続でない).

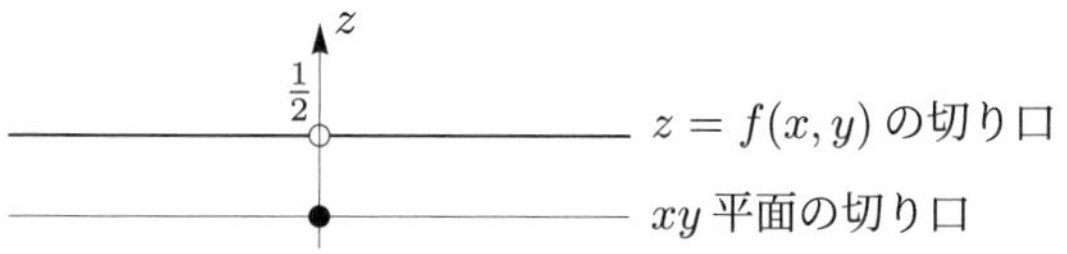

グラフ $z = f(x,y)$ の, 平面 $x=y$ での切り口の図

問7　次の2変数関数の, 原点$(0,0)$における微分可能性を議論せよ.

(1) $f(x,y)=\begin{cases}\frac{xy^3}{x^2+y^2} & (\text{原点以外})\\ 0 & (\text{原点})\end{cases}$　(2) $f(x,y)=\begin{cases}\frac{xy}{\sqrt{x^2+y^2}} & (\text{原点以外})\\ 0 & (\text{原点})\end{cases}$

注意38　最後に, 2変数関数の微分可能性に関して次のことを注意しておく.

$$\lim_{(x,y)\to(x_0,y_0)}\frac{f(x,y)-f_0(x,y)}{\sqrt{(x-x_0)^2+(y-y_0)^2}}=0$$

$$\Leftrightarrow f(x,y)-f_0(x,y)=c(x,y)\sqrt{(x-x_0)^2+(y-y_0)^2}$$

(cは$(x,y)\to(x_0,y_0)$のとき$c\to 0$となるようなある関数)

$$\Leftrightarrow f(x,y)-f_0(x,y)=a(x,y)(x-x_0)+b(x,y)(y-y_0)$$

(a,bは$(x,y)\to(x_0,y_0)$のとき$a,b\to 0$となるようなある関数)

実際, もし上のような$a(x,y)$, $b(x,y)$があれば,

$$\begin{aligned}f(x,y)-f_0(x,y)&=a(x,y)(x-x_0)+b(x,y)(y-y_0)\\&=\frac{a(x,y)(x-x_0)+b(x,y)(y-y_0)}{\sqrt{(x-x_0)^2+(y-y_0)^2}}\sqrt{(x-x_0)^2+(y-y_0)^2}\end{aligned}$$

であり, $|x-x_0|$, $|y-y_0|\le\sqrt{(x-x_0)^2+(y-y_0)^2}$に注意すれば,

$$\frac{a(x,y)(x-x_0)+b(x,y)(y-y_0)}{\sqrt{(x-x_0)^2+(y-y_0)^2}}\xrightarrow{(x,y)\to(x_0,y_0)}0$$

となることがわかる. 逆にもし上のような$c(x,y)$があれば,

$$\begin{aligned}f(x,y)-f_0(x,y)&=c(x,y)\sqrt{(x-x_0)^2+(y-y_0)^2}\\&=c(x,y)\cdot\frac{\sqrt{(x-x_0)^2+(y-y_0)^2}}{|x-x_0|+|y-y_0|}\cdot(|x-x_0|+|y-y_0|)\end{aligned}$$

であり, $\sqrt{(x-x_0)^2+(y-y_0)^2}\le|x-x_0|+|y-y_0|$だから,

$$a(x,y):=\begin{cases}c(x,y)\cdot\frac{\sqrt{(x-x_0)^2+(y-y_0)^2}}{|x-x_0|+|y-y_0|}\cdot\frac{|x-x_0|}{x-x_0} & (x\neq x_0)\\ 0 & (x=x_0)\end{cases}$$

$$b(x,y):=\begin{cases}c(x,y)\cdot\frac{\sqrt{(x-x_0)^2+(y-y_0)^2}}{|x-x_0|+|y-y_0|}\cdot\frac{|y-y_0|}{y-y_0} & (y\neq y_0)\\ 0 & (y=y_0)\end{cases}$$

と定めれば$f(x,y)-f_0(x,y)=a(x,y)(x-x_0)+b(x,y)(y-y_0)$であり, $(x,y)\to(x_0,y_0)$のとき$a(x,y),b(x,y)\to 0$となることがわかる.

9.2.2 全微分

2 変数関数 $f(x,y)$ が $(x,y)=(x_0,y_0)$ で微分可能であるとする．このとき，f の (x_0,y_0) における接平面 $z=f_0(x,y)=f(x_0,y_0)+f_x(x_0,y_0)(x-x_0)+f_y(x_0,y_0)(y-y_0)$ が定まる．接平面のために新しい変数

$$
\begin{aligned}
dx &= x - x_0\\
dy &= y - y_0\\
dz &= z - f(x_0,y_0)
\end{aligned}
$$

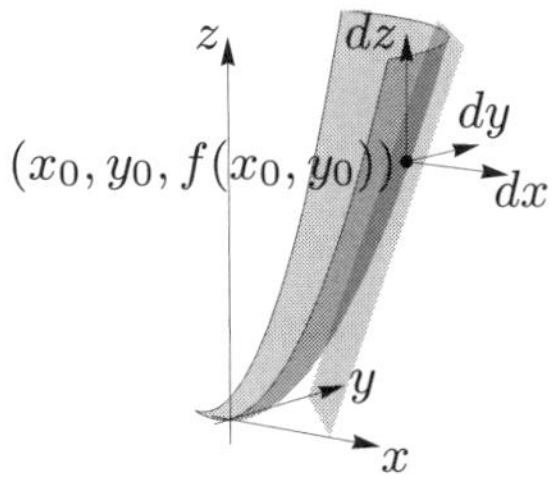

を導入すると，接平面は

$$
dz = f_x(x_0,y_0)\,dx + f_y(x_0,y_0)\,dy
$$

と書ける．dz を，f の**微分**，あるいは**全微分**という．

dz は，x,y が dx,dy だけ変化するときの，線形化 f_0 の変化 $f_0(x_0+dx,y_0+dy)-f_0(x_0,y_0)$ を表している．x,y が dx,dy だけ変化するときの z の変化を Δz，すなわち $\Delta z = f(x_0+dx,y_0+dy)-f(x_0,y_0)$ とすると，dz は Δz を近似する．

例 9.8

$z=1+2x^2y-3xy^3$ を考える．この関数の一般の点 (x,y) における微分 dz は，

$$
\begin{aligned}
dz &= \frac{\partial z}{\partial x}\,dx + \frac{\partial z}{\partial y}\,dy\\
&= (4xy-3y^3)\,dx + (2x^2-9xy^2)\,dy.
\end{aligned}
$$

例えば $(x,y)=(2,1)$ においては，

$$
\frac{\partial z}{\partial x} = 4\cdot 2\cdot 1 - 3\cdot 1^3 = 5, \quad \frac{\partial z}{\partial y} = 2\cdot 2^2 - 9\cdot 2\cdot 1^2 = -10
$$

だから微分は

$$
dz = 5\,dx - 10\,dy.
$$

もし $dx=dy=-0.1$ ならば，

$$
dz = 5(-0.1) - 10(-0.1) = 0.5.
$$

問 8　次の関数について, 与えられた点 (x_0, y_0) での微分 dz を求め, 与えられた dx, dy の値に対する dz の値と (x_0+dx, y_0+dy) での z の近似値を計算せよ. また, 計算機を用いて, (x_0+dx, y_0+dy) での z の値を計算して比較せよ.

(1) $z = \log(x - \cos \pi y)$,　$(x_0, y_0) = (0, 1)$,　$dx = 0.01,\ dy = 0.005$

(2) $z = \sqrt{x^4 + \sin y}$,　$(x_0, y_0) = (1, 0)$,　$dx = 0.1,\ dy = -0.1$

(3) $z = \arccos 2x + \sin y$,　$(x_0, y_0) = (0, 0)$,　$dx = 0.03,\ dy = 0.01$

3 変数以上の関数の微分可能性も同様に定義され, 同様の定理が成り立つ. また, 微分も同様に定義される: 3 変数関数 $w = f(x, y, z)$ の微分, あるいは全微分 dw は,

$$dw = \frac{\partial w}{\partial x}\,dx + \frac{\partial w}{\partial y}\,dy + \frac{\partial w}{\partial z}\,dz.$$

例 9.9

$w = \log\left(z - \frac{x^2}{4} - y^2\right)$ $\left(z - \frac{x^2}{4} - y^2 > 0\right)$ を考える. 偏導関数

$$\frac{\partial w}{\partial x} = \frac{-\frac{x}{2}}{z - \frac{x^2}{4} - y^2}, \quad \frac{\partial w}{\partial y} = \frac{-2y}{z - \frac{x^2}{4} - y^2}, \quad \frac{\partial w}{\partial z} = \frac{1}{z - \frac{x^2}{4} - y^2}$$

は有理関数だから $z - \frac{x^2}{4} - y^2 > 0$ において連続であり, したがって, w は $z - \frac{x^2}{4} - y^2 > 0$ において微分可能である.

例えば $(x, y, z) = (2, 1, 3)$ においては,

$$w = \log 1 = 0, \quad \frac{\partial w}{\partial x} = -1, \quad \frac{\partial w}{\partial y} = -2, \quad \frac{\partial w}{\partial y} = 1$$

だから 1 次近似は

$$-(x-2) - 2(y-1) + (z-3) = -x - 2y + z + 1,$$

微分は

$$dw = -dx - 2\,dy + dz.$$

問 9　次の関数について, 微分可能性を確かめ, 与えられた点での 1 次近似を求めよ. また, 問 8 と同様のことをせよ.

(1) $w = xy^2 \cos^3 z$,　$(x_0, y_0, z_0) = (2, 1, 0)$,　$dx = dy = dz = 0.2$

(2) $w = \sqrt{x^2 + e^y - \frac{1}{z}}$,　$(x_0, y_0, z_0) = (1, 0, 1)$,　$dx = dy = dz = 0.1$

9.3　合成関数の微分

9.3.1　連鎖律

(1)　基本的な場合

$z = f(x, y)$, $x = \varphi(t), y = \psi(t)$ のとき, つまり変数 z が関数 f によって変数 x, y から決まり, x, y はそれぞれ関数 φ, ψ によって変数 t から決まるとき, 関数の合成によって z は t から決まる:

$$z = f(\varphi(t), \psi(t)).$$

このように z を t の関数とみるとき, 次が成り立つ.

定理 9.3.1（連鎖律）　2 変数関数 $f(x, y)$, 1 変数関数 $\varphi(t), \psi(t)$ がすべて微分可能であるとする. このとき, t の関数 $z = f(\varphi(t), \psi(t))$ は微分可能であり,

$$\frac{dz}{dt} = \frac{\partial f}{\partial x}(\varphi(t), \psi(t))\,\frac{d\varphi}{dt}(t) + \frac{\partial f}{\partial y}(\varphi(t), \psi(t))\,\frac{d\psi}{dt}(t).$$

□

これを単に次のようにも書く.

$$\frac{dz}{dt} = \frac{\partial z}{\partial x}\frac{dx}{dt} + \frac{\partial z}{\partial y}\frac{dy}{dt}.$$

【証明】　$F(t) := f(\varphi(t), \psi(t))$ とする. 以下, t を固定する. 注意 38 より,

$$\begin{aligned} F(t+h) - F(t) &= f\left(\varphi(t+h), \psi(t+h)\right) - f\left(\varphi(t), \psi(t)\right) \\ &= f_x\left(\varphi(t), \psi(t)\right)\{\varphi(t+h) - \varphi(t)\} \\ &\quad + f_y\left(\varphi(t), \psi(t)\right)\{\psi(t+h) - \psi(t)\} \\ &\quad + \{\varphi(t+h) - \varphi(t)\}\, a\left(\varphi(t+h), \psi(t+h)\right) \\ &\quad + \{\psi(t+h) - \psi(t)\}\, b\left(\varphi(t+h), \psi(t+h)\right). \end{aligned}$$

ここで $a(x, y), b(x, y)$ は $(x, y) \to (\varphi(t), \psi(t))$ のときに $a, b \to 0$ となるような関数である. したがって,

$$\begin{aligned} \frac{F(t+h) - F(t)}{h} &= f_x\left(\varphi(t), \psi(t)\right) \cdot \frac{\varphi(t+h) - \varphi(t)}{h} \\ &\quad + f_y\left(\varphi(t), \psi(t)\right) \cdot \frac{\psi(t+h) - \psi(t)}{h} \end{aligned}$$

$$
\begin{aligned}
&+\frac{\varphi(t+h)-\varphi(t)}{h}\cdot a\left(\varphi(t+h),\psi(t+h)\right)\\
&+\frac{\psi(t+h)-\psi(t)}{h}\cdot b\left(\varphi(t+h),\psi(t+h)\right)\\
\xrightarrow{h\to 0}\ & f_x\left(\varphi(t),\psi(t)\right)\cdot\varphi'(t)+f_y\left(\varphi(t),\psi(t)\right)\cdot\psi'(t)\\
&+\varphi'(t)\cdot 0+\psi'(t)\cdot 0\\
&= f_x\left(\varphi(t),\psi(t)\right)\cdot\varphi'(t)+f_y\left(\varphi(t),\psi(t)\right)\cdot\psi'(t).
\end{aligned}
$$

■

例 9.10

$z=\frac{x^2}{4}+y^2$, $x=t\cos t$, $y=t\sin t$ を合成して z を t の関数とみなし, $\frac{dz}{dt}$ を計算する. 連鎖律より,

$$
\begin{aligned}
\frac{dz}{dt}&=\frac{\partial z}{\partial x}\frac{dx}{dt}+\frac{\partial z}{\partial y}\frac{dy}{dt}\\
&=\frac{x}{2}\cdot(\cos t-t\sin t)+2y\cdot(\sin t+t\cos t)\\
&=\frac{t\cos t}{2}\cdot(\cos t-t\sin t)+2t\sin t\cdot(\sin t+t\cos t).
\end{aligned}
$$

一方, z を t の関数として明示的に表すと $z=\frac{(t\cos t)^2}{4}+(t\sin t)^2$ で, これを t で微分しても, 当然, 上の計算と一致する.

注意 39　$(x,y,z)=(t\cos t, t\sin t, \frac{(t\cos t)^2}{4}+(t\sin t)^2)$ は, t をパラメータとする, 曲面 $z=\frac{x^2}{4}+y^2$ 上の曲線を表す. $\frac{dz}{dt}$ は, この曲線上の点の z 座標の, パラメータ t についての変化率を表している.

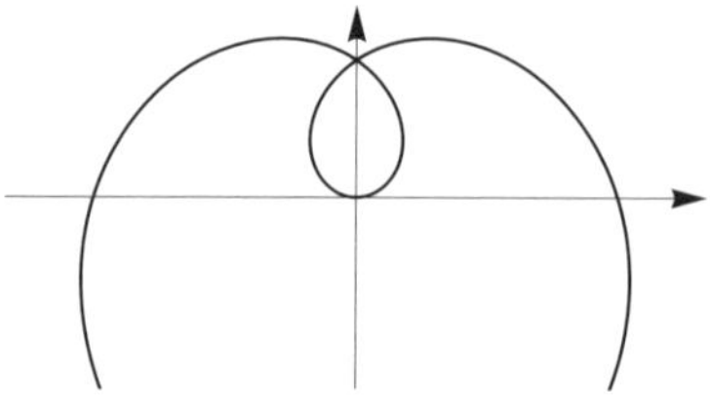

(a) 平面曲線 $x=t\cos t$, $y=t\sin t$

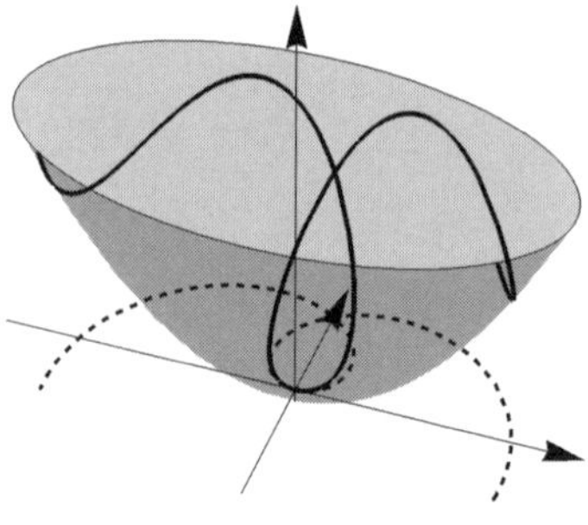

(b) 曲線と, xy 平面への射影

例 9.11

$f(x,y)$ は微分可能な関数で,

$$f_x(x,y) = \arctan y, \quad f_y(x,y) = \frac{x}{y^2+1}$$

であるとし, $F(t) := f(\sin t, t^2)$ の導関数 $F'(t)$ を求める. $F(t)$ は $f(x,y)$ と $x = \sin t$, $y = t^2$ の合成関数だから, 連鎖律により,

$$\begin{aligned} F'(t) &= \frac{\partial f}{\partial x}(\sin t, t^2)\,\frac{dx}{dt}(t) + \frac{\partial f}{\partial y}(\sin t, t^2)\,\frac{dy}{dt}(t) \\ &= \arctan t^2 \cdot \cos t + \frac{\sin t}{t^4+1} \cdot 2t \\ &= \arctan t^2 \cos t + \frac{2t \sin t}{t^4+1}. \end{aligned}$$

問 10 次の関数の合成で得られる t の関数 z について, $\frac{dz}{dt}$ を求めよ.

(1) $z = \log(xy),\ x = t^2 + 1,\ y = 2 + \cos t$ (2) $z = x^2 e^y,\ x = \tan t,\ y = t^2$

(2) 一般的な場合

$z = f(x,y)$, $x = \varphi(s,t), y = \psi(s,t)$ のとき, つまり変数 z が関数 f によって変数 x, y から決まり, x, y はそれぞれ関数 φ, ψ によって変数 s, t から決まるとき, 関数の合成によって z は s, t から決まる:

$$z = f(\varphi(s,t), \psi(s,t)).$$

このように z を s, t の関数とみるとき, 次が成り立つ.

定理 9.3.2 (連鎖律) $f(x,y)$ が微分可能であるとし, $\varphi(s,t), \psi(s,t)$ が偏微分可能であるとする. このとき, s, t の関数 $z = f(\varphi(s,t), \psi(s,t))$ は偏微分可能であり,

$$\begin{aligned} \frac{\partial z}{\partial s} &= \frac{\partial z}{\partial x}\frac{\partial x}{\partial s} + \frac{\partial z}{\partial y}\frac{\partial y}{\partial s}, \\ \frac{\partial z}{\partial t} &= \frac{\partial z}{\partial x}\frac{\partial x}{\partial t} + \frac{\partial z}{\partial y}\frac{\partial y}{\partial t}. \end{aligned}$$

□

【証明】 $\frac{\partial z}{\partial s}$ については, t を固定して z を s で微分すればいいから, 以前の連鎖率 (定理 9.3.1) より従う. $\frac{\partial z}{\partial t}$ についても同様. ■

例 9.12

$z = x\sin y$, $x = s^2 + t$, $y = s + t^2$ を合成して z を s, t の関数とみなし，$\frac{\partial z}{\partial t}$ を計算する．連鎖律より，

$$\begin{aligned}\frac{\partial z}{\partial t} &= \frac{\partial z}{\partial x}\frac{\partial x}{\partial t} + \frac{\partial z}{\partial y}\frac{\partial y}{\partial t} \\ &= \sin y \cdot 1 + x\cos y \cdot 2t \\ &= \sin(s+t^2) + 2t(s^2+t)\cos(s+t^2).\end{aligned}$$

例 9.13

$z = f(x,y)$ を，微分可能で $f_y = -f_x$ を満たす関数とし，$x = s^2 + t^2$, $y = 2st$ とする．関数の合成によって z を s, t の関数とみなすと，$\frac{\partial z}{\partial s} + \frac{\partial z}{\partial t} = 0$ が成り立つ．実際，連鎖律より，

$$\begin{aligned}\frac{\partial z}{\partial s} &= \frac{\partial z}{\partial x}\frac{\partial x}{\partial s} + \frac{\partial z}{\partial y}\frac{\partial y}{\partial s} \\ &= f_x \cdot 2s + f_y \cdot 2t = (2s-2t)f_x, \\ \frac{\partial z}{\partial t} &= \frac{\partial z}{\partial x}\frac{\partial x}{\partial t} + \frac{\partial z}{\partial y}\frac{\partial y}{\partial t} \\ &= f_x \cdot 2t + f_y \cdot 2s = (2t-2s)f_x.\end{aligned}$$

例 9.14

$f(x,y)$ を，微分可能で $f_x(4,2) = 3$, $f_y(4,2) = 1$ を満たす関数とし，$z = f(st^2, s^2t)$ とする．$\frac{\partial z}{\partial s}(1,2)$ を求める．まず，z は $f(x,y)$ と $x = st^2$, $y = s^2t$ の合成関数になっていることに注意すると，連鎖律より，

$$\begin{aligned}\frac{\partial z}{\partial s} &= \frac{\partial z}{\partial x}\frac{\partial x}{\partial s} + \frac{\partial z}{\partial y}\frac{\partial y}{\partial s} \\ &= f_x(x,y) \cdot t^2 + f_y(x,y) \cdot 2st.\end{aligned}$$

$(s,t) = (1,2)$ のとき，$x = 1 \cdot 2^2 = 4$, $y = 1^2 \cdot 2 = 2$ だから，

$$\frac{\partial z}{\partial s}(1,2) = f_x(4,2) \cdot 2^2 + f_y(4,2) \cdot 2 \cdot 1 \cdot 2 = 12 + 4 = 16.$$

問 11 次の関数の合成で得られる s, t の関数 z について, 偏導関数を求めよ.

$$(1)\ z = e^x(y+2),\ x = s+t,\ y = s-t$$

$$(2)\ z = x\sin(xy),\ x = s+t^2,\ y = st$$

例 9.15

連続な 2 次偏導関数を持つ関数 $z = f(x,y)$ と $x = st$, $y = \frac{1}{2}s^2$ を合成して z を s, t の関数とみなし, $\frac{\partial^2 z}{\partial s^2}$ を計算する. まず, 連鎖律より,

$$\frac{\partial z}{\partial s} = \frac{\partial z}{\partial x}\frac{\partial x}{\partial s} + \frac{\partial z}{\partial y}\frac{\partial y}{\partial s} = t\frac{\partial z}{\partial x} + s\frac{\partial z}{\partial y}.$$

$f_x(x,y)$ や $f_y(x,y)$ は連続な偏導関数を持つから微分可能であり, $\frac{\partial z}{\partial x}(= f_x(st, \frac{1}{2}s^2))$ や $\frac{\partial z}{\partial y}(= f_y(st, \frac{1}{2}s^2))$ にも連鎖率が成り立つので,

$$\begin{aligned}
\frac{\partial^2 z}{\partial s^2} &= \frac{\partial}{\partial s}\left(\frac{\partial z}{\partial s}\right) = \frac{\partial}{\partial s}\left(t\frac{\partial z}{\partial x} + s\frac{\partial z}{\partial y}\right) \\
&= t\frac{\partial}{\partial s}\left(\frac{\partial z}{\partial x}\right) + \frac{\partial s}{\partial s}\frac{\partial z}{\partial y} + s\frac{\partial}{\partial s}\left(\frac{\partial z}{\partial y}\right) \\
&= t\left(\frac{\partial\left(\frac{\partial z}{\partial x}\right)}{\partial x}\frac{\partial x}{\partial s} + \frac{\partial\left(\frac{\partial z}{\partial x}\right)}{\partial y}\frac{\partial y}{\partial s}\right) + \frac{\partial z}{\partial y} + s\left(\frac{\partial\left(\frac{\partial z}{\partial y}\right)}{\partial x}\frac{\partial x}{\partial s} + \frac{\partial\left(\frac{\partial z}{\partial y}\right)}{\partial y}\frac{\partial y}{\partial s}\right) \\
&= t\left(t\frac{\partial^2 z}{\partial x^2} + s\frac{\partial^2 z}{\partial y\partial x}\right) + \frac{\partial z}{\partial y} + s\left(t\frac{\partial^2 z}{\partial x\partial y} + s\frac{\partial^2 z}{\partial y^2}\right) \\
&= t^2\frac{\partial^2 z}{\partial x^2} + 2st\frac{\partial^2 z}{\partial x\partial y} + s^2\frac{\partial^2 z}{\partial y^2} + \frac{\partial z}{\partial y}.
\end{aligned}$$

---

3 変数以上の関数の合成関数の偏微分についても同様である. ℓ 変数関数 $z = f(x_1, \ldots, x_\ell)$ と m 変数関数 $x_1 = \varphi_1(t_1, \ldots, t_m)$, $\ldots$, $x_\ell = \varphi_\ell(t_1, \ldots, t_m)$ の合成関数

$$z = f(\varphi_1(t_1, \ldots, t_m), \ldots, \varphi_\ell(t_1, \ldots, t_m))$$

に対して,

$$\frac{\partial z}{\partial t_k} = \frac{\partial z}{\partial x_1}\frac{\partial x_1}{\partial t_k} + \ldots + \frac{\partial z}{\partial x_\ell}\frac{\partial x_\ell}{\partial t_k} \qquad (k = 1, \ldots, m).$$

例えば, $w = f(x,y,z)$, $x = \varphi(s,t)$, $y = \psi(s,t)$, $z = \xi(s,t)$ に対して,

$$\frac{\partial w}{\partial s} = \frac{\partial w}{\partial x}\frac{\partial x}{\partial s} + \frac{\partial w}{\partial y}\frac{\partial y}{\partial s} + \frac{\partial w}{\partial z}\frac{\partial z}{\partial s}.$$

9.3.2　陰関数の微分

方程式

$$F(x, y) = 0 \tag{9.2}$$

によって, y が x の関数として定まっているとする. さらに, $F(x, y)$ は微分可能であるとし, y は x の関数として微分可能であるとする. このとき, 方程式 (9.2) を x で微分すると, 連鎖律により,

$$\frac{\partial F}{\partial x}\frac{dx}{dx} + \frac{\partial F}{\partial y}\frac{dy}{dx} = 0.$$

$\frac{dx}{dx} = 1$ だから, $\frac{\partial F}{\partial y} \neq 0$ とすると

$$\frac{dy}{dx} = -\frac{\frac{\partial F}{\partial x}}{\frac{\partial F}{\partial y}} = -\frac{F_x}{F_y}.$$

例 9.16

方程式 $x^2 + y^2 = 2y$ によって, y が x の微分可能な関数として定まっているとする. このとき, $F(x, y) = x^2 + y^2 - 2y$ とすれば,

$$\frac{dy}{dx} = -\frac{F_x}{F_y} = -\frac{2x}{2y - 2} = -\frac{x}{y - 1}.$$

$(x, y) = \left(\frac{1}{2}, 1 + \frac{\sqrt{3}}{2}\right)$ においては,

$$\frac{dy}{dx} = -\frac{\frac{1}{2}}{\frac{\sqrt{3}}{2}} = -\frac{1}{\sqrt{3}}.$$

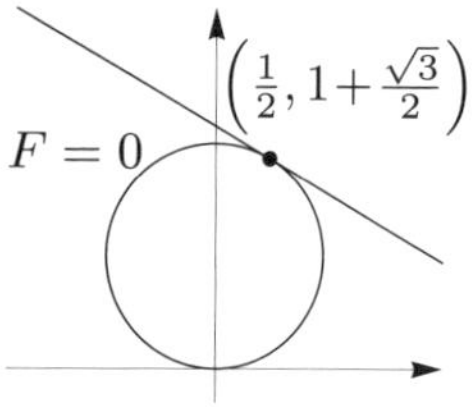

注意 40　一般に, 次のことが知られている (**陰関数定理**): $F(x, y)$ が (x_0, y_0) の近くで連続な偏導関数を持ち, $F(x_0, y_0) = 0$, $F_y(x_0, y_0) \neq 0$ を満たすとする. このとき, (x_0, y_0) の近くで y が x の関数として一意に定まる, すなわち, x_0 の近くで定義された関数 $f(x)$ で $F(x, f(x)) = 0$, $f(x_0) = y_0$ を満たすものがただ一つ存在する. さらに, $f(x)$ は微分可能で,

$$f'(x) = -\frac{F_x(x, f(x))}{F_y(x, f(x))}.$$

問 12　次の方程式によって定まる陰関数 y について, $\dfrac{dy}{dx}$ を求めよ.

(1) $y^5 + xy - x^5 = 1$　　　(2) $x \sin y + y + e^x = 0$

同様に, 方程式

$$F(x,y,z)=0 \qquad (F\text{ は微分可能な関数}) \tag{9.3}$$

によって, z が x,y の微分可能な関数として定まっているとする. このとき, 方程式 (9.3) を x で微分すると, 連鎖律により,

$$\frac{\partial F}{\partial x}\frac{\partial x}{\partial x}+\frac{\partial F}{\partial y}\frac{\partial y}{\partial x}+\frac{\partial F}{\partial z}\frac{\partial z}{\partial x}=0.$$

$\frac{\partial x}{\partial x}=1$, $\frac{\partial y}{\partial x}=0$ だから, $\frac{\partial F}{\partial z}\neq 0$ とすると

$$\frac{\partial z}{\partial x}=-\frac{\frac{\partial F}{\partial x}}{\frac{\partial F}{\partial z}}=-\frac{F_x}{F_z}.$$

同様に,

$$\frac{\partial z}{\partial y}=-\frac{\frac{\partial F}{\partial y}}{\frac{\partial F}{\partial z}}=-\frac{F_y}{F_z}.$$

例 9.17

方程式 $x^2+y^2+z^2=xy+yz+zx$ によって, z が x,y の微分可能な関数として定まっているとする. このとき, $F(x,y,z)=x^2+y^2+z^2-xy-yz-zx$ とすれば,

$$\frac{\partial z}{\partial x}=-\frac{F_x}{F_z}=-\frac{2x-y-z}{2z-x-y},\quad \frac{\partial z}{\partial y}=-\frac{F_y}{F_z}=-\frac{2y-x-z}{2z-x-y}.$$

注意 41 次のことが知られている (**陰関数定理**): $F(x,y,z)$ が (x_0,y_0,z_0) の近くで連続な偏導関数を持ち, $F(x_0,y_0,z_0)=0$, $F_z(x_0,y_0,z_0)\neq 0$ を満たすとする. このとき, (x_0,y_0,z_0) の近くで z が x, y の関数として一意に定まる, すなわち, (x_0,y_0) の近くで定義された関数 $f(x,y)$ で $F(x,y,f(x,y))=0$, $f(x_0,y_0)=z_0$ を満たすものがただ一つ存在する. さらに, $f(x,y)$ は連続な偏導関数を持ち,

$$f_x(x,y)=-\frac{F_x(x,y,f(x,y))}{F_z(x,y,f(x,y))},\quad f_y(x,y)=-\frac{F_y(x,y,f(x,y))}{F_z(x,y,f(x,y))}.$$

問 13 次の方程式によって定まる陰関数 z について, $\dfrac{\partial z}{\partial x}$, $\dfrac{\partial z}{\partial y}$ を求めよ.

(1) $x^5+y^6+z^7-8xyz=9$ (2) $x\sin y\cos z+e^{xyz}=\pi$

9.4 方向微分と勾配

9.4.1 方向微分

定義 9.4.1 $f(x,y)$ を $(x,y)=(x_0,y_0)$ の近くで定義された関数とし，$\vec{u}=(a,b)$ を単位ベクトルとする．次の極限

$$D_{\vec{u}}f(x_0,y_0) := \lim_{h\to 0}\frac{f(x_0+ha,y_0+hb)-f(x_0,y_0)}{h}$$

が存在するとき，f は (x_0,y_0) において $\vec{u}$ 方向に**方向微分可能**であるといい，その極限値を，f の (x_0,y_0) における $\vec{u}$ 方向の**方向微分係数**という．□

$D_{\vec{u}}f(x_0,y_0)$ は，(x_0,y_0) において変数 (x,y) が $\vec{u}$ 方向に動くときの f の変化率を表している．$\vec{u}=(1,0)$ のとき $D_{\vec{u}}f(x_0,y_0)=f_x(x_0,y_0)$ であり，$\vec{u}=(0,1)$ のとき $D_{\vec{u}}f(x_0,y_0)=f_y(x_0,y_0)$ である．

例 9.18

$f(x,y)=-x\cos y+\sin y$, 単位ベクトル $\vec{u}=(a,b)$ に対して，

$$\begin{aligned} D_{\vec{u}}f(0,0) &= \lim_{h\to 0}\frac{f(ha,hb)-f(0,0)}{h} \\ &= \lim_{h\to 0}\frac{\{-ha\cos hb+\sin hb\}-0}{h} \\ &= \lim_{h\to 0}\left\{-a\cos hb+b\cdot\tfrac{\sin hb}{hb}\right\}=-a+b. \end{aligned}$$

定理 9.4.1 $f(x,y)$ を (x_0,y_0) において微分可能な関数とする．このとき，任意の単位ベクトル $\vec{u}=(a,b)$ に対して，f は (x_0,y_0) において $\vec{u}$ 方向に方向微分可能であり，

$$D_{\vec{u}}f(x_0,y_0)=f_x(x_0,y_0)a+f_y(x_0,y_0)b.$$

□

【証明】 $F(t):=f(x_0+at,y_0+bt)$ とすると，

$$\begin{aligned} D_{\vec{u}}f(x_0,y_0) &= \lim_{h\to 0}\frac{f(x_0+ha,y_0+hb)-f(x_0,y_0)}{h} \\ &= \lim_{h\to 0}\frac{F(h)-F(0)}{h}=\frac{dF}{dt}(0). \end{aligned}$$

一方, 連鎖律により,

$$\frac{dF}{dt}(t) = \frac{\partial f}{\partial x}(x_0 + at, y_0 + bt)\frac{dx}{dt} + \frac{\partial f}{\partial y}(x_0 + at, y_0 + bt)\frac{dy}{dt}$$
$$= f_x(x_0 + at, y_0 + bt)a + f_y(x_0 + at, y_0 + bt)b,$$
$$\frac{dF}{dt}(0) = f_x(x_0, y_0)a + f_y(x_0, y_0)b.$$

■

例 9.19 再訪

$f(x, y) = -x\cos y + \sin y$, 単位ベクトル $\vec{u} = (a, b)$ に対して, $D_{\vec{u}}f(x, y)$ を計算する. まず, 偏導関数

$$f_x = -\cos y, \quad f_y = x\sin y + \cos y$$

が連続だから, f は微分可能である. したがって定理 9.4.1 により, f は $\vec{u} = (a, b)$ 方向に方向微分可能であり,

$$D_{\vec{u}}f(x, y) = (-\cos y)a + (x\sin y + \cos y)b.$$

特に $D_{\vec{u}}f(0, 0) = -a + b$ である.

注意 42 定理 9.4.1 の逆は真でない. すなわち, $f(x, y)$ が (x_0, y_0) においてすべての方向に方向微分可能でも, (x_0, y_0) において微分可能とは限らない. 例えば, $f(x, y) = \begin{cases} \frac{xy^3}{x^2+y^4} & ((x, y) \neq (0, 0)) \\ 0 & ((x, y) = (0, 0)) \end{cases}$ は, 原点において全ての方向に方向微分可能であるが, 微分可能でない. 実際, 単位ベクトル $\vec{u} = (a, b)$ に対して

$$\frac{f(ha, hb) - f(0, 0)}{h} = \frac{ha \cdot (hb)^3}{h((ha)^2 + (hb)^4)} = \frac{hab^3}{a^2 + h^2b^4} \xrightarrow{h \to 0} 0$$

だから, f は原点においてどの方向 $\vec{u}$ にも方向微分可能で, $D_{\vec{u}}f(0, 0) = 0$ である. 一方, $f_0(x, y) = f(0, 0) + f_x(0, 0)x + f_y(0, 0)y = 0$ だから, f が原点において微分可能であるための必要十分条件は

$$\lim_{(x,y)\to(0,0)} \frac{f(x, y) - f_0(x, y)}{\sqrt{x^2 + y^2}} = \lim_{(x,y)\to(0,0)} \frac{xy^3}{(x^2 + y^4)\sqrt{x^2 + y^2}} = 0$$

であるが, 曲線 $x = y^2$ $(y > 0)$ に沿って $(x, y) \to (0, 0)$ とするとき

$$\frac{xy^3}{(x^2 + y^4)\sqrt{x^2 + y^2}} = \frac{y^5}{2y^4 \cdot y\sqrt{y^2 + 1}} = \frac{1}{2\sqrt{1 + y^2}} \to \frac{1}{2} \neq 0$$

だから, f は原点において微分可能ではない.

例 9.20

$f(x,y)=x^2+y^2$, 単位ベクトル $\vec{u}=(\cos\theta,\sin\theta)$ に対して, $D_{\vec{u}}f(x,y)$ を計算する.

$$\begin{aligned} D_{\vec{u}}f(x,y) &= f_x\cos\theta+f_y\sin\theta \\ &= 2x\cos\theta+2y\sin\theta. \end{aligned}$$

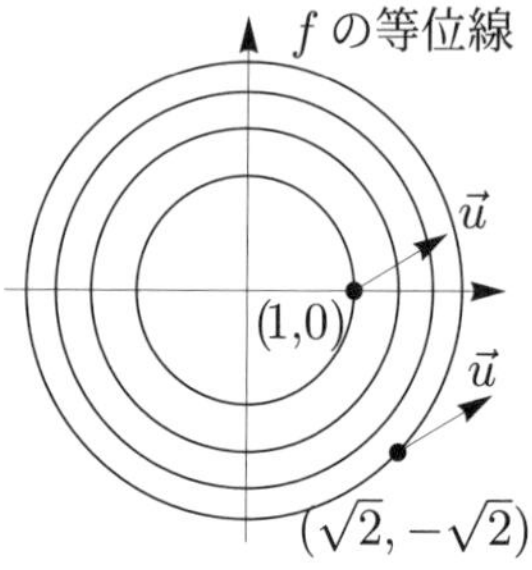

例えば $(x,y)=(1,0)$ においては,

$$D_{\vec{u}}f(1,0)=2\cos\theta\begin{cases} >0 & (-\frac{\pi}{2}<\theta<\frac{\pi}{2}) \\ =0 & (\theta=\pm\frac{\pi}{2}) \\ <0 & (\frac{\pi}{2}<\theta<\frac{3\pi}{2}) \end{cases}.$$

$(x,y)=(\sqrt{2},-\sqrt{2})$ においては,

$$\begin{aligned} D_{\vec{u}}f(\sqrt{2},-\sqrt{2}) &= 2\sqrt{2}\cos\theta-2\sqrt{2}\sin\theta \\ &= 4\cos(\theta+\tfrac{\pi}{4})\begin{cases} >0 & (-\frac{3\pi}{4}<\theta<\frac{\pi}{4}) \\ =0 & (\theta=-\frac{3\pi}{4},\frac{\pi}{4}) \\ <0 & (\frac{\pi}{4}<\theta<\frac{5\pi}{4}) \end{cases}. \end{aligned}$$

問 14　次の関数 $f(x,y)$ と単位ベクトル $\vec{u}$ に対して, 方向微分 $D_{\vec{u}}f$ を求めよ.

(1) $f(x,y)=x^2-y^2$, $\vec{u}=\frac{(2,-1)}{\sqrt{5}}$　　(2) $f(x,y)=x-y^2$, $\vec{u}=\frac{(1,3)}{\sqrt{10}}$

(3) $f(x,y)=\log(x^2+y^4)$, $\vec{u}=(-\frac{3}{5},\frac{4}{5})$　　(4) $f(x,y)=xe^y$, $\vec{u}=\frac{(2,1)}{\sqrt{5}}$

9.4.2　勾配

(1)　勾配と方向微分

定義 9.4.2　$f(x,y)$ を (x_0,y_0) において微分可能な関数とする. このとき, f の (x_0,y_0) における**勾配** (あるいは**勾配ベクトル**) $\mathrm{grad}\, f(x_0,y_0)=\nabla f(x_0,y_0)$ を, 次のように定める:

$$\mathrm{grad}\, f(x_0,y_0)=\nabla f(x_0,y_0):=(f_x(x_0,y_0),f_y(x_0,y_0)).$$

□

一般の点 (x,y) における勾配 $\mathrm{grad}\, f(x,y)=\nabla f(x,y)$ を, 単に $\mathrm{grad}\, f=\nabla f$ のようにも表す. 勾配を用いると, 方向微分は次のように書ける:

$$D_{\vec{u}}f(x,y)=\nabla f(x,y)\cdot\vec{u}.$$

ここで, $\cdot$ はベクトルの内積を表す.

例 9.21

$f(x,y)=x^2-y^2$, 単位ベクトル $\vec{u}=(\cos\frac{\pi}{6},\sin\frac{\pi}{6})=(\frac{\sqrt{3}}{2},\frac{1}{2})$ に対して, 勾配 $\nabla f(x,y)$ や $D_{\vec{u}}f(x,y)$ を計算する.

$$
\begin{aligned}
\nabla f(x,y) &= (f_x,f_y)=(2x,-2y),\\
D_{\vec{u}}f(x,y) &= \nabla f(x,y)\cdot\vec{u}\\
&= (2x,-2y)\cdot\left(\tfrac{\sqrt{3}}{2},\tfrac{1}{2}\right)\\
&= \sqrt{3}x-y.
\end{aligned}
$$

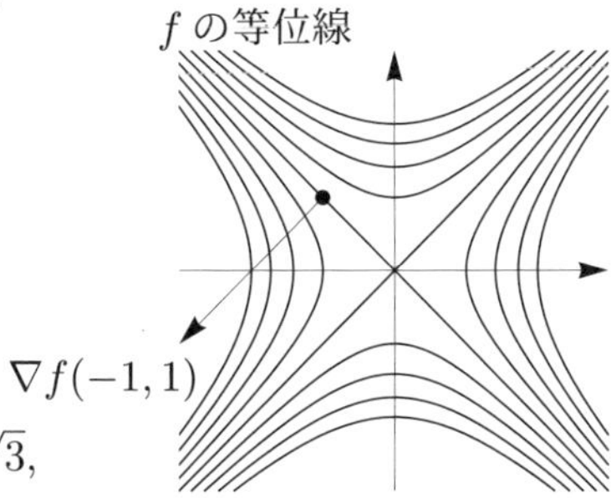

例えば,

$$
\begin{aligned}
&\nabla f(1,0)=(2,0), &&D_{\vec{u}}f(1,0)=\sqrt{3},\\
&\nabla f(0,1)=(0,-2), &&D_{\vec{u}}f(0,1)=-1,\\
&\nabla f(-1,1)=(-2,-2), &&D_{\vec{u}}f(-1,1)=-\sqrt{3}-1.
\end{aligned}
$$

例 9.22

$f(x,y)=x+xy$, $\vec{v}=(1,2)$ に対して, $(x,y)=(2,3)$ における f の $\vec{v}$ 方向の変化率を求める. まず, $|\vec{v}|=\sqrt{1^2+2^2}=\sqrt{5}\neq 1$ であることに注意する.

$$\vec{u}:=\frac{\vec{v}}{|\vec{v}|}=\frac{(1,2)}{\sqrt{5}}=\left(\frac{1}{\sqrt{5}},\frac{2}{\sqrt{5}}\right)$$

とすると, $\vec{u}$ は $\vec{v}$ と同じ向きの単位ベクトルであり, 求める変化率は方向微分 $D_{\vec{u}}f(2,3)=\nabla f(2,3)\cdot\vec{u}$ である.

$$
\begin{aligned}
\nabla f(x,y) &= (f_x,f_y)=(1+y,x),\\
\nabla f(2,3) &= (4,2),\\
D_{\vec{u}}f(x,y) &= (4,2)\cdot\frac{(1,2)}{\sqrt{5}}=\frac{8}{\sqrt{5}}.
\end{aligned}
$$

問 15　次の関数 $f(x,y)$ の勾配 $\nabla f(x,y)$ を求め, 与えられた点 (x_0,y_0) での $f(x,y)$ の $\vec{v}$ 方向の変化率 (方向微分) を計算せよ.

(1) $f(x,y)=x^2+y^2$,　　$(x_0,y_0)=(\sqrt{3},1)$,　　$\vec{v}=(\frac{3}{5},\frac{4}{5})$

(2) $f(x,y)=xy^2$,　　$(x_0,y_0)=(3,2)$,　　$\vec{v}=(3,1)$

(3) $f(x,y)=x^2-xy-y$,　　$(x_0,y_0)=(-1,1)$,　　$\vec{v}=(-2,3)$

(x_0, y_0) において微分可能な関数 $f(x, y)$ と単位ベクトル $\vec{u}$ に対して, $\nabla f(x_0, y_0)$ と $\vec{u}$ のなす角を θ とすると,

$$\begin{aligned} D_{\vec{u}} f(x_0, y_0) &= \nabla f(x_0, y_0) \cdot \vec{u} \\ &= |\nabla f(x_0, y_0)|\, |\vec{u}| \cos\theta \\ &= |\nabla f(x_0, y_0)| \cos\theta \end{aligned}$$

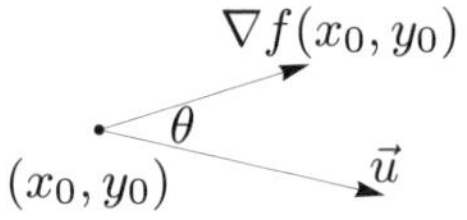

であるから, 次が成り立つ.

定理 9.4.2　$f(x, y)$ を (x_0, y_0) において微分可能な関数とする. このとき, 単位ベクトル $\vec{u} = (a, b)$ が動くときの $D_{\vec{u}} f(x_0, y_0)$ の値 (すなわち, (x_0, y_0) における f の $\vec{u}$ 方向の変化率) は, $\nabla f(x_0, y_0)$ と $\vec{u}$ が同じ向きのときに最大となり, その最大値は $|\nabla f(x_0, y_0)|$ である. □

例 9.23

- $f(x, y) = x^2 + y^2$ の勾配は

$$\nabla f(x, y) = (f_x, f_y) = (2x, 2y).$$

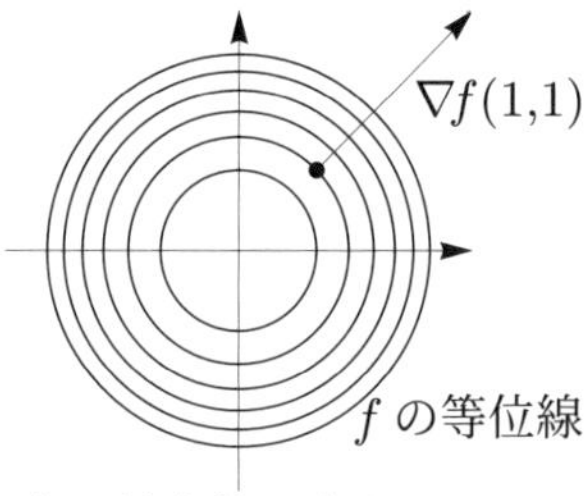

$\nabla f(1, 1) = (2, 2)$ であるから, $(x, y) = (1, 1)$ における $f(x, y)$ の変化率 (方向微分) が最大となるのは $\nabla f(1, 1)$ の方向, すなわち $(2, 2)$ の方向で, その最大値は $|\nabla f(1, 1)| = 2\sqrt{2}$.

- $f(x, y) = xe^{xy}$ の, $(x, y) = (2, 3)$ における変化率の最大値を考える.

$$\begin{aligned} \nabla f(x, y) &= (e^{xy} + xye^{xy}, x^2 e^{xy}), \\ \nabla f(2, 3) &= (e^6 + 6e^6, 4e^6) = e^6(7, 4) \end{aligned}$$

であるから, 変化率の最大値は,

$$|\nabla f(2, 3)| = \left| e^6(7, 4) \right| = e^6\sqrt{65}.$$

この変化率が実現される方向は, $\nabla f(2, 3)$ の方向, すなわち $(7, 4)$ の方向である.

問 16　次の関数の, 与えられた点での変化率 (方向微分) の最大値を求めよ.

(1) $f(x, y) = x^2 e^y$, $(x, y) = (\sqrt{3}, 0)$　(2) $f(x, y) = x + y^2$, $(x, y) = (3, 2)$

(3) $f(x, y) = x \sin y$, $(x, y) = (\pi, 0)$　(4) $f(x, y) = \log(xy)$, $(x, y) = (1, 2)$

3 変数関数 $f(x,y,z)$ に対しても, 同様に方向微分 $D_{\vec{u}}f(x,y,z)$ や勾配 $\mathrm{grad}\, f = \nabla f = (f_x, f_y, f_z)$ が定義され, f が微分可能であれば任意の方向に方向微分可能で $D_{\vec{u}}f = \nabla f \cdot \vec{u}$ が成り立つ. また, (x,y,z) を固定して単位ベクトル $\vec{u}$ を動かすとき, $D_{\vec{u}}f(x,y,z)$ が最大になるのは $\vec{u}$ が $\nabla f(x,y,z)$ と同じ向きのときであり, その最大値は $|\nabla f(x,y,z)|$ である.

例 9.24

- $f(x,y,z) = x^3 + y^2 + z$ に対して, $(x,y,z) = (3,4,5)$ における f の $\vec{v} = (1,2,3)$ 方向の変化率と, $(x,y,z) = (3,4,5)$ における f の変化率の最大値を求める. まず, $\vec{v}$ は単位ベクトルでないから, $\vec{v}$ と同じ向きの単位ベクトル
$$\vec{u} := \tfrac{\vec{v}}{|\vec{v}|} = \tfrac{(1,2,3)}{\sqrt{14}} = \left(\tfrac{1}{\sqrt{14}}, \tfrac{2}{\sqrt{14}} \tfrac{3}{\sqrt{14}}\right)$$
を導入する. すると, 求める $\vec{v}$ 方向の変化率は $D_{\vec{u}}f(3,4,5) = \nabla f(3,4,5) \cdot \vec{u}$ である.
$$\begin{aligned}\nabla f(x,y,z) &= (f_x, f_y, f_z) = (3x^2, 2y, 1),\\ \nabla f(3,4,5) &= (27,8,1),\\ D_{\vec{u}}f(3,4,5) &= (27,8,1) \cdot \tfrac{(1,2,3)}{\sqrt{14}} = \tfrac{46}{\sqrt{14}}.\end{aligned}$$
変化率の最大値は $|\nabla f(3,4,5)| = \sqrt{794}$ であり, この変化率が実現される方向は, $\nabla f(3,4,5)$ の方向, すなわち $(27,8,1)$ の方向である.
- $f(x,y,z) = \log\left(z - \frac{x^2}{4} - y^2\right)$ に対して, $(x,y,z) = (2,1,3)$ における f の $\vec{v} = (1,-1,1)$ 方向の変化率と, $(x,y,z) = (2,1,3)$ における f の変化率の最大値を求める.
$$\vec{u} := \tfrac{\vec{v}}{|\vec{v}|} = \tfrac{(1,-1,1)}{\sqrt{3}} = \left(\tfrac{1}{\sqrt{3}}, \tfrac{-1}{\sqrt{3}}, \tfrac{1}{\sqrt{3}}\right)$$
とすると, 求める $\vec{v}$ 方向の変化率は $D_{\vec{u}}f(2,1,3) = \nabla f(2,1,3) \cdot \vec{u}$ である.
$$\begin{aligned}\nabla f(x,y,z) &= (f_x, f_y, f_z) = \frac{\left(-\frac{x}{2}, -2y, 1\right)}{z - \frac{x^2}{4} - y^2},\\ \nabla f(2,1,3) &= (-1,-2,1),\\ D_{\vec{u}}f(2,1,3) &= (-1,-2,1) \cdot \tfrac{(1,-1,1)}{\sqrt{3}} = \tfrac{2}{\sqrt{3}} = \tfrac{2\sqrt{3}}{3}.\end{aligned}$$
変化率の最大値は $|\nabla f(2,1,3)| = \sqrt{6}$ であり, この変化率が実現される方向は, $\nabla f(2,1,3)$ の方向, すなわち $(-1,-2,1)$ の方向である.

(2) 勾配と等位線の接線 (等位面の接平面)

例 9.21 や例 9.23 の勾配ベクトルを見ると，勾配ベクトル $\nabla f(x_0, y_0)$ と，(x_0, y_0) における等位線の接線は直交するようにみえる．これは実際に正しい; $f(x, y)$ を微分可能な関数とし，等位線 $f(x, y) = k$ が $x = a(t)$，$y = b(t)$ とパラメータ付けられているとする．このとき，

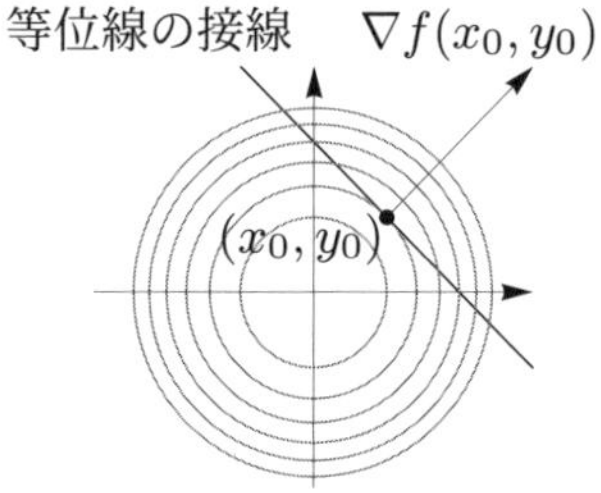

$$f(a(t), b(t)) = k$$

が成り立つ．これを t について微分すると，

$$\frac{\partial f}{\partial x}\frac{da}{dt} + \frac{\partial f}{\partial y}\frac{db}{dt} = 0,$$

$$(f_x, f_y) \cdot (a', b') = 0.$$

したがって，ベクトル (a', b') が等位線の接ベクトルであることを思い出すと，f の勾配ベクトル (f_x, f_y) と f の等位線の接線が直交していることが分かる．また，(x_0, y_0) を通る f の等位線の接線は，$\nabla f(x_0, y_0)$ を法ベクトルとするから，その方程式は

$$\nabla f(x_0, y_0) \cdot (x - x_0, y - y_0) = 0$$

あるいは

$$f_x(x_0, y_0)(x - x_0) + f_y(x_0, y_0)(y - y_0) = 0.$$

例 9.25

$f(x, y) = x^2 - y^2$ の等位線 $f(x, y) = 9$ の，$(x, y) = (5, 4)$ における接線を求める．

$$\nabla f(x, y) = (2x, -2y),$$

$$\nabla f(5, 4) = (10, -8)$$

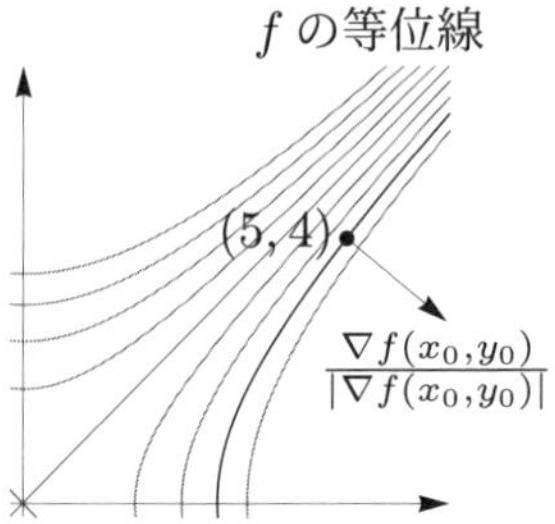

だから，求める接線は，

$$10(x - 5) - 8(y - 4) = 0$$

あるいは

$$5x - 4y = 9.$$

3 変数関数 $f(x,y,z)$ ついても同様に, (x_0,y_0,z_0) における f の勾配ベクトルと, (x_0,y_0,z_0) における f の等位面の接平面は直交する. また, (x_0,y_0,z_0) を通る f の等位面の接平面は, $\nabla f(x_0,y_0z_0)$ を法ベクトルとするから, その方程式は

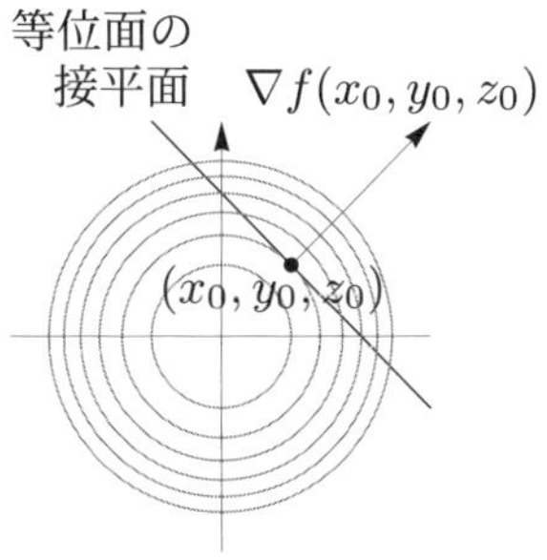

$$\nabla f(x_0,y_0,z_0)\cdot(x-x_0,y-y_0,z-z_0)=0$$

あるいは

$$f_x(x_0,y_0,z_0)(x-x_0)+f_y(x_0,y_0,z_0)(y-y_0)+f_z(x_0,y_0,z_0)(z-z_0)=0.$$

例 9.26

$f(x,y,z)=(x-3)^2+(y-4)^2+(z-5)^2$ の等位面 $f(x,y,z)=9$ の, $(x,y,z)=(4,6,7)$ における接平面とその法線を求める.

$\nabla f(x,y,z)=(2(x-3),2(y-4),2(z-5))$,
$\nabla f(4,6,7)=2(1,2,2)$

だから, 求める接平面は,

$$(x-4)+2(y-6)+2(z-7)=0$$

あるいは

$$x+2y+2z=30.$$

法線は, $(1,2,2)$ を方向ベクトルとする直線で, 点 $(4,6,7)$ を通るから,

$$x=4+t,\quad y=6+2t,\quad z=7+2t.$$

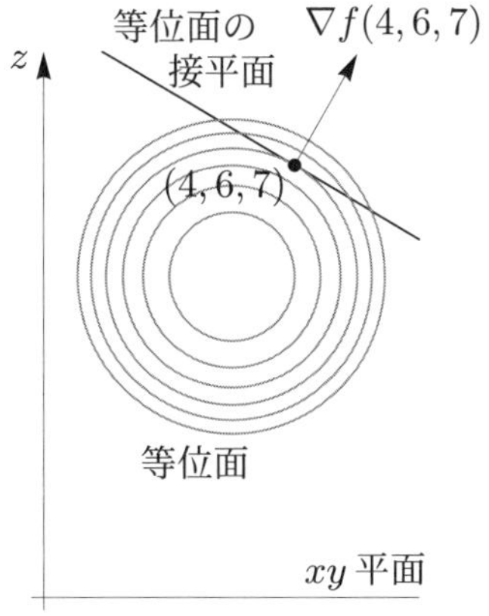

問 17　以下の直線や平面の方程式を求めよ.

(1) $f(x,y)=xy^3+y\sin x$ の等位線 $f=\pi$ の, 点 $(\pi,1)$ における接線

(2) 曲線 $x^3+y^5+xy=5$ の, 点 $(2,-1)$ における接線

(3) $f(x,y,z)=xye^z+x^5y^6z$ の等位面 $f=1$ の, 点 $(1,1,0)$ における接平面

(4) 曲面 $x^2+y^3+z^4=9$ の, 点 $(4,-2,1)$ における接平面

9.5　2変数関数の極大・極小

定義 9.5.1

- $f(x, y)$ が (x_0, y_0) で**極大**であるとは, (x_0, y_0) の近くの (x, y) $(\neq (x_0, y_0))$ に対して $f(x, y) < f(x_0, y_0)$ が成り立つことである．そのときの値 $f(x_0, y_0)$ を, **極大値**という.
- $f(x, y)$ が (x_0, y_0) で**極小**であるとは, (x_0, y_0) の近くの (x, y) $(\neq (x_0, y_0))$ に対して $f(x, y) > f(x_0, y_0)$ が成り立つことである．そのときの値 $f(x_0, y_0)$ を, **極小値**という. □

極大値や極小値をまとめて, **極値**という. 微分可能な関数 $f(x, y)$ が (x_0, y_0) で極値をとるとき, $f(x, y_0)$ は x の1変数関数として $x = x_0$ で極値を取るので, フェルマーの定理により $f_x(x_0, y_0) = 0$ である. 同様にして $f_y(x_0, y_0) = 0$ である. したがって,

定理 9.5.1　微分可能な関数 $f(x, y)$ が (x_0, y_0) で極値をとるならば

$$f_x(x_0, y_0) = f_y(x_0, y_0) = 0.$$

□

1変数の場合と同様に, $f_x(x_0, y_0) = f_y(x_0, y_0) = 0$ が成り立つ, または $f_x(x_0, y_0), f_y(x_0, y_0)$ の少なくとも一方が存在しないとき, (x_0, y_0) を f の**臨界点**という.

例 9.27

$f(x, y) = x^2 - 2x + 2y^2 - 4y + 4$ の極値を考える.

$$f_x = 2x - 2 = 2(x - 1), \quad f_y = 4y - 4 = 4(y - 1)$$

より,

$$f_x = f_y = 0 \Leftrightarrow (x, y) = (1, 1).$$

これが唯一の臨界点であり, 極値をとる点の唯一の候補である.

$$f(x, y) = (x - 1)^2 + 2(y - 1)^2 + 1$$

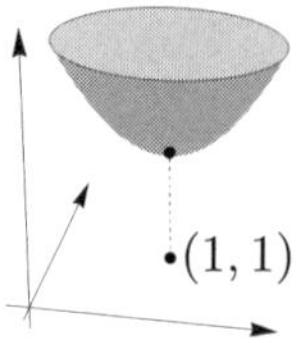

であるから, $f(x, y)$ は $(x, y) = (1, 1)$ で実際に極小値1をとる.

注意 43　$f_x(x_0, y_0) = f_y(x_0, y_0) = 0$ であることは, $f(x, y)$ が (x_0, y_0) で極値をとるための必要条件であって, 十分条件ではない.

例 9.28

$f(x, y) = x^2 - y^2$ の臨界点は,

$$f_x = 2x, \quad f_y = -2y$$

より $(x, y) = (0, 0)$ である. しかし,

$$f(x, 0) = x^2, \quad f(0, y) = -y^2$$

なので $f(x, y)$ は $(0, 0)$ で極値をとらない.

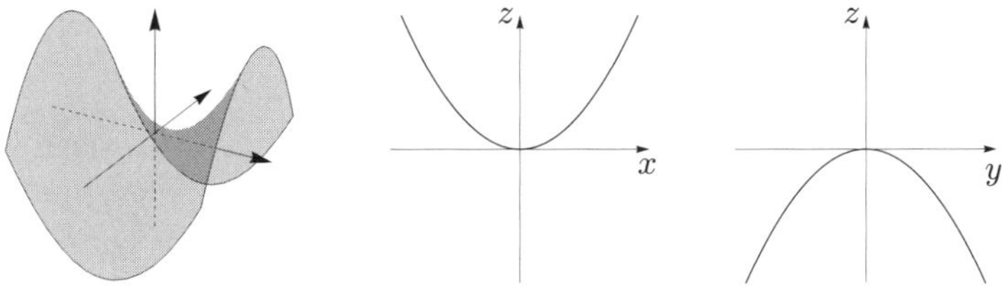

(a) $z = f(x, y)$　(b) $z = f(x, 0)$　(c) $z = f(0, y)$

定理 9.5.2（極値の判定法）　$f(x, y)$ が $(x, y) = (x_0, y_0)$ の近くで C^2 級, すなわち, $(x, y) = (x_0, y_0)$ の近くで f の 2 次偏導関数がすべて連続であるとし, $f_x(x_0, y_0) = f_y(x_0, y_0) = 0$ であるとする. また,

$$\begin{aligned} D = D(x_0, y_0) &:= \begin{vmatrix} f_{xx}(x_0, y_0) & f_{xy}(x_0, y_0) \\ f_{yx}(x_0, y_0) & f_{yy}(x_0, y_0) \end{vmatrix} \\ &= f_{xx}(x_0, y_0) f_{yy}(x_0, y_0) - f_{xy}(x_0, y_0) f_{yx}(x_0, y_0) \\ &= f_{xx}(x_0, y_0) f_{yy}(x_0, y_0) - \{f_{xy}(x_0, y_0)\}^2 \end{aligned}$$

と定める. このとき, 次が成り立つ.

- $D > 0$ ならば, $f(x, y)$ は (x_0, y_0) で極値をとる.
  - $f_{xx}(x_0, y_0) > 0$ ならば, 極小.
  - $f_{xx}(x_0, y_0) < 0$ ならば, 極大.
- $D < 0$ ならば, $f(x, y)$ は (x_0, y_0) で極値をとらない.
- $D = 0$ ならば, 不定である, すなわち, 極値をとる場合もあるし, 極値をとらない場合もある.　□

この判定法は次のように得られる: まず, $\vec{u}=(a,b)$ を単位ベクトルとして, f の (x_0,y_0) における $\vec{u}$ 方向の2次微分係数 $D_{\vec{u}}\,(D_{\vec{u}}f)\,(x_0,y_0)$ を計算する.

$$\begin{aligned} D_{\vec{u}}\,(D_{\vec{u}}f)\,(x,y) &= D_{\vec{u}}\,(af_x+bf_y) \\ &= a\,(af_{xx}+bf_{xy})+b\,(af_{yx}+bf_{yy}) \\ &= a^2f_{xx}+2abf_{xy}+b^2f_{yy}, \\ D_{\vec{u}}\,(D_{\vec{u}}f)\,(x_0,y_0) &= a^2f_{xx}(x_0,y_0)+2abf_{xy}(x_0,y_0)+b^2f_{yy}(x_0,y_0). \end{aligned}$$

2次導関数判定法 (定理4.4.4) により, $D_{\vec{u}}\,(D_{\vec{u}}f)\,(x_0,y_0)>0$ ならば, (x,y) が $\vec{u}$ 方向に動くとき f は (x_0,y_0) で極小となり, $D_{\vec{u}}\,(D_{\vec{u}}f)\,(x_0,y_0)<0$ ならば, 極大となる.

$f_{xx}(x_0,y_0)\neq 0$ のとき, $D_{\vec{u}}\,(D_{\vec{u}}f)\,(x_0,y_0)$ を平方完成すると次のようになる:

$$\begin{aligned} &D_{\vec{u}}\,(D_{\vec{u}}f)\,(x_0,y_0) \\ &\qquad = f_{xx}(x_0,y_0)\left(a+b\cdot\frac{f_{xy}(x_0,y_0)}{f_{xx}(x_0,y_0)}\right)^2+\frac{b^2}{f_{xx}(x_0,y_0)}\cdot D(x_0,y_0). \end{aligned}$$

- $D>0$ かつ $f_{xx}(x_0,y_0)>0$ ならば, すべての $\vec{u}=(a,b)$ に対して $D_{\vec{u}}\,(D_{\vec{u}}f)\,(x_0,y_0)>0$ だから, $f(x,y)$ は (x_0,y_0) で極小となる.
- $D>0$ かつ $f_{xx}(x_0,y_0)<0$ ならば, すべての $\vec{u}=(a,b)$ に対して $D_{\vec{u}}\,(D_{\vec{u}}f)\,(x_0,y_0)<0$ だから, $f(x,y)$ は (x_0,y_0) で極大となる.
- $D<0$ ならば, $\vec{u}=(a,b)$ に依って $D_{\vec{u}}\,(D_{\vec{u}}f)\,(x_0,y_0)$ は正にも負にもなるので, $f(x,y)$ は (x_0,y_0) で極値をとらない.
- $D=0$ ならば, $\vec{u}=(a,b)$ に依って $D_{\vec{u}}\,(D_{\vec{u}}f)\,(x_0,y_0)=0$ となるので, $f(x,y)$ は (x_0,y_0) で極値をとるとは限らず, 実際, 極値をとることもとらないこともある (具体例として $f(x,y)=x^2+y^4$, $f(x,y)=-x^2-y^4$, $f(x,y)=x^2-y^4$ などを考えればよい).

$f_{xx}(x_0,y_0)=0$ かつ $f_{yy}(x_0,y_0)\neq 0$ のとき, $D=-\{f_{xy}(x_0,y_0)\}^2\leq 0$ に注意して, 同様に議論できる.

$f_{xx}(x_0,y_0)=f_{yy}(x_0,y_0)=0$ のとき, まず $D=-\{f_{xy}(x_0,y_0)\}^2\leq 0$ かつ $D_{\vec{u}}\,(D_{\vec{u}}f)\,(x_0,y_0)=2abf_{xy}(x_0,y_0)$ であることに注意する.

- $D<0$ ならば, $f_{xy}(x_0,y_0)\neq 0$ より $\vec{u}=(a,b)$ に依って $D_{\vec{u}}\,(D_{\vec{u}}f)\,(x_0,y_0)$ は正にも負にもなるので, $f(x,y)$ は (x_0,y_0) で極値をとらない.
- $D=0$ ならば, $f_{xy}(x_0,y_0)=0$ より $D_{\vec{u}}\,(D_{\vec{u}}f)\,(x_0,y_0)=0$ となるので, $f(x,y)$ は (x_0,y_0) で極値をとることもとらないこともある.

注意 44　ここでの議論は, 対称行列の対角化を用いると, より見通しよく考えることができる (cf. 11.1 節). また, $f(x,y)$ の極大・極小の問題は多変数版のテイラーの定理を用いても議論ができる (cf. 11.1 節).

例 9.29

- $f(x,y)=x^2+y^2$ を考える. $f_x=2x, \quad f_y=2y$ より,
$$f_x=f_y=0 \Leftrightarrow (x,y)=(0,0).$$
これが唯一の臨界点であり, 極値をとる点の唯一の候補である.
$$f_{xx}=2, \quad f_{xy}=f_{yx}=0, \quad f_{yy}=2$$
より
$$D(0,0)=2\cdot 2-0\cdot 0=4>0, \quad f_{xx}=2>0$$
であるから, $f(x,y)$ は $(x,y)=(0,0)$ で極小値をとる.

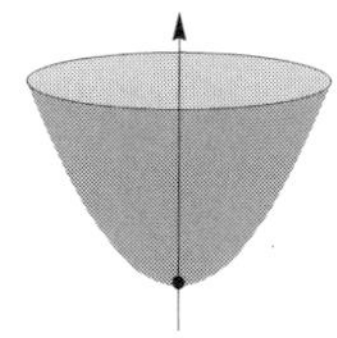

- $f(x,y)=-x^2-y^2$ を考える. 同様に, 原点 $(0,0)$ が唯一の臨界点である.
$$f_{xx}=-2, \quad f_{xy}=f_{yx}=0, \quad f_{yy}=-2$$
より
$$D(0,0)=4>0, \quad f_{xx}=-2<0$$
であるから, $f(x,y)$ は原点で極大値をとる.

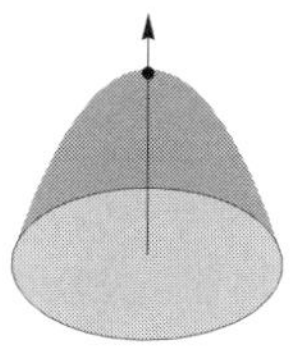

- $f(x,y)=y^2-x^2$ を考える. 同様に, 原点 $(0,0)$ が唯一の臨界点である.
$$f_{xx}=-2, \quad f_{xy}=f_{yx}=0, \quad f_{yy}=2$$
より
$$D(0,0)=-4<0$$
であるから, $f(x,y)$ は原点で極値をとらない.

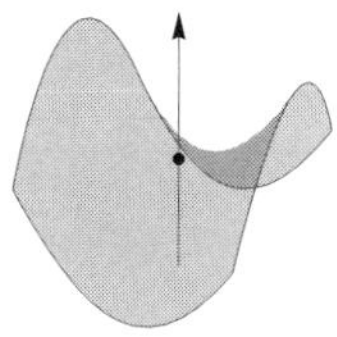

- $f(x,y)=x^4+y^4$ を考える. 同様に, 原点 $(0,0)$ が唯一の臨界点である.
$$f_{xx}=12x^2, \quad f_{xy}=f_{yx}=0, \quad f_{yy}=12y^2$$
より
$$D(0,0)=0\cdot 0-0\cdot 0=0$$
であるから, $f(x,y)$ が原点で極値をとるかどうか, 定理からはわからないが, $(x,y)\neq(0,0)$ のとき
$$f(x,y)=x^4+y^4>0=f(0,0)$$
より, $f(x,y)$ は原点で極小値をとる.

- $f(x,y)=x^3+y^3$ を考える．同様に，原点 $(0,0)$ が唯一の臨界点である．

$$f_{xx}=6x, \quad f_{xy}=f_{yx}=0, \quad f_{yy}=6y$$

より

$$D(0,0)=0\cdot 0-0\cdot 0=0$$

であるから，$f(x,y)$ が原点で極値をとるかどうか，定理からはわからないが，$f(x,0)=x^3$ より，$f(x,y)$ は原点で極値をとらない．

- $f(x,y)=x^3+y^3-3xy$ を考える．$f_x=3x^2-3y$, $f_y=3y^2-3x$ より，

$$f_x=f_y=0 \Leftrightarrow (x,y)=(0,0),\ (1,1).$$

これらが臨界点であり，極値をとる点の候補である．

$$f_{xx}=6x, \quad f_{xy}=f_{yx}=-3, \quad f_{yy}=6y$$

より

$$D(0,0)=0\cdot 0-3\cdot 3=-9<0,$$
$$D(1,1)=6\cdot 6-3\cdot 3=27>0, \quad f_{xx}(1,1)=6>0$$

であるから，$f(x,y)$ は原点では極値をとらず，$(1,1)$ では極小値をとる．

問 18　次の関数の臨界点と極値をすべて求めよ．

(1) $f(x,y)=(x+y^2)e^x$　　(2) $f(x,y)=x^2+6xy+y^2+x$

(3) $f(x,y)=6x^3-6xy-y^2$　　(4) $f(x,y)=x^3+x^2+y^2-2xy$

9.6　最大・最小

本節では，平面 $\mathbb{R}^2$ の有界閉領域での最大・最小の問題を考える．ここで，平面の領域 R が**有界**であるとは，十分大きな円板をとれば，R がその円板に含まれることである．平面の領域 R が**閉**であるとは，“境界付き”であることである．

例 9.30

- 第一象限 $\{(x,y)\mid x,y>0\}$ は有界ではない．
- 閉円板 $\{(x,y)\mid x^2+y^2\leq r^2\}$ は，有界であり，閉である．
- 開円板 $\{(x,y)\mid x^2+y^2<r^2\}$ は，閉でない．

定理 9.6.1（最大値・最小値定理）　D を, $\mathbb{R}^2$ の有界閉領域とする. D 上の連続関数 $f(x, y)$ は, D 上で最大値及び最小値をとる. □

一般に, 関数 $f(x, y)$ の有界閉領域 D 上の最大値・最小値は, 次のようにして求めることができる.

1) 臨界点をすべて見つけ, そこでの f の値を求める.
2) D の境界上での極値 (の候補) をすべて見つける.
3) 1, 2 の値を比較する.

例 9.31

$f(x, y) = x^2 - 2x + 2y^2 - 4y$ の, 次の領域 D 上の最大値・最小値を考える:

$$D = \{(x, y) \mid x, y \geq 0,\ x + y \leq 3\}.$$

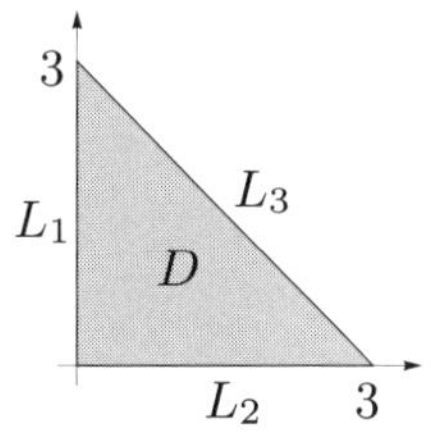

f の唯一の臨界点は $(x, y) = (1, 1)$ であり, $f(1, 1) = -3$ である. 次に D の境界上の極値を求める.

$$L_1 = \{(x, y) \mid x = 0,\ 0 \leq y \leq 3\},$$
$$L_2 = \{(x, y) \mid y = 0,\ 0 \leq x \leq 3\},$$
$$L_3 = \{(x, y) \mid x + y = 3,\ 0 \leq x \leq 3\}$$

とする.

- L_1 上, $f(x, y) = f(0, y) = 2(y-1)^2 - 2$ だから, L_1 上の最大値は $f(0, 3) = 6$, 最小値は $f(0, 1) = -2$ である.
- L_2 上, $f(x, y) = f(x, 0) = (x-1)^2 - 1$ だから, L_2 上の最大値は $f(3, 0) = 3$, 最小値は $f(1, 0) = -1$ である.
- L_3 上, $f(x, y) = f(x, 3-x) = 3x^2 - 10x + 6 = 3(x - \frac{5}{3})^2 - \frac{7}{3}$ だから, L_3 上の最大値は $f(0, 3) = 6$, 最小値は $f(\frac{5}{3}, \frac{4}{3}) = -\frac{7}{3}$ である.

したがって, 以上の値 $f(1, 1) = -3$, $f(0, 3) = 6$, $f(0, 1) = -2$, $f(3, 0) = 3$, $f(1, 0) = -1$, $f(\frac{5}{3}, \frac{4}{3}) = -\frac{7}{3}$ を比較して, D 上の f の最大値は $f(0, 3) = 6$, 最小値は $f(1, 1) = -3$ である.

例 9.32

$f(x, y) = x^3 + y^3 - 3xy$ の, 次の領域 D 上の最大値・最小値を考える:

$$D = \{(x, y) \mid -3 \leq x \leq 2,\ -2 \leq y \leq 3\}.$$

f の臨界点は $(x, y) = (0, 0), (1, 1)$ であり，$f(0, 0) = 0$，$f(1, 1) = -1$ である．次に D の境界上の極値を求める．

$$L_1 = \{(x, y) \mid x = 2,\ -2 \leq y \leq 3\},$$
$$L_2 = \{(x, y) \mid y = 3,\ -3 \leq x \leq 2\},$$
$$L_3 = \{(x, y) \mid x = -3,\ -2 \leq y \leq 3\},$$
$$L_4 = \{(x, y) \mid y = -2,\ -3 \leq x \leq 2\}$$

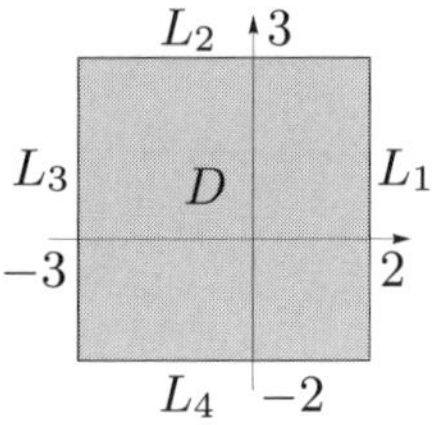

とする．

- L_1 上，$f(x, y) = f(2, y) = y^3 - 6y + 8$ である．$g(y) := y^3 - 6y + 8$ とすると，$g'(y) = 3y^2 - 6 = 3(y^2 - 2)$ だから，増減表を書くと，

y	-2	$\cdots$	$-\sqrt{2}$	$\cdots$	$\sqrt{2}$	$\cdots$	3
g'		$+$	0	$-$	0	$+$	
g		$\nearrow$		$\searrow$		$\nearrow$	

．

$$g(-2) = -8 + 12 + 8 = 12,$$
$$g(-\sqrt{2}) = -2\sqrt{2} + 6\sqrt{2} + 8 = 8 + 4\sqrt{2},$$
$$g(\sqrt{2}) = 2\sqrt{2} - 6\sqrt{2} + 8 = 8 - 4\sqrt{2},$$
$$g(3) = 27 - 18 + 8 = 17$$

であるから，L_1 上の最大値は $f(2, 3) = 17$，最小値は $f(2, \sqrt{2}) = 8 - 4\sqrt{2}$．
- 同様に，L_2 上の最大値は $f(-\sqrt{3}, 3) = 27 + 6\sqrt{3}$，最小値は $f(\sqrt{3}, 3) = 27 - 6\sqrt{3}$．
- 同様に，L_3 上の最大値は $f(-3, 3) = 27$，最小値は $f(-3, -2) = -53$．
- 同様に，L_4 上の最大値は $f(2, -2) = 12$，最小値は $f(-3, -2) = -53$．

したがって，以上の値を比較して，D 上の f の最大値は $f(-\sqrt{3}, 3) = 27 + 6\sqrt{3}$，最小値は $f(-3, -2) = -53$ である．

ここでは，領域の境界がまっすぐな線分たちからなる場合のみを考えた．より一般の境界上の極値については 11.2 節で扱われる．

問 19　次の関数の最大値と最小値を求めよ．

(1) $f(x, y) = x^2 - xy + y^2 - y, \quad 0 \leq x \leq 1,\ 0 \leq y \leq 1$

(2) $f(x, y) = x^2 - xy + y^3, \quad x \leq 1,\ 0 \leq y \leq 3x$

章末問題

問題 1　次の関数の 1 次および 2 次偏導関数をすべて求めよ.

(1) $z = \dfrac{1}{\sqrt{x^2+y^2}}$　　(2) $z = e^{-\frac{x}{y}}$　　(3) $z = \arctan(xy)$

問題 2　次の関数の微分可能性を議論せよ.

(1) xye^{xy}　　(2) $\dfrac{1}{\sqrt{x^2-y}}$　　(3) $\cos\dfrac{x}{y}$　　(4) $\dfrac{1}{\sin(x^2+y^2)}$

(5) $f(x,y)=\begin{cases}\frac{xy^2}{x^2+y^2} & (\text{原点以外})\\ 0 & (\text{原点})\end{cases}$　(6) $f(x,y)=\begin{cases}\frac{\sin\left(x^2+y^2\right)}{\sqrt{x^2+y^2}} & (\text{原点以外})\\ 0 & (\text{原点})\end{cases}$

問題 3　次の関数について, 与えられた点での 1 次近似, 接平面, 微分 dz を求めよ.

(1) $z = x^4+3xy^3+y^4,\quad (2,-1)$　　(2) $z = \dfrac{1}{\sqrt{x^2+y^2}},\quad (-2,-1)$

(3) $z = \arctan\left(x^2+y\right),\quad (1,0)$　　(4) $z = xye^{xy},\quad (1,-1)$

問題 4　次の関数について, $\frac{dz}{dt}$ を求めよ.

(1) $z = f(t\sin t, \cos t)$　ただし $f_x(x,y) = ye^{xy}$, $f_y(x,y) = xe^{xy}$

(2) $z = f(e^t, t^2+3)$　ただし $f_x(x,y) = 2xy^3$, $f_y(x,y) = 3x^2y^2$

(3) $z = f(t^2, t^3)$　ただし $f_x(x,y) = \dfrac{y}{\sqrt{1-x^2}}$, $f_y(x,y) = \arcsin x$

問題 5　微分可能な関数 $f(x,y)$ について次のことがわかっているとする.

$$\begin{array}{llll} f_x(0,0)=1, & f_x(1,0)=2, & f_x(0,1)=3, & f_x(1,1)=4 \\ f_y(0,0)=5, & f_y(1,0)=6, & f_y(0,1)=7, & f_y(1,1)=8 \end{array}$$

t の関数 $z = f(\cos t, \sin t)$ の微分係数 $\left.\frac{dz}{dt}\right|_{t=0}$ を求めよ.

問題 6　次の関数の合成で得られる s, t の関数 z について, 偏導関数を求めよ.

(1) $z = \arctan(xy),\ x = t^3,\ y = se^{2t}$

(2) $z = \sqrt{x^2+y^2+1},\ x = \log(st),\ y = s\cos t$

(3) $z = \log(x+3y+5),\ x = s^2t^4,\ y = \sin(st)$

問題 7　$z = f(x,y)$, $x = r\cos\theta$, $y = r\sin\theta$ とする $(r>0)$. ただし, f は微分可能な関数である. $\frac{\partial z}{\partial r}$ と $\frac{\partial z}{\partial \theta}$ を計算し, 次が成り立つことを確かめよ:

$$\left(\frac{\partial z}{\partial r}\right)^2 + \frac{1}{r^2}\left(\frac{\partial z}{\partial \theta}\right)^2 = \left(\frac{\partial z}{\partial x}\right)^2 + \left(\frac{\partial z}{\partial y}\right)^2.$$

問題 8　$w = f(x,y,z)$, $x = r\sin\phi\cos\theta$, $y = r\sin\phi\sin\theta$, $z = r\cos\phi$ とする $(r > 0,\ 0 < \phi < \pi)$. ただし, f は微分可能な関数である. $\frac{\partial w}{\partial r}$, $\frac{\partial w}{\partial \theta}$, $\frac{\partial w}{\partial \phi}$ を計算し, 次が成り立つことを確かめよ:

$$\left(\frac{\partial w}{\partial r}\right)^2 + \frac{1}{r^2\sin^2\phi}\left(\frac{\partial w}{\partial \theta}\right)^2 + \frac{1}{r^2}\left(\frac{\partial w}{\partial \phi}\right)^2 = \left(\frac{\partial w}{\partial x}\right)^2 + \left(\frac{\partial w}{\partial y}\right)^2 + \left(\frac{\partial w}{\partial z}\right)^2.$$

問題 9　次の方程式によって定まる陰関数 y について, $\dfrac{dy}{dx}$ を求めよ.

(1) $e^{xy} - y + \arctan x = 7$　　(2) $x\cos y + x^2y^3 + \log(xy) = \pi$

問題 10　次の方程式によって定まる陰関数 z について, $\dfrac{\partial z}{\partial x}$, $\dfrac{\partial z}{\partial y}$ を求めよ.

(1) $x + y^2 + z^3 + \log(xyz) = e$　　(2) $e^{yz}\cos x + x(y+z) = 0$

問題 11　次の関数の勾配 ∇f と $\vec{v}$ 方向の変化率 (方向微分) を求めよ ($\vec{v}$ は必ずしも単位ベクトルでないことに注意せよ). また, 与えられた点における f の変化率 (方向微分) の最大値と, それが実現される方向を求めよ.

(1) $f(x,y) = xy + \log|x^2y^3|$,　$\vec{v} = (3,4)$,　$(x,y) = (4,-3)$

(2) $f(x,y) = x\sin y + \arctan(xy)$,　$\vec{v} = (-1,1)$,　$(x,y) = (0, \frac{\pi}{2})$

(3) $f(x,y,z) = xy^2z^3$,　$\vec{v} = (2,1,1)$,　$(x,y,z) = (3,2,1)$

(4) $f(x,y,z) = xe^{2yz}$,　$\vec{v} = (1,0,1)$,　$(x,y,z) = (1,1,0)$

問題 12　以下の直線や平面の方程式を求めよ.

(1) $f(x,y) = x^7 + xy\cos y$ の点 $\mathrm{P}(-1, \frac{\pi}{2})$ を通る等位線の, 点 P における接線

(2) $f(x,y,z) = xy^2e^z$ の点 $\mathrm{P}(2,1,0)$ を通る等位面の, 点 P における接平面

問題 13　次の関数の臨界点と極値をすべて求めよ.

(1) $f(x,y) = x^3 + xy + y^2$　　(2) $f(x,y) = e^{xy}\cos y$

(3) $f(x,y) = x^3 + 3x^2 + xy^2 + y^2$　　(4) $f(x,y) = xy^2 + \sin x$

問題 14　次の関数の最大値と最小値を求めよ.

(1) $f(x,y) = 3x^4 - 3xy^2 + 2y^3$,　$0 \leq x \leq 1,\ 0 \leq y \leq 1$

(2) $f(x,y) = x^2 - 2xy^2 + 7y^2 - 10y$,　$x \geq 0,\ y \geq 0,\ x + y \leq 3$

問題 15　ある山の地図に直交座標系を導入する. 地図上の各点は実数の組 (x,y) によって表される. 地点 (x,y) の標高を $h(x,y)$ で表す. $h(x,y) = x^2 + 4xy + 5y^2 + 91$ である場合, 地点 $(7,-3)$ にいる人はどちらの方向を向いたときに山が最も急勾配の上りになっているか. 方向を, x 軸の正の方向を基準として反時計回りに図った角度で答えよ.

問題 16　例 8.2 の関数 $f(s,t) = \sqrt{(6+s-t)^2 + (5-2s-2t)^2 + (4+s-3t)^2}$ の最小値を求めよ,

第 10 章

多変数関数の積分法

ここでは多変数関数の積分を扱う．1 変数の場合と同様にリーマン和の極限として定義される．1 変数の場合は，積分の計算は原始関数を求めることに帰着されたが，多変数の場合には 1 変数の積分に帰着される．

10.1　二重積分

10.1.1　長方形領域上の二重積分

(1)　体積と二重積分

長方形領域

$$R = \{(x, y) \mid a \le x \le b,\ c \le y \le d\} \\ = [a, b] \times [c, d]$$

と R 上の関数 $f(x, y) \ge 0$ に対して，R 上 xy 平面と $z = f(x, y)$ に挟まれる領域の体積 V を考えよう．これは 1 変数の場合の面積の問題と同じように次のように考えられる．まず，$a = x_0 < x_1 < x_2 < \cdots < x_m = b$, $c = y_0 < y_1 < y_2 < \cdots < y_n = d$ として $[a, b]$ と $[c, d]$ を分割し，R を長方形の領域 $[x_{k-1}, x_k] \times [y_{\ell-1}, y_\ell]$ に分ける $(k = 1, 2, \ldots, m,\ \ell = 1, 2, \ldots, n)$．次に各**小領域** $[x_{k-1}, x_k] \times [y_{\ell-1}, y_\ell]$ に**代表点** $(x^*_{k\ell}, y^*_{k\ell})$ を選び，$[x_{k-1}, x_k] \times [y_{\ell-1}, y_\ell]$ 上に高さ $f(x^*_{k\ell}, y^*_{k\ell})$ の直方体を取る．これらの直方体の体積の和

$$\sum_{\ell=1}^{n} \sum_{k=1}^{m} f(x^*_{k\ell}, y^*_{k\ell}) \Delta A_{k\ell}, \quad \Delta A_{k\ell} = \Delta x_k \Delta y_\ell = (x_k - x_{k-1})(y_\ell - y_{\ell-1})$$

が体積 V の一つの近似であると考えてよいであろう．そしてこれの分割を細かくする極限で**体積** V を定める:

$$V := \lim_{\Delta x, \Delta y \to 0} \sum_{\ell=1}^{n} \sum_{k=1}^{m} f(x^*_{k\ell}, y^*_{k\ell}) \Delta A_{k\ell}.$$

ここで，$\Delta x = \max_{1 \le k \le m} \{\Delta x_k\}$，$\Delta y = \max_{1 \le \ell \le n} \{\Delta y_\ell\}$ である．

これを一般化したのが二重積分である．

定義 10.1.1　$R = [a,b] \times [c,d]$ とし, $f(x,y)$ を R 上定義された関数とする. このとき, f の R 上の**二重積分**とは,

$$\iint_R f(x,y)\,dA := \lim_{\Delta x, \Delta y \to 0} \sum_{\ell=1}^{n} \sum_{k=1}^{m} f(x_{k\ell}^*, y_{k\ell}^*) \Delta A_{k\ell}.$$

である. この極限が存在するとき, f は R 上**可積分**であるという. □

注意 45

- 1変数の場合と同様, $\sum_{\ell=1}^{n} \sum_{k=1}^{m} f(x_{k\ell}^*, y_{k\ell}^*) \Delta A_{k\ell}$ を, **リーマン和**という.
- 二重積分 $\iint_R f(x,y)\,dA$ は次のようにも表される:

$$\int_R f(x,y)\,dA, \quad \iint_R f(x,y)\,dxdy, \quad \int_R f(x,y)\,dxdy.$$

- 可積分性はかなり一般的な条件のもと保証される. 例えば, f が R 上連続ならば, f は R 上可積分である.
- $f(x,y) \geq 0$ であれば, 積分は上述の体積に一致する: $V = \iint_R f(x,y)\,dA$.

例 10.1

$R = [0,2] \times [0,2]$, $f(x,y) = 11 - x - 2y^2$ に対して $\iint_R f(x,y)\,dA$ を考える. 図のように領域 R を等分割し, 各小領域の代表点を右上端に取る. するとこの分割の仕方と代表点たちの取り方に対するリーマン和は

$$\begin{aligned} \sum_{\ell=1}^{2} \sum_{k=1}^{2} f(x_{k\ell}^*, y_{k\ell}^*) \Delta A_{k\ell} &= \{f(1,1) + f(2,1) + f(1,2) + f(2,2)\} \cdot 1 \\ &= (8 + 7 + 2 + 1) \cdot 1 = 18. \end{aligned}$$

なお, 積分 $\iint_R f(x,y)\,dA$ の値は後に例 10.4 で計算するように, $\frac{88}{3} (= 29 + \frac{1}{3})$ となる.

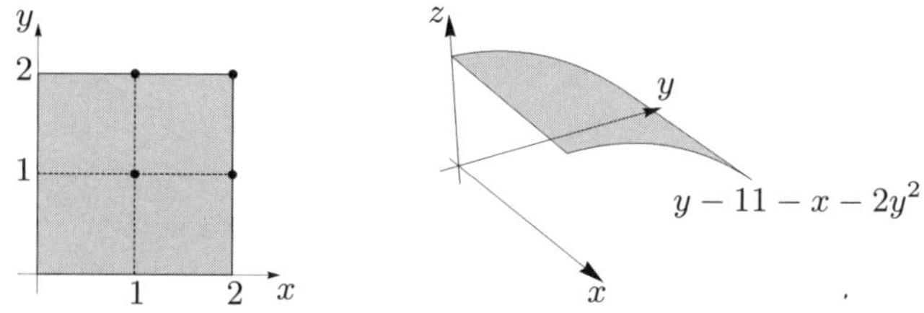

(a) 領域と分割　　(b) グラフ

(2)　累次積分

ここでは，二重積分を効率的に計算するための要となり，またそれ自身も重要である累次積分を導入する．$f(x,y)$ を $[a,b]\times[c,d]$ 上の関数とする．x を固定すると，y についての積分

$$\int_c^d f(x,y)\,dy$$

を考えることができる．この結果は x の関数となり，それをさらに x で積分することを考えることができる：

$$\int_a^b \left(\int_c^d f(x,y)\,dy\right)dx.$$

同様にして，

$$\int_c^d \left(\int_a^b f(x,y)\,dx\right)dy$$

を考えることもできる．これらを**累次積分**という．

例 10.2

$f(x,y)=xy^2$ の $[1,3]\times[0,2]$ 上の累次積分を考える．

$$\begin{aligned}\int_1^3 \left(\int_0^2 xy^2\,dy\right)dx &= \int_1^3 \left(\left[\frac{1}{3}xy^3\right]_0^2\right)dx \\ &= \int_1^3 \frac{8}{3}x\,dx = \left[\frac{4}{3}x^2\right]_1^3 = \frac{32}{3}, \\ \int_0^2 \left(\int_1^3 xy^2\,dy\right)dx &= \int_0^2 \left(\left[\frac{1}{2}x^2y^2\right]_1^3\right)dx \\ &= \int_0^2 4y^2\,dx = \left[\frac{4}{3}y^3\right]_0^2 = \frac{32}{3}.\end{aligned}$$

この例において二種の累次積分の値が一致するのは偶然ではなく，すぐあとで見るように一般的に成り立つことである．

問 1　次の累次積分を計算せよ．

(1) $\int_0^1 \left(\int_1^2 (x+y^2)\,dx\right)dy$　　(2) $\int_0^1 \left(\int_0^1 x\cos xy\,dy\right)dx$

(3) $\int_{-2}^{-3} \left(\int_0^1 \frac{1}{x+y+5}\,dx\right)dy$　　(4) $\int_0^1 \left(\int_{-2}^0 x^3e^{x^2y}\,dy\right)dx$

(3)　二重積分と累次積分

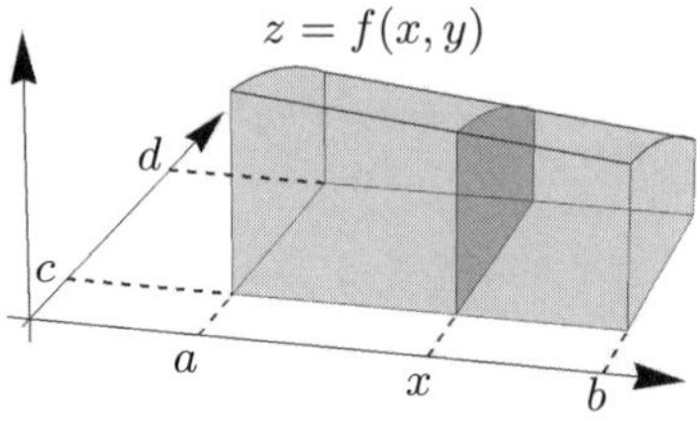

$f(x, y)$ を $[a, b] \times [c, d]$ 上非負の関数とし，$[a, b] \times [c, d]$ 上 xy 平面と $z = f(x, y)$ の間の立体を S とする．$A(x) = \int_c^d f(x, y)\, dy$ とすると，$A(x)$ は立体 S の yz 平面に平行な平面での切り口の面積をあらわす関数となる．したがってこれを x について積分したものは S の体積 V に一致するはずである;

$$V = \int_a^b A(x)\, dx = \int_a^b \left(\int_c^d f(x, y)\, dy \right) dx.$$

これは実際正しい．

定理 10.1.1（フビニの定理）　$R = [a, b] \times [c, d]$ とし，$f(x, y)$ を R 上連続な関数とする．このとき，

$$\begin{aligned} \iint_R f(x, y)\, dA &= \int_a^b \left(\int_c^d f(x, y)\, dy \right) dx \\ &= \int_c^d \left(\int_a^b f(x, y)\, dx \right) dy. \end{aligned}$$

□

注意 46　ここでは次のことが主張されていることに注意せよ．

- 二重積分と二種の累次積分がすべて定義される．
- 二重積分と累次積分が一致する．
- 一方の累次積分と他方の累次積分が一致する (積分の順序を交換できる)．

例 10.3

$f(x, y) = xy^2$ の $R = [1, 3] \times [0, 2]$ 上の積分を考える．例 10.2 で見たように，f の R 上の累次積分は (どちらも) $\frac{32}{3}$ であったから，フビニの定理により

$$\iint_{[1,3]\times[0,2]} xy^2\, dA = \frac{32}{3}.$$

例 10.4

$f(x,y)=11-x-2y^2$ の $R=[0,2]\times[0,2]$ 上の積分を考える．フビニの定理により

$$\begin{aligned}\iint_{[0,2]\times[0,2]}(11-x-2y^2)\,dA &= \int_0^2\left(\int_0^2(11-x-2y^2)\,dy\right)dx\\ &= \int_0^2\left(\left[11y-xy-\frac{2}{3}y^3\right]_0^2\right)dx\\ &= \int_0^2\left(\frac{50}{3}-2x\right)dx=\left[\frac{50}{3}x-x^2\right]_0^2=\frac{88}{3}.\end{aligned}$$

あるいは

$$\begin{aligned}\iint_{[0,2]\times[0,2]}(11-x-2y^2)\,dA &= \int_0^2\left(\int_0^2(11-x-2y^2)\,dx\right)dy\\ &= \int_0^2\left(\left[11x-\frac{1}{2}x^2-2xy^2\right]_0^2\right)dy\\ &= \int_0^2(20-4y^2)dy=\left[20y-\frac{4}{3}y^3\right]_0^2=\frac{88}{3}.\end{aligned}$$

注意 47　$f(x,y)=g(x)h(y)$ のとき，

$$\begin{aligned}\iint_R f(x,y)\,dA &= \int_a^b\left\{\int_c^d \underbrace{g(x)}_{y\text{ に依らない}}\,h(y)\,dy\right\}dx\\ &= \int_a^b\left\{g(x)\underbrace{\left(\int_c^d h(y)\,dy\right)}_{x\text{ に依らない}}\right\}dx\\ &= \left(\int_a^b g(x)\,dx\right)\cdot\left(\int_c^d h(y)\,dy\right).\end{aligned}$$

例 10.5

$$\iint_{[1,3]\times[0,2]}xy^2\,dA=\left(\int_1^3 x\,dx\right)\cdot\left(\int_0^2 y^2\,dy\right)=4\cdot\frac{8}{3}=\frac{32}{3}$$

注意 48　フビニの定理はより弱い条件でも成り立つ．例えば，f が R 上有界 (つまりある定数 $M>0$ があって R 上で $|f(x,y)|\leq M$) かつ滑らかな曲線上を除いて連続であれば成り立つ．

例 10.6

$R = [0,2] \times [0,2]$ とし，

$$f(x,y) = \begin{cases} xy & (y \geq x^2) \\ 0 & (y < x^2) \end{cases}$$

の R 上の積分を考える（f は $y = x^2$ の上で連続でないが，それでもフビニの定理が成り立つ）．

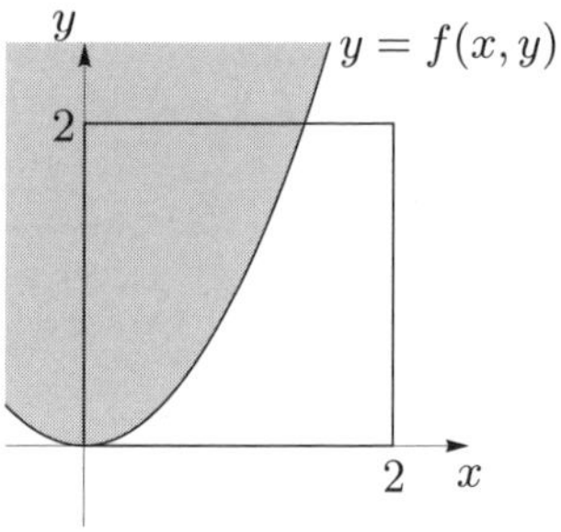

$$\iint_R f(x,y)\,dA = \int_0^2 \left(\int_0^2 f(x,y)\,dx \right) dy$$
$$= \int_0^2 \left(\int_0^{\sqrt{y}} xy\,dx \right) dy$$
$$= \int_0^2 \left(\left[\frac{1}{2}x^2 y \right]_0^{\sqrt{y}} \right) dy = \int_0^2 \left(\frac{1}{2}y^2 \right) dy = \left[\frac{1}{6}y^3 \right]_0^2 = \frac{4}{3}.$$

問 2　次の関数 $f(x,y)$ と領域 R に対して，二重積分 $\iint_R f(x,y)\,dA$ を計算せよ．

(1) $f = x^4 y^5,\ R = [0,1] \times [0,1]$　　(2) $f = x + \sin y,\ R = [0,1] \times [0,\pi]$

(3) $f = e^x y,\ R = [1,2] \times [-1,0]$　　(4) $f = x \cos xy,\ R = [0,\frac{\pi}{2}] \times [-2,0]$

(5) $f(x,y) = \begin{cases} x^3 y & (y \geq x+1) \\ 0 & (y < x+1) \end{cases}$,　　$R = [0,1] \times [0,3]$

最後に，フビニの定理での積分の順序交換が有効な例を見ておこう．

例 10.7

$\displaystyle\int_0^2 \left(\int_0^1 \frac{-2xy^3}{(1+x^2y^2)^2}\,dy \right) dx$ を考える．この被積分関数は $y \cdot \frac{\partial}{\partial x} \frac{1}{1+x^2y^2}$ と書けるので，積分の順序交換をしてまず x について積分する形にすると，

$$\int_0^2 \left(\int_0^1 \frac{-2xy^3}{(1+x^2y^2)^2}\,dy \right) dx = \int_0^1 \left(\int_0^2 \frac{-2xy^3}{(1+x^2y^2)^2}\,dx \right) dy$$
$$= \int_0^1 \left(\left[y \cdot \frac{1}{1+x^2y^2} \right]_0^2 \right) dy$$
$$= \int_0^1 \left(\frac{y}{1+4y^2} - y \right) dy$$

$$= \left[\frac{1}{8}\log(1+4y^2) - \frac{y^2}{2}\right]_0^1 = \frac{1}{8}\log 5 - \frac{1}{2}.$$

問 3　(積分の順序交換を利用して) 次の累次積分を計算せよ.

(1) $\displaystyle\int_0^{\pi}\left(\int_0^1 x^3\cos(x^2y)\,dx\right)dy$　　(2) $\displaystyle\int_1^2\left(\int_1^3 \frac{x}{(x^2+y^2-1)^2}\,dy\right)dx$

(4)　平均値

定義 10.1.2　$R=[a,b]\times[c,d]$ とし, $f(x,y)$ を R 上可積分な関数とする. このとき f の R 上の**平均値**とは

$$f_{\mathrm{ave}} := \frac{1}{A(R)}\iint_R f(x,y)\,dA,$$

ここで $A(R)$ は R の面積 $(=(b-a)\times(d-c))$ である.　□

注意 49　$A(R)\times f_{\mathrm{ave}} = \iint_R f(x,y)\,dA$ であるから, $f\geq 0$ の場合, f_{ave} は R 上の直方体で体積が $\iint_R f(x,y)\,dA$ に等しいものの高さである.

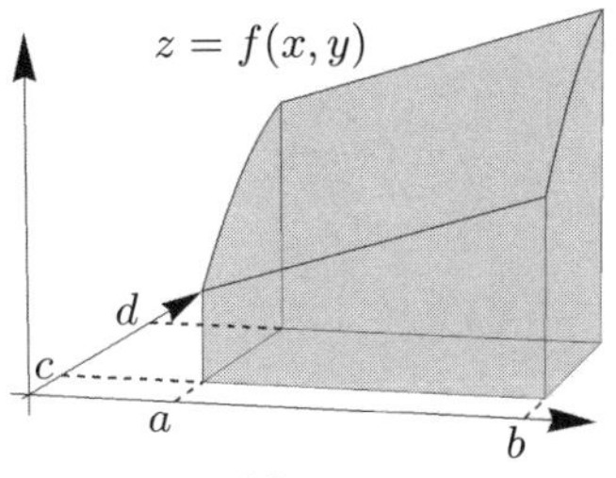

(a) $\iint_R f(x,y)\,dA$

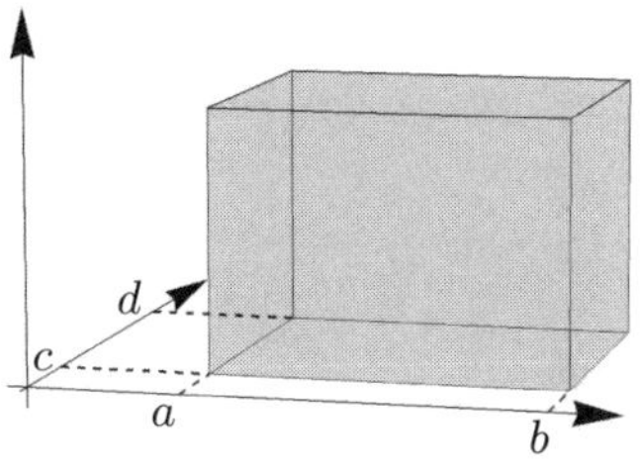

(b) $(b-a)\times(c-d)\times f_{\mathrm{ave}}$

例 10.8

$R=[a,b]\times[c,d]$ とし, $f(x,y)=11-x-2y^2$ とする. $\iint_R f(x,y)\,dA=\frac{88}{3}$ であった (例 10.4) から, f の R 上の平均値 f_{ave} は

$$f_{\mathrm{ave}} = \frac{1}{2\times 2}\iint_R f(x,y)\,dA = \frac{1}{4}\cdot\frac{88}{3} = \frac{22}{3}\left(=7+\frac{1}{3}\right).$$

問 4　次の関数 $f(x,y)$ と領域 R に対して, f の R 上の平均値を求めよ.

(1) $f=ye^{xy},\ R=[-3,0]\times[0,1]$　　(2) $f=-x+\sin y,\ R=[1,2]\times[0,\pi]$

10.1.2　一般領域上の二重積分

ここでは長方形とは限らない領域 D に対して，D 上連続な関数 $f(x,y)$ の D 上の二重積分を考える．このときにはまず，D を含むような長方形領域 $R=[a,b]\times[c,d]$ をとって，R 上で

$$\tilde{f}(x,y) := \begin{cases} f(x,y) & ((x,y)\in D) \\ 0 & (\text{それ以外}) \end{cases}$$

とし，そして次のように定める:

$$\iint_D f(x,y)\,dA := \iint_R \tilde{f}(x,y)\,dA.$$

この定義は長方形領域 R のとり方に依らない．

(1)　二つの代表的な場合

長方形でない領域 D として現れる代表的なものとしては次の 2 つのようなものがある．

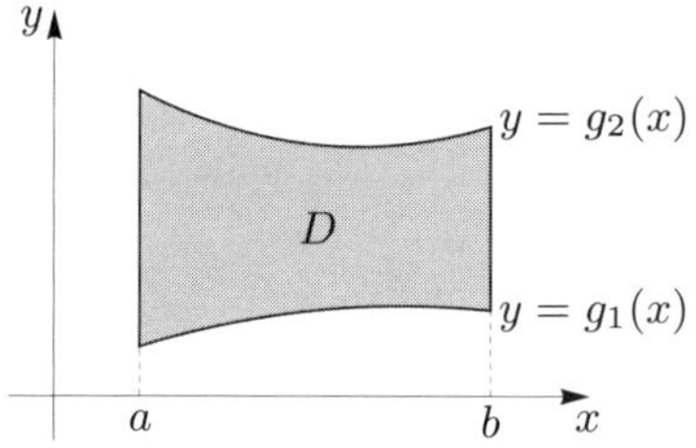

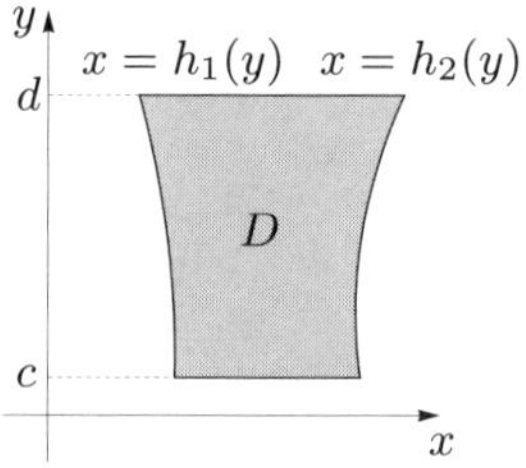

$D=\{(x,y)\mid a\le x\le b,\ g_1(x)\le y\le g_2(x)\}$ (g_1, g_2 は連続関数) と表されるとき (図左): このときには $R=[a,b]\times[c,d]\supset D$ を取り，上述のように $\iint_D f(x,y)\,dA$ を定める．フビニの定理により

$$\iint_D f(x,y)\,dA = \iint_R \tilde{f}(x,y)\,dA = \int_a^b \left(\int_c^d \tilde{f}(x,y)\,dy\right) dx$$

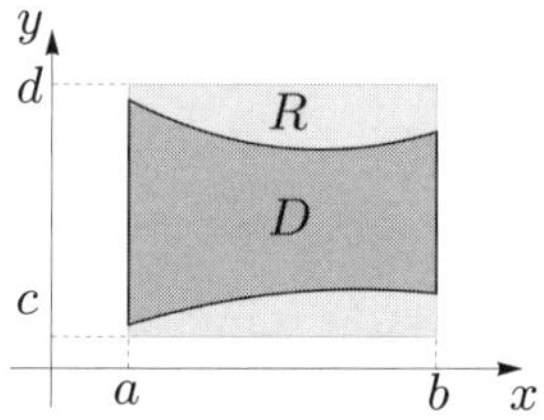

となるが，各 x $(a\le x\le b)$ に対して

$$\tilde{f}(x,y) = \begin{cases} f(x,y) & (g_1(x)\le y\le g_2(x)) \\ 0 & (\text{それ以外}) \end{cases}$$

となることから,

$$\iint_D f(x,y)\,dA = \int_a^b \left(\int_{g_1(x)}^{g_2(x)} f(x,y)\,dy \right) dx.$$

$D = \{(x,y) \mid c \leq y \leq d,\ h_1(y) \leq x \leq h_2(y)\}$ (h_1, h_2 は連続関数) と表されるとき (図右): このときも同様に,

$$\iint_D f(x,y)\,dA = \int_c^d \left(\int_{h_1(y)}^{h_2(y)} f(x,y)\,dx \right) dy.$$

例 10.9

右図のような, $y = -x^2$ と $y = -x - 2$ によって囲まれる領域 D と $f(x,y) = x$ に対して $\iint_D f(x,y)\,dA$ を考える. 領域 D は

$$D = \{(x,y) \mid -1 \leq x \leq 2,\ -x-2 \leq y \leq -x^2\}$$

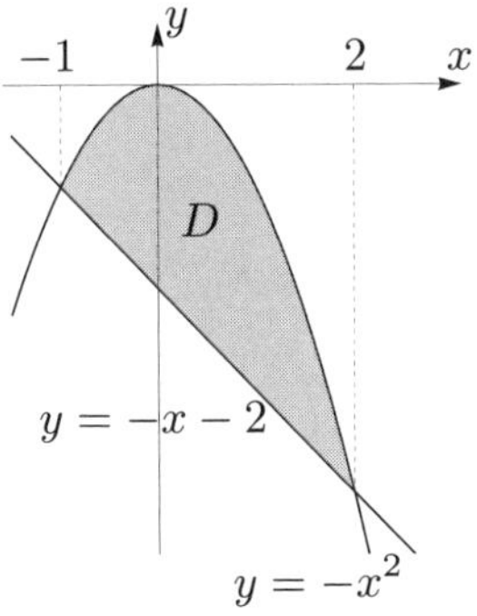

と表せるので,

$$\begin{aligned}\iint_D f(x,y)\,dA &= \int_{-1}^{2} \left(\int_{-x-2}^{-x^2} x\,dy \right) dx \\ &= \int_{-1}^{2} \left([xy]_{-x-2}^{-x^2} \right) dx \\ &= \int_{-1}^{2} (-x^3 + x^2 + 2x)\,dx = \left[-\frac{x^4}{4} + \frac{x^3}{3} + x^2 \right]_{-1}^{2} = \frac{9}{4}.\end{aligned}$$

例 10.10

右図のような, y 軸と $y = 1$, $x = y^3 + y$ によって囲まれる領域 D と $f(x,y) = 2xy$ に対して $\iint_D f(x,y)\,dA$ を考える. 領域 D は

$$D = \{(x,y) \mid 0 \leq y \leq 1,\ 0 \leq x \leq y^3 + y\}$$

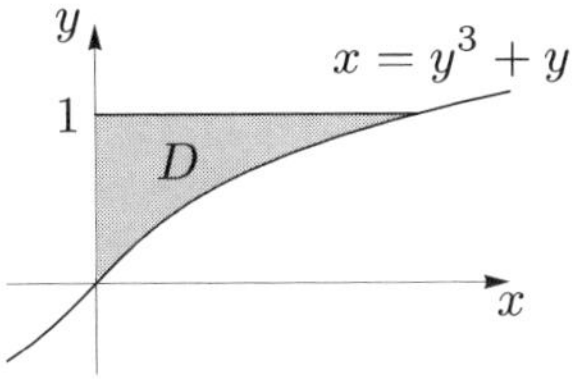

と表せるので,

$$\begin{aligned}\iint_D f(x,y)\,dA &= \int_0^1 \left(\int_0^{y^3+y} 2xy\,dx \right) dy \\ &= \int_0^1 \left(\left[x^2 y\right]_0^{y^3+y} \right) dy \\ &= \int_0^1 (y^7 + 2y^5 + y^3)\,dy = \left[\frac{y^8}{8} + \frac{y^6}{3} + \frac{y^4}{4} \right]_0^1 = \frac{17}{24}.\end{aligned}$$

例 10.11

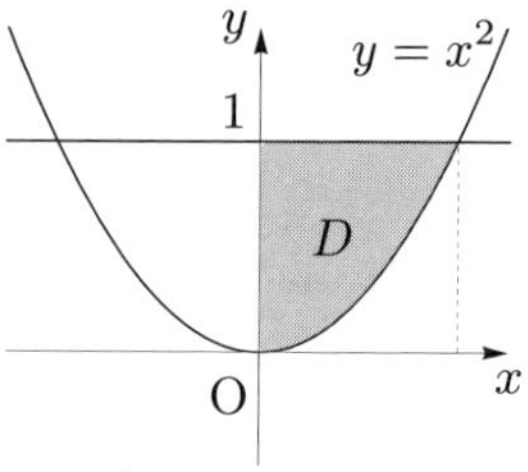

右図のような領域 D 上の，xy 平面と曲面 $z = x^2 + y^2$ の間の立体 S の体積 V を考える．領域 D は

$$D = \{(x, y) \mid 0 \le x \le 1,\ x^2 \le y \le 1\}$$
$$(= \{(x, y) \mid 0 \le y \le 1,\ 0 \le x \le \sqrt{y}\})$$

と表せるので，

$$\begin{aligned} V &= \iint_D \left(x^2 + y^2\right) dA \\ &= \int_0^1 \left(\int_{x^2}^1 \left(x^2 + y^2\right) dy\right) dx \\ &= \int_0^1 \left(\left[x^2 y + \frac{y^3}{3}\right]_{x^2}^1\right) dx \\ &= \int_0^1 \left(-\frac{x^6}{3} - x^4 + x^2 + \frac{1}{3}\right) dx = \left[-\frac{x^7}{21} - \frac{x^5}{5} + \frac{x^3}{3} + \frac{x}{3}\right]_0^1 = \frac{44}{105}. \end{aligned}$$

あるいは，

$$V = \int_0^1 \left(\int_0^{\sqrt{y}} \left(x^2 + y^2\right) dx\right) dy = \cdots = \frac{44}{105}.$$

例 10.12

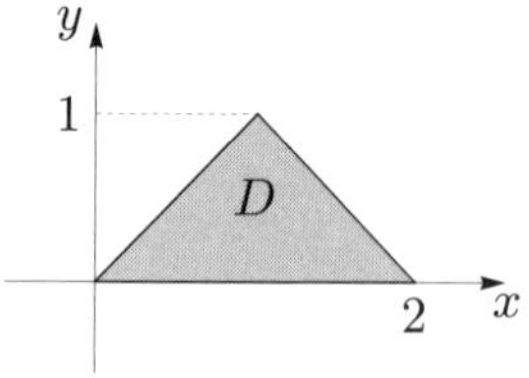

右図のような3点 $(0, 0)$，$(2, 0)$，$(1, 1)$ を頂点とする三角形領域 D と $f(x, y) = y$ に対して $\iint_D f(x, y)\, dA$ を考える．領域 D は

$$D = \{(x, y) \mid 0 \le y \le 1,\ y \le x \le 2 - y\}$$

と表せるので，

$$\begin{aligned} \iint_D f(x, y)\, dA &= \int_0^1 \left(\int_y^{2-y} y\, dx\right) dy \\ &= \int_0^1 \left([xy]_y^{2-y}\right) dy \\ &= \int_0^1 \left(2y - 2y^2\right) dy = \left[y^2 - \frac{2}{3}y^3\right]_0^1 = \frac{1}{3}. \end{aligned}$$

例 10.13

曲面 $x = y^2$, $x = 2 - y^2$, $z = 0$ (xy-平面), $y + z = 5$ によって囲まれる立体 S の体積 V を考える．S は右図のような領域 D 上, xy-平面と平面 $z = 5 - y$ の間の立体であり, 領域 D は

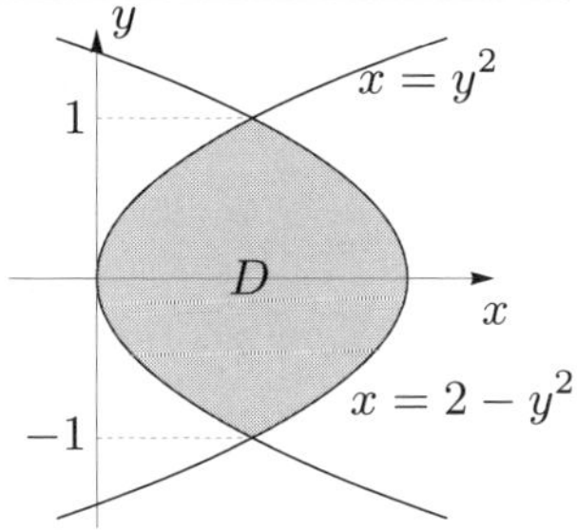

$$D = \{(x, y) \mid -1 \le y \le 1,\ y^2 \le x \le 2 - y^2\}$$

と表せるので,

$$\begin{aligned} V &= \iint_D (5 - y)\ dA \\ &= \int_{-1}^{1} \left(\int_{y^2}^{2-y^2} (5 - y)\ dx \right) dy \\ &= \int_{-1}^{1} \left([(5 - y)x]_{y^2}^{2-y^2} \right) dy \\ &= 2 \int_{-1}^{1} \left(5 - y - 5y^2 + y^3\right) dy \\ &= 2 \cdot 2 \int_0^1 \left(5 - 5y^2\right) dy = 20 \left[y - \frac{y^3}{3} \right]_0^1 = \frac{40}{3}. \end{aligned}$$

例 10.14

累次積分 $I = \int_0^1 \int_y^1 e^{-x^2} dxdy$ を考える．不定積分 $\int e^{-x^2} dx$ は初等関数では表せず, この累次積分をそのまま計算するのは難しい．しかし I が右図のような領域

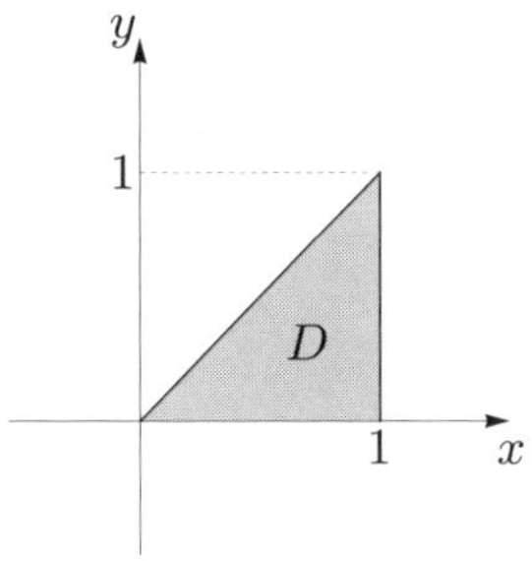

$$\begin{aligned} D &= \{(x, y) \mid 0 \le y \le 1,\ y \le x \le 1\} \\ &= \{(x, y) \mid 0 \le x \le 1,\ 0 \le y \le x\} \end{aligned}$$

上での e^{-x^2} の二重積分であることに注意すると,

$$\begin{aligned} I = \iint_D e^{-x^2}\ dA &= \int_0^1 \left(\int_0^x e^{-x^2}\ dy \right) dx \\ &= \int_0^1 \left(\left[e^{-x^2} y \right]_0^x \right) dx \\ &= \int_0^1 \left(x e^{-x^2} \right) dx = \left[-\frac{1}{2} e^{-x^2} \right]_0^1 = \frac{1}{2} \left(1 - e^{-1}\right). \end{aligned}$$

問5　次の関数 $f(x,y)$ と領域 D に対して, $\iint_D f(x,y)\,dA$ を求めよ.

(1) $f = x + y$,　　D: $y = x$ と $y = x^2$ で囲まれる領域

(2) $f = x^2$,　　D: x 軸, y 軸, $y = 1$ と $y = \log x$ で囲まれる領域

(3) $f = xy$,　　D: $x = y^2$ と $y = \frac{1}{3}x + \frac{2}{3}$ で囲まれる領域

問6　曲面 $y = x^3$, $y = 2 - x$, $z = 0$, $z = y$ で囲まれる領域の体積を求めよ.

問7　次の累次積分を求めよ.

(1) $\int_0^1 \left(\int_{\sqrt{y}}^1 \cos x^3\,dx\right) dy$　　　(2) $\int_0^1 \left(\int_x^1 \frac{x^2}{(1+y^4)^5}\,dy\right) dx$

(2)　二重積分の性質

線形性と単調性

$f(x,y)$, $g(x,y)$ は領域 D 上可積分であるとする. このとき

i)　定数 α, β に対して $\alpha f(x,y) + \beta g(x,y)$ も D 上可積分で

$$\iint_D \{\alpha f(x,y) + \beta g(x,y)\}\,dA = \alpha \iint_D f(x,y)\,dA + \beta \iint_D g(x,y)\,dA.$$

ii)　D 上 $f(x,y) \geq g(x,y)$ であれば

$$\iint_D f(x,y)\,dA \geq \iint_D g(x,y)\,dA.$$

面積と体積

$$\iint_D dA \left(= \iint_D 1\,dA\right) = A(D).$$

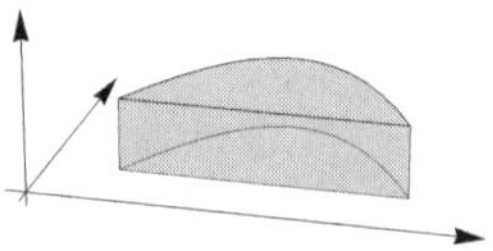

ここで, $A(D)$ は領域 D の面積である.

例 10.15

$D = [0, \frac{1}{2}] \times [0, \frac{3}{4}]$ とする. 不等式 $e^t \geq 1 + t$ を用いて, 積分 $\iint_D e^{x^2y^2}\,dA$ の下からの評価を与える.

$$\begin{aligned}\iint_D e^{x^2y^2}\,dA &\geq \iint_D \left(1 + x^2y^2\right) dA \\ &= \iint_D dA + \iint_D x^2y^2\,dA \\ &= A(D) + \int_0^{1/2} x^2\,dx \cdot \int_0^{3/4} y^2\,dy \\ &= \frac{3}{8} + \frac{1}{3}\left(\frac{1}{2}\right)^3 \cdot \frac{1}{3}\left(\frac{3}{4}\right)^3 = \frac{195}{512}.\end{aligned}$$

問 8　領域 D 上で $m \leq f(x, y) \leq M$ (m, M は定数) であるとき, D の面積を $A(D)$ として, 次が成り立つことを示せ: $mA(D) \leq \iint_D f(x, y)\, dA \leq MA(D)$.

<u>領域についての加法性</u>

D_1 と D_2 は境界を除いて重なりがないとし, $D = D_1 \cup D_2$ とする. このとき,

$$\iint_D f(x, y)\, dA = \iint_{D_1} f(x, y)\, dA + \iint_{D_2} f(x, y)\, dA.$$

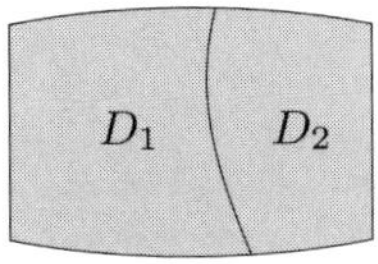

例 10.16

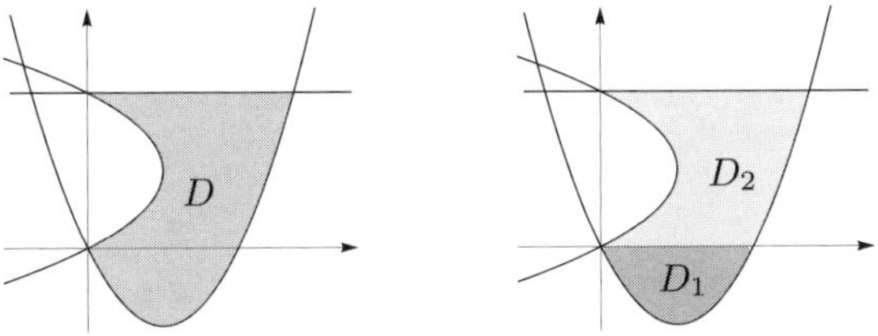

図のような, 境界が $y = 2$, $y = x(x-2)$, $x = y(2-y)$ であるような領域 D 上での二重積分 $\iint_D f(x, y)\, dA$ を考える. D を $y \leq 0$ の部分 D_1 と $y \geq 0$ の部分 D_2 に分ける:

$$D_1 = \{(x, y) \mid 0 \leq x \leq 2,\ x(x-2) \leq y \leq 0\}$$
$$D_2 = \{(x, y) \mid 0 \leq y \leq 2,\ y(2-y) \leq x \leq 1 + \sqrt{y+1}\}$$

すると, $\iint_D f(x, y)\, dA$ は次のようにして累次積分に帰着できる.

$$\begin{aligned}\iint_D f(x, y)\, dA &= \iint_{D_1} f(x, y)\, dA + \iint_{D_2} f(x, y)\, dA \\ &= \int_0^2 \int_{x(x-2)}^0 f(x, y)\, dydx + \int_0^2 \int_{y(2-y)}^{1+\sqrt{y+1}} f(x, y)\, dxdy.\end{aligned}$$

問 9　次の領域 D の面積を求めよ.

(1) $D = \{(x, y) \mid 0 \leq x \leq 1 - (y-1)^2,\ x \leq y\}$

(2) $D = \{(x, y) \mid 0 \leq x \leq 2 - y^2,\ x \geq y\}$

問10　次の関数 $f(x,y)$ と領域 D に対して，$\iint_D f(x,y)\,dA$ を求めよ．

(1) $f(x,y)=x,\qquad D=\{(x,y)\mid x,y\geq 0,\ x+y\leq 2,\ x\geq y-y^2\}$

(2) $f(x,y)=x^2,\qquad D=\{(x,y)\mid |x|\leq y\leq \frac{1}{2}x+3\}$

10.1.3　極座標での二重積分

(1)　基本的な極領域上

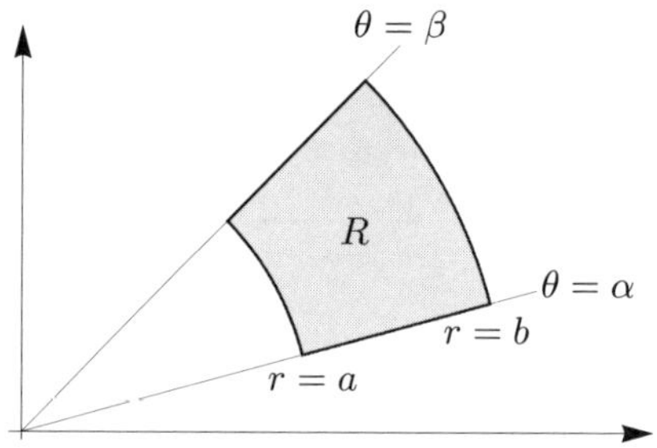

まずは直交座標での長方形に相当するような極領域上での二重積分を考える．$R=\{(r,\theta)\mid a\leq r\leq b,\ \alpha\leq\theta\leq\beta\}$　$(\beta-\alpha\leq 2\pi)$ とし，$f(x,y)$ を R 上連続な関数とする．f の R 上の積分 $\iint_R f(x,y)\,dA$ に対する次のような近似を考える．r の区間 $[a,b]$ を m 等分し，θ の区間 $[\alpha,\beta]$ を n 等分する．また $\Delta r=\frac{b-a}{m}$, $\Delta\theta=\frac{\beta-\alpha}{n}$ としておく．これに応じて R は $m\times n$ 個の小領域に分割される．そして領域 $\{(r,\theta)\mid r_{k-1}\leq r\leq r_k,\ \theta_{\ell-1}\leq\theta\leq\theta_\ell\}$ に代表点 $(r^*_{k\ell},\theta^*_{k\ell})=\left(\frac{r_{k-1}+r_k}{2},\frac{\theta_{\ell-1}+\theta_\ell}{2}\right)$ を取る．容易に分かるようにこの小領域の面積は $r^*_{k\ell}\Delta r\Delta\theta$ である．したがって分割が細ければ，

$$\iint_R f(x,y)\,dA\approx\sum_{\ell=1}^{n}\sum_{k=1}^{m}f(r^*_{k\ell}\cos\theta^*_{k\ell},r^*_{k\ell}\sin\theta^*_{k\ell})r^*_{k\ell}\Delta r\Delta\theta \tag{10.1}$$

である．$g(r,\theta):=f(r\cos\theta,r\sin\theta)\times r$ とすれば，(10.1) の右辺は $g(r,\theta)$ の $[a,b]\times[\alpha,\beta]$ 上のリーマン和であるから，$m,n\to\infty$ の極限で (10.1) の右辺は

$$\int_\alpha^\beta\int_a^b g(r,\theta)\,drd\theta=\int_\alpha^\beta\int_a^b f(r\cos\theta,r\sin\theta)r\,drd\theta$$

に収束する．また近似式は等式になり，次が成り立つ:

$$\iint_R f(x,y)\,dA=\int_\alpha^\beta\int_a^b f(r\cos\theta,r\sin\theta)r\,drd\theta.$$

例 10.17

右図のような領域

$$R=\left\{(r,\theta)\mid 1\le r\le 2,\ 0\le\theta\le\frac{\pi}{4}\right\}$$

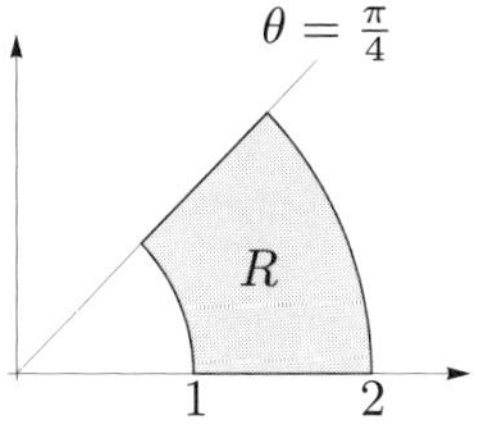

に対して，$f(x,y)=x+2y$ の R 上の積分 $\iint_R f(x,y)\,dA$ を考える．

$$\begin{aligned}\iint_R f(x,y)\,dA&=\int_0^{\frac{\pi}{4}}\int_1^2 f(r\cos\theta,r\sin\theta)r\,drd\theta\\&=\int_0^{\frac{\pi}{4}}\int_1^2(r\cos\theta+2r\sin\theta)\,r\,drd\theta\\&=\int_0^{\frac{\pi}{4}}\left(\left[\frac{r^3}{3}\cos\theta+\frac{2r^3}{3}\sin\theta\right]_1^2\right)d\theta\\&=\frac{7}{3}\int_0^{\frac{\pi}{4}}(\cos\theta+2\sin\theta)\,d\theta=\frac{7}{6}\left(4-\sqrt{2}\right).\end{aligned}$$

例 10.18

右図のような領域

$$R=\left\{(r,\theta)\mid 0\le r\le 1,\ 0\le\theta\le\frac{\pi}{2}\right\}$$

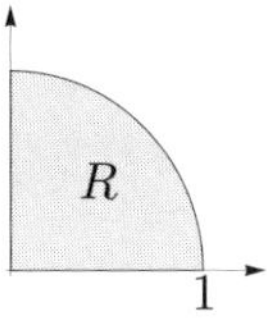

に対して，$f(x,y)=e^{x^2+y^2}$ の R 上の二重積分 $\iint_R f(x,y)\,dA$ を考える．この積分を直交座標 x, y についての累次積分に直して計算するのは難しいことを注意しておく．$x^2+y^2=r^2$ であるから，

$$\begin{aligned}\iint_R f(x,y)\,dA&=\int_0^{\frac{\pi}{2}}\int_0^1 e^{r^2}r\,drd\theta\\&=\int_0^{\frac{\pi}{2}}\left(\left[\frac{1}{2}e^{r^2}\right]_0^1\right)d\theta\\&=\int_0^{\frac{\pi}{2}}\frac{1}{2}(e-1)\,d\theta=\frac{\pi}{4}(e-1).\end{aligned}$$

問 11 次の関数 $f(x,y)$ と領域 R に対して，$\iint_R f(x,y)\,dA$ を求めよ．

(1) $f(x,y)=xy$, $\quad R=\{(r,\theta)\mid 0\le r\le 2,\ 0\le\theta\le\frac{\pi}{4}\}$

(2) $f(x,y)=\frac{x}{y^2}$, $\quad R=\{(r,\theta)\mid 1\le r\le 3,\ \frac{\pi}{6}\le\theta\le\frac{\pi}{3}\}$

(3) $f(x,y)=\frac{1}{(x^2+y^2+1)^3}$, $\quad R=\{(r,\theta)\mid 1\le r\le 2,\ \frac{\pi}{2}\le\theta\le\pi\}$

(2)　一般的な極領域上

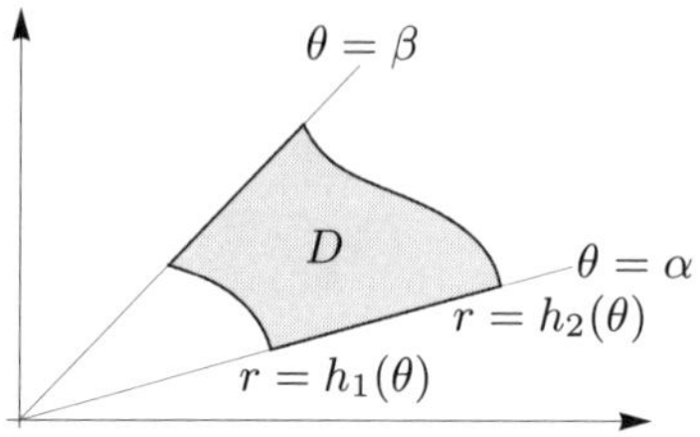

ここでは図のような極領域 D 上での二重積分を考える:

$$D = \{(r, \theta) \mid \alpha \leq \theta \leq \beta,\ h_1(\theta) \leq r \leq h_2(\theta)\}$$

ただし $\beta - \alpha \leq 2\pi$ であり, h_1, h_2 は連続関数である. $f(x, y)$ を D 上連続な関数とすると, 直交座標の場合と同様に, $f(x, y)$ の D 上の二重積分は次のような累次積分になる:

$$\iint_R f(x, y)\, dA = \int_\alpha^\beta \int_{h_1(\theta)}^{h_2(\theta)} f(r\cos\theta, r\sin\theta) r\, dr d\theta.$$

例 10.19

右図のような, 極方程式 $r = 1 + \cos\theta$, $-\pi \leq \theta \leq \pi$ で表される曲線 (カージオイド) で囲まれる領域

$$D = \{(r, \theta) \mid -\pi \leq \theta \leq \pi,\ 0 \leq r \leq 1 + \cos\theta\}$$

に対して, 二重積分 $\iint_D dA$ を考える. これは領域 D の面積である.

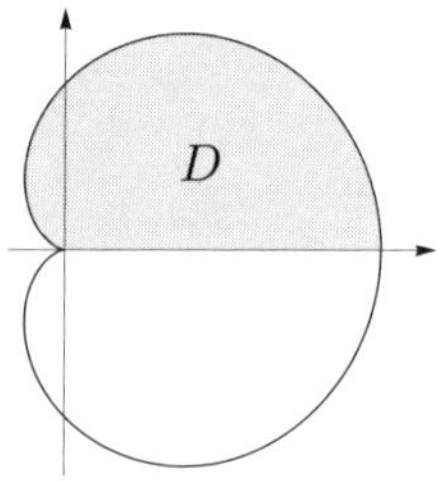

$$\begin{aligned}\iint_D dA &= \int_{-\pi}^{\pi} \int_0^{1+\cos\theta} r\, dr d\theta \\ &= \int_{-\pi}^{\pi} \left(\left[\frac{r^2}{2} \right]_0^{1+\cos\theta} \right) d\theta \\ &= \int_{-\pi}^{\pi} \frac{1 + 2\cos\theta + \cos^2\theta}{2} d\theta = \frac{3\pi}{2}.\end{aligned}$$

注意 50　上の例と同様に, 一般に, 領域 $D = \{(r, \theta) \mid \alpha \leq \theta \leq \beta\ 0 \leq r \leq h(\theta)\}$ の面積 $A(D)$ は, 次のような積分で表される:

$$A(D) = \iint_D dA = \int_\alpha^\beta \int_0^{h(\theta)} r\, dr d\theta = \int_\alpha^\beta \frac{1}{2} \{h(\theta)\}^2\, d\theta.$$

例 10.20

右図のような円板領域

$$D = \left\{(x, y) \mid (x-1)^2 + y^2 \leq 1\right\}$$

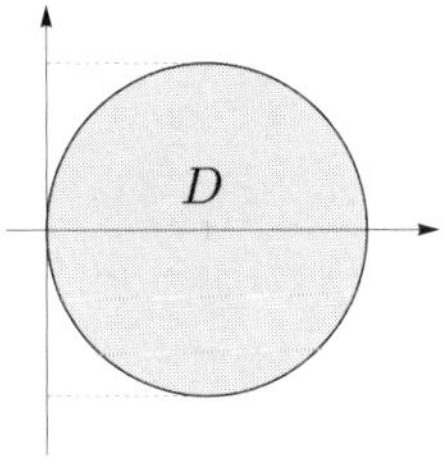

に対して, D 上 xy 平面と放物面 $z = x^2 + y^2$ に挟まれる立体 S の体積 V を考える. D の境界は極方程式で $r = 2\cos\theta$, $-\frac{\pi}{2} \leq \theta \leq \frac{\pi}{2}$ と表されるので,

$$\begin{aligned} V &= \iint_D \left(x^2 + y^2\right) dA \\ &= \int_{-\frac{\pi}{2}}^{\frac{\pi}{2}} \int_0^{2\cos\theta} r^2 \cdot r \, dr d\theta \\ &= \int_{-\frac{\pi}{2}}^{\frac{\pi}{2}} \left(\left[\frac{r^4}{4}\right]_0^{2\cos\theta} \right) d\theta \\ &= \int_{-\frac{\pi}{2}}^{\frac{\pi}{2}} 4\cos^4\theta d\theta = \frac{3\pi}{2}. \end{aligned}$$

問 12　次の関数 $f(x, y)$ と領域 D に対して, $\iint_D f(x, y)\, dA$ を求めよ.

(1) $f(x, y) = \frac{1}{\sqrt{x^2+y^2}}$,　　$D = \{(r, \theta) \mid 1 \leq r \leq 2\cos\theta,\ \frac{\pi}{6} \leq \theta \leq \frac{\pi}{3}\}$

(2) $f(x, y) = \frac{x}{x^2+y^2}$,　　$D = \{(r, \theta) \mid \cos\theta \leq r \leq 1,\ 0 \leq \theta \leq \frac{\pi}{4}\}$

(3) $f(x, y) = \frac{y}{\sqrt{x^2+y^2}}$,　　$D = \{(r, \theta) \mid 1 \leq r \leq 2 + \cos\theta,\ 0 \leq \theta \leq \frac{\pi}{2}\}$

問 13　次の領域 D の面積を求めよ.

(1) $D = \{(r, \theta) \mid 0 \leq r \leq \sin 2\theta,\ 0 \leq \theta \leq \frac{\pi}{2}\}$

(2) $D = \{(r, \theta) \mid 0 \leq r \leq 2 + \cos\theta,\ 0 \leq \theta \leq \pi\}$

問 14　広義積分 $G = \int_{-\infty}^{\infty} e^{-x^2} dx$ は**ガウス積分**と呼ばれ, その値は $\sqrt{\pi}$ であることが知られている. これを以下のようにして示せ.

(1)　$S_\rho := \{(x, y) \mid x^2 + y^2 \leq \rho^2\}$, $I_\rho := \iint_{S_\rho} e^{-x^2-y^2}\, dA$ とする. I_ρ および $\lim_{\rho\to\infty} I_\rho$ を求めよ.

(2)　$R_\ell := \{(x, y) \mid -\ell \leq x \leq \ell, -\ell \leq y \leq \ell\}$, $J_\ell := \iint_{R_\ell} e^{-x^2-y^2}\, dA$ とする. $\lim_{\ell\to\infty} J_\ell$ を G を用いて表せ.

(3)　$\lim_{\rho\to\infty} I_\rho = \lim_{\ell\to\infty} J_\ell$ が成り立つと仮定して (cf. 11.4 節), $G = \sqrt{\pi}$ を示せ.

10.2　三重積分

10.2.1　直方体領域上の三重積分と累次積分

三重積分 $B=[a,b]\times[c,d]\times[p,q]$ とし，$f(x,y,z)$ を B 上定義された関数とする．f の直方体領域 B 上の**三重積分** $\iiint_B f(x,y,z)\,dV$ を考える．これは二重積分の場合と同様に，次のように定義される．まず，$a=x_0<x_1<x_2<\cdots<x_K=b$, $c=y_0<y_1<y_2<\cdots<y_L=d$, $p=z_0<z_1<z_2<\cdots<z_M=q$, として $[a,b]$ と $[c,d]$ と $[p,q]$ を分割し，B を直方体の領域 $[x_{k-1},x_k]\times[y_{\ell-1},y_\ell]\times[z_{m-1},z_m]$ に分ける $(k=1,2,\ldots,K,\ \ell=1,2,\ldots,L,\ m=1,2,\ldots,M)$．次に各小領域 $[x_{k-1},x_k]\times[y_{\ell-1},y_\ell]\times[z_{m-1},z_m]$ に**代表点** $(x^*_{k\ell m},y^*_{k\ell m},x^*_{k\ell m})$ を選び，**リーマン和**を作る；

$$\sum_{m=1}^{M}\sum_{\ell=1}^{L}\sum_{k=1}^{K} f(x^*_{k\ell m},y^*_{k\ell m},z^*_{k\ell m})\Delta V_{k\ell m},$$

$$\begin{aligned}\Delta V_{k\ell m}&=\Delta x_k\Delta y_\ell\Delta z_m\\&=(x_k-x_{k-1})(y_\ell-y_{\ell-1})(z_m-z_{m-1}).\end{aligned}$$

分割を細かくする極限をとる；

$$\iiint_B f(x,y,x)\,dV:=\lim_{\Delta x,\Delta y,\Delta z\to 0}\sum_{m=1}^{M}\sum_{\ell=1}^{L}\sum_{k=1}^{K} f(x^*_{k\ell m},y^*_{k\ell m},z^*_{k\ell m})\Delta V_{k\ell m}.$$

この極限が存在するとき，f は B 上可積分であると言う．例えば f が B 上連続ならば，f は B 上可積分であることが知られている．また，二重積分の場合と同様，三重積分 $\iiint_B f(x,y,z)\,dV$ は次のようにも表される:

$$\int_B f(x,y,z)\,dV,\quad \iiint_B f(x,y,z)\,dxdydz,\quad \int_B f(x,y,z)\,dxdydz.$$

累次積分 直方体領域 $B=[a,b]\times[c,d]\times[p,q]$ と B 上定義された関数 $f(x,y,z)$ に対して，次のような $3!=6$ 種の累次積分を考えることができる:

$$\int_p^q\int_c^d\int_a^b f(x,y,z)\,dxdydz,\qquad \int_p^q\int_a^b\int_c^d f(x,y,z)\,dydxdz,$$

$$\int_c^d\int_p^q\int_a^b f(x,y,z)\,dxdzdy,\qquad \int_c^d\int_a^b\int_p^q f(x,y,z)\,dzdxdy,$$

$$\int_a^b\int_p^q\int_c^d f(x,y,z)\,dydzdx,\qquad \int_a^b\int_c^d\int_p^q f(x,y,z)\,dzdydx.$$

例 10.21

$$\int_0^3\int_0^2\int_0^1 2(x+2y)z\,dzdydx = \int_0^3\int_0^2 (x+2y)\,dydx = \int_0^3 (2x+4)\,dx = 21.$$

定理 10.2.1（フビニの定理）　$B=[a,b]\times[c,d]\times[p,q]$ とし，$f(x,y,z)$ は B 上連続な関数とする．このとき，

$$\begin{aligned}
&\iiint_B f(x,y,z)\,dV \\
&\quad = \int_p^q\int_c^d\int_a^b f(x,y,z)\,dxdydz = \int_p^q\int_a^b\int_c^d f(x,y,z)\,dydxdz \\
&\quad = \int_c^d\int_p^q\int_a^b f(x,y,z)\,dxdzdy = \int_c^d\int_a^b\int_p^q f(x,y,z)\,dzdxdy \\
&\quad = \int_a^b\int_p^q\int_c^d f(x,y,z)\,dydzdx = \int_a^b\int_c^d\int_p^q f(x,y,z)\,dzdydx.
\end{aligned}$$

□

例 10.22

$B=[0,3]\times[0,2]\times[0,1]$ とする．フビニの定理と例 10.21 により，

$$\iiint_B 2(x+2y)z\,dV = \int_0^3\int_0^2\int_0^1 2(x+2y)z\,dzdydx = 21.$$

例 10.23

$B=[a,b]\times[c,d]\times[p,q]$ とし，$f(x,y,z)$ は B 上連続な関数とする．このとき，フビニの定理により，

$$\iiint_B f(x,y,z)\,dV = \int_a^b\int_c^d\int_p^q f(x,y,z)\,dzdydx$$

であるが，$\int_p^q f(x,y,z)\,dz$ は x, y の関数で $[a,b]\times[c,d]$ 上連続であるから，フビニの定理によって x, y についての累次積分を二重積分に替えて，

$$\iiint_B f(x,y,z)\,dV = \iint_{[a,b]\times[c,d]}\left(\int_p^q f(x,y,z)\,dz\right)dA.$$

問 15　次の関数 $f(x,y,z)$ と領域 B に対して，$\iiint_B f(x,y,z)\,dV$ を計算せよ．

(1) $f(x,y)=x^3y^2z$,　　$B=[0,2]\times[3,4]\times[-5,0]$

(2) $f(x,y)=\frac{\sin y\cos y}{xe^z}$,　　$B=[1,2]\times[\frac{\pi}{4},\frac{\pi}{2}]\times[0,1]$

(3) $f(x,y)=\frac{x^2\sin z}{\cos^2 y}$,　　$B=[0,1]\times[0,\frac{\pi}{3}]\times[0,\frac{\pi}{2}]$

10.2.2　一般領域上の三重積分と累次積分

ここでは直方体とは限らない領域 E に対して, E 上連続な関数 $f(x,y,z)$ の E 上の三重積分を考える. このときには二重積分の場合と同様に, まず, E を含むような直方体領域 $B=[a,b]\times[c,d]\times[p,q]$ をとって, B 上で

$$\tilde{f}(x,y,z) := \begin{cases} f(x,y,z) & ((x,y,z)\in E) \\ 0 & (\text{それ以外}) \end{cases}$$

とし, そして次のように定める:

$$\iint_E f(x,y,z)\,dV := \iint_B \tilde{f}(x,y)\,dV.$$

この定義は直方体領域 B のとり方に依らない.

(1)　三つの代表的な場合

直方体でない領域 E として, ここでは以下のような三つの場合を考える.

<u>場合 1</u> $E=\{(x,y,z)\mid (x,y)\in D,\ u_1(x,y)\le z\le u_2(x,y)\}$ (D は xy 平面の領域, u_1,u_2 は連続関数) と表されるとき:

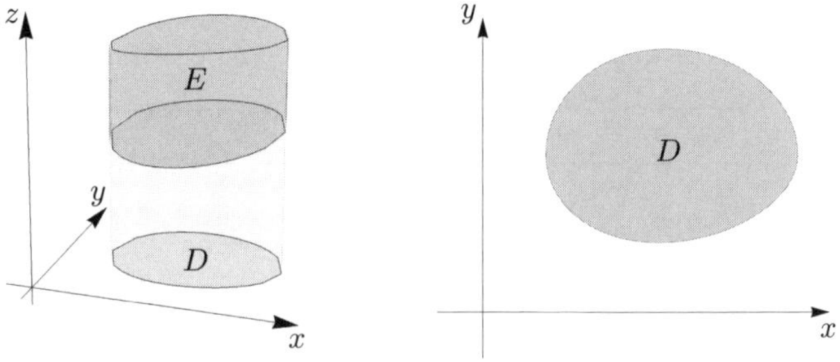

このときには $B=[a,b]\times[c,d]\times[p,q]\supset D$ を取り, 上述のように $\iiint_E f(x,y)\,dV$ を定める. フビニの定理により

$$\begin{aligned}\iiint_E f(x,y,z)\,dV &= \iiint_B \tilde{f}(x,y,z)\,dV \\ &= \iint_{[a,b]\times[c,d]} \left(\int_p^q \tilde{f}(x,y,z)\,dz\right) dA\end{aligned}$$

となるが, 各 (x,y) に対して

$$\int_p^q \tilde{f}(x,y,z)\,dz = \begin{cases} \int_{u_1(x,y)}^{u_2(x,y)} f(x,y,z)\,dz & ((x,y)\in D) \\ 0 & (\text{それ以外}) \end{cases}$$

となることから,

$$\iiint_E f(x,y,z)\,dV = \iint_D \left(\int_{u_1(x,y)}^{u_2(x,y)} f(x,y,z)\,dz\right) dA.$$

例 10.24

5 平面 $x=1,\ y=0,\ y=x,\ z=0,\ 4x+z=6$ で囲まれる領域 E 上での $f(x,y,z)=2y$ の積分 $\iiint_E f(x,y,z)\,dV$ を考える.

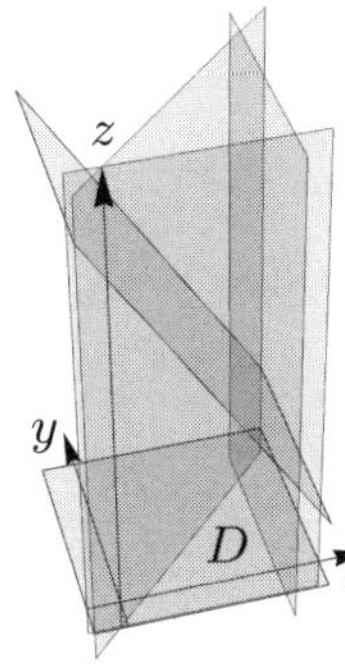

$$D = \{(x,y) \mid 0 \le x \le 1,\ 0 \le y \le x\}$$

とすると

$$E = \{(x,y,z) \mid (x,y) \in D,\ 0 \le z \le 6-4x\}$$

と表されるから

$$\begin{aligned}\iiint_E f(x,y,z)\,dV &= \iint_D \left(\int_0^{6-4x} 2y\,dz\right) dA \\ &= \iint_D (6-4x)\cdot 2y\,dA \\ &= \int_0^1 \int_0^x (6-4x)\cdot 2y\,dydx \\ &= \int_0^1 \left(6x^2-4x^3\right) dx = 1.\end{aligned}$$

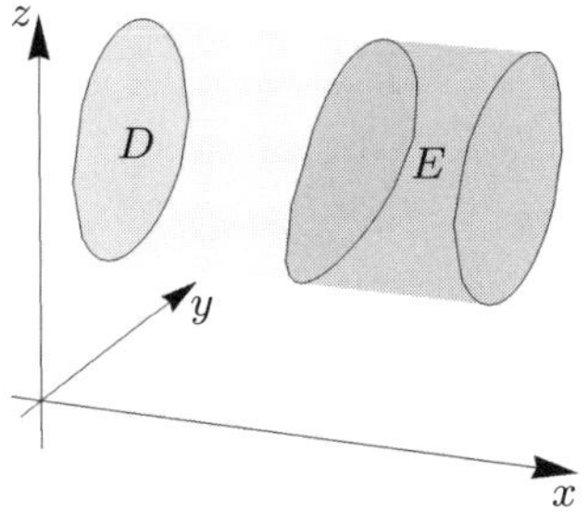

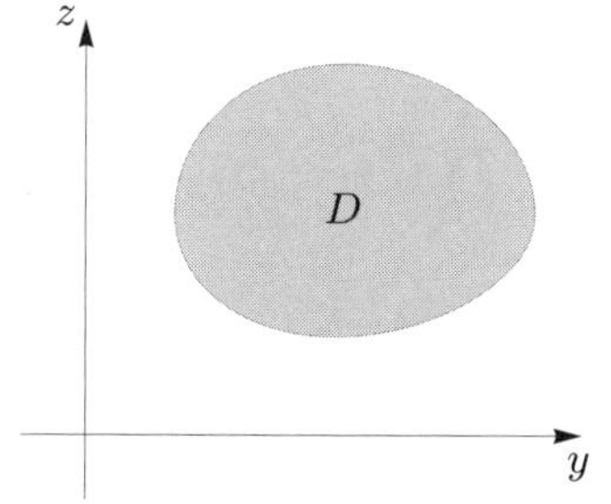

場合 2　$E = \{(x,y,z) \mid (y,z) \in D,\ u_1(y,z) \le x \le u_2(y,z)\}$ (D は yz 平面の領域, u_1, u_2 は連続関数) と表されるとき: 同様にして,

$$\iiint_E f(x,y,z)\,dV = \iint_D \left(\int_{u_1(y,z)}^{u_2(y,z)} f(x,y,z)\,dx\right) dA.$$

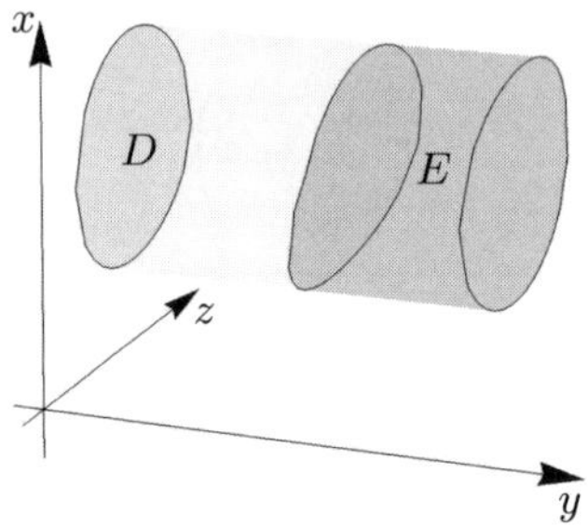

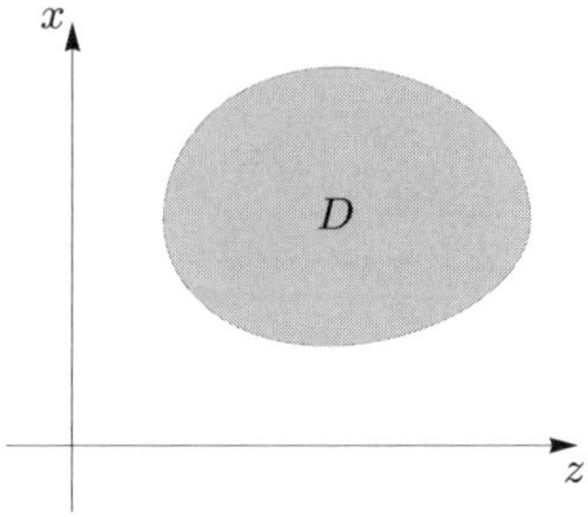

場合3 $E = \{(x, y, z) \mid (x, z) \in D,\ u_1(x, z) \le y \le u_2(x, z)\}$ (D は xz 平面の領域, u_1, u_2 は連続関数) と表されるとき: 同様にして,

$$\iiint_E f(x, y, z)\, dV = \iint_D \left(\int_{u_1(x,z)}^{u_2(x,z)} f(x, y, z)\, dy \right) dA.$$

例 10.25

E を円錐面 $y = \sqrt{x^2 + z^2}$ と平面 $y = 1$ で囲まれる領域, $f(x, y, z) = x^2 + z^2$ として積分 $\iiint_E f(x, y, z)\, dV$ を考える.

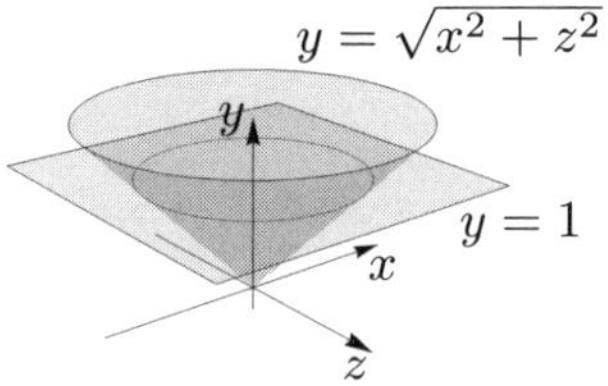

$$D = \{(x, z) \mid x^2 + z^2 \le 1\}$$

とすると

$$E = \left\{(x, y, z) \mid (x, z) \in D,\ \sqrt{x^2 + z^2} \le y \le 1\right\}$$

と表されるから

$$\begin{aligned}\iiint_E f(x, y, z)\, dV &= \iint_D \left(\int_{\sqrt{x^2+z^2}}^{1} \left(x^2 + z^2\right) dy \right) dA \\ &= \iint_D \left(x^2 + z^2\right)\left(1 - \sqrt{x^2 + z^2}\right) dA.\end{aligned}$$

xz 平面の極座標 $x = r\cos\theta,\ z = r\sin\theta$ を用いて

$$\begin{aligned}&= \int_0^{2\pi} \int_0^1 r^2 (1 - r)\, r\, dr d\theta \\ &= \int_0^{2\pi} d\theta \int_0^1 \left(r^3 - r^4\right) dr = \frac{\pi}{10}.\end{aligned}$$

問 16　次の関数 $f(x,y,z)$ と領域 E に対して，$\iiint_E f(x,y,z)\,dV$ を求めよ．

(1) $f = x^2 + y^2$,　$E = \{(x,y,z) \mid 1 \leq x^2 + y^2 \leq 2,\ 0 \leq z \leq 5 - xy\}$

(2) $f = z$,　$E = \{(x,y,z) \mid x,y,z \geq 0,\ x + z \leq 2,\ x + y + z \leq 5\}$

(3) $f = xy$,　E は $x = 0, y = 0, z = 0, x + y = 1, z = y^2$ で囲まれる領域

例 10.26

連続関数 $f(x,y,z)$ に対して累次積分

$$I = \int_0^1 \int_{x^2}^1 \int_0^{1-y} f(x,y,z)\,dz\,dy\,dx$$

を多種の累次積分として表すことを考えよう．I は次のような領域 E 上の三重積分に等しい:

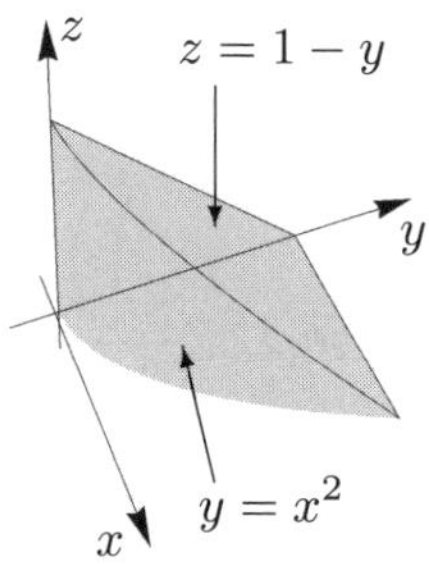

$$E = \{(x,y,z) \mid (x,y) \in D_{xy},\ 0 \leq z \leq 1 - y\},$$
$$D_{xy} = \{(x,y) \mid 0 \leq x \leq 1,\ x^2 \leq y \leq 1\}.$$

この領域 E は次のようにも表すことができる:

$$E = \{(x,y,z) \mid (y,z) \in D_{yz},\ 0 \leq x \leq \sqrt{y}\},$$
$$D_{yz} = \{(y,z) \mid y,z \geq 0,\ y + z \leq 1\}.$$

したがって

$$\begin{aligned} I &= \iint_{D_{yz}} \left(\int_0^{\sqrt{y}} f\,dx \right) dy\,dz \\ &= \int_0^1 \int_0^{1-z} \int_0^{\sqrt{y}} f\,dx\,dy\,dz = \int_0^1 \int_0^{1-y} \int_0^{\sqrt{y}} f\,dx\,dz\,dy. \end{aligned}$$

同様に

$$\begin{aligned} I &= \iint_{D_{xz}} \left(\int_{x^2}^{1-z} f\,dy \right) dz\,dx \\ &\qquad\qquad \left(D_{xz} = \{(x,z) \mid x,z \geq 0,\ z \leq 1 - x^2\}\right) \\ &= \int_0^1 \int_0^{1-x^2} \int_{x^2}^{1-z} f\,dy\,dz\,dx = \int_0^1 \int_0^{\sqrt{1-z}} \int_{x^2}^{1-z} f\,dy\,dx\,dz. \end{aligned}$$

問 17　次の累次積分を (積分の順序交換を利用して) 求めよ．

(1) $\iint_{[0,1]\times[0,1]} \left(\int_x^1 e^{z^2} dz \right) dx\,dy$　　(2) $\int_0^4 \int_{\sqrt{x}}^2 \int_0^y \frac{z^2}{(y^3+1)^2}\,dz\,dy\,dx$

10.2.3　円柱座標での三重積分

(1)　円柱座標

空間の点 P に対して，その点の xy 平面への正射影 (つまり P から xy 平面へ下ろした垂線の足) を点 Q とする．点 P の直交座標を (x, y, z) とし，Q の xy 平面における極座標を (r, θ) とするとき，三つ組 (r, θ, z) を点 P の**円柱座標**，あるいは**円筒座標**という．r は点 P の z 軸からの距離を表す．

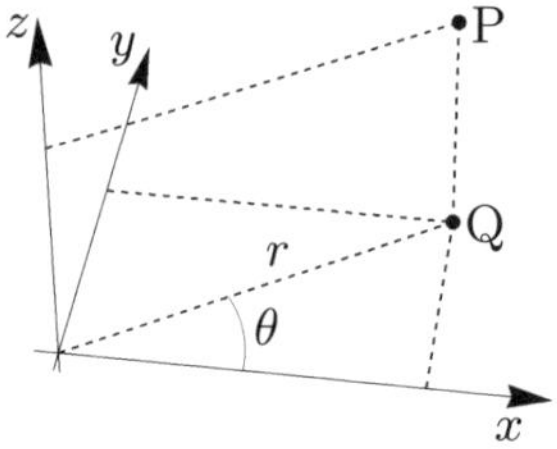

円柱座標 (r, θ, z) と直交座標 (x, y, z) の間の関係は次の通りである:

$$\begin{cases} x = r\cos\theta \\ y = r\sin\theta \\ z = z \end{cases}, \qquad \begin{cases} r = \sqrt{x^2 + y^2} \\ \cos\theta = \frac{x}{r},\ \sin\theta = \frac{y}{r} \\ z = z \end{cases}.$$

例 10.27

- 点 $\mathrm{P}(\sqrt{2}, \frac{\pi}{4}, 2)$ (円柱座標表示) の直交座標表示を求めよう．

$$\begin{cases} x = \sqrt{2}\cos\frac{\pi}{4} = 1 \\ y = \sqrt{2}\sin\frac{\pi}{4} = 1 \\ z = 2 \end{cases}.$$

  したがって $\mathrm{P}(1, 1, 2)$ (直交座標表示)．

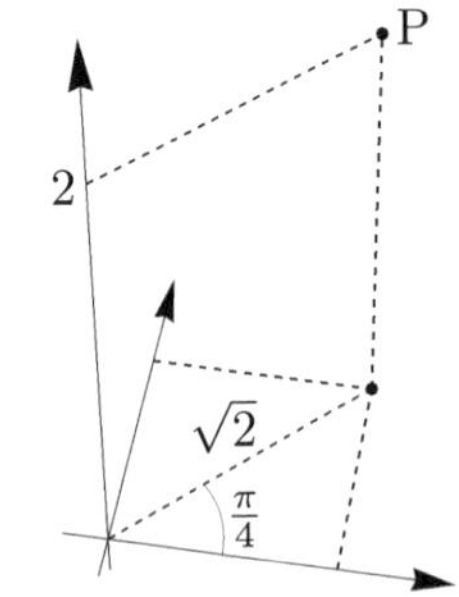

- 点 $\mathrm{P}(1, \sqrt{3}, -1)$ (直交座標表示) の円柱座標表示を求めよう．

$$\begin{cases} r = \sqrt{1^2 + \left(\sqrt{3}\right)^2} = 2 \\ \cos\theta = \frac{1}{2},\ \sin\theta = \frac{\sqrt{3}}{2} \text{ より } \theta = \frac{\pi}{3} \\ z = -1 \end{cases}.$$

  したがって $\mathrm{P}(2, \frac{\pi}{3}, -1)$ (円柱座標表示)．

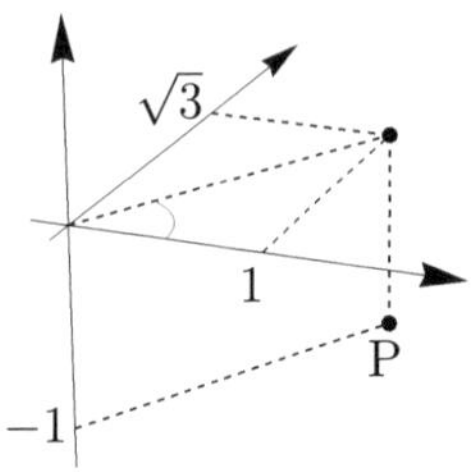

問 18　次の円柱座標 (r, θ, z) を直交座標 (x, y, z) に変換せよ．

(1) $(2, \frac{5}{6}\pi, 3)$　　(2) $(4, -\frac{\pi}{3}, -3)$　　(3) $(5, \frac{5}{4}\pi, 4)$

問 19　次の直交座標 (x, y, z) を円柱座標 (r, θ, z) に変換せよ.

(1) $(3, 3, -2)$　　(2) $(0, 2, 5)$　　(3) $(-1, \sqrt{3}, 1)$

円柱座標を使うことで, いくつかの曲面は, より簡潔な方程式で表される.

例 10.28

- $a > 0$ を定数とする. 円柱座標の方程式 $r = a$ は z 軸からの距離が a である点全体を表す. したがってこの方程式は z 軸を軸とする半径 a の円柱面を表す.

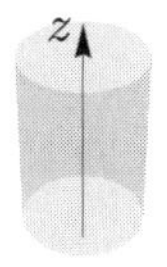

- 円柱座標の方程式 $z = r^2$ を考える. $r^2 = x^2 + y^2$ の関係があるから, この方程式は楕円放物面 (回転放物面) の方程式 $z = x^2 + y^2$ と同値であり, したがって方程式 $z = r^2$ はこの放物面を表す.

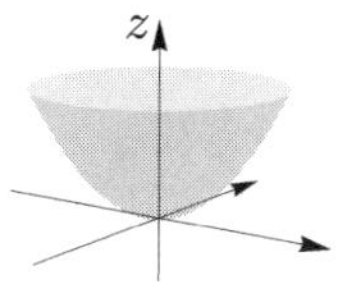

(2)　三重積分

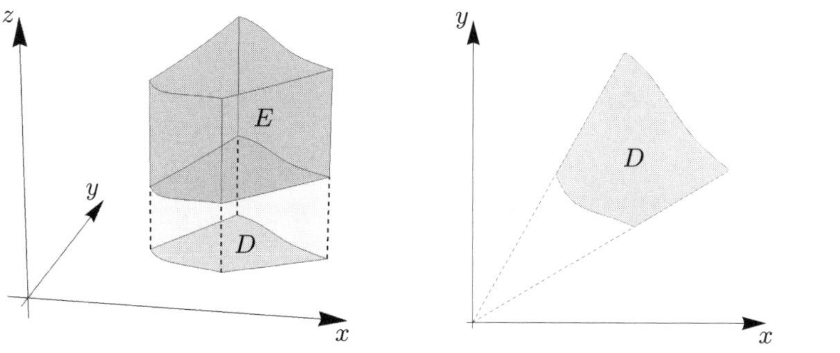

$E = \{(x, y, z) \mid (x, y) \in D,\ u_1(x, y) \le z \le u_2(x, y)\}$ (D は xy 平面の領域, u_1, u_2 は連続関数), $f(x, y, z)$ を E 上の連続な関数とすると,

$$\iiint_E f(x, y, z)\, dV = \iint_D \left(\int_{u_1(x,y)}^{u_2(x,y)} f(x, y, z)\, dz \right) dA.$$

となるのだった. $D = \{(r, \theta) \mid \alpha \le \theta \le \beta,\ h_1(\theta) \le r \le h_2(\theta)\}$ と表されるとき, D 上の二重積分を r, θ についての累次積分に替えると次のようになる:

$$\iiint_E f(x, y, z)\, dV = \int_\alpha^\beta \int_{h_1(\theta)}^{h_2(\theta)} \int_{u_1(r\cos\theta, r\sin\theta)}^{u_2(r\cos\theta, r\sin\theta)} f(r\cos\theta, r\sin\theta, z) r dz dr d\theta.$$

例 10.29

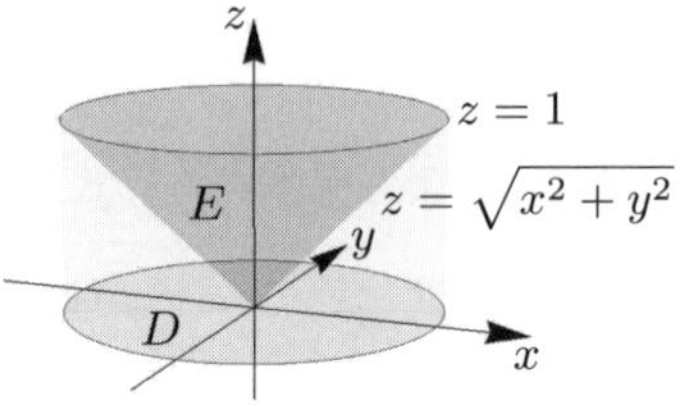

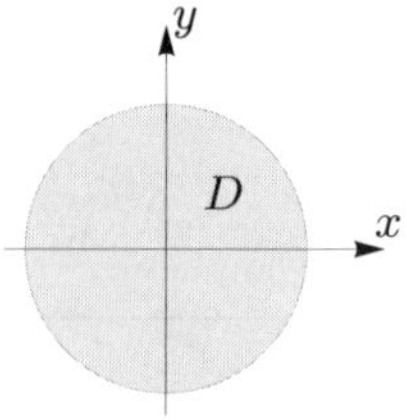

E を曲面 $z=\sqrt{x^2+y^2}$ と $z=1$ で囲まれる領域, $f(x,y,z)=x^2+y^2$ として $\iiint_E f(x,y,z)\,dV$ を考える. 積分領域 E は円柱座標を使って

$$E=\{(r,\theta,z)\mid 0\le\theta\le 2\pi,\ 0\le r\le 1,\ r\le z\le 1\}$$

と表されるから,

$$\iiint_E f(x,y,z)\,dV=\int_0^{2\pi}\int_0^1\int_r^1 r^2\cdot r\,dzdrd\theta=\frac{\pi}{10}.$$

例 10.30

累次積分 $I=\displaystyle\int_{-1}^{1}\int_{-\sqrt{1-x^2}}^{\sqrt{1-x^2}}\int_0^{x^2+y^2} dzdydx$ を円柱座標を使って計算してみよう.

$$\begin{aligned}E=\{(x,y,z)\mid &-1\le x\le 1,\\ &-\sqrt{1-x^2}\le y\le\sqrt{1-x^2},\ 0\le z\le x^2+y^2\}\end{aligned}$$

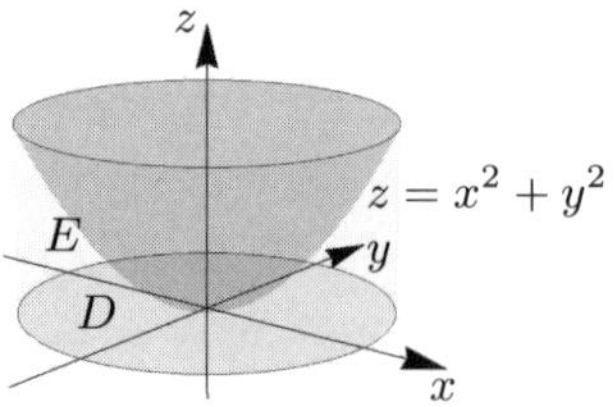

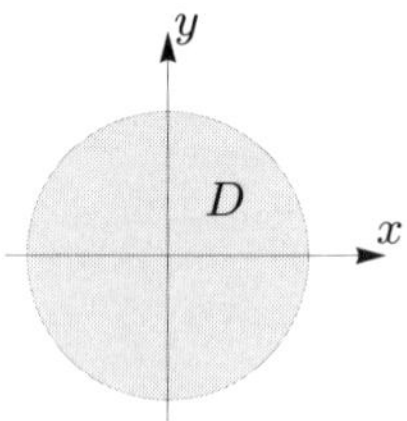

とすると I は E 上の三重積分である; $I=\iiint_E dV$.

$$\begin{aligned}E&=\{(x,y,z)\mid (x,y)\in D,\ 0\le z\le x^2+y^2\}\\ &=\{(r,\theta,z)\mid 0\le\theta\le 2\pi,\ 0\le r\le 1,\ 0\le z\le r^2\}\end{aligned}$$

と表されるから,

$$I=\int_0^{2\pi}\int_0^1\int_0^{r^2} r\,dzdrd\theta=\frac{\pi}{2}.$$

問 20　次の三重積分や累次積分を求めよ.

(1) $\iiint_E \frac{e^z}{x^2+y^2}\,dV,\ E=\{(x,y,z)\mid 1\le x^2+y^2\le 4,\ 0\le\theta\le\frac{\pi}{2},\ 0\le z\le 1\}$

(2) $\iiint_E (x^2+y^2+z^2)\,dV,\ E=\{(x,y,z)\mid 0\le x^2+y^2\le 3,\ 0\le\theta\le\pi,$
$0\le z\le\sqrt{x^2+y^2}\}$

(3) $\iiint_E z^2\,dV,\ E=\{(x,y,z)\mid 0\le x^2+y^2\le 1,\ 0\le\theta\le\frac{\pi}{4},$
$1-\sqrt{x^2+y^2}\le z\le 1+\sqrt{x^2+y^2}\}$

(4) $\iiint_E z\,dV$, E は曲面 $z=4-x^2-y^2$ と xy 平面で囲まれる領域

(5) $\int_{-1}^{1}\int_{-\sqrt{1-x^2}}^{\sqrt{1-x^2}}\int_0^{x^2+y^2}\frac{1}{1+x^2+y^2}\,dz\,dy\,dx$

10.2.4　球座標での三重積分

(1)　球座標

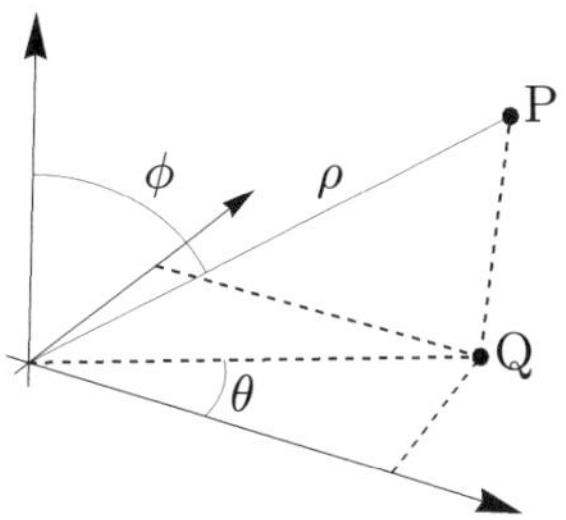

空間の点 P に対して, その点の xy 平面への正射影を点 Q とする. 線分 OP の長さを ρ, Q の xy 平面における極座標を (r,θ), $\overrightarrow{\mathrm{OP}}$ と正の z 軸の間のなす角を ϕ $(0\le\phi\le\pi)$ とするとき, 三つ組 (ρ,θ,ϕ) を点 P の**球座標**, あるいは**3 次元極座標**という. ρ は点 P の原点 O からの距離を表す.

球座標 (ρ,θ,ϕ) と直交座標 (x,y,z) の間の関係は次の通りである:

$$\begin{cases} x=\rho\sin\phi\cos\theta \\ y=\rho\sin\phi\sin\theta \\ z=\rho\cos\phi \end{cases} \qquad \begin{cases} \rho=\sqrt{x^2+y^2+z^2} \\ \cos\phi=\frac{z}{\rho} \\ \cos\theta=\frac{x}{\rho\sin\phi},\ \sin\theta=\frac{y}{\rho\sin\phi} \end{cases}.$$

例 10.31

- 点 $\mathrm{P}(4,\frac{\pi}{3},\frac{2\pi}{3})$ (球座標表示) の直交座標表示を求めよう.

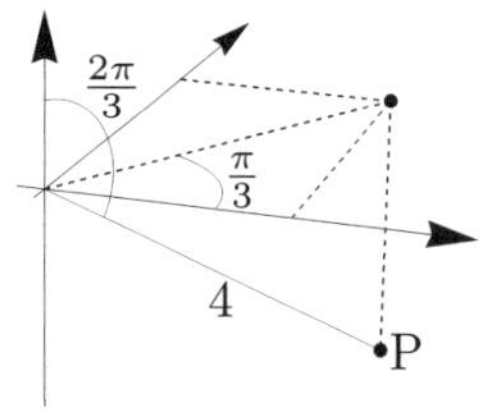

$$\begin{cases} x=4\sin\frac{2\pi}{3}\cos\frac{\pi}{3}=4\cdot\frac{\sqrt{3}}{2}\cdot\frac{1}{2}=\sqrt{3} \\ y=4\sin\frac{2\pi}{3}\sin\frac{\pi}{3}=4\cdot\frac{\sqrt{3}}{2}\cdot\frac{\sqrt{3}}{2}=3 \\ z=4\cos\frac{2\pi}{3}=4\cdot\left(-\frac{1}{2}\right)=-2 \end{cases}.$$

したがって $\mathrm{P}(\sqrt{3},3,-2)$ (直交座標表示).

- 点 $\mathrm{P}(1,\sqrt{3},2)$ (直交座標表示) の球座標表示を求めよう.

$$\begin{cases} \rho=\sqrt{1^2+\left(\sqrt{3}\right)^2+2^2}=2\sqrt{2} \\ \cos\phi=\frac{z}{\rho}=\frac{2}{2\sqrt{2}}=\frac{1}{\sqrt{2}} \text{ より } \phi=\frac{\pi}{4} \\ \cos\theta=\frac{x}{\rho\sin\phi}=\frac{1}{2}, \\ \sin\theta=\frac{y}{\rho\sin\phi}=\frac{\sqrt{3}}{2} \text{ より } \theta=\frac{\pi}{3} \end{cases}.$$

したがって $\mathrm{P}(2\sqrt{2},\frac{\pi}{3},\frac{\pi}{4})$ (球座標表示).

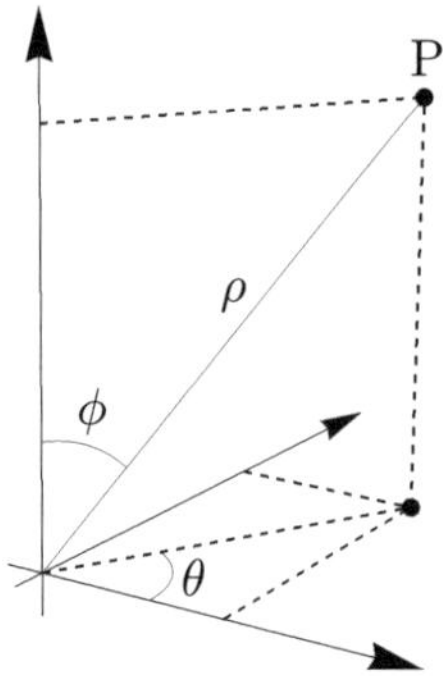

問 21　次の球座標 (ρ,θ,ϕ) を直交座標 (x,y,z) に変換せよ.

(1) $(2,\frac{\pi}{2},\frac{\pi}{4})$　　(2) $(4,-\frac{2}{3}\pi,\frac{\pi}{6})$　　(3) $(1,\frac{3}{4}\pi,\frac{2}{3}\pi)$

問 22　次の直交座標 (x,y,z) を球座標 (ρ,θ,ϕ) に変換せよ.

(1) $(3\sqrt{3},9,6)$　　(2) $(-\sqrt{3},1,0)$　　(3) $(1,-1,-\sqrt{2})$

球座標を使うことで, いくつかの曲面は, より簡潔な方程式で表される.

例 10.32

- $a>0$ を定数とする. 球座標の方程式 $\rho=a$ は原点からの距離が a である点全体, すなわち, 原点を中心とする半径 a の球面を表す.
- ϕ_0 を定数 $(0<\phi_0<\pi)$ として, 球座標の方程式 $\phi=\phi_0$ を考える. この方程式は原点からその点へ向かうベクトルと正の z 軸のなす角が ϕ_0 であるような点全体を表す. したがって $\phi_0\neq\frac{\pi}{2}$ のとき方程式 $\phi=\phi_0$ は円錐面を表し, $\phi_0=\frac{\pi}{2}$ のとき xy 平面を表す.

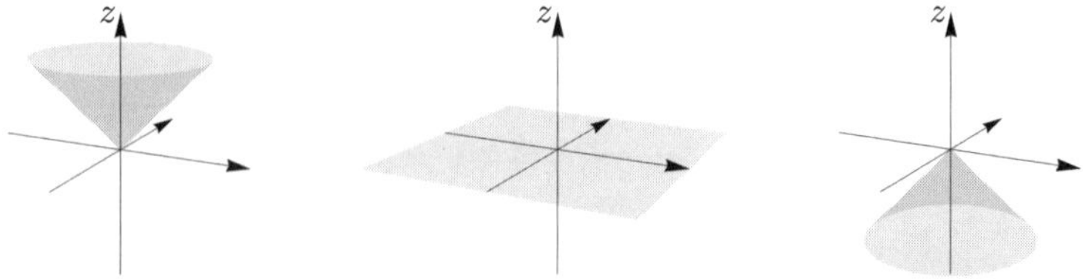

(a) $\phi_0<\frac{\pi}{2}$ のとき　　(b) $\phi_0=\frac{\pi}{2}$ のとき　　(c) $\phi_0>\frac{\pi}{2}$ のとき

問 23　ϕ_0 を定数 $(0<\phi_0<\pi,\ \phi_0\neq\frac{\pi}{2})$ とする. 球座標の方程式 $\phi=\phi_0$ を直交座標の方程式に直し, 方程式が円錐面を表すことを改めて確認せよ.

(2)　三重積分

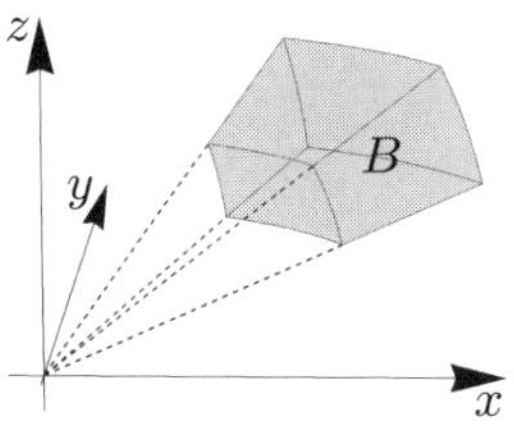

$B = \{(\rho, \theta, \phi) \mid a \leq \rho \leq b,\ \alpha \leq \theta \leq \beta,\ c \leq \phi \leq d\}$ とし, B 上連続な関数 $f(x, y, z)$ の E 上の三重積分を考える．極座標での二重積分と同様に, f の B 上の積分 $\iiint_B f(x, y, z)\,dV$ に対する次のような近似を考える．ρ の区間 $[a, b]$ を K 等分, θ の区間 $[\alpha, \beta]$ を L 等分し, ϕ の区間 $[c, d]$ を M 等分する．また $\Delta\rho = \frac{b-a}{K}$, $\Delta\theta = \frac{\beta-\alpha}{L}$, $\Delta\phi = \frac{d-c}{M}$ としておく．これに応じて R は $K \times L \times M$ 個の小領域に分割される．そして領域 $\{(\rho, \theta, \phi) \mid \rho_{k-1} \leq r \leq \rho_k,\ \theta_{\ell-1} \leq \theta \leq \theta_\ell,\ \phi_{m-1} \leq \phi \leq \phi_m\}$ は近似的に直方体で 3 辺が $\Delta\rho$, $\rho_k \sin\phi_m \Delta\theta$, $\rho_k \Delta\phi$ のものであるから, その体積 $\Delta V_{k\ell m}$ は近似的に $\rho_k^2 \sin\phi_m \Delta\rho\Delta\theta\Delta\phi$ である．実際, その領域内に代表点 $(\rho^*_{k\ell m}, \theta^*_{k\ell m}, \phi^*_{k\ell m})$ をうまくとれば $\Delta V_{k\ell m} = (\rho^*_{k\ell m})^2 \sin\phi^*_{k\ell m} \Delta\rho\Delta\theta\Delta\phi$ となる．したがって分割が細ければ,

$$\iiint_B f(x, y, z)\,dV \approx \sum_{m=1}^{M} \sum_{\ell=1}^{L} \sum_{k=1}^{K} f(x^*_{k\ell m}, y^*_{k\ell m}, z^*_{k\ell m}) \left(\rho^*_{k\ell m}\right)^2 \sin\phi^*_{k\ell m} \Delta\rho\Delta\theta\Delta\phi \tag{10.2}$$

である．ここで,

$$\begin{aligned} x^*_{k\ell m} &= \rho^*_{k\ell m} \sin\phi^*_{k\ell m} \cos\theta^*_{k\ell m}, \\ y^*_{k\ell m} &= \rho^*_{k\ell m} \sin\phi^*_{k\ell m} \sin\theta^*_{k\ell m}, \\ z^*_{k\ell m} &= \rho^*_{k\ell m} \cos\phi^*_{k\ell m} \end{aligned}$$

である．$g(\rho, \theta, \phi) := f(\rho\sin\phi\cos\theta, \rho\sin\phi\sin\theta, \rho\cos\phi) \times \rho^2 \sin\phi$ とすれば, (10.2) の右辺は $g(\rho, \theta, \phi)$ の $[a, b] \times [\alpha, \beta] \times [c, d]$ 上のリーマン和であるから, $K, L, M \to \infty$ の極限で (10.2) の右辺は

$$\begin{aligned} &\int_c^d \int_\alpha^\beta \int_a^b g(\rho, \theta, \phi)\,d\rho d\theta d\phi \\ &\qquad = \int_c^d \int_\alpha^\beta \int_a^b f(\rho\sin\phi\cos\theta, \rho\sin\phi\sin\theta, \rho\cos\phi)\rho^2 \sin\phi\,d\rho d\theta d\phi \end{aligned}$$

に収束する．また近似式は等式になり, 次が成り立つ:

$$\begin{aligned} &\iiint_B f(x, y, z)\,dV \\ &\qquad = \int_c^d\int_\alpha^\beta\int_a^b f(\rho\sin\phi\cos\theta, \rho\sin\phi\sin\theta, \rho\cos\phi)\rho^2 \sin\phi\,d\rho d\theta d\phi. \end{aligned}$$

例 10.33

B を原点を中心とする単位球, すなわち

$$B = \{(\rho, \theta, \phi) \mid 0 \leq \rho \leq 1,\ 0 \leq \theta \leq 2\pi,\ 0 \leq \phi \leq \pi\}$$

とし, B 上の三重積分 $\iiint_B \sqrt{x^2+y^2+z^2}\,dV$ を考える. $\sqrt{x^2+y^2+z^2} = \rho$ であるから,

$$\begin{aligned}\iiint_B \sqrt{x^2+y^2+z^2}\,dV &= \int_0^{\pi}\int_0^{2\pi}\int_0^1 \rho \cdot \rho^2 \sin\phi\,d\rho d\theta d\phi \\ &= \int_0^1 \rho^3\,d\rho \cdot \int_0^{2\pi} d\theta \cdot \int_0^{\pi} \sin\phi\,d\phi = \pi.\end{aligned}$$

また, 単位球 B の体積は,

$$\begin{aligned}\iiint_B dV &= \int_0^{\pi}\int_0^{2\pi}\int_0^1 \rho^2 \sin\phi\,d\rho d\theta d\phi \\ &= \int_0^1 \rho^2\,d\rho \cdot \int_0^{2\pi} d\theta \cdot \int_0^{\pi} \sin\phi\,d\phi = \frac{4}{3}\pi.\end{aligned}$$

問 24　次の三重積分を求めよ.

(1) $\iiint_B \frac{dV}{x^2+y^2+z^2}$, $B = \{(\rho, \theta, \phi) \mid 1 \leq \rho \leq 4,\ 0 \leq \theta \leq \pi,\ 0 \leq \phi \leq \pi\}$

(2) $\iiint_B z\,dV$, $B = \{(\rho, \theta, \phi) \mid 0 \leq \rho \leq 1,\ 0 \leq \theta \leq \frac{\pi}{4},\ 0 \leq \phi \leq \frac{\pi}{2}\}$

(3) $\iiint_B (x^2+y^2+z^2)\,dV$, $B = \{(x, y, z) \mid 1 \leq x^2+y^2+z^2 \leq 4,\ z \geq \sqrt{x^2+y^2}\}$

問 25　次の領域 B の体積を求めよ.

(1) $B = \{(\rho, \theta, \phi) \mid 1 \leq \rho \leq 2,\ 0 \leq \theta \leq \frac{\pi}{2},\ \frac{\pi}{6} \leq \phi \leq \frac{\pi}{3}\}$

(2) $B = \{(x, y, z) \mid x^2+y^2+z^2 \leq 1,\ 0 \leq z \leq \sqrt{3(x^2+y^2)}\}$

注意 51　極座標での二重積分の場合と同様に, もし

$$E = \{(\rho, \theta, \phi) \mid \alpha \leq \theta \leq \beta,\ c \leq \phi \leq d,\ h_1(\theta, \phi) \leq \rho \leq h_2(\theta, \phi)\}$$

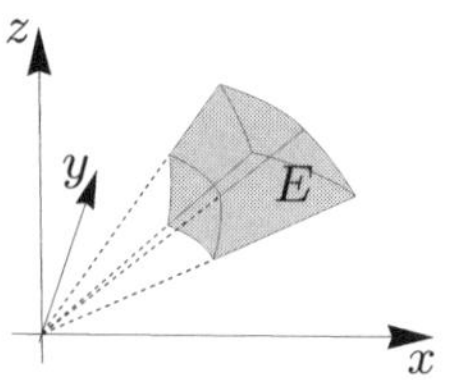

であれば,

$$\begin{aligned}&\iiint_E f(x, y, z)\,dV \\ &\quad = \int_c^d \int_\alpha^\beta \int_{h_1(\theta,\phi)}^{h_2(\theta,\phi)} f(\rho\sin\phi\cos\theta, \rho\sin\phi\sin\theta, \rho\cos\phi)\rho^2 \sin\phi\,d\rho d\theta d\phi.\end{aligned}$$

例 10.34

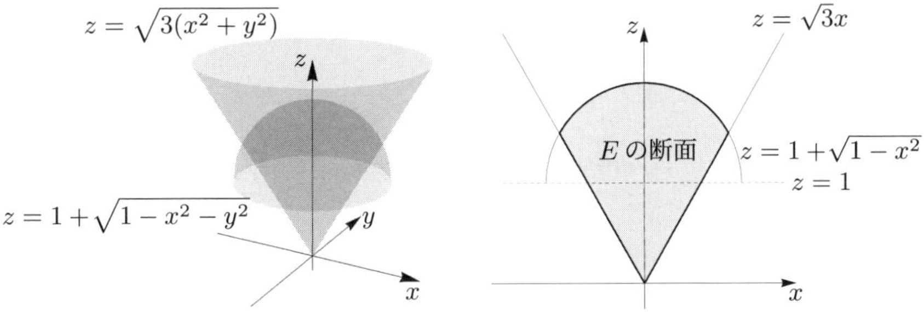

Eを円錐面$z=\sqrt{3(x^2+y^2)}$と半球面$x^2+y^2+(z-1)^2=1,\ z\geq 1$で囲まれる領域として, Eの体積$V(E)$を求めてみよう. 図より, 円錐面は球座標の方程式で$\phi=\frac{\pi}{6}$と表される. また, $\rho\neq 0$のとき,

$$\begin{aligned} x^2+y^2+(z-1)^2=1 &\Leftrightarrow x^2+y^2+z^2=2z \\ &\Leftrightarrow \rho^2=2\rho\cos\phi \quad \Leftrightarrow \rho=2\cos\phi. \end{aligned}$$

したがって

$$E=\{(\rho,\theta,\phi)\mid 0\leq\theta\leq 2\pi,\ 0\leq\phi\leq\frac{\pi}{6},\ 0\leq\rho\leq 2\cos\phi\},$$

$$\begin{aligned} V(E) &= \iiint_E dV \\ &= \int_0^{\frac{\pi}{6}}\int_0^{2\pi}\int_0^{2\cos\phi}\rho^2\sin\phi\,d\rho d\theta d\phi \\ &= \frac{8}{3}\int_0^{\frac{\pi}{6}}\cos^3\phi\sin\phi\,d\phi\cdot\int_0^{2\pi}d\theta=\frac{7\pi}{12}. \end{aligned}$$

問 26 例 10.34 の$V(E)$を, 円柱座標を使って計算せよ.

問 27 次の三重積分を求めよ.

(1) $\iiint_E\sqrt{x^2+y^2+z^2}\,dV,\ E=\{(\rho,\theta,\phi)\mid 0\leq\rho\leq 3-\cos\phi,\ 0\leq\theta\leq\pi, 0\leq\phi\leq\frac{\pi}{2}\}$

(2) $\iiint_E z^3\,dV,\ E=\{(x,y,z)\mid 2\leq x^2+y^2+z^2\leq 3,\ z\geq\sqrt{3(x^2+y^2)}\}$

(3) $\iiint_E dV,\ E=\{(\rho,\theta,\phi)\mid\cos\phi\leq\rho\leq 1,\ 0\leq\theta\leq 2\pi,\ \frac{\pi}{6}\leq\phi\leq\frac{\pi}{3}\}$

(4) $\iiint_E dV,\ E=\{(x,y,z)\mid x,y\geq 0,\ \sqrt{x^2+y^2+z^2}\leq\frac{x}{\sqrt{x^2+y^2}},\ \sqrt{(x^2+y^2)/3}\leq z\leq\sqrt{x^2+y^2}\}$

10.3　重積分における変数変換

一変数の場合の置換積分の公式を思い出そう:

$$\int_{\alpha}^{\beta} f(g(t))g'(t)\,dt = \int_{a}^{b} f(x)\,dx, \quad \alpha = g^{-1}(a),\ \beta = g^{-1}(b)$$

あるいは

$$\int_{a}^{b} f(x)\,dx = \int_{\alpha}^{\beta} f(x(t))\frac{dx}{dt}\,dt.$$

これは積分変数を x から t に替えたときに積分区間が $a \to b$ から $\alpha \to \beta$ に替わり, 被積分関数に $\frac{dx}{dt}$ が掛かるという式である. 重積分の場合にこれに相当するものを考える. 我々はすでにそのような例に触れた:

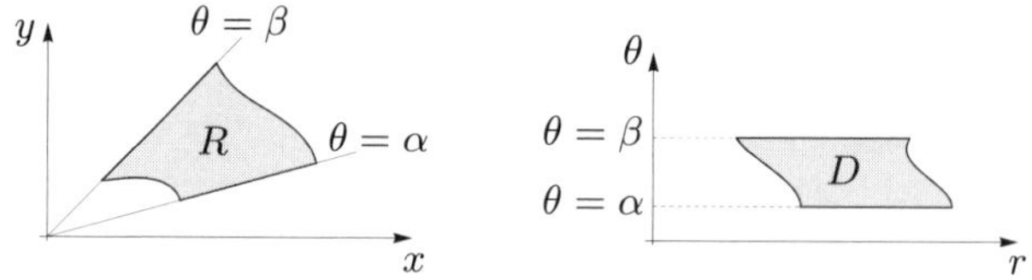

$$\iint_{R} f(x,y)\,dA = \iint_{D} f(r\cos\theta, r\sin\theta)r\,drd\theta.$$

これは積分変数を x, y から r, θ に替えたときに積分の領域が R から D に替わり, 被積分関数に r が掛かるという式である.

重積分の一般的な変数変換公式を学ぶために, まず平面 $\mathbb{R}^2$ の変換について説明する.

10.3.1　$\mathbb{R}^2$ の変換

D を $\mathbb{R}^2$ の領域とし, D 上の二つの二変数関数 $x(u,v)$, $y(u,v)$ を考える. この二つの関数の組は $\mathbb{R}^2$ の領域 D から $\mathbb{R}^2$ への写像 (変換)T を定める:

$$T(u,v) = (x(u,v), y(u,v)).$$

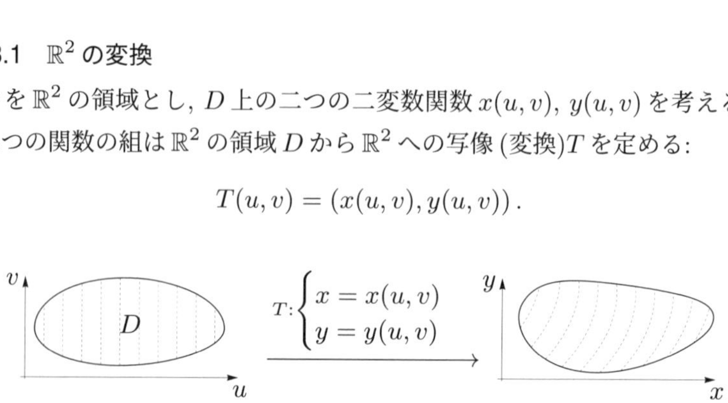

変換 T について次のことが成り立つとき, T は1対1であるという:

$$(u_1, v_1) \neq (u_2, v_2) \Rightarrow T(u_1, v_1) \neq T(u_2, v_2).$$

例 10.35

D を uv 平面の領域で三直線 $u = 1$, $v = 1$, $u + v = 1$ によって囲まれるものとし, D から $\mathbb{R}^2$ への写像 T を次のように定める:

$$T(u, v) = (x(u, v), y(u, v)) = (u^2, u + v).$$

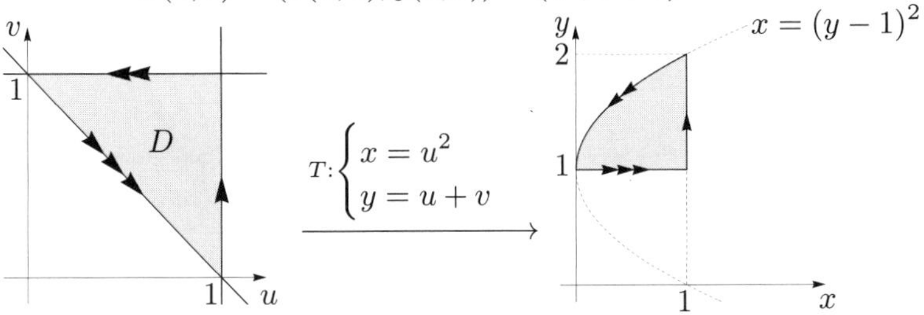

このとき領域 D は T によって, 図のような xy 平面の領域に写される.

$x = u^2$, $y = u + v$ は u, v について容易に解けて $u = \sqrt{x}$, $v = y - \sqrt{x}$ となる (ここで $u \geq 0$ であることを使った). したがって T は1対1であり, これは逆写像 T^{-1} の具体的な表示である.

例 10.36

D を uv 平面の正方形領域 $[0, 1] \times [0, 1]$ とし, D から $\mathbb{R}^2$ への写像 T を次のように定める:

$$T(u, v) = (x(u, v), y(u, v)) = (u - v, u + 2v).$$

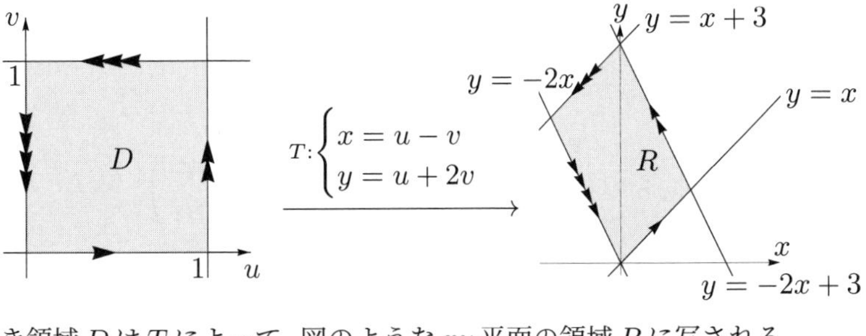

このとき領域 D は T によって, 図のような xy 平面の領域 R に写される.

$x = u - v$, $y = u + 2v$ は u, v について容易に解けて $u = \frac{2x+y}{3}$, $v = \frac{-x+y}{3}$ となる. したがって T は1対1であり, これは逆写像 T^{-1} の具体的な表示である. また, 簡単に計算できるように, R の面積 $A(R)$ は3となる.

注意 52　一般に, 変換 $\begin{cases} x = Au + Bv \\ y = Cu + Dv \end{cases}$ は行列 $M = \begin{pmatrix} A & B \\ C & D \end{pmatrix}$ を用いて

$$\begin{pmatrix} x \\ y \end{pmatrix} = M \begin{pmatrix} u \\ v \end{pmatrix}$$

と表され, uv 平面の長方形領域 $[0, \ell] \times [0, h]$ は xy 平面の平行四辺形で面積が $|\det M| \times \ell h$ の領域に写る. ここで $\det M$ は M の行列式である:

$$\det M = AD - BC.$$

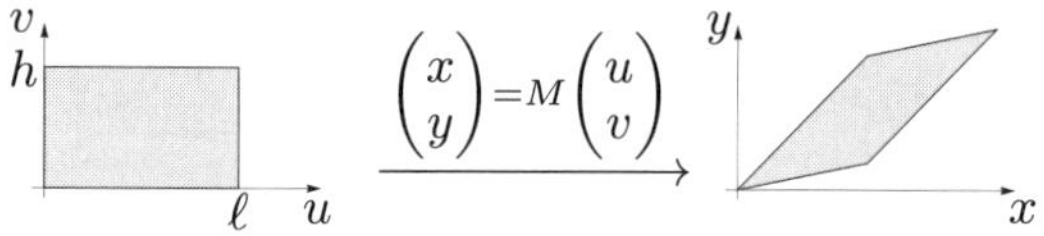

uv 平面の小さな長方形領域 D から xy 平面への次のような写像 T を考える.

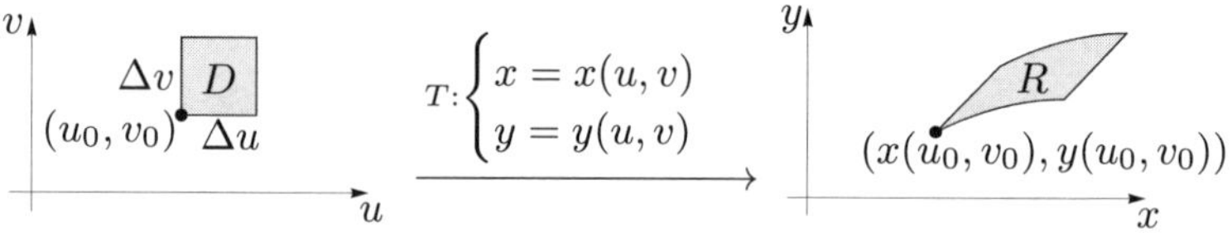

ただし, ここで $x(u,v)$, $y(u,v)$ は連続な偏導関数を持つものとする. $x(u,v)$, $y(u,v)$ を (u_0, v_0) における線形化

$$\begin{aligned} \tilde{x}(u,v) &= x(u_0,v_0) + x_u(u_0,v_0)(u-u_0) + x_v(u_0,v_0)(v-v_0) \\ \tilde{y}(u,v) &= y(u_0,v_0) + y_u(u_0,v_0)(u-u_0) + y_v(u_0,v_0)(v-v_0) \end{aligned}$$

によって近似し, T を $\tilde{T} : x = \tilde{x}(u,v), y = \tilde{y}(u,v)$ によって近似する. 領域 R を $\tilde{T}$ の像 $\tilde{R}$ (平行四辺形) によって近似し, R の面積 $A(R)$ を $\tilde{R}$ の面積で近似すると,

$$A(R) \approx A(\tilde{R}) = \left| \det \begin{pmatrix} x_u(u_0,v_0) & x_v(u_0,v_0) \\ y_u(u_0,v_0) & y_v(u_0,v_0) \end{pmatrix} \right| \Delta u \Delta v.$$

ここで $\det \cdot$ は行列式, $|\cdot|$ は絶対値を表す. この行列式に名前をつけておこう.

定義 10.3.1　$x(u,v)$, $y(u,v)$ による変換に対して, 次の行列式を**ヤコビアン**, あるいは**ヤコビ行列式**という:

$$\frac{\partial(x,y)}{\partial(u,v)} := \det \begin{pmatrix} \frac{\partial x}{\partial u} & \frac{\partial x}{\partial v} \\ \frac{\partial y}{\partial u} & \frac{\partial y}{\partial v} \end{pmatrix}.$$

□

例 10.37

変換 $x = u^2$, $y = u + v$ に対して, ヤコビアン $\frac{\partial(x,y)}{\partial(u,v)} = \det\begin{pmatrix} 2u & 0 \\ 1 & 1 \end{pmatrix} = 2u$.

問 28　次の変換によって uv 平面の領域 D が xy 平面のどのような領域に写るか, 調べよ. また, ヤコビアン $\frac{\partial(x,y)}{\partial(u,v)}$ を計算せよ.

(1) $x = u + 2v,\ y = 3v,$　　$D = [0,1] \times [0,1]$

(2) $x = u + 4v,\ y = 2u + 3v,$　　$D = [0,1] \times [0,2]$

10.3.2　二重積分における変数変換

関数 $f(x,y)$ と変換 T が与えられているとして, 積分 $\iint_R f(x,y)\,dxdy$ を考えよう.

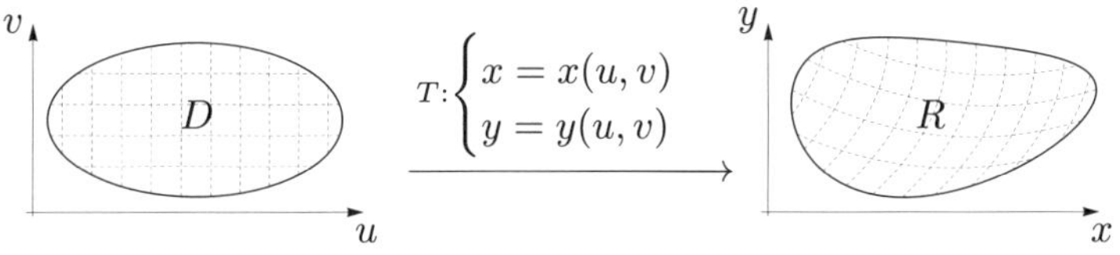

D の分割に応じてその像 R も分割され,

$$\iint_R f(x,y)\,dxdy \approx \sum_{\ell}\sum_{k} f(x(u_k,v_\ell), y(u_k,v_\ell))\Delta A_{k\ell} \tag{10.3}$$

となる. ここで $A_{k\ell}$ は xy 平面の $x(u_k,v_\ell), y(u_k,v_\ell)$ を含む小領域の面積である.

$$\Delta A_{k\ell} \approx \left|\frac{\partial(x,y)}{\partial(u,v)}\right|_{(u,v)=(u_k,v_\ell)} \Delta u \Delta v$$

であるから, (10.3) の右辺は $f(x(u,v),y(u,v))\left|\frac{\partial(x,y)}{\partial(u,v)}\right|$ のリーマン和であり, 分割を細かくする極限で積分になる:

$$\iint_R f(x,y)\,dxdy = \iint_D f(x(u,v),y(u,v))\left|\frac{\partial(x,y)}{\partial(u,v)}\right| dudv.$$

これは次の条件が満たされるときに成り立つことが知られている:

i)　f は連続.

ii)　$x(u,v)$, $y(u,v)$ は連続な偏導関数を持つ.

iii)　D の境界上を除いて $\frac{\partial(x,y)}{\partial(u,v)} \neq 0$.

iv)　D の境界上を除いて T は 1 対 1.

例 10.38

極座標から直交座標への変換 $x = r\cos\theta,\ y = r\sin\theta$ を考える．

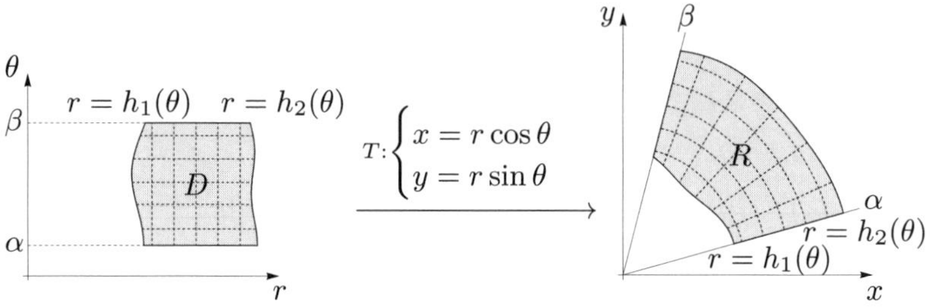

このときヤコビアンは

$$\frac{\partial(x,y)}{\partial(r,\theta)} = \det\begin{pmatrix} x_r & x_\theta \\ y_r & y_\theta \end{pmatrix} = \det\begin{pmatrix} \cos\theta & -r\sin\theta \\ \sin\theta & r\cos\theta \end{pmatrix}$$

$$= r\cos^2\theta + r\sin^2\theta = r,$$

$$\iint_R f(x,y)\,dxdy = \iint_D f(r\cos\theta, r\sin\theta)\,|r|\,drd\theta$$

$$= \int_\alpha^\beta \int_{h_1(\theta)}^{h_2(\theta)} f(r\cos\theta, r\sin\theta) r\,drd\theta.$$

例 10.39

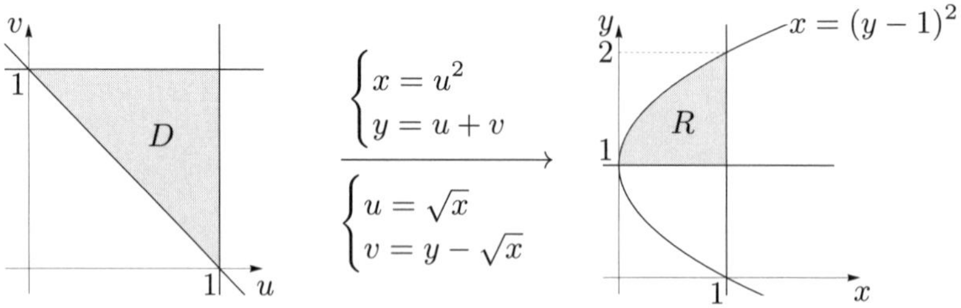

重積分 $I = \iint_R \sqrt{y - \sqrt{x}}\,dA$ を考える．R は図のような領域である．上図のような変換に対して $\frac{\partial(x,y)}{\partial(r,\theta)} = 2u$ であるから，

$$I = \iint_D \sqrt{v}|2u|\,dudv$$

$$= \int_0^1 \int_{1-v}^1 \sqrt{v}\cdot 2u\,dudv$$

$$= \int_0^1 \left(2v^{\frac{3}{2}} - v^{\frac{5}{2}}\right) dv = \frac{18}{35}.$$

問 29　(変数変換を利用して) 次の二重積分を求めよ．

(1) $\displaystyle\iint_D \frac{dx\,dy}{(1+x^2+2xy+y^2)^5},\ D=\{(x,y)\mid x,y\ge 0,\ x+y\le 1\}$

(2) $\displaystyle\iint_D \frac{1}{x+y}e^{\frac{x}{x+y}}\,dx\,dy,\ D=\{(x,y)\mid x,y\ge 0,\ 1\le x+y\le 2\}$

10.3.3　三重積分における変数変換

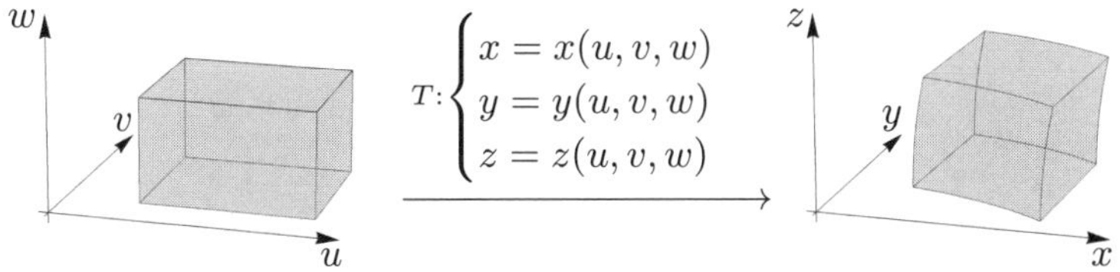

二重積分の場合と同様に，3 変数関数の三つ組 $x(u,v,w)$, $y(u,v,w)$, $z(u,v,w)$ による 3 次元の領域 D から $\mathbb{R}^3$ への変換に対して，その**ヤコビアン**は

$$\frac{\partial(x,y,z)}{\partial(u,v,w)} := \det\begin{pmatrix} \frac{\partial x}{\partial u} & \frac{\partial x}{\partial v} & \frac{\partial x}{\partial w} \\ \frac{\partial y}{\partial u} & \frac{\partial y}{\partial v} & \frac{\partial y}{\partial w} \\ \frac{\partial z}{\partial u} & \frac{\partial z}{\partial v} & \frac{\partial z}{\partial w} \end{pmatrix}.$$

と定義され，適当な仮定の下で

$$\begin{aligned}&\iiint_R f(x,y,z)\,dxdydz \\ &\qquad = \iiint_D f(x(u,v,w),y(u,v,w),z(u,v,w))\left|\frac{\partial(x,y,z)}{\partial(u,v,w)}\right| dudvdw.\end{aligned}$$

問 30

(1)　変換 $\begin{cases} x = r\cos\theta \\ y = r\sin\theta \\ z = \tilde{z} \end{cases}$ に対して，$\frac{\partial(x,y,z)}{\partial(r,\theta,\tilde{z})} = r$ となることを示せ．

(2)　変換 $\begin{cases} x = \rho\sin\phi\cos\theta \\ y = \rho\sin\phi\sin\theta \\ z = \rho\cos\phi \end{cases}$ に対して，$\frac{\partial(x,y,z)}{\partial(\rho,\theta,\phi)} = -\rho^2\sin\phi$ となることを示せ．

章末問題

問題 1　次の二重積分を求めよ.

$$(1)\ \iint_{[1,2]\times[0,1]} xe^{xy}\,dA \quad (2)\ \iint_{[-2,3]\times[0,1]} f(x,y)\,dA,\ f(x,y)=\begin{cases} x^2 & (y\ge |x|)\\ 0 & (y<|x|)\end{cases}$$

問題 2　$f(x,y)$ の領域 D 上の平均値が 1 となるように, 定数 a の値を定めよ.

$$f(x,y)=x^2+y^2+axy,\ D=[0,3]\times[0,4]$$

問題 3　次の二重積分や累次積分を求めよ.

$$(1)\ \iint_D f\,dA,\quad D=\{(x,y)\mid 0\le y\le 2x-x^2\},\ f(x,y)=\begin{cases} x & (y\ge x)\\ y & (y\le x)\end{cases}$$

$$(2)\ \iint_D x^2y^2\,dA,\quad D=\{(x,y)\mid -1\le x+y\le 1,\ -1\le x-y\le 1\}$$

$$(3)\ \iint_D \cos(x^2+y^2)\,dA,\quad D=\{(x,y)\mid 0\le x\le 1,\ 0\le y\le \sqrt{1-x^2}\}$$

$$(4)\ \iint_D x\,dA,\quad D=\{(r,\theta)\mid \sin\theta\le r\le 1,\ \frac{\pi}{4}\le\theta\le\frac{\pi}{2}\}$$

$$(5)\ \iint_D e^{(x+y)^2}\,dA,\quad D=\{(x,y)\mid x,y\ge 0,\ 1\le x+y\le 2\}$$

$$(6)\ \int_0^1\int_{\sqrt{y}}^1 e^{x^3}\,dx\,dy$$

問題 4　次の領域の面積を求めよ.

(1) $D=\{(r,\theta)\mid \sin\theta\le r\le\cos\theta,\ 0\le\theta\le\frac{\pi}{4}\}$

(2) $D=\{(r,\theta)\mid 0\le r\le 1-\sin\theta,\ 0\le\theta\le\frac{\pi}{4}\}$

問題 5　次の三重積分や累次積分を求めよ

$$(1)\ \iiint_E x\,dV,\quad E=\{(x,y,z)\mid x,y,z\ge 0,\ x+y+z\le 1\}$$

$$(2)\ \iiint_E y\,dV,\quad E=\{(x,y,z)\mid x,y,z\ge 0,\ 4\le x^2+y^2+z^2\le 9\}\}$$

$$(3)\ \int_0^1\int_0^{\sqrt{1-x^2}}\int_z^{\sqrt{1-x^2}} xe^{x^2+y^2}\,dy\,dz\,dx$$

問題 6　次の領域の体積を求めよ.

(1) 円柱面 $x^2+z^2=3$ と 2 平面 $x+2y+3z=9,\ y=0$ で囲まれる領域

(2) 単位半球面 $z=\sqrt{1-x^2-y^2}$ と円錐面 $z=\sqrt{x^2+y^2}$ で囲まれる領域

(3) 放物面 $z=x^2+y^2-3$ と平面 $z=2y$ で囲まれる領域

第 11 章

多変数関数の微分積分の発展的話題・応用

ここでは, 多変数関数の微分積分の応用としてラグランジュの未定乗数法などに触れつつ, 1 変数の場合に扱ったテイラーの定理や広義積分の多変数版についても考える.

11.1 テイラーの定理

1 変数関数 $f(x)$ は, $x = x_0$ の近くで $n+1$ 回微分可能ならば, n 次テイラー多項式で近似できた (定理 4.2.1);

$$f(x) = \sum_{k=0}^{n} \frac{f^{(k)}(x_0)}{k!}(x-x_0)^k + \frac{f^{(n+1)}(c)}{(n+1)!}(x-x_0)^{n+1}.$$

2 変数の場合も同様に, 関数 $f(x,y)$ が滑らかなとき, $f(x,y)$ は局所的に多項式で近似できる. 定理を述べるために, 記号を準備しておく.

$$\begin{aligned}
df_{(x,y)}(\xi,\eta) &:= \left(\xi\frac{\partial}{\partial x} + \eta\frac{\partial}{\partial y}\right) f(x,y) \\
&= \frac{\partial f}{\partial x}(x,y)\xi + \frac{\partial f}{\partial y}(x,y)\eta = f_x(x,y)\xi + f_y(x,y)\eta, \\
d^2 f_{(x,y)}(\xi,\eta) &:= \left(\xi\frac{\partial}{\partial x} + \eta\frac{\partial}{\partial y}\right)^2 f(x,y) \\
&= \frac{\partial^2 f}{\partial^2 x}(x,y)\xi^2 + 2\frac{\partial^2 f}{\partial x\partial y}(x,y)\xi\eta + \frac{\partial^2 f}{\partial^2 y}(x,y)\eta^2 \\
&= f_{xx}(x,y)\xi^2 + 2f_{xy}(x,y)\xi\eta + f_{yy}(x,y)\eta^2, \\
&\ \ \vdots \\
d^k f_{(x,y)}(\xi,\eta) &:= \left(\xi\frac{\partial}{\partial x} + \eta\frac{\partial}{\partial y}\right)^k f(x,y) \\
&= \sum_{\ell=0}^{k} {}_k\mathrm{C}_\ell \cdot \frac{\partial^k f}{\partial x^{k-\ell}\partial y^\ell}(x,y)\xi^{k-\ell}\eta^\ell.
\end{aligned}$$

また, f は n 次偏導関数がすべて連続であるとき, C^n 級であるというのだった.

定理 11.1.1（テイラーの定理）　$f(x,y)$ が (x_0,y_0) の近くで C^{n+1} 級であるとき，(x_0,y_0) の近くで次が成り立つ:

$$f(x,y)=\sum_{k=0}^{n}\frac{1}{k!}d^k f_{(x_0,y_0)}(x-x_0,y-y_0)+\frac{1}{(n+1)!}d^{n+1}f_{(c,d)}(x-x_0,y-y_0).$$

ここで，(c,d) は (x_0,y_0) と (x,y) を結ぶ開線分 (両端を含まない線分) 上のある点である．$\frac{1}{(n+1)!}d^{n+1}f_{(c,d)}(x-x_0,y-y_0)$ を，$n+1$ 次の**剰余項**という．□

例 11.1

テイラーの定理の主張する式を，$n+1$ 次の剰余項を $R_{n+1}(x,y)$ として，$n=1,2$ の場合に書き下してみる．$n=1$ のとき，

$$\begin{aligned}f(x,y)&=f(x_0,y_0)+\frac{\partial f}{\partial x}(x_0,y_0)(x-x_0)+\frac{\partial f}{\partial y}(x_0,y_0)(y-y_0)+R_2(x,y)\\&=f(x_0,y_0)+f_x(x_0,y_0)(x-x_0)+f_y(x_0,y_0)(y-y_0)+R_2(x,y),\end{aligned}$$

$n=2$ のとき，$f_{xx}(x_0,y_0)=a$，$f_{xy}(x_0,y_0)=f_{yx}(x_0,y_0)=b$，$f_{yy}(x_0,y_0)=c$ とおくと

$$\begin{aligned}f(x,y)=&f(x_0,y_0)+f_x(x_0,y_0)(x-x_0)+f_y(x_0,y_0)(y-y_0)\\&+\frac{1}{2!}\left\{a(x-x_0)^2+2b(x-x_0)(y-y_0)+c(y-y_0)^2\right\}+R_3(x,y).\end{aligned}$$

剰余項 R_{n+1} は $n+1$ 次の偏微分係数で表されている．$f(x,y)$ が (x_0,y_0) の近くで C^{n+1} 級であれば，$n+1$ 次の偏導関数は連続で，(x_0,y_0) の近くで有界である．よって，1 変数の場合と同様に，剰余項を無視する近似が成り立つ．

問 1　次の関数について，与えられた点の近くでの 2 次近似多項式を求めよ．

(1) $f(x,y)=\sin(x+y^2)$,　　$(x,y)=(0,0)$

(2) $f(x,y)=e^{x^2y}$,　　$(x,y)=(1,1)$

(3) $f(x,y)=\frac{1}{1-2x-3y}$,　　$(x,y)=(0,0)$

テイラーの定理は，(x_0,y_0) において方向ごとに 1 変数のテイラーの定理を用いることで証明できる．

問 2　$f(x,y)$ は (x_0,y_0) の近くで定理 11.1.1 の仮定を満たすものとする．(x_0,y_0) の近くの (x,y) をとり，$F(t):=f(x_0+t(x-x_0),y_0+t(y-y_0))$ と定める．$F(t)$ に 1 変数のテイラーの定理を適用して，定理 11.1.1 を示せ．

例 11.2

$f(x,y)$ を C^3 級の関数とする．$f(x,y)$ が (x_0,y_0) で極値をとるとき，(x_0,y_0) は f の臨界点，すなわち $f_x(x_0,y_0)=f_y(x_0,y_0)=0$ となった．原点 $(x,y)=(0,0)$ が f の臨界点であるとき，

$$f_{xx}(0,0)=a, \quad f_{xy}(0,0)=f_{yx}(0,0)=b, \quad f_{yy}(0,0)=c$$

とおくと，テイラーの定理の主張する式 $(n=2)$ は

$$\begin{aligned} f(x,y) &= f(0,0)+\tfrac{1}{2}ax^2+bxy+\tfrac{1}{2}cy^2+R_3(x,y) \\ &= f(0,0)+\tfrac{1}{2}(ax^2+2bxy+cy^2)+R_3(x,y) \end{aligned}$$

となる．したがって，剰余項 R_3 が十分小さいと思って無視すると，f が原点において極大となるか極小となるか，あるいはそのいずれでもないかは，2 次関数 $g(x,y)=ax^2+2bxy+cy^2$ によって決定されることになる．この 2 次関数の極大極小の問題は，線形代数における対称行列の対角化を応用することで容易に，(また 3 変数以上の場合への見通しよく) 解くことができる (対称行列等については線形代数の本を参照); 行列 $A=\begin{pmatrix} a & b \\ b & c \end{pmatrix}$ の固有値を λ_1, λ_2 とすると，

i)　$\lambda_1,\lambda_2>0$ のとき，極小．
ii)　$\lambda_1,\lambda_2<0$ のとき，極大．
iii)　$\lambda_1\lambda_2<0$ のとき，極大でも極小でもない．

(なお，ここで現れた行列 A の行列式は，定理 9.5.2 の $D(0,0)$ であることに注意せよ.) 剰余項を考慮しても，同じ結論が得られる (詳細は読者に委ねる)．また，f が C^3 級でなく C^2 級でも，類似の議論で同じ結論が得られる．

問 3　$f(x,y)$ の極大・極小について行列 A の固有値で述べられた例 11.2 の条件が，A の行列式 $D(0,0)$ で述べられた定理 9.5.2 の条件と一致することを確認せよ．

テイラーの定理は 3 変数以上の関数についても同様に成り立つ．証明も同様にできる．

問 4　C^3 級の 3 変数関数 $f(x,y,z)$ について，臨界点における例 11.2 のような極値の判定法を考えよ．

11.2　ラグランジュの未定乗数法

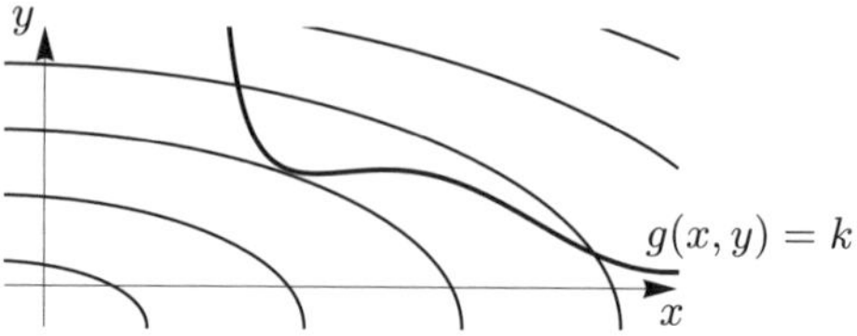

図 11.1　f の等位線たちと拘束条件 $g(x, y) = k$

ここでは, 変数 (x, y) についての拘束条件 $g(x, y) = k$(定数) のもとでの関数 $f(x, y)$ の最大・最小の問題を考える. 例えば $g(x, y) = x^2 + y^2 = 1$ ならば, 変数 (x, y) は原点を中心とする単位円を動く. 以下, 常に, $\nabla g \neq \vec{0}$ と仮定する. 一般に, (x, y) が曲線 $g(x, y) = k$ に沿って動くときに $f(x, y)$ が (x_0, y_0) で極値をとるとき, そこで f の等位線 $f(x, y) = \ell$ と曲線 $g(x, y) = k$ が互いに接する (接線が一致する) (図参照)[1]. $f = \ell$ の接線の法線ベクトルは $\nabla f(x_0, y_0)$, $g = k$ の接線の法線ベクトルは $\nabla g(x_0, y_0)$ で与えられるから,

$$\nabla f(x_0, y_0) = \lambda \nabla f(x_0, y_0) \quad (\lambda \text{はあるスカラー})$$

が成り立つ. これが拘束条件 $g(x, y) = k$ のもとで $f(x, y)$ が (x_0, y_0) で極値を取るための必要条件である.

これを踏まえて, 拘束条件 $g = k$ のもとでの関数 f の最大・最小問題は次のように解くことができる.

i)　x, y, λ についての連立方程式

$$\begin{cases} \nabla f(x, y) = \lambda \nabla g(x, y) \\ \quad g(x, y) = k \end{cases}$$

を解く (その解として得られる (x, y) が, f が極値を取る点の候補である).

ii)　i) で得られる (x, y) での f の値を計算し, 比較する.

---

1) このことは次のように示すことができる. 曲線 $g(x, y) = k$ が $x = a(t)$, $y = b(t)$ とパラメータ付けられているとき, ∇g が $g = k$ の接線の法線ベクトルとなることはすでに確かめた (9.4.2 項 (2)). (x, y) が曲線 $g = k$ に沿って動くときに $f(x, y)$ が極値をとるとき, t の関数 $f(a(t), b(t))$ が極値をとるから, これを t で微分して $\nabla f \cdot (a'(t), b'(t)) = 0$. $(a'(t), b'(t))$ は曲線 $g = k$ の接ベクトルだから, ∇f は曲線 $g = k$ の接線と直交する, すなわち ∇f は曲線 $g = k$ の法線ベクトルである.

このようにして極値を見つける方法を, **ラグランジュの未定乗数法**という.

注意 53　$\nabla f(x_0, y_0) = \lambda \nabla g(x_0, y_0)$ は, f が (x_0, y_0) で極値を取るための必要条件でしかなく, 十分条件ではない.

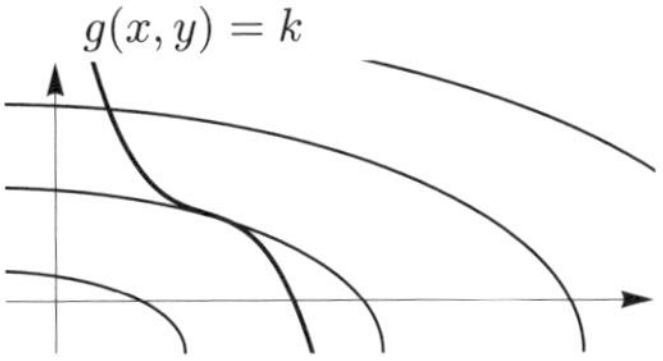

例 11.3

拘束条件 $g(x,y) = x^2 + y^2 = 1$ のもとでの $f(x,y) = \frac{x^2}{4} + y^2$ の最大値・最小値を考える. $\nabla f(x,y) = (\frac{x}{2}, 2y)$, $\nabla g(x,y) = (2x, 2y)$ であるから,

$$\begin{cases} \nabla f(x,y) = \lambda \nabla g(x,y) \\ \quad g(x,y) = 1 \end{cases} \Leftrightarrow \begin{cases} \frac{x}{2} = \lambda \cdot 2x \\ 2y = \lambda \cdot 2y \\ x^2 + y^2 = 1 \end{cases} \Leftrightarrow \begin{cases} x(\lambda - \frac{1}{4}) = 0 \\ y(\lambda - 1) = 0 \\ x^2 + y^2 = 1 \end{cases}.$$

$x^2 + y^2 = 1$ より, x と y が同時に 0 になることはないことに注意すると, 連立方程式の解は $(x, y, \lambda) = (0, \pm 1, 1), (\pm 1, 0, \frac{1}{4})$ である. したがって $f(0, \pm 1) = 1$, $f(\pm 1, 0) = \frac{1}{4}$ が, f の極値の候補のすべてであり, これらを比較して最大値は $f(0, \pm 1) = 1$, 最小値は $f(\pm 1, 0) = \frac{1}{4}$ であるとわかる.

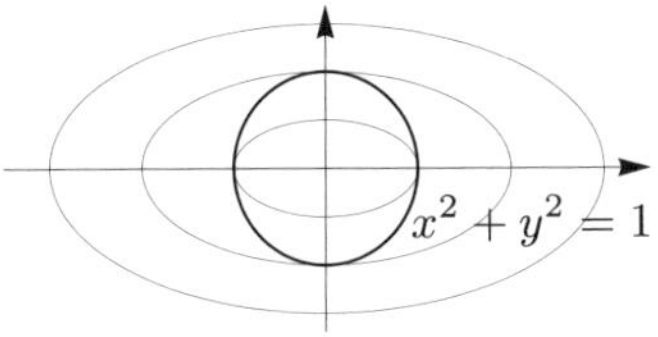

図 11.2　f の等位線たちと拘束条件 $x^2 + y^2 = 1$

例 11.4

$f(x,y) = \frac{x^2}{4} + y^2$ の, 領域 $D = \{(x,y) \mid x^2 + y^2 \leq 1\}$ における最大値・最小値を考える. f の唯一の臨界点は $(x,y) = (0,0)$ で, $f(0,0) = 0$ である. また, D の境界 $x^2 + y^2 = 1$ 上の f の極値は, 例 11.3 より 1, $\frac{1}{4}$ である. これらを比較して, 領域 D における f の最大値は 1, 最小値は 0 である.

問5　次の関数 $f(x,y)$ の, 与えられた条件下での最大値と最小値を求めよ.

$$(1)\ f(x,y)=x^2+2y^2,\quad x^2+y^2=1$$
$$(2)\ f(x,y)=x^2-xy+y^2,\quad x^2+y^2=2$$

問6　次の関数の最大値と最小値を求めよ (cf. 問5).

$$(1)\ f(x,y)=x^2+2y^2,\quad x^2+y^2\le 1$$
$$(2)\ f(x,y)=x^2-xy+y^2,\quad x^2+y^2\le 2$$

3変数の関数 $f(x,y,z)$ と拘束条件 $g(x,y,z)=k$ についても同様である.

例 11.5

$f(x,y,z)=x^2-4x+y^2-2y+z^2-6z+14$ の, 領域 $D=\{(x,y,z)\mid x^2+y^2+z^2\le 1\}$ における最大値・最小値を考える. f の唯一の臨界点は $(x,y,z)=(2,1,3)$ で, これは D の外にある. 次に D の境界 $x^2+y^2+z^2=1$ 上の f の極値を求める. $\nabla f(x,y,z)=(2x-4,2y-2,2z-6)$, $\nabla g(x,y,z)=(2x,2y,2z)$ であるから, 解くべき方程式は

$$\begin{cases} 2x-4=\lambda\cdot 2x \\ 2y-2=\lambda\cdot 2y \\ 2z-6=\lambda\cdot 2z \\ x^2+y^2+z^2=1 \end{cases}.$$

これを解くと $(x,y,z)=(\frac{\pm 2}{\sqrt{14}},\frac{\pm 1}{\sqrt{14}},\frac{\pm 3}{\sqrt{14}})$, $\lambda=1\mp\sqrt{14}$ である. したがって $f(\frac{\pm 2}{\sqrt{14}},\frac{\pm 1}{\sqrt{14}},\frac{\pm 3}{\sqrt{14}})=15\mp 2\sqrt{14}$ が, D の境界上の f の極値の候補である. これらの値 $15\mp 2\sqrt{14}$ を比較して, 領域 D における f の最大値は $f(\frac{-2}{\sqrt{14}},\frac{-1}{\sqrt{14}},\frac{-3}{\sqrt{14}})=15+2\sqrt{14}$, 最小値は $f(\frac{2}{\sqrt{14}},\frac{1}{\sqrt{14}},\frac{3}{\sqrt{14}})=15-2\sqrt{14}$, である.

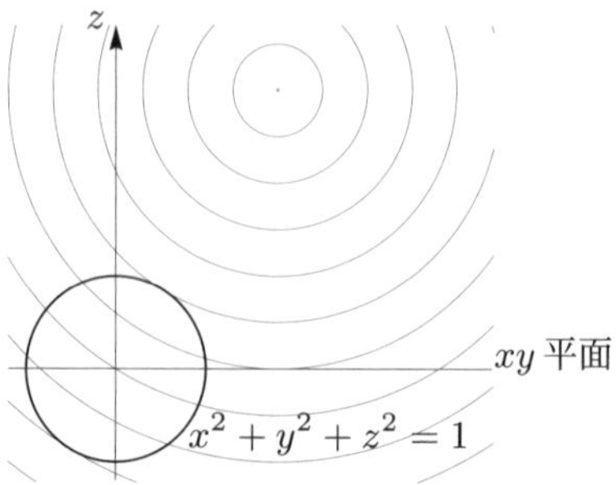

図 11.3　f の等位面たちと拘束条件 $x^2+y^2+z^2=1$ (模式図)

問 7 次の関数 $f(x,y,z)$ の, 与えられた条件下での最大値と最小値を求めよ.

(1) $f(x,y,z)=x^2+y^2+z^2+3xy+4yz,\quad x^2+y^2+z^2=25$

(2) $f(x,y,z)=x^2+y^2+z^2+3yz,\quad x^2+y^2+z^2=14$

問 8 次の関数の最大値と最小値を求めよ (cf. 問 7).

(1) $f(x,y,z)=x^2+y^2+z^2+3xy+4yz,\quad x^2+y^2+z^2\leq 25$

(2) $f(x,y,z)=x^2+y^2+z^2+3yz,\quad x^2+y^2+z^2\leq 14$

3 変数の関数 $f(x,y,z)$ と 2 つの拘束条件 $g(x,y,z)=k$, $h(x,y,z)=\ell$ についても同様に, x,y,z,λ,μ についての連立方程式

$$\begin{cases}\nabla f(x,y,z)=\lambda\nabla g(x,z)+\mu\nabla h(x,y,z)\\ \quad g(x,y,z)=k\\ \quad h(x,y,z)=\ell\end{cases}$$

を解けばよい.

例 11.6

拘束条件 $g(x,y,z)=x+y+z=4$, $h(x,y,z)=x^2+y^2=9$ のもとでの $f(x,y,z)=x+2y+3z$ の最大値・最小値を考える. $\nabla f(x,y,z)=(1,2,3)$, $\nabla g(x,y,z)=(1,1,1)$, $\nabla h(x,y,z)=(2x,2y,0)$ であるから, 解くべき方程式は

$$\begin{cases}1=\lambda+\mu\cdot 2x\\ 2=\lambda+\mu\cdot 2y\\ 3=\lambda+\mu\cdot 0\\ x+y+z=4\\ x^2+y^2=9\end{cases}.$$

これを解くと $(x,y,z)=(\mp\frac{6}{\sqrt{5}},\mp\frac{3}{\sqrt{5}},4\pm\frac{9}{\sqrt{5}})$, $\lambda=3$, $\mu=\pm\frac{\sqrt{5}}{6}$ である. したがって $f(\mp\frac{6}{\sqrt{5}},\mp\frac{3}{\sqrt{5}},4\pm\frac{9}{\sqrt{5}})=12\pm 3\sqrt{5}$ が, f の極値の候補のすべてであり, これらを比較して最大値は $f(-\frac{6}{\sqrt{5}},-\frac{3}{\sqrt{5}},4+\frac{9}{\sqrt{5}})=12+3\sqrt{5}$, 最小値は $f(\frac{6}{\sqrt{5}},\frac{3}{\sqrt{5}},4-\frac{9}{\sqrt{5}})=12-3\sqrt{5}$ であるとわかる.

問 9 次の関数 $f(x,y,z)$ の, 与えられた条件下での最大値と最小値を求めよ.

$$f(x,y,z)=x+yz,\quad y^2+z^2=8,\quad x+2y+2z=5$$

11.3　質量, 重心, モーメント

(1)　質量

空間の領域 E に拡がる物体の (質量) 密度が $\rho(x,y,z)$ であるとき, この物体の質量 m はその密度を足しあげることによって得られる, すなわち

$$m = \iiint_E \rho(x,y,z)\,dV.$$

(2)　重心

n 個の質点があって, 質量がそれぞれ $m_1, m_2, \ldots, m_n$ で, 位置がそれぞれ $(x_1,y_1,z_1), (x_2,y_2,z_2), \ldots, (x_n,y_n,z_n)$ であるとき, この質点系の重心 (あるいは質量中心) は, 総質量を $m(= m_1 + m_2 + \cdots + m_n)$ として

$$\left(\frac{1}{m}\sum_{k=1}^{n} x_k m_k, \frac{1}{m}\sum_{k=1}^{n} y_k m_k, \frac{1}{m}\sum_{k=1}^{n} z_k m_k\right)$$

である. 同様に, 空間の領域 E に拡がる物体の (質量) 密度が $\rho(x,y,z)$ であるとき, この物体の重心は, その質量を $m(= \iiint_E \rho(x,y,z)\,dV)$ として

$$\left(\frac{1}{m}\iiint_E x\rho(x,y,z)\,dV, \frac{1}{m}\iiint_E y\rho(x,y,z)\,dV, \frac{1}{m}\iiint_E z\rho(x,y,z)\,dV\right)$$

である.

(3)　モーメント

n 個の質点があって, 質量がそれぞれ $m_1, m_2, \ldots, m_n$ で, 位置がそれぞれ $(x_1,y_1,z_1), (x_2,y_2,z_2), \ldots, (x_n,y_n,z_n)$ であるとき, この質点系の z 軸まわりの慣性モーメントは,

$$\sum_{k=1}^{n} \left({x_k}^2 + {y_k}^2\right) m_k$$

である. 同様に, 空間の領域 E に拡がる物体の (質量) 密度が $\rho(x,y,z)$ であるとき, この物体の z 軸まわりの慣性モーメントは,

$$\iiint_E \left(x^2 + y^2\right) \rho(x,y,z)\,dV,$$

である.

問 10 次のような密度 $\rho(x,y,z)$ の物体について, 質量, 重心, z 軸まわりの慣性モーメントを求めよ.

(1) $\rho(x,y,z)=z,\quad x^2+y^2\leq 1,\ 0\leq z\leq x^2+y^2$

(2) $\rho(x,y,z)=x,\quad 0\leq x,y,z\leq 1$

(3) $\rho(x,y,z)=x,\quad x,y\geq 0,\ x^2+y^2\leq 1,\ 0\leq z\leq x^2+y^2$

注意 54 1次元や2次元の物体についても同様である. 例えば, 数直線上の区間 $[a,b]$ に (質量) 線密度 $\rho(x)$ の物体 (細い棒) があるとき, この物体の質量 m, 重心 x_{G}, 点 x_0 まわりの慣性モーメント I_{x_0} は

$$m=\int_a^b \rho(x)\,dx,\quad x_{\mathrm{G}}=\frac{1}{m}\int_a^b x\rho(x)\,dx,\quad I_{x_0}=\int_a^b (x-x_0)^2\rho(x)\,dx.$$

平面上の領域 D に (質量) 面密度 $\rho(x,y)$ の物体 (薄い板) があるとき, この物体の質量 m, 重心 $(x_{\mathrm{G}},y_{\mathrm{G}})$, y 軸まわりの慣性モーメント I は

$$m=\iint_D \rho(x,y)\,dA,\quad (x_{\mathrm{G}},y_{\mathrm{G}})=\frac{1}{m}\left(\iint_D x\rho(x,y)\,dA,\iint_D y\rho(x,y)\,dA\right),$$
$$I=\iint_D x^2\rho(x,y)\,dA.$$

11.4 広義多重積分

1変数関数の場合と同様, 2変数関数の, 無限に広い領域上や開いた領域 (例えば開円板) 上での積分を考えたいことがある. 1変数の場合には, 有界閉区間 $[a,b]$ 上での積分をまず考え, それから $b\to\infty$ などの極限などを考えた.

例 11.7

$f(x,y)=\frac{1}{(2+x+3y)^3}$ の第一象限 $D=\{(x,y)\mid x\geq 0, y\geq 0\}$ 上の積分を考える. $R_n=[0,n]\times[0,n]$ とすると, “$\lim\limits_{n\to\infty} R_n=D$” であり,

$$\begin{aligned}\textstyle\iint_{R_n} f(x,y)\,dA &= \textstyle\int_0^n \left(\int_0^n \frac{dx}{(2+x+3y)^3}\right)dy\\ &= \textstyle\int_0^n \frac{1}{2}\left(\frac{1}{(2+3y)^2}-\frac{1}{(2+n+3y)^2}\right)dy\\ &= \textstyle\frac{1}{6}\left(\frac{1}{2}-\frac{1}{2+3n}-\frac{1}{2+n}+\frac{1}{2+n+3n}\right)dy \xrightarrow{n\to\infty} \frac{1}{12}.\end{aligned}$$

一方, $S_n=\{(x,y)\mid x,y\geq 0,\ x+3y\leq n\}$ とすると, “$\lim\limits_{n\to\infty} S_n=D$” であり, $u=x,\ v=x+3y$ と変数変換するとヤコビアン $\frac{\partial(x,y)}{\partial(u,v)}=\frac{1}{3}$ で,

$$\iint_{S_n} f(x,y)\,dA = \tfrac{1}{3}\int_0^n \left(\int_u^n \tfrac{dv}{(2+v)^3}\right) du$$
$$= \tfrac{1}{6}\int_0^n \left(\tfrac{1}{(2+u)^2} - \tfrac{1}{(2+n)^2}\right) dy$$
$$= \tfrac{1}{6}\left(\tfrac{1}{2} - \tfrac{1}{2+n} - \tfrac{n}{(2+n)^2}\right) dy \xrightarrow{n\to\infty} \tfrac{1}{12}.$$

一般に, 連続関数 $f(x,y)$ と領域 D に対して, 長方形領域, 三角形領域や扇形領域などの列 $D_1 \subset D_2 \subset D_3 \cdots$ で "$\lim_{n\to\infty} D_n = D$" (正確には D_n たちの和集合 $\bigcup_{n=1}^{\infty} D_n = D$) となるものをひとつ取ったときに f の絶対値の積分の極限 $\lim_{n\to\infty} \iint_{D_n} |f(x,y)|\,dA$ が有限の値に収束するとき, (絶対値をつけていない) f の積分の極限 $\lim_{n\to\infty} \iint_{D_n} f(x,y)\,dA$ が, 領域の列の取り方によらずに決まった値に収束する. このときに $\iint_D f(x,y)\,dx := \lim_{n\to\infty} \iint_{D_n} f(x,y)\,dA$ と定める.

例 11.8　再訪

例 11.7 では, 第一象限 D に対して "$\lim_{n\to\infty} R_n = D$" となる長方形領域たち R_n をとると $\lim_{n\to\infty} \iint_{R_n} |f(x,y)|\,dA = \lim_{n\to\infty} \iint_{R_n} f(x,y)\,dA = \frac{1}{12}$ だから $\iint_D f(x,y)\,dx$ が定義され, $\iint_D f(x,y)\,dx = 12$ である.

例 11.9　ガウス積分

$f(x,y) = e^{-x^2-y^2}$ の $\mathbb{R}^2$ 上の積分を考える. $S_\rho := \{(x,y) \mid x^2+y^2 \le \rho^2\}$ に対して $\lim_{\rho\to\infty} \iint_{S_\rho} |e^{-x^2-y^2}|\,dA = \lim_{\rho\to\infty} \iint_{S_\rho} e^{-x^2-y^2}\,dA = \pi$ (cf. 211 ページ問 14) だから $\iint_{\mathbb{R}^2} e^{-x^2-y^2}\,dA$ が定義されて $\iint_D e^{-x^2-y^2}\,dA = \pi$. このことを利用して $\int_{-\infty}^{\infty} e^{-x^2}\,dx = \sqrt{\pi}$ がわかる (cf. 同問).

問 11　次の関数 $f(x,y)$ と領域 D に対して, $\iint_D f(x,y)\,dA$ を求めよ.

(1) $f(x,y) = \log(x^2+y^2)$,　　$D = \{(x,y) \mid x, y \ge 0,\ x^2+y^2 \le 1\}$

(2) $f(x,y) = \frac{1}{(6x+5y+4)^3}$,　　$D = \{(x,y) \mid x, y \ge 0\}$

(3) $f(x,y) = \frac{1}{x^2+y^2}$,　　$D = \{(x,y) \mid 0 \le x \le 1,\ 0 \le y \le 1\}$

問 12　$a, b > 0$ に対し, $f(x,y) = e^{-x^2-y^2} x^{a-1} y^{b-1}$ の第一象限上の積分を考えることで, ガンマ関数とベータ関数の関係式 $\Gamma(x)\Gamma(y) = \Gamma(x+y)B(x,y)$ を示せ (cf. 第 7 章章末問題).

問と章末問題　解答

第1章

問 1　(1) $\frac{-4}{\sqrt{17}}, -\frac{1}{4}$　(2) $\frac{\sqrt{15}}{4}, \frac{1}{4}$

問 2　$\sin(\alpha \pm \beta) = \sin\alpha\cos\beta \pm \cos\alpha\sin\beta$ の辺々を足し合わせることで, $\sin\alpha\cos\beta$ についての公式を得る. 他の2式についても同様.

問 3　(1) $\cos\sqrt{x}$　(2) $\sqrt{\cos x}$　(3) $x^{\frac{1}{4}}$　(4) $\cos(x^{\frac{1}{4}})$

問 4　(1) $\frac{x+2}{3}$　(2) $\frac{x^2-1}{2}, x \geq 0$　(3) $\sqrt{x}$　(4) $1-\sqrt{x+1}$　(5) x^3　(6) $\frac{-3x-1}{2x-4}$　(7) $\frac{1}{\sqrt{x}}$　(8) $\frac{x^3}{125}+2$　(9) $1+\sqrt{x+1}$

問 5　(1) x　(2) $\log x$　(3) $2\log x$　(4) 1

問 6　(1) $\frac{\pi}{3}$　(2) $\frac{\pi}{4}$　(3) $\frac{\pi}{6}$　(4) π　(5) $-\frac{\pi}{6}$　(6) $-\frac{\pi}{4}$　(7) $\frac{\pi}{4}$　(8) $\frac{5\pi}{6}$　(9) 0

問 7　(1) $\arcsin\frac{x}{2}$　(2) $\frac{1}{3}\arccos x$　(3) $\frac{1}{6}\arctan\frac{4-x}{5}$　(4) $-\frac{\pi}{4}+\arcsin\frac{x}{\sqrt{2}}$

問 8　(1) $\frac{3}{5}$　(2) $\frac{1}{\sqrt{10}}$　(3) $\frac{1}{2\sqrt{2}}$

問 9　$y = \sinh x = \frac{e^x - e^{-x}}{2}$ を x について解くと $x = \log(y+\sqrt{y^2+1})$. これより $\operatorname{arsinh} x = \log(x+\sqrt{x^2+1})$. $\operatorname{arcosh} x$ と $\operatorname{artanh} x$ についても同様.

第2章

問 1　(1) $-\frac{3}{2}$　(2) -1　(3) ∞　(4) 振動　(5) ∞　(6) $\frac{1}{64}$

問 2

$$(1+\tfrac{1}{n})^n = \sum_{k=0}^{n} \frac{n!}{k!(n-k)!}\frac{1}{n^k} \leq \sum_{k=0}^{n}\frac{1}{k!} \leq 1+1+\frac{1}{2}+\frac{1}{2^2}+\cdots+\frac{1}{2^{n-1}} \leq 3$$

より有界である. また, 次より単調増加である:

$$\begin{aligned}(1+\tfrac{1}{n+1})^{n+1} &= \sum_{k=0}^{n}\frac{(n+1)n(n-1)\ldots(n-k+2)}{k!}\frac{1}{(n+1)^k}+\frac{1}{(n+1)^{n+1}} \\ &\geq \sum_{k=0}^{n}\frac{n(n-1)(n-2)\ldots(n-k+1)}{k!}\frac{1}{n^k}+\frac{1}{(n+1)^{n+1}} \geq (1+\tfrac{1}{n})^n.\end{aligned}$$

問 3　(1) 0　(2) 0　(3) $\frac{1}{4}$　(4) 2　(5) $-\infty$　(6) 4

問 4　(1) 1　(2) 0　(3) ∞　(4) ∞　(5) -1　(6) $\frac{1}{2}$　(7) $-\frac{1}{3}$　(8) 1　(9) 2

問 5　(1) -1　(2) 4　(3) -2

問 6　(1) ∞　(2) 0　(3) 1

問7　(1) $\frac{5}{4}$　(2) $\frac{5}{3}$　(3) $\frac{3}{2}$　(4) $\sqrt{2}$

問8　(1) $1/e$　(2) e^3　(3) e

問9　(1) $x = 0, 2$　(2) $x = -3, 1, 2$　(3) $x = 0$　(4) $x = n\pi$ (nは整数)

問10　(1) 方程式の左辺を$f(x)$とすると$f(0) = -1 < 0$, $f(1) = 1 > 0$だから, 中間値の定理により$(0, 1)$上にあるcがあって$f(c) = 0$となる.

(2) 方程式の左辺を$f(x)$とすると$f(-1) = -2 < 0$, $f(0) = 1 > 0$だから, 中間値の定理により$(-1, 0)$上にあるcがあって$f(c) = 0$となる.

問題1　(1) $-\log 5$　(2) ∞　(3) 3　(4) 2　(5) 0　(6) 0

問題2　(1) 単調減少かつ$a_n > 0$より.　(2) 単調増加かつ$a_n < 2$より.

問題3　(1) $\frac{5}{3}$　(2) ∞　(3) -1　(4) 4　(5) 0　(6) ∞　(7) $-\sqrt{3}$　(8) 1　(9) $\frac{1}{2}$　(10) $\sqrt{e}$　(11) 存在しない　(12) -5　(13) e^2　(14) 0 ($0 < b < 1$), 1 ($b = 1$), ∞ ($b > 1$)

問題4　(1) 0　(2) 2　(3) -4　(4) 2

問題5　中間値の定理により示せる.

問題6　方程式の左辺を$f(x)$とすると絶対値の十分大きな$x_+ > 0$, $x_- < 0$に対して$f(x_+) > 0$, $f(x_-) < 0$となるから, 中間値の定理により(x_-, x_+)上にあるx_0があって$f(x_0) = 0$となる.

第3章

問1　(1) 3　(2) $-\frac{1}{4}$　(3) 存在しない.

問2　(1) $-\frac{4}{3}x^{-\frac{7}{3}}$　(2) $\frac{7}{2}\sqrt{x^5}$　(3) $1/4x^{3/4}$　(4) $-\frac{3}{4}x^{-\frac{7}{4}}$

問3　(1) $dy = -\sin x\, dx$, $\cos(\frac{\pi}{4} + 0.01) \fallingdotseq \cos\frac{\pi}{4} - \sin\frac{\pi}{4} \cdot 0.01 \fallingdotseq 0.7000$

(2) $dy = \frac{1}{2\sqrt{x}}\, dx$, $\sqrt{1.001} = \sqrt{1 + 0.001} \fallingdotseq \sqrt{1} + \frac{1}{2\sqrt{1}} \cdot 0.001 = 1.0005$

(3) $dy = \frac{1}{x}\, dx$, $\log 0.99 = \log(1 - 0.01) \fallingdotseq \log 1 + \frac{1}{1} \cdot (-0.01) = -0.01$

問4　(1) $2\sin x + 3e^x$　(2) $4x^3 - 3x^2 + 5$　(3) $4x^{-\frac{1}{3}} - 2x^{-\frac{4}{3}} + x^{-2}$

問5　(1) $\cos x - x\sin x$　(2) $e^x\left(\frac{1}{x} + \log x\right)$　(3) $-\frac{1}{2\sqrt{x}}\sin x - \sqrt{x}\cos x + \frac{5}{2x^{3/2}}$

問6　(1) $\frac{2x(x+1)}{(2x+1)^2}$　(2) $\frac{-10x^9}{(x^{10}+1)^2}$　(3) $\frac{(1+x^4)\cos x - 4x^3\sin x}{(1+x^4)^2}$

(4) $\frac{e^x\left\{(x^2+3)\cos x - (x^2+2x+5)\sin x\right\}}{(x^2+2x+5)^2}$　(5) $\sec x\tan x$　(6) $-\csc^2 x$

問7　(1) $2xe^{x^2}$ (2) $e^x\cos e^x$ (3) $\cos x\cos(\sin x)$ (4) $e^x e^{e^x}$ (5) $-6x\sec^2(2-3x^2)$

(6) $-\frac{1}{x}\sin(\log x)$　(7) $\frac{x}{\sqrt{1+x^2}}$　(8) $\frac{\sin x}{2(\cos x)^{3/2}}$　(9) $-\frac{2x\sin x + x^2\cos x}{(2+x^2\sin x)^2}$

問8　(1) $-\frac{10}{3}(-5x+1)^{-\frac{1}{3}}$　(2) $\frac{-6}{(3x+2)^3}$　(3) $-\frac{8}{3}(-2x+1)^{\frac{1}{3}}$　(4) $2e^{2x}$

(5) $-3\cos(2-3x)$　(6) $2\sin(1-2x)$　(7) $-\frac{3}{2}\sqrt{-x+1}$　(8) $5e^{5x+2}$

(9) $\frac{4}{3+4x}$　(10) $6\sec^2(6x-7)$　(11) $\frac{-2}{5-2x}$　(12) $-3e^{2-3x}$

問 9　(1) $\frac{3}{3x+1}$　(2) $\frac{2\sin x}{1-2\cos x}$　(3) $\frac{2e^{2x}}{e^{2x}-3}$

問 10　(1) $x^x(1+x+x\log x)$　(2) $x^{\sin x}\left(\cos x\log x+\frac{\sin x}{x}\right)$

(3) $(\sin x)^x\left(\log\sin x+\frac{x\cos x}{\sin x}\right)$ (4) $(1+x^2)^{\cos x}\left(\frac{2x\cos x}{1+x^2}-\sin x\log(1+x^2)\right)$

(5) $(3+\cos x)^{\sin x}\left(\cos x\log(3+\cos x)-\frac{\sin^2 x}{3+\cos x}\right)$

(6) $\frac{x(x+1)(x+2)}{(x-1)(x-2)}\left(\frac{1}{x}+\frac{1}{x+1}+\frac{1}{x+2}-\frac{1}{x-1}-\frac{1}{x-2}\right)$

問 11　(1) $\frac{1}{10}$　(2) 2

問 12　(1) $\frac{2e^{2x}}{\sqrt{1-e^{4x}}}$　(2) $\frac{1}{x\{1+(\log x)^2\}}$　(3) $\frac{-1}{2\sqrt{(1-x^2)\arccos x}}$

問 13　(1) $\left(\frac{\pi}{2},\frac{\pi^2}{4}\right)$　(2) 1　(3) π

問 14　(1) $16(2x+5)e^{2x}$　(2) $(x^2-20)\cos x+10x\sin x$　(3) $-4e^x\sin x$

問題 1　(1) 12　(2) 存在しない．　(3) 0　(4) 存在しない．

問題 2

$$
\begin{aligned}
(x^n)' &= \lim_{h\to 0}\frac{(x+h)^n-x^n}{h}=\lim_{h\to 0}\frac{{}_n\mathrm{C}_1x^{n-1}h+{}_n\mathrm{C}_2x^{n-2}h^2+\cdots+{}_n\mathrm{C}_nh^n}{h}\\
&=\lim_{h\to 0}\left({}_n\mathrm{C}_1x^{n-1}+{}_n\mathrm{C}_2x^{n-2}h+\cdots+{}_n\mathrm{C}_nh^{n-1}\right)=nx^{n-1}
\end{aligned}
$$

問題 3

$$
\begin{aligned}
(\cos x)' &= \lim_{h\to 0}\frac{\cos(x+h)-\cos x}{h}=\lim_{h\to 0}\frac{\cos x\cos h-\sin x\sin h-\cos x}{h}\\
&=\lim_{h\to 0}\left(\cos x\cdot\frac{\cos h-1}{h}-\sin x\cdot\frac{\sin h}{h}\right)=-\sin x
\end{aligned}
$$

問題 4　$(fgh)'=((fg)h)'=(fg)'h+(fg)h'=f'gh+fg'h+fgh'$

問題 5

$$
\begin{aligned}
\left\{\frac{f(x)}{g(x)}\right\}' &= \lim_{h\to 0}\frac{\frac{f(x+h)}{g(x+h)}-\frac{f(x)}{g(x)}}{h}=\lim_{h\to 0}\frac{f(x+h)g(x)-f(x)g(x+h)+f(x)g(x)-f(x)g(x)}{hg(x)g(x+h)}\\
&=\lim_{h\to 0}\frac{\frac{f(x+h)-f(x)}{h}\cdot g(x)-f(x)\cdot\frac{g(x+h)-g(x)}{h}}{g(x)g(x+h)}=\frac{f'(x)g(x)-f(x)g'(x)}{\{g(x)\}^2}
\end{aligned}
$$

問題 6　(1) $\frac{3}{2}\sqrt{x}+2+\frac{1}{2\sqrt{x}}$　(2) $\frac{4x+\sqrt{x}+1}{\sqrt{x(2x+1)}}$　(3) $\frac{\sqrt{x}+1}{(2\sqrt{x}+1)^2}$　(4) $\frac{-3x-2}{2x^2(x+1)^{3/2}}$

(5) $\frac{3x}{2(3x^2+1)^{3/4}}$　(6) $\frac{\sqrt{x^{1/3}+1}}{2x^{2/3}}$　(7) $\frac{-2x}{3(x^2+1)^{4/3}}$　(8) $\frac{1}{6\sqrt{x}(\sqrt{x}+1)^{2/3}}$

(9) $\frac{\sin\sqrt{x}}{2\sqrt{x}}+\frac{\cos\sqrt{x}}{2}$　(10) $e^x(x^2\log x+2x\log x+x)$　(11) $\frac{1+e^{2x}(1-2x)}{(1+e^{2x})^2}$

(12) $-\frac{x(x+2)}{(x^2+x+1)^2}$　(13) $-\frac{e^{\sin x}(\cos^2 x-4\cos x+\sin x)}{(4-\cos x)^2}$　(14) $\log x+1$

(15) $\frac{2e^{(\log x)^2}\log x}{x}$　(16) $\frac{-1-2\sin x}{(\sin x+2)^2}$　(17) $\frac{-2\sec^2 x}{(\tan x-1)^2}=\frac{-2}{(\sin x-\cos x)^2}$

(18) $\frac{7}{x\log 13}$　(19) $\frac{2\sec^2 x}{3\sqrt[3]{\tan x}}$　(20) $(1+x^2)^{\cos x}\left(\frac{2x\cos x}{1+x^2}-\sin x\log(1+x^2)\right)$

(21) $(3+\sin x)^{\sin x}\cos x\left(\frac{\sin x}{3+\sin x}+\log(3+\sin x)\right)$

問題 7　(1) $f'(0) = \lim_{h \to 0} \frac{f(h)-f(0)}{h} = \lim_{h \to 0} h \sin \frac{1}{h} = 0$ (はさみうちの原理)

(2) 0 $(x = 0)$, $2x \sin \frac{1}{x} - \cos \frac{1}{x}$ $(x \neq 0)$

問題 8　(1) $-\frac{40}{9}$　(2) $\frac{15-2e}{7+e}$

問題 9　(1) $\frac{1}{3}$　(2) $\sqrt{2x+1}\,(= y)$　(3) $\frac{1}{2x}\,(= \frac{1}{2\sqrt{y}})$　(4) $\frac{1}{2(x-1)}\,(= \frac{1}{2\sqrt{y+1}})$

問題 10　$g'(x) = 2f^{-1}(x)(f^{-1}(x))' = 2f^{-1}(x) \cdot \frac{1}{f'(f^{-1}(x))}$ である．また $f(7) = 5$ より $f^{-1}(5) = 7$ だから $g'(5) = 2 \cdot 7 \cdot \frac{1}{f'(7)} = 2 \cdot 7 \cdot \frac{1}{-3} = -\frac{14}{3}$.

問題 11　略. (例 3.17 を参照.)

問題 12　(1) $2x \arcsin x + \frac{x^2}{\sqrt{1-x^2}}$　(2) $e^x \arccos x - \frac{e^x}{\sqrt{1-x^2}}$　(3) $\frac{1-2x \arctan x}{(1+x^2)^2}$

(4) $\frac{1}{\sqrt{9-x^2}}$　(5) $-\frac{1}{2\sqrt{x(1-x)}}$　(6) $\frac{2x}{1+x^4}$　(7) $-\frac{1}{\sqrt{1-x^2}(\arcsin x)^2}$

(8) $-\frac{1}{\sqrt{1-x^2} \arccos x}$　(9) $\frac{1}{x^2+1}$

問題 13　(1) $(-\pi, \pi^3)$　(2) -1　(3) $-3\pi^2$

問題 14　(1) $dy = e^x\,dx$, $e^{0.01} \fallingdotseq e^0 + e^0 \cdot 0.01 = 1.01$

(2) $dy = \frac{-1}{2x^{3/2}}\,dx$, $\frac{1}{\sqrt{0.98}} = \frac{1}{\sqrt{1-0.02}} \fallingdotseq \frac{1}{\sqrt{1}} + \frac{-1}{2 \cdot 1^{3/2}} \cdot (-0.02) = 1.01$

(3) $dy = \frac{1}{\sqrt{1-x^2}}\,dx$, $\arcsin 0.05 \fallingdotseq \arcsin 0 + \frac{1}{\sqrt{1-0^2}} \cdot 0.05 = 0.05$

問題 15　(1) $-4e^x \cos x$　(2) $(x^2 - 200x + 9900)e^{-x}$　(3) $(x^2 - 1560) \cos x + 80x \sin x$

第 4 章

問 1　$f(0) = f(2\pi)\,(= 0)$ より．また, $c = \frac{\pi}{2}, \frac{3\pi}{2}$.

問 2　(1) $(\tanh x)' = \frac{1}{\cosh^2 x} > 0$ より．　(2) $\lim_{x \to \pm\infty} \tanh x = \pm 1$　(3) 略.

問 3　(1)

x	$\cdots$	-1	$\cdots$	3	$\cdots$
f'	$+$	0	$-$	0	$+$
f	$\nearrow$	5	$\searrow$	-27	$\nearrow$

(2)

x	$\cdots$	-4	$\cdots$	2	$\cdots$
f'	$+$	0	$-$	0	$+$
f	$\nearrow$	80	$\searrow$	-28	$\nearrow$

問 4　$(\arcsin x)' = (-\arccos x)'$ より $\arcsin x = C - \arccos x$ (C は定数). $x = 0$ として $0 = C - \frac{\pi}{2}$. よって $C = \frac{\pi}{2}$.

問 5　(1) $1 + 2x + 2x^2 + \frac{4}{3}x^3$　(2) $e^{2\pi}(1 + 2(x-\pi) + 2(x-\pi)^2 + \frac{4}{3}(x-\pi)^3)$

(3) $e^{-1}(1 - (x-1) + \frac{(x-1)^2}{2!} - \frac{(x-1)^3}{3!})$　(4) $1 - \frac{1}{2!}(x - \frac{\pi}{2})^2 + \frac{1}{4!}(x - \frac{\pi}{2})^4$

問 6　(1) $e^x \fallingdotseq 1 + x + \frac{x^2}{2}$, $e^{0.1} \fallingdotseq 1.105$　(2) $\sin x \fallingdotseq x - \frac{x^3}{6}$, $\sin 0.1 \fallingdotseq 0.998333\cdots$　(3) $\frac{1}{1-x} \fallingdotseq 1 + x + x^2 + x^3$, $\frac{1}{1-0.1} \fallingdotseq 1.111$, $\frac{1}{1-0.1} = \frac{10}{9} = 1.111\cdots$　(4) $\sqrt{1+x} \fallingdotseq 1 + \frac{x}{2} - \frac{x^2}{8}$, $\sqrt{0.81} = \sqrt{1 - 0.19} \fallingdotseq 0.9004875$, $\sqrt{0.81} = 0.9$　(5) $\log x \fallingdotseq (x-1) - \frac{(x-1)^2}{2} + \cdots + \frac{(-1)^{n-1}}{n}(x-1)^n$

問 7　(1) 0　(2) 2　(3) 1　(4) 0　(5) $\frac{5}{2}$　(6) $\frac{5}{2}$

問 8　(1) ∞　(2) $-\frac{3}{2}$　(3) e^2　(4) e　(5) 1　(6) $e^{-2/\pi}$

問 9　(1) 1　(2) -1　(3) -1

問 10　最大値 $f(-\frac{2}{3})=\frac{40}{27}$, 最小値 $f(-3)=-33$

問 11　極大値 $f(1)=\frac{\pi}{2}-1$, 極小値 $f(-1)=-\frac{\pi}{2}+1$

問 12　(1) $\displaystyle\lim_{x\to\pm\infty} y=\pm 1$

x	$\cdots$	0	$\cdots$
y''	$+$	0	$-$
y	⤴	0	↗

(2) $\displaystyle\lim_{x\to+0} y=0,\ \lim_{x\to\infty} y=1$

x	$\cdots$	$1/2$	$\cdots$
y''	$+$	0	$-$
y	⤴	$1/e^2$	↗

(3) $y'=\frac{1-x^2}{1+x^2},\ y''=\frac{-4x}{(1+x^2)^2}$

x	$\cdots$	-1	$\cdots$	0	$\cdots$	1	$\cdots$
y'	$-$	0	$+$	$+$	$+$	0	$-$
y''	$+$	$+$	$+$	0	$-$	$-$	$-$
y	↘	$-\frac{\pi}{2}+1$	⤴	0	↗	$\frac{\pi}{2}-1$	⤵

問題 1　(1) $c=-1,\frac{4}{3}$　(2) $e-1$

問題 2　f はあらゆるところ微分可能だから, 特に $[a,b]$ で連続かつ (a,b) で微分可能である. また $f(a)=f(b)\,(=0)$ だから, ロルの定理により, (a,b) 上にある c があって $f'(c)=0$ となり, この時刻に慣性力がゼロになる.

問題 3　f はあらゆるところ微分可能だから, 特に $[0,5]$ で連続かつ $(0,5)$ で微分可能である. よって平均値の定理により, $(0,5)$ 上にある t_0 があって

$$f'(t_0)=\frac{f(5)-f(0)}{5-0}=\frac{100}{5}=20.$$

問題 4　$\arctan x$ と $2\arctan\left(x-\sqrt{1+x^2}\right)$ を x で微分すると, ともに $\frac{1}{1+x^2}$ となる. よってある定数 C があって $\arctan x=2\arctan\left(x-\sqrt{1+x^2}\right)+C$ となる. $x=0$ を代入すると $0=2\cdot(-\frac{\pi}{4})+C$ より $C=\frac{\pi}{2}$ と分かる.

問題 5　(1) $g(a)=f(a),\ g(b)=f(b)-(f(b)-f(a))=f(a)$　(2) $g(x)$ に対してロルの定理が適用でき, (a,b) 上にある c があって $g'(c)=0$ となる.

$$g'(c)=0\Leftrightarrow f'(c)-\frac{f(b)-f(a)}{b-a}=0\Leftrightarrow f'(c)=\frac{f(b)-f(a)}{b-a}$$

問題 6　(1) 平均値の定理より (a,b) 上にある c があって $g(b)-g(a)=g'(c)(b-a)$ となるが, (a,b) 上 $g'(x)\neq 0$ という仮定より $g'(c)\neq 0$ で $g(a)\neq g(b)$.
(2) $F(a)=f(a),\ F(b)=f(b)-(f(b)-f(a))=f(a)$　(3) (a,b) 上にある c があって $F'(c)=0$ となる.

$$F'(c)=0\Leftrightarrow f'(c)-\frac{f(b)-f(a)}{g(b)-g(a)}\cdot g'(c)=0\Leftrightarrow \frac{f'(c)}{g'(c)}=\frac{f(b)-f(a)}{g(b)-g(a)}$$

問題7　略.

問題8　(1) f は $n+1$ 回微分可能だから $f', f'', \ldots, f^{(n)}$ も微分可能であり, したがって $F(x)$ も微分可能である. また, $F(a) = F(b) = f(b)$ である. (2)

$$
\begin{aligned}
F'(x) &= f'(x) + \sum_{k=1}^{n} \tfrac{f^{(k+1)}(x)}{k!}(b-x)^k - \sum_{k=1}^{n} \tfrac{f^{(k)}(x)}{(k-1)!}(b-x)^{k-1} \\
&\qquad\qquad\qquad\qquad - (n+1)K\cdot(b-x)^n \\
&= \sum_{k=0}^{n} \tfrac{f^{(k+1)}(x)}{k!}(b-x)^k - \sum_{k=0}^{n-1} \tfrac{f^{(k+1)}(x)}{k!}(b-x)^k - (n+1)K\cdot(b-x)^n \\
&= \tfrac{f^{(n+1)}(x)}{n!}(b-x)^n - (n+1)K\cdot(b-x)^n
\end{aligned}
$$

(3) (a,b) 上にある c があって $F'(c) = 0$ となる.

$$
\begin{aligned}
F'(c) = 0 &\Leftrightarrow \tfrac{f^{(n+1)}(c)}{n!} - (n+1)K = 0 \\
&\Leftrightarrow f(b) = \sum_{k=0}^{n} \tfrac{f^{(k)}(a)}{k!}(b-a)^k + \tfrac{f^{(n+1)}(c)}{(n+1)!}(b-a)^{n+1}
\end{aligned}
$$

問題9　(1) 5　(2) $-\frac{1}{2}$　(3) 0　(4) 1 $(a \le 1)$　a $(a > 1)$

問題10　(1) $F(x)$ は (a,b) 上では $f(x)$ に等しいから (a,b) 上連続であり, $\lim\limits_{x \to a+0} F(x) = \lim\limits_{x \to a+0} f(x) = 0 = F(a)$ だから $[a,b)$ 上連続. $G(x)$ も同様. (2) (i) $\frac{f(x)}{g(x)} = \frac{f'(c_x)}{g'(c_x)}$ (ii) $a < c_x < x$ より, はさみうち. (3) (2) より.

問題11　$x = -t$ や $x = \pm\frac{1}{t}$ といった変数変換をすれば, 左極限や無限大での極限は右極限になる. また, 左右極限の結果より, 両側極限の結果を得る.

問題12　$x < -1$, $\frac{2}{3} < x$ のとき減少, $-1 < x < \frac{2}{3}$ のとき増加. またこれより, $x = -1$ のとき極小値 -3, $x = \frac{2}{3}$ のとき極大値 $\frac{44}{27}$ をとる.

問題13　$f'(x) = (x+1)(3x-5)$ より臨界点は $x = -1, \frac{5}{3}$. $f''(x) = 6(x - \frac{1}{3})$, $f''(-1) < 0$, $f''(\frac{5}{3}) > 0$ だから $f(-1) = 3$ は極大値, $f(\frac{5}{3}) = -\frac{175}{27}$ は極小値.

問題14　$f'(x) = 3(x+1)(x-3)$ より臨界点は $x = -1, 3$ だから, 最大値, 最小値の候補は, $f(-4) = -76$, $f(-1) = 5$, $f(3) = -27$, $f(4) = -20$ である. 比較して, 最大値は $f(-1) = 5$, 最小値は $f(-4) = -76$.

問題15　$x = -1 \pm \sqrt{2}$ で極小値 $\frac{\pm 1 - \sqrt{2}}{2}$ (複号同順), $x = 0$ で極大値 0, 変曲点は $(-2 \pm \sqrt{3}, \frac{-3 \pm \sqrt{3}}{4})$ (複号同順), $(0,0)$, $(1,0)$, $\lim\limits_{x \to \infty} y = \pm 1$ (複号同順)

問題16　(1) a, b を I 上の点とし, f のグラフの a における接線を与える 1 次関数を $g(x)$ としておく; $g(x) = f(a) + f'(a)(x-a)$. a, b を端点とする区間で平均値の定理を使うと, a と b の間にある c があって, $f(b) = f(a) + f'(c)(b-a)$. $f''(x) > 0$ より $f'(x)$ は単調増加だから, ($a < b$ の場合も $b < a$ の場合も) $f(b) > g(b)$ である. よって f は下に凸. (2) も同様.

問題 17　例えば円柱の表面積を S, 半径を r とすると, (体積が 250ml という制約のもとで) $S = 2\pi r^2 + \frac{500}{r}$ となる. S が r の関数として最小になるのは $r = 5/\sqrt[3]{\pi}$ のとき, このとき円柱の高さは $10/\sqrt[3]{\pi}$ で $S = 150\sqrt[3]{\pi}$.

問題 18　(z, w) を放物線上の点とし, d を点 (z, w) と点 $(-1, 2)$ の距離とすると, ($w = \frac{1}{4}z^2$ に注意して) $d = \sqrt{(z+1)^2 + (\frac{1}{4}z^2 - 2)^2}$ となる. $f(z) := d^2 = (z+1)^2 + (\frac{1}{4}z^2 - 2)^2$ として f が最小になるのは $z = -2$ のとき, このとき $w = 1$ で, 従って求める点は $(-2, 1)$ (なおこのとき $d = \sqrt{2}$).

問題 19　例えば長方形の面積を S, 横の長さを ℓ とすると, (半径 r の半円に内接するという制約のもとで) $S = \ell\sqrt{r^2 - \frac{\ell^2}{4}}$ となる. S が最大になるのは $\ell = \sqrt{2}r$ のとき, このとき長方形の縦の長さは $\frac{r}{\sqrt{2}}$ で $S = r^2$.

問題 20　例えば正四角柱の体積を $V[\mathrm{cm}^3]$, 底面の一辺の長さを $\ell[\mathrm{cm}]$ とすると, (表面積が $600\mathrm{cm}^2$ という制約のもとで) $V = 150\ell - \frac{\ell^3}{2}$ となる. V が最大になるのは $\ell = 10$ のとき, このとき四角柱の高さは 10cm で $V = 1000[\mathrm{cm}^3]$.

問題 21　例えば円柱の体積を $V[\mathrm{cm}^3]$, 底面の半径を $r[\mathrm{cm}]$ とすると, (表面積が $24\pi\mathrm{cm}^2$ という制約のもとで) $V = \pi(12r - r^3)$ となる. V が最大になるのは $r = 2$ のとき, このとき円柱の高さは 4cm で $V = 16\pi[\mathrm{cm}^3]$.

問題 22　例えば円錐の表面積を S, 高さを h とすると, (体積が $\pi/3$ という制約のもとで) $S = \pi(\frac{1}{h} + \sqrt{h + \frac{1}{h^2}})$ となる. S が最小になるのは $h = 2$ のとき, このとき円錐の底面の半径は $1/\sqrt{2}$ で $S = 2\pi$.

第 5 章

問 1　$M_n = \sum_{k=1}^{n} \left(\frac{k-\frac{1}{2}}{n}\right)^2 \cdot \frac{1}{n} = \frac{1}{n^3}\sum_{k=1}^{n}(k^2 - k + \frac{1}{4}) \to \frac{1}{3}$

問 2　(1) $f(\frac{4}{3}) \cdot \frac{1}{3} + f(\frac{5}{3}) \cdot \frac{1}{3} + f(2) \cdot \frac{1}{3}$　(2) $\frac{8}{3}$

問 3　$b^4/4$

問 4　$\frac{23}{48}$

問 5　$[\frac{\pi}{2}, \pi]$ 上で $e^{-1} \le e^{\cos x} \le 1$ であることと, 積分の単調性より.

問 6　(1) $\frac{26}{3}$　(2) $\frac{55}{6}$

問 7　(1) $2x\sin x^2$　(2) $-\log x$

問 8　(1) 1　(2) $\log 3$　(3) $[\arctan x]_0^1 = \frac{\pi}{4}$　(4) $[\arcsin x]_{\sqrt{3}/2}^{-1/2} = -\frac{\pi}{2}$

問 9 (1) $-\frac{1}{2x^2}+C$ (2) $2\sqrt{x}+C$ (3) $\frac{3}{5}x^{\frac{5}{3}}+C$ (4) $-\frac{2}{\sqrt{x}}+C$ (5) $\frac{2}{5}x^{\frac{5}{2}}+C$ (6) $\frac{2}{3}x^{\frac{3}{2}}+\log|x|+C$ (7) $-2\cos x-5\sin x+C$ (8) $x-2\arctan x+C$ (9) $\frac{1}{6}$ (10) 2 (11) $\frac{5}{2}$ (12) $\frac{e^x+x}{2}+C$ (13) $\sin\theta+C$ (14) $\frac{2}{3}x^{\frac{3}{2}}-2\sqrt{x}+C$

問題 1 (1) $\frac{7}{2}$ (2) $\frac{9}{2}$ $R_4<\int_0^2 f(x)\,dx<L_4$

問題 2 (1) 6 (2) $\frac{11}{3}$ $L_3<\int_1^2 f(x)\,dx<R_3$

問題 3 (1) $\frac{1}{x^2}$ は $[1,2]$ 上連続だから (あるいは単調だから). (2) $\sum_{k=1}^{n}\frac{1}{{\xi_k}^2}\cdot\frac{1}{n}=\sum_{k=1}^{n}\frac{1}{(1+\frac{k-1}{n})(1+\frac{k}{n})}\cdot\frac{1}{n}=\sum_{k=1}^{n}\left(\frac{1}{1+\frac{k-1}{n}}-\frac{1}{1+\frac{k}{n}}\right)=\frac{1}{1+\frac{0}{n}}-\frac{1}{1+\frac{n}{n}}=\frac{1}{2}$ より, $\int_1^2\frac{dx}{x^2}=\lim_{n\to\infty}\frac{1}{2}=\frac{1}{2}$ (3) $\int_1^2\frac{dx}{x^2}=[\frac{-1}{x}]_1^2=\frac{1}{2}$

問題 4 $\sin x$ は連続だから可積分. $\frac{\pi}{n}\sum_{k=1}^{n}\sin\frac{k\pi}{n}=\frac{\frac{\pi}{2n}}{\sin\frac{\pi}{2n}}\sum_{k=1}^{n}2\sin\frac{2k\pi}{2n}\sin\frac{\pi}{2n}=\frac{\frac{\pi}{2n}}{\sin\frac{\pi}{2n}}\sum_{k=1}^{n}\left(\cos\frac{2k-1}{2n}\pi-\cos\frac{2k+1}{2n}\pi\right)=\frac{\frac{\pi}{2n}}{\sin\frac{\pi}{2n}}\left(\cos\frac{\pi}{2n}-\cos\frac{2n+1}{2n}\pi\right)\xrightarrow{n\to\infty}2$ より, $\int_0^\pi\sin x\,dx=2$. 基本定理を使えば, $\int_0^\pi\sin x\,dx=[-\cos x]_0^\pi=2$.

問題 5 (1) $(\sqrt{1-x^2})^2-\left(1-2(2-\sqrt{3})x^2\right)^2=(7-4\sqrt{3})x^2(1-4x^2)\geq 0$ ($|x|\leq\frac{1}{2}$ のとき) と積分の単調性より. (2) (左辺の積分) $=\frac{1}{3}+\frac{\sqrt{3}}{12}$ より.

問題 6 $\frac{2}{\pi}x\leq\sin x\leq x$ ($0\leq x\leq\frac{\pi}{2}$ のとき) と積分の単調性より.

問題 7 $\int_0^3 h\,dx=\int_0^1 f\,dx+\int_1^3(f+g)\,dx=\int_0^3 f\,dx+\int_0^3 g\,dx-\int_0^1 g\,dx=9$

問題 8 0 $(x<0)$ $\frac{x^2}{2}-\frac{x^3}{3}$ $(0\leq x<1)$ $\frac{x^3}{3}-\frac{x^2}{2}+\frac{1}{3}$ $(x\geq 1)$

問題 9 (1) $[a,b]$ 上 $m\leq f(x)\leq M$ であることと積分の単調性より.

(2) $M=f(a)$, $m=f(b)$ とすると中間値の定理により, M と m の間のどんな数 L に対しても a と b の間にある c があって $f(c)=L$ となる. 特に L として $\frac{1}{b-a}\int_a^b f(x)\,dx$ をとれば ((1) よりとれる), 結論を得る.

問題 10 $f(x)$ を $[a,b]$ 上の連続な関数とし, $F(x):=\int_a^x f(t)\,dt$ とすると, $\frac{F(x+h)-F(x)}{h}=\frac{1}{h}\int_x^{x+h}f(t)\,dt=f(c_{x,h})$. ここで $c_{x,h}$ は (1) より保証される, x と $x+h$ の間のある数である. $h\to 0$ のとき $c_{x,h}\to x$ であり, また f は連続だから $\frac{F(x+h)-F(x)}{h}\xrightarrow{h\to 0}f(x)$, つまり F は微分可能で $F'=f$.

問題 11 (1) $\frac{-2e^{2x}}{1+e^{200x}}$ (2) $5x^4\sin\frac{x^{10}}{2}$ (3) $\frac{x}{(1+x^2)^5}-\frac{1}{32}$

問題 12 (1) $\frac{1}{1+\tan 0}=1$ (2) $-\frac{1}{\sqrt[3]{1-0^2}}=-1$ (3) $-\sqrt{\sin\frac{\pi}{2}}=-1$

問題 13 (1) $-6e^{-81}$ (2) -2

問題 14 (1) $\frac{1}{4}x^4+\frac{4}{3}x^3+\frac{3}{2}x^2+C$ (2) $\arctan x+\frac{1}{2}\log(1+x^2)+C$ (3) $\frac{2}{3}(x+1)^{\frac{3}{2}}+\frac{2}{3}x^{\frac{3}{2}}+C$ (4) $-\frac{1}{2}\cos x+C$ (5) $\tan x-x+C$

(6) $\frac{2}{3}x^{\frac{3}{2}}+x+2\sqrt{x}+C$　(7) $-\frac{2}{\pi}$　(8) $\frac{23}{3}$　(9) 15

第6章

問1　(1) $-\frac{1}{2}\cos 2x+C$　(2) $-\frac{1}{3}\sin(1-3x)+C$　(3) $-\tan(\frac{\pi}{2}-x)+C=-\cot x+C$　(4) $\frac{1}{15}(3x+1)^5+C$　(5) $\frac{2}{15}(5x+2)^{\frac{3}{2}}+C$　(6) $-\frac{1}{6(3x-1)^2}+C$　(7) $-\log 2$　(8) $\frac{e-e^{-4}}{5}$　(9) $\frac{1}{2}\log 3$

問2　(1) $\frac{\pi}{12}$　(2) $\frac{\pi}{3}$　(3) $\frac{1}{5}\arcsin 5x+C$

問3　(1) $\frac{1}{3}\sqrt{1+3x^2}+C$　($u=1+3x^2$ と置換)　(2) $\frac{1}{3}\arctan e^{3x}+C$　($u=e^{3x}$)　(3) $\frac{1}{102}(x+1)^{102}-\frac{1}{101}(x+1)^{101}+C$　($u=x+1$)　(4) $\log(1+x+x^2)+C$　($u=1+x+x^2$)　(5) $\frac{1}{6}(2x^2+1)^{\frac{3}{2}}+C$　($u=2x^2+1$)　(6) $\frac{2}{5}(x+1)^{\frac{5}{2}}-\frac{2}{3}(x+1)^{\frac{3}{2}}+C$　($u=x+1$)　(7) $\frac{1}{3}\sin^3 x+C$　($u=\sin x$)　(8) $\frac{1}{3}\tan^3 x+C$　($u=\tan x$)　(9) $-\log|\cos x|+C=\log|\sec x|+C$　($u=\cos x$)　(10) $2\tan\sqrt{x}+C$　($u=\sqrt{x}$)　(11) $\frac{1}{4}(\log x)^4+C$　($u=\log x$)　(12) $\frac{2}{5}(x+1)^{\frac{5}{2}}-\frac{4}{3}(x+1)^{\frac{3}{2}}+6\sqrt{x+1}+C$　($u=x+1$)

問4　(1) $\frac{1}{3}(\log 2)^3$　($u=\log x$)　(2) $\frac{\sqrt{3}-1}{2}$　($u=1+4x-2x^2$)　(3) $\log\frac{2}{3}$　($u=2+\sin x$)　(4) $\log\frac{2+e}{3}$　($u=2+e^x$)　(5) $\frac{5\sqrt{2}-8}{6}$　($u=1-\log x$)　(6) $\frac{2(1+\sqrt{2})}{15}$　($u=x^2+1$)

問5　(1) $\frac{2}{5}$　(2) $\frac{2}{3}\pi^3$　(3) 0　(4) $\frac{2}{101}\sin(\pi^{101})$

問6　(1) $(\frac{1}{2}x-\frac{1}{4})e^{2x}+C$　(2) $(-\frac{1}{3}x^2+\frac{2}{27})\cos 3x+\frac{2}{9}x\sin 3x+C$　(3) $\frac{1}{2}e^x(\sin x+\cos x)+C$　(4) $-(x^2+2x+2)e^{-x}+C$　(5) $\frac{1}{3}x^3\log x-\frac{1}{9}x^3+C$　(6) $x(\log x)^2-2x\log x+2x+C$　(7) $\frac{1}{2}(x^4-2x^2+2)e^{x^2}+C$　(8) $x\arctan x-\frac{1}{2}\log(x^2+1)+C$　(9) $x\arcsin x+\sqrt{1-x^2}+C$

問7　(1) 1　(2) $\frac{\pi}{\sqrt{3}}-\log 2$　(3) $\frac{e^2+1}{4}$　(4) π^2-4　(5) $\frac{\pi}{2}-\log 2$　(6) $-\frac{2}{13}(e^{3\pi}-1)$

問8　(1) $-\frac{1}{3}\cos^3 x+\frac{2}{5}\cos^5 x-\frac{1}{7}\cos^7 x+C$　(2) $\frac{2}{3}\sin^{\frac{3}{2}} x-\frac{2}{7}\sin^{\frac{7}{2}} x+C$　(3) $\frac{3}{8}x+\frac{1}{4}\sin 2x+\frac{1}{32}\sin 4x+C$

問9　(1) $\frac{1}{5}\sec^5 x-\frac{1}{3}\sec^3 x+C$　(2) $\frac{1}{3}\tan^3 x+\frac{1}{5}\tan^5 x+C$　(3) $\frac{\pi}{4}-\frac{2}{3}$

問10

$$\begin{aligned}\int\sec^5 x\,dx &= \int\sec^3 x\cdot\sec^2 x\,dx\\ &= \sec^3 x\cdot\tan x-\int 3\sec^2 x\cdot\sec x\tan x\cdot\tan x\,dx\\ &= \sec^3 x\tan x-3\int\sec^3 x(\sec^2 x-1)\,dx\\ &= \sec^3 x\tan x-3\int\sec^5 x\,dx+3\int\sec^3 x\,dx\end{aligned}$$

$$\int \sec^5 x\,dx = \tfrac{1}{4}\left\{\sec^3 x \tan x + 3\int \sec^3 x\,dx\right\}$$
$$= \tfrac{1}{4}\sec^3 x \tan x + \tfrac{3}{8}\sec x \tan x + \tfrac{3}{8}\log|\sec x + \tan x| + C$$

問 11　(1) $-\frac{4}{9}$　(2) $\frac{5\sqrt{2}}{18}$

問 12　(1) $\frac{9x-2x^3}{27(3-x^2)^{3/2}}+C$　(2) $\frac{x}{5\sqrt{5+x^2}}+C$　(3) $\frac{1}{3}\log|3x+\sqrt{9x^2-1}|+C$　(4) $\frac{1}{2}\arcsin 2x + C$

問 13　(1) $\frac{\pi+2}{4}$　(2) $\frac{\sqrt{2}}{12}$　(3) $\frac{1}{2}\log(1+\frac{2}{\sqrt{3}})$

問 14　$\frac{1}{\sqrt{3}}+\frac{1}{6}\log(2+\sqrt{3})$

問 15　(1) $\frac{x-1}{4\sqrt{3+2x-x^2}}+C$

(2) $\frac{1}{2}\left\{\log(2+\sqrt{3})-\log(\sqrt{2}+1)\right\}$ $(= \frac{1}{2}\left\{\log(2+\sqrt{3})(\sqrt{2}-1)\right\})$

(3) $\arcsin\frac{x+3}{5}+C$

問 16　(1) $x=\frac{1}{2}\tan\theta$ と置換.　(2) $[x\sqrt{x^2+\frac{1}{4}}+\frac{1}{4}\log|x+\sqrt{x^2+\frac{1}{4}}|]_0^{1/2}$

問 17　(1) $\log(x^2-4x+8)+\frac{3}{2}\arctan\frac{x-2}{2}+C$　(2) $\frac{3}{2}\log 2-\frac{5}{8}\pi$

問 18　(1) $\frac{1}{2}x^2+3x+\log|x-1|+2\log|x-2|+C$

(2) $5\log|x+2|+2\log(x^2-2x+2)+7\arctan(x-1)+C$

問 19　(1) $2\log 2-\log 3-\frac{1}{6}$

(2) $-\frac{5/2}{x-1}+\frac{7}{10}\log|x-1|+\frac{33}{20}\log(x^2+4x+5)-\frac{8}{5}\arctan(x+2)+C$

問 20　(1) $\frac{A}{x+2}+\frac{B}{(x+2)^2}+\frac{C}{(x+2)^3}$　(2) $\frac{A}{x-1}+\frac{B}{(x-1)^2}+\frac{Cx+D}{x^2+1}+\frac{Ex+F}{(x^2+1)^2}$　(3) $\frac{A}{x+1}+\frac{Bx+C}{x^2-6x+10}+\frac{Dx+E}{(x^2-6x+10)^2}$　(4) $\frac{A}{x-1}+\frac{B}{(x-1)^2}+\frac{C}{x+2}$　(5) $\frac{A}{x-2}+\frac{B}{x-1}+\frac{C}{(x-1)^2}+\frac{D}{x-5}+\frac{E}{(x-5)^2}$　(6) $\frac{A}{x+2}+\frac{B}{(x+2)^2}+\frac{Cx+D}{x^2+x+2}+\frac{Ex+F}{(x^2+x+2)^2}$

問題 1　(1) $\log(3+\sin x-\cos x)+C$　(2) $e^{\sin^2 x}+C$　(3) $\frac{1}{2}\log(x^2+2x+3)+C$　(4) $\frac{1}{2}\log(x^2-4x+5)$ +C　(5) $\arcsin(e^x)+C$　(6) $2\sqrt{3+\log x}+C$

問題 2　(1) $-\frac{\pi}{6}$　(2) $\frac{1}{2}\arctan 2x+C$　(3) $\frac{\pi}{16}$　(4) $\log|\sin x|+C$　(5) $\log|\log x|+C$　(6) $\frac{1}{28}(2x+3)^{\frac{7}{2}}-\frac{3}{10}(2x+3)^{\frac{5}{2}}+\frac{3}{4}(2x+3)^{\frac{3}{2}}+C=\frac{1}{35}(2x+3)^{\frac{3}{2}}(5x^2-6x+6)+C$　(7) $-\frac{2}{3}$　(8) $-\frac{1}{5}\cos^5 x+C$　(9) $\frac{2}{\pi}$　(10) $-\frac{1}{72}$　(11) 0　(12) 0

問題 3　(1) $(-\frac{1}{3}x^2-\frac{2}{9}x-\frac{2}{27})e^{-3x}+C$　(2) $\frac{1}{4}x^2\{2(\log 2x)^2-2\log 2x+1\}+C$

(3) $\frac{1}{6}x^2\sin 3x^2+\frac{1}{18}\cos 3x^2+C$　(4) $\frac{1}{13}e^{2x}(2\sin 3x-3\cos 3x)+C$

(5) $\frac{3-\sqrt{3}\pi}{6}$　(6) $\frac{\pi}{8}-\frac{1}{4}\log 2$　(7) 1　(8) $\frac{1}{29}(5e^{\pi}-2)$　(9) $4\log 2-\frac{3}{8}$

問題 4　(1) $\frac{1}{3}\tan^3 x+C$　(2) $\frac{1}{3}\sec^3 x-\sec x+C$　(3) $\frac{2}{5}\cos^{\frac{5}{2}} x-2\sqrt{\cos x}+C$　(4) $\frac{1}{5}\sin^5 x-\frac{2}{7}\sin^7 x+\frac{1}{9}\sin^9 x+C$　(5) $\frac{27}{4}$　(6) $\frac{1}{24}$　(7) $\frac{3}{8}x-\frac{1}{4}\sin 2x+\frac{1}{32}\sin 4x+C$　(8) $\frac{1}{2}\log 2-\frac{1}{4}$　(9) $\frac{13}{15}-\frac{\pi}{4}$　(10) $\frac{24\sqrt{3}}{5}$　(11) $\frac{11}{72}$

問題 5　(1) $\pi\ (m=n),\ 0\ (m\neq n)$　(2) $\pi\ (m=n),\ 0\ (m\neq n)$　(3) 0

問題6　(1) $n \geq 2$ のとき,

$$\begin{aligned} I_n &= \int_0^{\pi/2} \sin x \cdot \sin^{n-1} x\,dx \\ &= [-\cos x \sin^{n-1} x]_0^{\pi/2} + (n-1)\int_0^{\pi/2} \cos^2 x \sin^{n-2} x\,dx \\ &= (n-1)I_{n-2} - (n-1)I_n. \end{aligned}$$

よって $I_n = \frac{n-1}{n} I_{n-2}$.

(2)

$$I_n = \frac{(n-1)(n-3)\dots 1}{n(n-2)\dots 2} I_0 = \frac{(n-1)(n-3)\dots 1}{n(n-2)\dots 2} \cdot \frac{\pi}{2} \qquad (n \text{ 偶数})$$

$$I_n = \frac{(n-1)(n-3)\dots 2}{n(n-2)\dots 3} I_1 = \frac{(n-1)(n-3)\dots 1}{n(n-2)\dots 2} \qquad (n \text{ 奇数})$$

問題7　(1)$A > 0$ の場合 $x = \sqrt{A}\tan\theta$, $A < 0$ の場合 $x = \sqrt{-A}\sec\theta$ と置換.
(2) $x = \frac{u}{2} - \frac{A}{2u}$, $dx = \frac{1}{u}(\frac{u}{2} + \frac{A}{2u})du$, $\sqrt{x^2+A} = |\frac{u}{2} + \frac{A}{2u}| = \frac{u}{2} + \frac{A}{2u}$ より.

問題8　$x = a\sin\theta$ と置換する．あるいは示したい式の両辺を微分する.

問題9　(1) $-\frac{\sqrt{4-x^2}}{4x} + C$　(2) $\frac{\sqrt{9x^2-1}}{x} + C$　(3) $\frac{1}{2}x\sqrt{x^2+1} - \frac{1}{2}\log|x + \sqrt{x^2+1}| + C$　(4) $\frac{2x-23}{25\sqrt{x^2+2x+26}} + C$　(5) $-\frac{\sqrt{1-3x^2}}{x} - \sqrt{3}\arcsin\sqrt{3}x + C$
(6) $\frac{x-3}{4}\sqrt{2x^2+4x+1} + \frac{5\sqrt{2}}{8}\log|\sqrt{2}(x+1) + \sqrt{2x^2+4x+1}| + C$

問題10　(1) $x + \log|x+1| - \log(x^2+1) + 3\arctan x + C$　(2) $\frac{1}{2}\log|x-1| - \frac{5}{2}\log|x+1| + \log(x^2+4x+5) + 11\arctan(x+2) + C$　(3) $\frac{2}{x+1} + 3\log|x+1| + \frac{3}{2}\log(x^2+2x+3) + \frac{1}{\sqrt{2}}\arctan\frac{x+1}{\sqrt{2}} + C$　(4) $e^x + \frac{3}{2}\log(2e^x+1) - 3\log(e^x+1) + C$　(5) $\frac{1}{4}\log 2$　(6) $\frac{5}{3}\log 2 - \log 3$　(7) $\frac{\sqrt{3}\pi + \log 3}{6}$　(8) $\frac{\pi+2}{24}$

問題11　$\cos^2\frac{x}{2} = \frac{1}{1+\tan^2\frac{x}{2}} = \frac{1}{1+u^2}$ より $\cos x = 2\cos^2\frac{x}{2} - 1 = \frac{1-u^2}{1+u^2}$. $\tan x = \frac{2\tan\frac{x}{2}}{1-\tan^2\frac{x}{2}} = \frac{2u}{1-u^2}$ より $\sin x = \tan x \cos x = \frac{2u}{1+u^2}$. また $\frac{du}{dx} = \frac{1}{2}\sec^2\frac{x}{2} = \frac{1+u^2}{2}$ より $dx = \frac{2}{1+u^2}\,du$.

第7章

問1　(1) $-\frac{1}{4}$　(2) 発散　(3) $-\frac{1}{2}\log 2$

問2　(1) $2\sqrt{2}$　(2) -1　(3) 発散

問3　(1) 収束　(2) 収束　(3) 発散

問4　(1) $\frac{1}{2}$　(2) 発散　(3) 発散　(4) 発散

問5　(1) $\frac{5}{4}$　(2) 発散　(3) $-\frac{2}{9}$

問6　(1) $\frac{32}{99}$　(2) $\frac{26}{33}$　(3) $\frac{29}{37}$

問7　(1) $\int_0^1 e^x\,dx = e-1$　(2) $\int_0^1 (3+x)\,dx = \frac{7}{2}$

問8　(1) 収束　(2) 収束　(3) 収束 (4) 発散

問9　マクローリン展開可能であることについては例 7.15 を参照.

(1) $\sum_{n=0}^{\infty} \frac{(-1)^n x^{2n}}{(2n)!}$　(2) $\sum_{n=0}^{\infty} \frac{(-1)^n x^{2n+1}}{(2n+1)!}$　(3) $\sum_{n=0}^{\infty} \frac{x^{2n}}{(2n)!}$　(4) $\sum_{n=0}^{\infty} \frac{x^{2n+1}}{(2n+1)!}$

問10　(1) 収束半径 0, 収束域 $[0,0]$　(2) 1, $[-1,1)$　(3) 1, $[-1,1]$

問11　$\sum_{n=0}^{\infty} (-\frac{1}{3})^{n+1}(x-4)^n$, 収束半径 3

問12　$\sum_{n=0}^{\infty} \frac{x^{2n}}{2^{n+1}}$, 収束半径 $\sqrt{2}$

問13　(1) $\frac{\pi}{6}-\frac{1}{8}$　(2) $\int_{-1}^2 (x+2-x^2)dx = \frac{9}{2}$　(3) $\int_0^3 \{y-(y^2-2y)\}dy = \frac{9}{2}$

問14　(1) $\pi\int_0^1 (1-x^2)^2 dx = \frac{8\pi}{15}$　(2) $\pi\int_0^1 (1-y)dx = \frac{\pi}{2}$　(3) $\pi\int_1^3 e^{2y}dy = \frac{\pi}{2}(e^6-e^2)$

問15　(1) $\int_4^8 \sqrt{1+\frac{9}{4}x}\,dx = \frac{8}{27}(19^{\frac{3}{2}} - 10^{\frac{3}{2}})$　(2) $\int_{-1}^1 \sqrt{(\frac{e^x+e^{-1}}{2})^2}\,dx = e-\frac{1}{e}$

問16　(1) $\frac{1}{27}(80\sqrt{10}-13\sqrt{13})$　(2) $\frac{1}{2}(\sqrt{2}+\log(1+\sqrt{2}))$

問17　$\frac{dy}{dt} = 0.2\times 5 - \frac{y}{100}\times 5$ より, $\frac{dy}{dt} = 1-\frac{1}{20}y$, $y(0)=10$

問18　(1) $y=\log(\frac{x^2}{2}+C)$　(2) $y=-1+Ce^{\frac{1}{2}x^2}$　(3) $y=\frac{M}{1-Ce^{-kt}}$

問19　$\frac{dy}{dt} = -\frac{1}{20}(y-20)$, $y(0)=10$ を解いて, $y=20-10e^{\frac{-1}{20}t}$

問20　(1) $y=Ce^{-\frac{1}{3}x^3}$ (2) $y=e^{-x}+Ce^{-2x}$　(3) $y=(\frac{1}{2}x^2+C)e^{-\sin x}$

問題1　(1) 2　(2) $\log 2$　(3) $\frac{\pi}{4}$　(4) $\frac{1}{\log 2}$　(5) $\log\frac{2}{\pi}$　(6) $\frac{\pi}{8}$

問題2　(1) 収束　(2) 発散　(3) 発散

問題3　(1) $e^{-t}t^{a-1} \le t^{a-1}$ だから, $a>0$ ならば, $t=0$ では収束. また, 任意の自然数 n に対して $t^n e^{-t} \xrightarrow{t\to\infty} 0$ (例えばロピタルの定理か, e^x のマクローリン展開) だから, 十分大きな n と定数 M を用いて $e^{-t}t^{a-1} = t^n e^{-t} t^{a-1-n} \le Mt^{a-1-n}$. これより $t=\infty$ でも収束.

(2) (i) 略. (ii) 部分積分する. (iii) (ii) の関係式を使う.

問題4　問題 3(1) と同様.

問題5　(1) 発散　(2) 発散　(3) 発散　(4) $\int_0^1 \frac{dx}{\sqrt{1+x^2}} = \log(1+\sqrt{2})$

問題6　(1) $[-1,1]$　(2) $[-1,1)$　(3) $(-1,1]$

問題7　(1) $\sum_{n=0}^{\infty} \frac{2^n x^n}{3^{n+1}}$, $(-\frac{3}{2},\frac{3}{2})$　(2) $\sum_{n=0}^{\infty} \frac{(-1)^n x^{4n}}{3^{n+1}}$, $(-3^{\frac{1}{4}}, 3^{\frac{1}{4}})$

(3) $\sum_{n=1}^{\infty} \frac{(-1)^{n-1}x^n}{2^n}$, $(-2,2)$

問題8　$\sum_{n=0}^{\infty} \frac{(-1)^n(x-1)^n}{3^{n+1}}$, $(-2,4)$　$\sum_{n=0}^{\infty} \frac{(-1)^n(x-2)^n}{4^{n+1}}$, $(-2,6)$

問題 9　(1) $\frac{27}{4}$　(2) $\frac{27}{4}$

問題 10　(1) 8π　(2) $(4 - 12\log 2 + 14(\log 2)^2)\pi$　(3) $\frac{\pi}{6}$

問題 11　(1) $1 - \log 2 + \log 3$　(2) $\frac{1}{4}(\sqrt{2} + \log(1 + \sqrt{2}))$

問題 12　(1) $y = -1 + \frac{C}{x^2}$　(2) $y = -\frac{1}{2}\log(-2x\arctan x + \log(x^2 + 1) + C)$　(3) $y = -\frac{1}{2}x^2 - \frac{1}{2} + Ce^{x^2}$　(4) $y = x^2\log x - x^2 + Cx$

問題 13　(1) $y = -\sqrt{4 + 2\log(1 + x^2)}$　(2) $y = \sqrt{\frac{5(x+1)^2}{2} - 1}$　(3) $y = 20 - 15e^{\frac{-x}{10}}$

第 8 章

問 1　(1) $\{xy > 0\}$ (=第一象限 ∪ 第三象限)　(2) $\{x^2 - y^2 \neq 1\}$ (=双曲線 $x^2 - y^2 = 1$ を除いた領域)　(3) $\{x \geq y^2\}$ (=放物線 $x = y^2$ の右側)　(4) $\{x^2 + y^2 \neq 0\} = \{(x, y) \neq (0, 0)\}$ (=原点を除いた領域)　(5) $\{0 \leq x^2 + y^2 \leq 1\}$ (=原点を中心とする単位閉円板)　(6) $\{x^2y + 1 > 0\}$ (=曲線 $y = -\frac{1}{x^2}$ の上側)

問 2　略 (cf. 章末問題 1)

問 3　(1) $k > 0$ に対して楕円 $(x/\frac{\sqrt{k}}{2})^2 + (y/\frac{\sqrt{k}}{3})^2 = 1$　(2) 放物線 $2x = y^2 + k$　(3) $-1 \leq k \leq 1$ に対して同心円 $x^2 + y^2 = 2m\pi + \arcsin k$, $x^2 + y^2 = (2n + 1)\pi - \arcsin k$ (m, n は整数)　(4) $k > 0$ に対して楕円面 $(x/\sqrt{k})^2 + (y/\frac{\sqrt{k}}{2})^2 + (z/\frac{\sqrt{k}}{3})^2 = 1$

問 4　(1) 発散　(2) 0　(3) 発散　(4) 0　(5) 0　(6) 発散

問 5　(1) 放物線 $x = y^2$ 上のすべての点　(2) なし　(3) 2 直線 $x = 0$, $x = y$ 上のすべての点　(4) $(0, 0)$

問 6　(1) なし　(2) $(0, 0, 0)$

問題 1　(1) なりえない　(2) なる　(3) なりえない　(4) なりえない

問題 2　$f(x, y) = \frac{(x-2)^2 + (y-3)^2}{5}$

問題 3　(1) 発散　(2) 発散　(3) 発散　(4) 発散　(5) 発散　(6) 0

問題 4　(1) なし　(2) $(0, 0)$　(3) 直線 $x = y$ 上の, 原点を除くすべての点　(4) 直線 $x = y$ 上のすべての点　(5) なし

第 9 章

問 1　(1) $z_x = 1 + 2xy$, $z_y = x^2$　(2) $z_x = (y + xy^2)e^{xy}$, $z_y = (x + x^2y)e^{xy}$　(3) $z_x = \frac{x}{\sqrt{x^2+y^2}}$, $z_y = \frac{y}{\sqrt{x^2+y^2}}$　(4) $z_x = e^x(\sin(x^2+y^2) + 2x\cos(x^2+y^2))$,

$z_y = 2ye^x \cos(x^2+y^2)$ (5) $z_x = \frac{y}{1+y^2}$, $z_y = \frac{x(1-y^2)}{(1+y^2)^2}$ (6) $z_x = \frac{-x^2+y^2}{(x^2+y^2)^2}$, $z_y = \frac{-2xy}{(x^2+y^2)^2}$

問2 $(\frac{1}{3}, \frac{1}{2}, \frac{1}{\sqrt{6}})$ では $z > 0$ だから $z = \sqrt{1-3x^2-2y^2}$, $z_x = \frac{-3x}{\sqrt{1-3x^2-2y^2}}$, $z_y = \frac{-3y}{\sqrt{1-3x^2-2y^2}}$. $(\frac{1}{3}, \frac{1}{2}, \frac{1}{\sqrt{6}})$ では $z_x = \frac{-3\cdot\frac{1}{3}}{\sqrt{1/6}} = -\sqrt{6}$, $z_y = \frac{-2\cdot\frac{1}{2}}{\sqrt{1/6}} = -\sqrt{6}$.

問3 (1) $z_{xx} = z_{xy} = z_{yx} = 2$, $z_{yy} = 6$ (2) $z_{xx} = y^2e^{xy}$, $z_{xy} = z_{yx} = (1+xy)e^{xy}$, $z_{yy} = x^2e^{xy}$ (3) $z_{xx} = z_{yy} = -\sin x \cos y$, $z_{xy} = z_{yx} = -\cos x \sin y$ (4) $z_{xx} = z_{xy} = z_{yx} = z_{yy} = \frac{2}{(x+y)^3}$ (5) $z_{xx} = \frac{2y}{x^3}$, $z_{xy} = z_{yx} = \frac{-1}{x^2}$, $z_{yy} = 0$ (6) $z_{xx} = \frac{-2(x^2-y^2)}{(x^2+y^2)^2}$, $z_{xy} = z_{yx} = \frac{-4xy}{(x^2+y^2)^2}$, $z_{yy} = \frac{2(x^2-y^2)}{(x^2+y^2)^2}$

問4 $u_t = -e^t \sin x$, $u_{xx} = -e^t \sin x$

問5 $f_{yy} = \frac{-x^2+2y^2-z^2}{(x^2+y^2+z^2)^{5/2}}$, $f_{zz} = \frac{-x^2-y^2+2z^2}{(x^2+y^2+z^2)^{5/2}}$

問6 (1) $z_x = 2x-4y$, $z_y = -4x+6y^2$ は連続だから, z は微分可能. $(2,-1)$ では $z = 10$, $z_x = 8$, $z_y = -2$ だから 1 次近似は $10+8(x-2)-2(y+1)(= 8x-2y-8)$, 接平面は $z = 8x-2y-8$ (2) $x+3y$, $z = x+3y$

(3) $\sqrt{5} - \frac{1}{\sqrt{5}}(x+1) + \frac{2}{\sqrt{5}}(y-2)(= \frac{-x}{\sqrt{5}} + \frac{2y}{\sqrt{5}})$, $z = \frac{-x}{\sqrt{5}} + \frac{2y}{\sqrt{5}}$

(4) $\log 5 + \frac{6}{5}(x-3) - \frac{4}{5}(y-1)$, $z = \log 5 + \frac{6}{5}(x-3) - \frac{4}{5}(y-1)$

問7 (1) $(x,y) \to (0,0)$ のとき $\frac{f(x,y)-f_0(x,y)}{\sqrt{x^2+y^2}} = \frac{xy^3}{(x^2+y^2)^{3/2}} \to 0$ より微分可能 (あるいは偏導関数が連続であることを確かめる)

(2) $\frac{f(x,y)-f_0(x,u)}{\sqrt{x^2+y^2}} = \frac{xy}{x^2+y^2}$ が収束しないので微分可能でない

問8 (1) $dz = dx(+0dy)$, $dz = 0.01$, $z \fallingdotseq 0.01$, $z = 0.009828\cdots$

(2) $dz = 2dx + \frac{1}{2}dy$, $dz = 0.15$, $z \fallingdotseq 1.15$, $z = 1.1680\cdots$

(3) $dz = -2dx + dy$, $dz = -0.05$, $z \fallingdotseq 1.52$, $z = 1.5208\cdots$

問9 (1) $x+4y-4$, $dw = dx+4dy$, $dw = 1$, $w \fallingdotseq 3$, $w = 2.9823\cdots$

(2) $x + \frac{y}{2} + \frac{z}{2} - \frac{1}{2}$, $dw = dx + \frac{1}{2}dy + \frac{1}{2}dz$, $dw = 0.2$, $w \fallingdotseq 1.2$, $w = 1.1858\cdots$

問10 (1) $\frac{2t}{t^2+1} - \frac{\sin t}{2+\cos t}$ (2) $2e^{t^2} \tan t(\sec^2 t + t\tan t)$

問11 (1) $z_s = e^{s+t}(s-t+3)$, $z_t = e^{s+t}(s-t+1)$

(2) $z_s = \sin(st(s+t^2)) + (2s^2t + 3st^3 + t^5)\cos(st(s+t^2))$, $z_t = 2t\sin(st(s+t^2)) + (s^3 + 4s^2t^2 + 3st^4)\cos(st(s+t^2))$

問12 (1) $-\frac{y-5x^4}{5y^4+x}$ (2) $-\frac{\sin y+e^x}{x\cos y+1}$

問13 (1) $z_x = -\frac{5x^4-8yz}{7z^6-8xy}$, $z_y = -\frac{6y^5-8xz}{7z^6-8xy}$

(2) $z_x = -\frac{\sin y \cos z + yze^{xyz}}{-x\sin y \sin z + xye^{xyz}}$, $z_y = -\frac{\cos y \cos z + ze^{xyz}}{-\sin y \sin z + ye^{xyz}}$

問 14　(1) $\frac{2(2x+y)}{\sqrt{5}}$ (2) $\frac{1-6y}{\sqrt{10}}$ (3) $\frac{-2(3x-8y^3)}{5(x^2+y^4)}$ (4) $\frac{e^y(x+2)}{\sqrt{5}}$

問 15　(1) $(2x, 2y)$, $\frac{2(3\sqrt{3}+4)}{5}$ (2) $(y^2, 2xy)$, $\frac{24}{\sqrt{10}}$ (3) $(2x-y, -x-1)$, $\frac{6}{\sqrt{13}}$

問 16　(1) $\sqrt{21}$ (2) $\sqrt{17}$ (3) π (4) $\frac{\sqrt{5}}{2}$

問 17　(1) $y=1$ (2) $11x+7y=15$ (3) $x+y+2z=2$ (4) $2x+3y+z=3$

問 18　(1) 臨界点 $(-1,0)$, 極小値 $f(-1,0) = -e^{-1}$ (2) 臨界点 $(\frac{1}{16}, \frac{-3}{16})$, 極値なし (3) 臨界点 $(0,0), (-1,3)$, 極大値 $f(-1,3) = 3$ (4) 臨界点 $(0,0)$, 極値なし ($f(x,x) = x^3$ より $f(0,0)$ は極値でないとわかる)

問 19　(1) $f(1,0) = 1$, $f(\frac{1}{3}, \frac{2}{3}) = -\frac{1}{3}$ (2) $f(1,3) = 25$, $f(\frac{1}{12}, \frac{1}{6}) = \frac{-1}{432}$

問題 1　(1) $z_x = \frac{-x}{(x^2+y^2)^{3/2}}$, $z_y = \frac{-y}{(x^2+y^2)^{3/2}}$, $z_{xx} = \frac{2x^2-y^2}{(x^2+y^2)^{5/2}}$, $z_{yy} = \frac{2y^2-x^2}{(x^2+y^2)^{5/2}}$, $z_{xy} = z_{yx} = \frac{3xy}{(x^2+y^2)^{5/2}}$ (2) $z_x = -\frac{1}{y}e^{-\frac{x}{y}}$, $z_y = \frac{x}{y^2}e^{-\frac{x}{y}}$, $z_{xx} = \frac{1}{y^2}e^{-\frac{x}{y}}$, $z_{yy} = (\frac{x^2}{y^4} - \frac{2x}{y^3})e^{-\frac{x}{y}}$, $z_{xy} = z_{yx} = (\frac{1}{y^2} - \frac{x}{y^3})e^{-\frac{x}{y}}$ (3) $z_x = \frac{y}{1+x^2y^2}$, $z_y = \frac{x}{1+x^2y^2}$, $z_{xx} = \frac{-2xy^3}{(1+x^2y^2)^2}$, $z_{yy} = \frac{-2x^3y}{(1+x^2y^2)^2}$, $z_{xy} = z_{yx} = \frac{1-x^2y^2}{(1+x^2y^2)^2}$

問題 2　(1) $\mathbb{R}^2$ 上微分可能 (2) $\{y < x^2\}$ 上微分可能 (3) $\{y \neq 0\}$ 上微分可能 (4) $\{x^2+y^2 \neq n\pi\}$ 上微分可能 (5)(6) 原点以外で微分可能

問題 3　(1) $11+29(x-2)+14(y+1)$, $z = 29x+14y-33$, $dz = 29dx+14dy$ (2) $\frac{1}{\sqrt{5}} + \frac{2(x+2)+(y+1)}{5\sqrt{5}}$, $z = \frac{2x+y}{5\sqrt{5}} + \frac{2}{\sqrt{5}}$, $dz = \frac{2dx+dy}{5\sqrt{5}}$ (3) $\frac{\pi}{4} + (x-1) + \frac{1}{2}y$, $z = x + \frac{y}{2} + \frac{\pi}{4} - 1$, $dz = dx + \frac{1}{2}dy$ (4) $-e^{-1}$, $z = -e^{-1}$, $dz = 0$

問題 4　(1) $e^{t\sin t\cos t}(\sin t\cos t + t\cos^2 t - t\sin^2 t)$ (2) $2e^{2t}(t^2+3)^2(t^2+3t+3)$ (3) $t^2(\frac{2t^2}{\sqrt{1-t^4}} + 3\arcsin t^2)$

問題 5　$f_x(\cos 0, \sin 0) \cdot (-\sin 0) + f_y(\cos 0, \sin 0) \cdot \cos 0 = 6$

問題 6　(1) $z_s = \frac{t^3e^{2t}}{1+s^2t^6e^{4t}}$, $z_t = \frac{st^2e^{2t}(3+2t)}{1+s^2t^6e^{4t}}$ (2) $z_s = \frac{\log st + s^2\cos^2 t}{s\sqrt{(\log st)^2 + s^2\cos^2 t + 1}}$, $z_t = \frac{\log st - s^2 t\sin t\cos t}{t\sqrt{(\log st)^2 + s^2\cos^2 t + 1}}$ (3) $z_s = \frac{2st^4 + 3t\cos st}{s^2t^4 + 3\sin st + 5}$, $z_t = \frac{4s^2t^3 + 3s\cos st}{s^2t^4 + 3\sin st + 5}$

問題 7　略.

問題 8　略.

問題 9　(1) $-\frac{(x^2+1)ye^{xy}+1}{(x^2+1)(xe^{xy}-1)}$ (2) $-\frac{xy\cos y + 2x^2y^4 + y}{-x^2y\sin y + 3x^3y^3 + x}$

問題 10　(1) $z_x = -\frac{xz+z}{3xz^3+x}$, $z_y = -\frac{2y^2z+z}{3yz^3+y}$ (2) $z_x = -\frac{-e^{yz}\sin x + y + z}{ye^{yz}\cos x + x}$, $z_y = -\frac{ze^{yz}\cos x + x}{ye^{yz}\cos x + x}$

問題 11　(1) $\nabla f = (\frac{2}{x} + y, x + \frac{3}{y})$, $\frac{1}{5}(4x + \frac{6}{x} + 3y + \frac{12}{y})$, $\frac{\sqrt{61}}{2}$, $(-5, 6)$ (2) $\nabla f = (\sin y + \frac{y}{1+x^2y^2}, x\cos y + \frac{x}{1+x^2y^2})$, $\frac{1}{\sqrt{2}}(x\cos y - \sin y + \frac{x-y}{1+x^2y^2})$, $1+\frac{\pi}{2}$, $(1, 0)$ (3) $\nabla f = (y^2z^3, 2xyz^3, 3xy^2z^2)$, $\frac{yz^2}{\sqrt{6}}(2yz + 2xz + 3xy)$, $4\sqrt{91}$,

$(1,3,9)$ (4) $\nabla f=(e^{2yz}, 2xze^{2yz}, 2xye^{2yz})$, $\frac{e^{2yz}}{\sqrt{2}}(1+2xy)$, $\sqrt{5}$, $(1,0,2)$

問題 12　(1) $7(x+1)+\frac{\pi}{2}(y-\frac{\pi}{2})=0$ (2) $x+4y+2z=6$

問題 13　(1) 臨界点 $(0,0), (\frac{1}{6}, \frac{-1}{12})$, 極小値 $f(\frac{1}{6}, \frac{-1}{12})=\frac{-1}{432}$ (2) 臨界点 $(0,0)$, 極値なし (3) 臨界点 $(-2,0), (-1,\pm\sqrt{3}), (0,0)$, 極大値 $f(-2,0)=4$, 極小値 $f(0,0)=0$ (4) 臨界点 $((n+\frac{1}{2})\pi, 0)$ (n は整数), 極大値 $f((\ell+\frac{1}{2})\pi, 0)=1$ $(\ell=-2,-4,-6,\dots)$, 極小値 $f((m+\frac{1}{2})\pi, 0)=-1$ $(m=1,3,5,\dots)$

問題 14　(1) $f(1,0)=3$, $f(\frac{1}{4}, \frac{1}{4})=\frac{-1}{256}$　(2) $f(0,3)=33$, $f(\frac{5}{3}, \frac{4}{3})=-\frac{109}{27}$

問題 15　$\nabla h(7,-3)=(2,-2)$ の方向, すなわち $\frac{7}{4}\pi$

問題 16　$f(0,2)=\sqrt{21}$

第 10 章

問 1　(1) $\frac{11}{6}$　(2) $1-\cos 1$　(3) $6\log 3-10\log 2$　(4) $\frac{1}{4}+\frac{1}{4}e^{-2}$

問 2　(1) $\frac{1}{30}$　(2) $\frac{\pi}{2}+2$　(3) $-\frac{e^2-e}{2}$　(4) 1　(5) $\frac{43}{60}$

問 3　(1) $\frac{1}{\pi}$ (2) $\frac{1}{3}-\frac{\sqrt{3}\pi}{36}$

問 4　(1) $\frac{2}{9}+\frac{1}{9e^3}$ (2) $\frac{2}{\pi}-\frac{3}{2}$

問 5　(1) $\frac{3}{20}$　(2) $\frac{e^3-1}{9}$　(3) $\frac{5}{8}$

問 6　$\int_0^1\int_{\sqrt[3]{y}}^{2-y} y\,dx\,dy=\frac{5}{21}$

問 7　(1) $\int_0^1\int_0^{x^2}\cos x^3\,dy\,dx=\frac{1}{3}\sin 1$　(2) $\int_0^1\int_0^y \frac{x^2}{(1+y^4)^5}\,dx\,dy=\frac{5}{256}$

問 8　$m \le f(x,y) \le M$ と積分の単調性より $\iint_D m\,dA \le \iint_D f\,dA \le \iint_D M\,dA$. これと $\iint_D dA=A(D)$ より結論を得る.

問 9　(1) $\int_0^1\int_x^{1+\sqrt{1-x}} dydx=\frac{7}{6}$　(2) $\int_{-\sqrt{2}}^1\int_0^{2-y^2} dxdy-\frac{1}{2}=\frac{7}{6}+\frac{4\sqrt{2}}{3}$

問 10　(1) $\frac{79}{60}$　(2) 56

問 11　(1) 1　(2) $4(1-\frac{\sqrt{3}}{3})$　(3) $\frac{21}{800}\pi$

問 12　(1) $\sqrt{3}-1-\frac{\pi}{6}$　(2) $\frac{\sqrt{2}}{2}-\frac{\pi}{8}-\frac{1}{4}$ (3) $\frac{8}{3}$

問 13　(1) $\frac{\pi}{8}$　(2) $\frac{9}{4}\pi$

問 14　(1) $I_\rho=\int_0^{2\pi}\int_0^\rho e^{-r^2} r\,drd\theta=\pi(1-e^{-\rho^2})$, $\lim_{\rho\to\infty} I_\rho=\pi$. (2) フビニの定理により $J_\ell=\int_{-\ell}^{\ell} e^{-x^2}\,dx\cdot\int_{-\ell}^{\ell} e^{-y^2}\,dy=(\int_{-\ell}^{\ell} e^{-x^2}\,dx)^2$. したがって $\lim_{\ell\to\infty} J_\ell=G^2$. (3) $\lim_{\rho\to\infty} I_\rho=\lim_{\ell\to\infty} J_\ell$ より $\pi=G^2$. G の被積分関数 $e^{-x^2}>0$ より $G\ge 0$ だから $G=\sqrt{\pi}$.

問 15　(1) $-\frac{1850}{3}$　(2) $\frac{1-e^{-1}}{4}\log 2$　(3) $\frac{\sqrt{3}}{3}$

問 16　(1) $\iint_{1\le x^2+y^2\le 2}\left(\int_0^{5-xy}(x^2+y^2)\,dz\right)dxdy=\frac{15}{2}\pi$

(2) $\int_0^2\int_0^{2-z}\int_0^{5-x-z} z\,dydxdz=\frac{14}{3}$　(3) $\int_0^1\int_0^{1-y}\int_0^{y^2} xy\,dzdxdy=\frac{1}{120}$

問 17　(1) $\int_0^1\int_0^1\int_0^z e^{z^2}dxdzdy=\frac{e-1}{2}$　(2) $\int_0^2\int_z^2\int_0^{y^2}\frac{z^2}{(y^3+1)^2}dxdydz=-\frac{8}{81}+\frac{2}{9}\log 3$

問 18　(1) $(-\sqrt{3},1,3)$　(2) $(2,-2\sqrt{3},-3)$　(3) $(-\frac{5}{\sqrt{2}},-\frac{5}{\sqrt{2}},4)$

問 19　(1) $(3\sqrt{2},\frac{\pi}{4},-2)$　(2) $(2,\frac{\pi}{2},5)$　(3) $(2,\frac{2}{3}\pi,1)$

問 20　(1) $\int_0^{\pi/2}\int_1^2\int_0^1\frac{e^z}{r^2}dzrdrd\theta=\frac{\pi}{2}(e-1)\log 2$

(2) $\int_0^{\pi}\int_0^{\sqrt{3}}\int_0^r(r^2+z^2)dzrdrd\theta=\frac{12\sqrt{3}}{5}\pi$　(3) $\int_0^{\pi/4}\int_0^1\int_{1-r}^{1+r}z^2dzrdrd\theta=\frac{\pi}{5}$

(4) $\int_0^{2\pi}\int_0^2\int_0^{4-r^2}zdzrdrd\theta=\frac{32}{3}\pi$　(5) $\int_0^{2\pi}\int_0^1\int_0^{r^2}\frac{1}{1+r^2}dzrdrd\theta=\pi(1-\log 2)$

問 21　(1) $(0,\sqrt{2},\sqrt{2})$　(2) $(-1,-\sqrt{3},2\sqrt{3})$　(3) $(-\frac{\sqrt{6}}{4},\frac{\sqrt{6}}{4},-\frac{1}{2})$

問 22　(1) $(12,\frac{\pi}{3},\frac{\pi}{3})$　(2) $(2,\frac{5}{6}\pi,\frac{\pi}{2})$　(3) $(2,-\frac{\pi}{4},\frac{3}{4}\pi)$

問 23　$\phi=\phi_0\Leftrightarrow\cos\phi=\cos\phi_0\Leftrightarrow\frac{z}{\sqrt{x^2+y^2+z^2}}=\cos\phi_0\Leftrightarrow z=\cot\phi_0\sqrt{x^2+y^2}$

問 24　(1) 6π　(2) $\frac{\pi}{32}$　(3) $\int_0^{\pi/4}\int_0^{2\pi}\int_1^2\rho^2\cdot\rho^2\sin\phi\,d\rho\,d\theta\,d\phi=\frac{31(2-\sqrt{2})}{5}\pi$

問 25　(1) $\frac{7(\sqrt{3}-1)}{12}\pi$　(2) $\int_{\pi/6}^{\pi/2}\int_0^{2\pi}\int_0^1\rho^2\sin\phi\,d\rho\,d\theta\,d\phi=\frac{\sqrt{3}}{3}\pi$

問 26　$V(E)=\int_0^{2\pi}\int_0^{\sqrt{3}/2}\int_{\sqrt{3}r}^{1+\sqrt{1-r^2}}dzrdrd\theta=\frac{7}{12}\pi$

問 27　(1) $\int_0^{\pi/2}\int_0^{\pi}\int_0^{3-\cos\phi}\rho\cdot\rho^2\sin\phi\,d\rho\,d\theta\,d\phi=\frac{211}{20}\pi$

(2) $\int_0^{\pi/6}\int_0^{2\pi}\int_{\sqrt{2}}^{\sqrt{3}}\rho^3\cos^3\phi\cdot\rho^2\sin\phi\,d\rho\,d\theta\,d\phi=\frac{133}{192}\pi$

(3) $\int_{\pi/6}^{\pi/3}\int_0^{2\pi}\int_{\cos\phi}^1\rho^2\sin\phi\,d\rho\,d\theta\,d\phi=\frac{4\sqrt{3}-5}{12}\pi$

(4) $\int_{\pi/4}^{\pi/3}\int_0^{\pi/2}\int_0^{\cos\theta}\rho^2\sin\phi\,d\rho\,d\theta\,d\phi=\frac{\sqrt{2}-1}{9}$

問 28　(1) $y=0$, $y=3$, $y=\frac{3}{2}x$, $y=\frac{3}{2}x-\frac{3}{2}$ で囲まれる領域, $\frac{\partial(x,y)}{\partial(u,v)}=3$

(2) $y=2x$, $y=2x-10$, $y=\frac{3}{4}x$, $y=\frac{3}{4}x+\frac{5}{4}$ で囲まれる領域, $\frac{\partial(x,y)}{\partial(u,v)}=-5$

問 29　(1) $u=x, v=x+y$ と変換すると $\frac{\partial(x,y)}{\partial(u,v)}=1$ で, $\int_0^1\int_0^v\frac{dudv}{(1+v^2)^5}=\frac{15}{128}$

(2) $u=x, v=x+y$ と変換すると $\frac{\partial(x,y)}{\partial(u,v)}=1$ で, $\int_1^2\int_0^v\frac{1}{v}e^{\frac{u}{v}}dudv=e-1$

問 30　(1) $\det\begin{pmatrix}\cos\theta & -r\sin\theta & 0\\ \sin\theta & r\cos\theta & 0\\ 0 & 0 & 1\end{pmatrix}=r\cos^2\theta+r\sin^2\theta=r$

(2) $\det\begin{pmatrix}\sin\phi\cos\theta & -\rho\sin\phi\sin\theta & \rho\cos\phi\cos\theta\\ \sin\phi\sin\theta & \rho\sin\phi\cos\theta & \rho\cos\phi\sin\theta\\ \cos\phi & 0 & -\rho\sin\phi\end{pmatrix}=-\rho^2\sin\phi$

問題 1　(1) e^2-e-1　(2) $\frac{1}{6}$

問題 2　$-\frac{22}{9}$

問題3 (1) $\frac{31}{60}$ (2) $\frac{1}{45}$ (3) $\frac{\pi\sin 1}{4}$ (4) $\frac{13}{48}-\frac{\sqrt{2}}{6}$ (5) $\frac{e^4-e}{2}$ (6) $\frac{e-1}{3}$

問題4 (1) $\frac{1}{4}$ (2) $\frac{3}{16}\pi-\frac{9}{8}+\frac{\sqrt{2}}{2}$

問題5 (1) $\frac{1}{24}$ (2) $\frac{65}{16}\pi$ (3) $\frac{1}{4}$

問題6 (1) $\frac{27}{2}\pi$ (2) $\frac{2-\sqrt{2}}{3}\pi$ (3) 8π

第11章

問1 (1) $x+y^2$ (2) $e\{1+2(x-1)+(y-1)+3(x-1)^2+4(x-1)(y-1)+\frac{1}{2}(y-1)^2\}$ (3) $1+2x+3y+4x^2+12xy+9y^2$

問2 $F^{(k)}(t)=d^k f_{(x_0+t(x-x_0),y_0+t(y-y_0))}(x-x_0,y-y_0)$ となることより.

問3 正則行列 P に対して $\det(P^{-1}AP)=\det A$, $\mathrm{tr}(P^{-1}AP)=\mathrm{tr}P$ となることより, $\lambda_1,\lambda_2>0$ のときは $D>0$ かつ $a>0$, $\lambda_1,\lambda_2<0$ のときは $D>0$ かつ $a<0$, $\lambda_1\lambda_2<0$ のときは $D<0$, $\lambda_1\lambda_2=0$ のときは $D=0$.

問4 $A=\begin{pmatrix} f_{xx} & f_{xy} & f_{xz} \\ f_{yx} & f_{yy} & f_{yz} \\ f_{zx} & f_{zy} & f_{zz} \end{pmatrix}$ の固有値がすべて正なら極小, すべて負なら極大, 正の固有値と負の固有値があれば極値をとらない.

問5 (1) 最大値 $f(0,\pm1)=2$, 最小値 $f(\pm1,0)=1$

(2) 最大値 $f(\pm1,\mp1)=3$, 最小値 $f(\pm1,\pm1)=1$

問6 (1) 最大値 $f(0,\pm1)=2$, 最小値 $f(0,0)=0$

(2) 最大値 $f(\pm1,\mp1)=3$, 最小値 $f(0,0)=0$

問7 (1) 最大値 $f(\frac{\pm3}{\sqrt{2}},\frac{\pm5}{\sqrt{2}},\frac{\pm4}{\sqrt{2}})=\frac{175}{2}$, 最小値 $f(\frac{\pm3}{\sqrt{2}},\frac{\mp5}{\sqrt{2}},\frac{\pm4}{\sqrt{2}})=-\frac{75}{2}$

(2) 最大値 $f(0,\pm\sqrt{7},\pm\sqrt{7})=35$, 最小値 $f(0,\pm\sqrt{7},\mp\sqrt{7})=-7$

問8 (1) 最大値 $f(\frac{\pm3}{\sqrt{2}},\frac{\pm5}{\sqrt{2}},\frac{\pm4}{\sqrt{2}})=\frac{175}{2}$, 最小値 $f(\frac{\pm3}{\sqrt{2}},\frac{\mp5}{\sqrt{2}},\frac{\pm4}{\sqrt{2}})=-\frac{75}{2}$

(2) 最大値 $f(0,\pm\sqrt{7},\pm\sqrt{7})=35$, 最小値 $f(0,\pm\sqrt{7},\mp\sqrt{7})=-7$

問9 最大値 $f(13,-2,-2)=17$, 最小値 $f(1,1\pm\sqrt{3},1\mp\sqrt{3})=-1$

問10 (1) $\frac{\pi}{6}$, $(0,0,\frac{1}{2})$, $\frac{\pi}{8}$ (2) $\frac{1}{2}$, $(\frac{2}{3},\frac{1}{2},\frac{1}{2})$, $\frac{5}{12}$ (3) $\frac{1}{5}$, $(\frac{5\pi}{24},\frac{5}{12},\frac{5}{14})$, $\frac{1}{7}$

問11 (1) $-\frac{\pi}{4}$ (2) $\frac{1}{240}$ (3) 定義されない (発散する)

問12 $a,b\geq 1$ とする. $\lim_{n\to\infty}\iint_{[0,n]^2} f\,dA$ と $\lim_{n\to\infty}\iint_{0\leq x^2+y^2\leq n^2} f\,dA$ をそれぞれ (直交座標と極座標で) 計算すると, $\frac{1}{4}\Gamma(\frac{a}{2})\Gamma(\frac{b}{2})$, $\frac{1}{4}\Gamma(\frac{a+b}{2})B(\frac{a}{2},\frac{b}{2})$. $a<1$ や $b<1$ の場合も考えるには, 原点を避けるような領域の列をとればよい.

索　引

さ行

た行

な行

は行

ま行

や行

ら行

わ行

著者略歴（50 音順）

黒川《くろかわ》 康宏《やすひろ》／博士（理学），北海道大学

1990 年　日本大学文理学部数学科卒業
1996 年　北海道大学大学院理学研究科数学専攻博士後期課程修了
現　在　芝浦工業大学建築学部建築学科教授

佐々木《ささき》 真二《しんじ》／博士（理学），京都大学

2008 年　東京大学理学部物理学科卒業
2016 年　京都大学大学院理学研究科数学・数理解析専攻博士後期課程修了
現　在　芝浦工業大学建築学部建築学科特任講師

廣瀬《ひろせ》 三平《さんぺい》／博士（理学），京都大学

2007 年　北海道大学理学部数学科卒業
2013 年　京都大学大学院理学研究科数学・数理解析専攻博士後期課程修了
現　在　芝浦工業大学デザイン工学部デザイン工学科准教授

山澤《やまざわ》 浩司《ひろし》／博士（理学），上智大学

1993 年　上智大学理工学部数学科卒業
1998 年　上智大学大学院理工学研究科数学専攻博士後期課程満期退学
現　在　芝浦工業大学デザイン工学部デザイン工学科教授

工学系《こうがくけい》のための微分積分《びぶんせきぶん》
豊富《ほうふ》な例《れい》と問題《もんだい》で理解《りかい》を深《ふか》める
Printed in Japan

2021 年 10 月 25 日 第 1 刷発行

著　者　黒川康宏，佐々木真二
　　　　廣瀬三平，山澤浩司

発行所　東京図書株式会社
〒102–0072 東京都千代田区飯田橋 3–11–19
振替 00140–4–13803 電話 03(3288)9461
http://www.tokyo-tosho.co.jp/

ISBN 978–4–489–02369–9